COMPREHENSIVE SCIENTIFIC INVESTIGATION REPORT ON
SHAANXI ZHOUZHI HEIHE WETLAND
PROVINCIAL NATURE RESERVE

陕西周至黑河湿地
省级自然保护区
综合科学考察报告

王开锋 等 编著

科学出版社
北京

内 容 简 介

陕西周至黑河湿地省级自然保护区位于秦岭中段北坡浅山区和渭河谷地，是秦岭北麓湿地生物多样性最丰富、自然环境最优良的典型代表性区域之一。本书以描述保护区的生物多样性为主，包括浮游生物、底栖动物、植被、大型真菌、维管植物、种子植物区系、昆虫、鱼类、两栖类、爬行类、鸟类和兽类等，同时对保护区的自然环境、社区经济、建设管理和现状评价等进行了详细的介绍。

本书适合林业系统，自然保护地管理机构，生物、地理、环境等方面的大专院校、研究院所，以及从事自然保护的公众等参考使用。

图书在版编目（CIP）数据

陕西周至黑河湿地省级自然保护区综合科学考察报告 / 王开锋等编著. -- 北京：科学出版社，2024.11.
ISBN 978-7-03-080441-9
Ⅰ．S759.992.414
中国国家版本馆 CIP 数据核字第 2024PB2506 号

责任编辑：马　俊　李　迪　高璐佳 / 责任校对：周思梦
责任印制：肖　兴 / 封面设计：无极书装

科学出版社 出版
北京东黄城根北街 16 号
邮政编码：100717
http://www.sciencep.com
北京中科印刷有限公司印刷
科学出版社发行　　各地新华书店经销
*
2024 年 11 月第 一 版　　开本：787×1092 1/16
2024 年 11 月第一次印刷　　印张：21 1/2　插页：2
字数：506 000
定价：258.00 元
（如有印装质量问题，我社负责调换）

陕西周至黑河湿地省级自然保护区
综合科学考察领导小组

组　长　范民康　陕西省林业局副局长

副组长　王俊波　陕西省林业局二级巡视员

　　　　李保国　西北大学生命科学学院教授、博士生导师

成　员　马酉寅　陕西省自然保护区与野生动植物管理站站长

　　　　巨炎武　陕西省林业局自然保护地与野生动植物保护处处长

　　　　王开锋　陕西省动物研究所研究员

《陕西周至黑河湿地省级自然保护区综合科学考察报告》
编辑委员会

主　编　王开锋

副主编　李智军　靳铁治　苟妮娜

编　委（以姓氏笔画为序）

　　　　丁昌萍　王开锋　韦永科　牛逸群　方　程　石勇强　边　坤

　　　　刘海侠　李双喜　李晓民　李智军　杨　斌　杨文平　杨文涛

　　　　张　锋　张建禄　张淑莲　苟妮娜　黄吉芹　靳铁治

陕西周至黑河湿地省级自然保护区
综合科学考察队成员

陕西省动物研究所

王开锋	研究员	靳铁治	副研究员
苟妮娜	助理研究员	杨　斌	副研究员
张建禄	助理研究员	石勇强	副研究员
刘楚光	研究员	张广平	高级工
侯玉宝	高级工	边　坤	助理研究员
丁昌萍	助理研究员	方　程	研究实习员
黄吉芹	研究实习员		

陕西太白山国家级自然保护区管理局

李智军	教授级高级工程师	李双喜	工程师

陕西省生物农业研究所

张淑莲	研究员	张　锋	研究员

西北农林科技大学

刘海侠	副教授

陕西周至黑河湿地省级自然保护区管理中心

杨文涛	高级政工师	李晓民	工程师
牛逸群	助理工程师	杨文平	工程师
韦永科	工程师		

植物学顾问

任　毅	教授、博士生导师，陕西师范大学生命科学学院

前　言

秦岭是北亚热带和南暖温带的分界线，这里峰峦叠嶂、沟壑纵横、林木茂盛、生境多样，孕育了十分丰富的野生动植物物种。秦岭是我国动物学上古北界和东洋界的分界线，举世闻名的大熊猫、金丝猴、羚牛、朱鹮等国宝级动物在这里都有分布，同时这里也是林麝、豹、黑熊、白冠长尾雉、红腹角雉、红腹锦鸡、大鲵、红豆杉、秦岭冷杉等众多珍稀濒危动植物的重要分布区，在我国生物多样性保护中占有十分重要的地位。秦岭是长江、黄河的分水岭和水源涵养地，在保持水土、涵养水源、调节气候、净化空气等方面也发挥着无可替代的重要作用。

陕西周至黑河湿地省级自然保护区位于秦岭中段北坡的周至县境内，总面积13 125.5 hm²。保护区始建于 2006 年，是以湿地生态及珍稀水禽为主要保护对象的自然保护区。陕西周至黑河湿地省级自然保护区有野生种子植物 823 种，隶属于 125 科 477 属，其中，裸子植物 3 科 4 属 5 种，被子植物 122 科 473 属 818 种；有蕨类植物 69 种，隶属于 17 科 32 属；有大型真菌 97 种，隶属于 2 门 3 纲 13 目 33 科 63 属；有野生脊椎动物 307 种（亚种），隶属于 5 纲 32 目 92 科 213 属，其中，鱼类 4 目 7 科 19 属 19 种，两栖类 2 目 6 科 8 属 9 种，爬行类 3 目 10 科 19 属 24 种（亚种），鸟类 17 目 50 科 116属 187 种（亚种），兽类 6 目 19 科 51 属 68 种（亚种）；有昆虫 864 种（亚种），隶属于17 目 131 科 619 属；有底栖动物 23 种，隶属于 3 门 7 纲 11 目 13 科；有浮游植物 7 门94 种（变种）；有浮游动物 4 类 72 种（属）。生物多样性十分丰富。

陕西周至黑河湿地省级自然保护区成立以来，在各级政府和主管部门的大力支持下，开展了很多卓有成效的工作，特别是在资源保护方面，建立了一套较为完善的规章制度，组建了一支稳定的管护队伍，野外巡护、救护、监测等工作已持续开展起来。由于缺乏稳定有效的资金投入渠道，人员业务素质还比较低等因素，保护区还面临许多困难和问题，迫切需要在发展中加以解决。为了加快保护区的发展步伐，更好地发挥其生态、社会和经济效益，根据国家有关标准和要求，保护区管理部门决定开展科学考察工作，为更好地进行保护提供基本依据。受陕西周至黑河湿地省级自然保护区管理中心的委托，陕西省动物研究所自然保护地和湿地动物监测研究中心承担了本次科学考察工作。

为了完成好此次考察任务，陕西省动物研究所抽调了数名专业技术人员组成项目组，并聘请了陕西省生物农业研究所、陕西师范大学、陕西太白山国家级自然保护区管理局和西北农林科技大学的专家，连同陕西周至黑河湿地省级自然保护区管理中心的干部职工，共同组成科学考察队，于 2016～2018 年对保护区进行了多次野外调查。在此基础上，编写了本书。

本书各章研究内容及报告撰写的完成人分别为：前言和第一章王开锋，杨文涛，苟妮娜，张建禄，边坤，方程，黄吉芹。第二章苟妮娜，刘海侠，张建禄，靳铁治，杨斌，边坤，方程，黄吉芹。第三章苟妮娜，靳铁治，张建禄，杨斌，边坤，方程，黄吉芹。第四章李智军，杨文涛，李双喜，牛逸群。第五章李智军，李双喜，杨文涛，牛逸群，韦永科。第六章李智军，杨文涛，李双喜，杨文平，韦永科。第七章李智军，李双喜，杨文涛，韦永科，李晓民，杨文平。第八章王开锋，靳铁治，边坤，张建禄，苟妮娜，方程，黄吉芹。第九章张淑莲，张锋，丁昌萍，石勇强，李晓民。第十章王开锋，杨文涛，靳铁治，石勇强。第十一章杨文涛，王开锋，边坤。第十二章杨文涛，靳铁治，张建禄，边坤。王开锋完成各章节的统稿和总编撰工作。

本次科学考察工作得到了周至县人民政府、周至县林业局、陕西周至黑河湿地省级自然保护区管理中心的大力支持与配合，陕西省林业局自然保护地与野生动植物保护处、陕西省自然保护区与野生动植物管理站也给予了悉心指导和大力帮助，在此一并表示感谢。陕西师范大学的任毅教授先后三次审阅报告文本，给予了很大帮助，在此表示衷心感谢。由于编者水平有限，书中难免存在不足之处，敬请读者批评指正。

编著者

2023 年 12 月

目　录

第1章 自然环境

2018年7～10月，陕西周至黑河湿地省级自然保护区综合科学考察队采用二手资料收集法和实地调查法，对陕西周至黑河湿地省级自然保护区的地质、地貌、气候、土壤等自然环境要素进行了调查，这为客观评价保护区的环境质量和保护价值提供了重要科学依据。

1.1 地 理 位 置

陕西周至黑河湿地省级自然保护区位于秦岭中段北麓，西安市周至县中部和北部。保护区分黑河库区湿地片区（Ⅰ区）和黑河入渭河口湿地片区（Ⅱ区）。

Ⅰ区东以崾峪山梁为界，西到青岗砭，南至大王庙梁—陈河口—陈家河一线，北抵仙游寺新址，与马召镇的永全、东窑、武兴村接壤；其地理坐标为：东经108°05′38.03″～108°14′23.98″，北纬33°54′32.65″～34°03′52.48″；南北长约17.1 km，东西宽约13.5 km，面积12 535.0 hm²。

Ⅱ区东起尚村镇青化坊滩，西至富仁镇原村滩，南至终南镇老堡子村，北抵渭河河心与兴平市交界；其地理坐标为：东经108°23′32.45″～108°27′32.63″，北纬34°10′40.58″～34°12′41.21″；东西长约6.4 km，南北宽约3.2 km，面积590.5 hm²。

保护区总面积13 125.5 hm²。Ⅰ区海拔一般在700～1200 m，Ⅱ区海拔一般在410～450 m。保护区最高海拔在大王庙梁的四方台（2630.5 m），最低海拔在渭河流出保护区处（403 m）。

1.2 地 质

陕西周至黑河湿地省级自然保护区在大地构造上，黑河入渭河口湿地片区属于中朝准地台、汾渭断陷的渭河断凹。

黑河库区湿地片区地处秦岭褶皱系北秦岭加里东褶皱带的纸坊—永丰褶皱束。北秦岭加里东褶皱带是秦岭褶皱系的七个二级构造单元之一。秦岭褶皱系是一个典型的多旋回褶皱系，其演化过程十分复杂。

1.2.1 地层

黑河库区湿地片区地层为秦岭区，宝鸡—洛南分区，纸坊—永丰小区；该小区主要为中元古界变质海相碎屑岩、火山岩和碳酸盐岩。黑河入渭河口湿地片区地层为华北区，汾渭分区，渭河小区；汾渭分区以新生代地层广泛发育为特征，局部出露有太古代和元古代地层。保护区的主要地层如下。

1. 黑河库区湿地片区

（1）中元古界——宽坪群

宽坪群分布于宝鸡—洛南分区纸坊—永丰小区。由变质的碎屑岩、火石岩及硅镁质碳酸盐岩组成。

1）下亚群（Pt_2kn_1）：零星出现于商州北宽坪和周至黑河至眉县汤峪河一带。岩性组成以云母石英片岩为主，厚度 700～3000 m。黑河一带仅出露本亚群的上部层位，为二云石英片岩夹绿色片岩及钙质石英岩；厚 2037 m。本亚群原岩为浅海相碎屑岩间火石岩和碳酸盐岩。

2）中亚群（Pt_2kn_2）：与下亚群整合过渡，出露范围扩大。岩性以绿色片岩为主，厚 900～3000 m。黑河一带以绿泥钠长阳起片岩为主，夹绢云石英片岩、钙质石英岩及少量硅质白云质大理岩等，厚度 3237 m。本亚群原岩为海相基性火石岩间碳酸盐及碎屑岩。

3）上亚群（Pt_2kn_3）：与中亚群整合接触，分布广泛。以云母石英片岩为主，厚 700～2000 m。该亚群有 3 层部位，黑河一带的，上部层位断失，只出露下中部层位；以层纹状黑云绢云石英片岩、变长石石英砂岩为主，夹石英岩、钙质绿泥片岩；厚度 >745 m。上亚群的原岩以海相碎屑岩为主，间有碳酸盐岩及少量火石碎屑岩；由下而上火山物质渐少，碳酸盐岩渐多。

（2）中元古界——秦岭群

陕西的秦岭群主要分布于太白—商南小区，其次为宝鸡—洛南分区。由一套中级变质的海相碎屑岩、碳酸盐岩及火石岩组成，总厚度 >9000 m。

上亚群（Pt_2qn_3）：周至黑河仅出露秦岭群上亚群。下、中部以条带状混合岩、眼球状混合片麻岩为主，夹角闪质岩石、变质细碧岩及千枚岩等；上部主要由黑云斜长变粒岩、含石榴石二云斜长片麻岩组成，夹凝灰质板岩、绢云石英片岩及大理岩等。厚 2569～4000 m。

（3）石炭系——中石炭统

中石炭统分布于黑河的柳叶河，与中元古界宽坪群和秦岭群均呈不整合接触。为河流沼泽相。岩性为砾岩、中细粒砂岩夹碳质粉砂岩。厚约 50 m。

（4）古生界

古生界分布于眉县斜峪关—商州区管家坪一带。断续出露长约 200 km。南与秦岭群总体上呈断裂接触，北与宽坪群为超覆不整合关系。

1）下古生界斜峪关群：由变质海相正常沉积岩及火山岩组成。①文家山组，为变质凝灰质粉砂岩夹绢云石英千枚岩、板岩，局部夹灰岩，底部常见石英（砂）岩，顶部为灰岩或大理岩，厚度 600～1000 m。黑河以东一般变质为片岩、变粒岩等。②干岔沟组，为变质的石英角斑岩、角斑岩、细碧岩及其火石碎屑岩，夹大理岩和变质泥砂质岩，厚度 500～800 m。在保护区变为斜长角闪岩夹黑云斜长片岩等。

2）上古生界甘峪组：由砾岩、石英（砂）岩、片岩、碳质板岩和大理石岩组成，厚度＞400 m。与下伏斜峪关群呈（平行）不整合接触。

（5）三叠系——上三叠统

上三叠统分布于黑河的柳叶河，下部为灰白色厚层状细石英砾岩、砂砾岩、长石石英砾岩、紫灰绿色泥沙质板岩，厚 414 m。上部为含碳泥（砂）质板岩与中细粒石英砂岩、长石石英砂岩互层，厚 176 m。北侧与下伏中石炭统呈平行不整合接触，南侧与中元古界秦岭群呈断层接触。

（6）白垩系——下白垩统

下白垩统分布于黑河的柳叶河。主要为一套紫色砾岩、砂砾岩、夹砂岩和泥质粉砂岩，属山麓冲积相沉积。与下伏印支期花岗岩、三叠系及更老地层呈不整合接触。该处的岩性为杂色不等粒复成分巨砾岩，厚超过 760 m。

2. 黑河入渭河口湿地片区

（1）第三系——中新统

中新统广布于渭河分区，推及保护区的黑河入渭河口湿地片区有分布。中新统由河湖相棕红色碎屑岩、泥岩组成。厚度 28～641.3 m。与下伏渐新统白鹿原组和甘河组呈不对称接触。①冷水沟组（N_1^2l），为棕红色砂质泥岩与灰黄、灰绿色砂岩互层，底部有砾岩，常夹杂色泥岩，厚度 10～80.9 m。②寇家村组（N_1^3k），地表棕红、橘黄色泥岩，砂质泥岩和灰白、棕黄色砂岩；钻孔中为褐色泥质岩与灰黄色粉砂岩、灰绿色细砂岩、砂砾岩互层。厚度数米至 142 m。与下伏冷水沟组呈平行不整合接触。

（2）第三系——上新统

上新统广布于渭河分区，推及保护区的黑河入渭河口湿地片区有分布。①灞河组（N_1^2b），为河湖相棕红色泥岩，砂质泥岩、砂岩及砂砾岩，厚度 122.6～363.5 m；钻孔中为棕黄、红棕紫色砾岩、砾状砂岩与灰绿色细砂岩、泥岩互层。厚度 88～296 m。与下伏寇家村组呈平行不整合接触。②蓝田组（N_2^2l），为河湖相及河流相的紫红色黏土岩，富含海绵状钙质结核，底部有砾岩。厚度 15～62 m。钻井中为黄灰褐色泥岩，砂质泥岩，灰白、棕黄色砾状粗砂岩互层。厚度 205～693 m。与下伏灞河组呈不整合接触。

（3）第四系——中更新统

中更新统广泛分布于渭河南北原区及部分河流沟谷。主要为风成黄土，其次为湖积、冲积及洪积的黏土、砂黏土、砂及砂砾层。本统称泄湖组（Q_{2x}），可分为上下两部分：下部为公王岭亚组，上部为陈家窝子亚组。①公王岭亚组，为风成及成因不明的黄土状黏质砂土，夹 4～12 层褐红色古土壤层。底部常有厚 1～5 m 冲、洪积的砂及砂砾石层，厚度 20～50 m，与下伏阳郭组呈平行不整合接触。②陈家窝子亚组，为风成浅灰褐、棕黄色黄土状粉土，含黏土质较少，夹8～10层红褐色古土壤层。靠上部三层古土壤层间距小而密集，为本亚组标志层。底部有2～7 m冲、洪积砂砾石层。厚度20～86 m。与公王岭亚组未见直接关系，与第三系及老地层呈不整合接触。

（4）第四系——上更新统

上更新统广布渭河分区。为风成及冲、洪积为主的多成因沉积，可分为乾县组、马兰组，与中更新统呈不整合接触。①乾县组（Q_{3q}），分布于渭河谷地及黑河的二级阶地。为河流冲积、洪积的黏质砂土、砂黏土、砂及砂砾石层，厚度5～60 m。②马兰组（Q_{3m}），广泛分布于渭河南北原、顶梁部及河流二级阶地。为一套风成黄土层，夹1～2层棕褐色古土壤层，厚度10～20 m，与下伏乾县组呈平行不整合接触或整合接触。

（5）第四系——全新统（Q_4）

全新统渭河分区可分为半坡组和现代沉积层。①半坡组，以冲积、洪积浅黄褐色砂质黏土、黏质砂土、粉细砂及砂砾石层为主，厚度10～83 m。②现代沉积层，各种成因类型与现代地貌密切相关。黑河入渭河口区域以现代冲积亚砂土、亚黏土及砂砾石层为主，厚度2～40 m。与下伏老地层呈不整合接触，与半坡组呈连续沉积。

1.2.2 岩浆岩

1. 火山岩

保护区出露的火山岩属于宽坪群火山岩。宽坪群火山岩主要是指产于宽坪群中亚群的变基性火山岩。

2. 侵入岩

（1）基性、超基性岩类

保护区出露的基性、超基性岩属于北秦岭岩带。该岩带西起甘肃武山，向东经陕西宝鸡、商南至河南信阳一带，全长近千公里。岩带位于北秦岭加里东褶皱带。岩体侵入于中元古界中级变质岩和少部分古生界低变质岩体中。断裂和皱褶是控制岩体空间布展的主要构造。岩体形态以岩墙状、脉状为主，透镜状次之；有些岩体呈等轴状岩筒、膝状岩株。超基性岩体规模较小；基性岩体规模较大。

（2）闪长岩、正长岩类

保护区出露闪长岩、正长岩的是加里东期正长斑岩（$\xi\pi_3$）、加里东期正长岩（ξ_3）、加里东期石英闪长玢岩（$o\delta\mu_3$）。

（3）花岗岩类

保护区出露的花岗岩是燕山早期第二阶段花岗斑岩（$\gamma\pi_5^{2-2}$）、斜长花岗斑岩（$o\gamma\pi_5^{2-2}$）。

1.2.3　变质岩

1. 低级变质砂砾岩

保护区出露变质粉砂岩。该岩主要分布于留坝—柞水变质地带的泥盆系中,在保护区涉及的柳叶河—三条岭变质地带的三叠系和北大巴山变质地带寒武-志留系中有少量分布。

2. 片麻岩

保护区出露黑云斜长片麻岩。该岩在陕西省分布广泛,主要分布于太华变质地带的太华群,太白—商县变质地带秦岭群,以及留坝—柞水变质地带中的志留—石炭系低角闪岩相区,汉南变质地带亦有少量分布。

3. 角闪质岩

保护区出露斜长角闪岩。岩石为暗绿或墨绿色细粒至中粒,纤状花岗变晶机构、条带状、斑杂状和片状构造。

4. 大理岩

保护区出露石英白云石大理岩和白云石大理岩。前者主要出露于秦岭变质区纸坊—永丰变质地带陶湾群、留坝—柞水变质地带志留-泥盆系和扬子变质区碑坝变质地带的麻窝组中;往往和斜长角闪岩、石英片岩等成互层产出;岩石具条带状结构、粒状变晶结构。后者主要分布于秦岭变质区的中晚元古代及早古生代地层中;岩石纯白或灰白色;粗粒状变晶结构,块状、少数具条带状构造。

1.2.4　区域地质构造特点

保护区属于秦岭地台和渭河地堑两大构造单元,差异极为明显。

保护区所在的北秦岭加里东褶皱带的纸坊—永丰褶皱束,北邻汾渭断堑,南以油房沟—皇台断裂与太白—商县褶皱束分界。其主体为中元古褶皱带,主要由宽坪群、陶湾群组成,南缘可能卷入早古生界。晚古生代以来,在隆起轴部及两侧,由断陷作用形成陆相石炭系、二叠系、白垩系及新生界盖层,断续分布。中元古界宽坪群分布广,厚数千米,原岩为海相基性火石岩、碎屑岩、钙硅质岩。宽坪群之上的陶湾群,原岩为浅海相碳酸盐岩及泥、碎屑岩,厚约 3000 m。盖层为陆相含煤碎屑岩-红色碎屑岩。侵入岩较广,具多时期多岩类特点,以燕山期花岗岩为主。中元古界经中压相系低绿片岩相-低角闪岩相变质。本褶皱束与保护区相关的断裂是凤州—楼观庵断裂。

保护区所在的中朝准地台、汾渭断陷、渭河断凹,为新生代复杂的“箕状”地堑式断块凹陷,受断凹北缘北山山前与南缘秦岭山前两大断裂所控制。西起宝鸡,东至潼关,长 300 km 余,宽 30～60 km,构成“八百里秦川”。陆相堆积层厚度 > 7000 m,与秦岭地形高差 3000 m 余。温泉、地震发育。其基底北部主要为上元古—古生界；南部主要为太古界、元古界变质岩及花岗岩。该断凹新生界可分三个亚构造层，各期间均不整合，各亚层内部还有若干间断面：下第三系亚层，上第三系亚层，第四系亚层。该断凹的断裂较多，与保护区相关的断裂是宝鸡—渭南大断裂和眉县—户县深断裂。

1.3　地　　貌

周至县地势北低南高，跨 3 个自然地貌单元，依次为渭河平原、黄土台原、秦岭山地。境内西南高，东北低，山区占 76.4%，为千里秦岭最雄伟且资源丰富的一段。北部是一望无垠的关中平川，南部是重峦叠嶂的秦岭山脉。山、川、塬、滩皆有，呈"七山一水二分田"格局。

1.3.1　平原

平原南界位于广济—马召—集贤一线，北界在渭河南岸，地势自南西向北东方向缓倾。位于渭河平原中部偏西。东西 46 km，南北 16 km，海拔 399～530 m，面积占周至县的 19.5%。平原区由渭河漫滩、渭河一级阶地、渭河二级阶地、冲洪积扇四个微地貌单元组成。

1.3.2　台原

黄土台原分布在秦岭山前地带，呈东西向带状展布，西宽东窄，台面受侵蚀切割较为破碎，黑河口以东呈梁、峁状地形。黄土台原与冲洪积扇呈陡坎相接，高于冲洪积扇面 60～90 m。海拔 500～600 m。地表由第四系上更新统风积黄土组成。面积 12 166.67 hm²，占周至县总面积的 4.1%。该区人口较少，地下水资源贫乏，水土流失严重，是周至县农业水土保持的重点地区。

1.3.3　山地

周至县境南部为秦岭中部山地，可分为低山（海拔 550～1000 m）、中山（海拔 1000～3500 m）、高山（海拔 3500 m 以上）。山地占周至县总面积的 76.4%，西部太白山海拔 3771.2 m 的拔仙台为秦岭第一高峰。太白山生物系统复杂，资源丰富，植物带垂直分明，高山上有第四纪冰川遗迹，是旅游、登山胜地和多种学科研究、教学基地。

秦岭山地西自拔仙台分岔，北线有东跑马梁、老君岭、界石岭、官城梁、青岗砭，海拔 250～3000 m；南线有将军祠、灵官台、光头山、秦岭梁，海拔 2500～2900 m。山势南高北低。秦岭山地多由深变质的片岩及火成岩构成，是金属及非金属矿藏的重要产地。

陕西周至黑河湿地省级自然保护区位于周至县中部和北部，按照地貌分区，保护区Ⅰ区属于秦岭中部浅山区，山峦重叠，岭谷交错，河谷切割较浅，谷地较宽。基本地形呈群山环绕态势，中部有黑河从保护区穿过，地势较低。保护区 II 区为渭河平原区，基本呈现西高东低的态势。水系基本由南而北流入、由西而东流出保护区。

1.4 气 候

在全国气候区划中，周至县属暖温带半湿润大陆性季风气候。全年降水量时空分布不均，表现为年内、年际变化大，地区差异亦大，四季呈现冬夏长、春秋短、雨热同季等特点。春季降水渐多，升温快，多风，天气多变，常有倒春寒。夏季气候炎热，多雷阵雨天气，夏末秋初时现连阴雨天气。秋末气温急剧降低，降水量减少，呈秋高气爽晴朗景象。冬季天气清冷干燥，气温低，雨雪偏少。

周至历史上气候冷暖变化大，现逐渐变暖，曾经的太白六月积雪，今已罕见。全县受季风环流及地形地貌综合影响，特别是山原高差超过 3000 m，高峰低谷，气候垂直变化明显，南北差异显著。山区属湿润地区，四季模糊，夏短而凉，冬长而寒，夏秋多雨，春冬雪掩青山。平原属半湿润地区，四季分明，气候资源丰富，冬夏稍长，春秋稍短，日照充足，气温、降水年际变化大。气象灾害夏秋最多，春季多风，夏季多伏旱，秋季多阴雨，冬季干冷少雨雪。春夏间，东南季风从各山谷口猛吹，"夜来南风起"，多干热风害，尤以位于黑水峪口的马召镇为最。县北部海拔 400～500 m 的平原、浅山、黄土原区，为温暖湿润区，农作物 1 年 2 熟，年平均气温 12～13.6℃，热量为全县之冠，年降水量 660～800 mm，秋季多阴雨，日照少，降温快，影响收成。县中部山区海拔 1000 m 左右，为温和半湿润区，区内年平均温度 11～13℃，年降水量 650～800 mm，农作物 2 年 3 熟。周至县西南一小区域为温和湿润区，海拔 1100 m，年平均温度 12℃，年降水量大于 800 mm，农作物 1 年 2 熟。县南的中、深山区大部为温凉半湿润区，海拔 1100～1200 m，年平均温度 10～11℃，年降水量 650～720 mm，农作物 1 年 1 熟。县南深山一部分为温凉湿润区，海拔 1400 m 左右，年平均温度 8～10℃，年降水量 750 mm 以上，农作物 1 年 1 熟。其年降水为全县较高。

1.4.1 光照

平原太阳辐射总量（光量）为 109.68 kcal[①]/cm²。5～8 月年际变化较大；季节变化夏季最强。6 月、7 月太阳辐射总量每日 430 cal/cm² 以上；9 月、10 月温度高，云雨多，日照少，辐射总量锐减。在季节分布上，春夏占年辐射总量的 64%，对越冬作物返青、成熟，春季作物发苗成长极有利。秋季次之，仅占 20%，且逐年下降，对玉米、水稻、棉花、豆类杂粮的成熟十分不利。越冬作物缓慢生长的 ≥0℃ 的辐射量，喜温作物生长的 ≥10℃ 的辐射量，分别达 90% 和 70%。

山区年太阳辐射总量 109.34 kcal/cm²，略少于平原。6 月最高，为 13.32 kcal/cm²；12 月最低，为 6.05 kcal/cm²。

生理辐射量（光质），即可以供给作物利用的光能，约占辐射总量的一半。在平原

---

① 1 kcal = 4186.8 J

地区,其值为 54.9 kcal/cm²。全年大于 0℃的生理辐射量 49.6 kcal/cm²,占年总量的 90.4%,冬季小于 0℃的无效生理辐射 5.3 kcal/cm²,占年总量的 9.6%。生理辐射春夏所占比例大,对农作物生长甚为有利。在山区,其值为 54.38 kcal/cm²,越冬作物和多年生木本植物,活跃生长期≥10℃的生理辐射为 23.19 kcal/cm²,占年总量的 42.6%(表 1-1,表 1-2)。

表 1-1 周至县平原不同温度间太阳辐射量表

界温(℃)	持续天数	总辐射(kcal/cm²)	生理辐射(kcal/cm²)	生理辐射占全年的百分比(%)
<0	55	10.6	5.3	9.6
0～5	28	6.8	3.4	6.2
5～10	24	6.9	3.4	6.2
10～15	28	9.4	4.7	8.5
15～20	28	10.5	5.3	9.6
>20	100	42.1	21.0	38.4
20～15	30	8.5	4.3	7.8
15～10	23	5.4	2.7	5.0
10～5	24	4.9	2.5	4.5
5～0	25	4.6	2.3	4.2
全年	365	109.7	54.9	100

表 1-2 周至县日照及深山区太阳辐射量表

月份	平原日照		深山日照		深山太阳辐射(kcal/cm²)	
	日照时数(h)	日照百分比(%)	日照时数(h)	日照百分比(%)	总辐射	生理辐射
1	145.7	46	169.7	54	6.55	3.27
2	126.7	41	133.1	43	6.58	3.29
3	150.1	41	158.7	43	8.94	4.47
4	161.0	41	163.2	42	10.79	5.09
5	192.4	45	192.3	45	12.34	6.66
6	216.8	50	208.0	49	13.32	6.17
7	217.5	50	205.4	45	12.40	6.20
8	219.2	53	202.9	49	11.52	5.76
9	142.0	38	129.4	35	7.91	3.95
10	146.1	42	131.8	38	6.82	3.41
11	130.4	42	145.4	47	6.12	3.02
12	145.8	48	162.1	53	6.05	3.02

注:平原区为 1957～1978 年平均(历史资料),深山区为双庙子 1961～1971 年平均(历史资料)。

日照(光时):1957～1978 年,平原地区年平均日照时数为 1993.7 h。可满足两料作物生长需要。其中气温大于 0℃的日照 1742.5 h,占年总日照时数的 87%,大于 10℃ 1278.2 h,占总日照时数的 64%,但月际光照分布不均,8 月日照时数最多,2 月最少,3～10 月作物生长季中,除 9 月、10 月外均在 150 h 以上,对长日照作物生长有利,9 月、10 月云雨多,日照少,对晚秋作物成熟有影响。1961～1971 年,深山区日照时数 2002 h,比平原仅多 8.3 h;6 月日照时数最多,为 208.0 h;9 月最少,为 129.4 h(表 1-2)。

　　1990～2010 年，县境内年平均日照总时数 1798.9 h，各月间日照时数差异较大，6 月最多，为 195.1 h；12 月最少，为 118 h。日照季节分配夏季最多，占 30.5%；冬季最少，占 19.1%，春、秋季居中，分别占 28.2%和 22.2%。

1.4.2　气温

　　周至县平原 1957～1978 年平均气温 13.2℃，1 月最冷，月平均气温–1.2℃；7 月最热，月平均气温 26.5℃（表 1-3）。气温冷热相差 27.7℃。6～8 月的夏季气温变化很小，平均温差 1.5℃；12 月～翌年 2 月的冬季变化也不大，平均温差 3.0℃。春秋两季温度变化较大，急升和骤降温度差均达 40%左右。历年平均最高气温 18.8℃，最低气温 8.6℃。

　　1990～2010 年，县境内年平均气温 14.3℃。7 月最热，平均 27.1℃；1 月最冷，平均 0.6℃。年平均最高气温 19.8℃，年平均最低气温 10.4℃（均较以前明显上升），年平均日温差 9.4℃。有气象记录的历史极端最高 42.4℃（1966 年 6 月 19 日），极端最低 –20.2℃（1977 年 1 月 30～31 日）。初霜日平均出现在 11 月 5 日，最早 10 月 22 日，最晚 11 月 21 日。终霜平均出现在 3 月 9 日，最晚 4 月 18 日。1957～1978 年，平均无霜期 225 天，最长 244 天，最短 200 天。春季气温变化最大，平均日较差 11.3℃；夏季次之，平均日较差 11.0℃；全年日较差 6 月最大，为 12.8℃。1990～2010 年，初霜日最早为 10 月 22 日，最晚为 11 月 29 日，相差 39 天；终霜日最早 3 月 1 日，最晚 4 月 3 日，相差 34 天；历年平均无霜期 236 天。说明气候变暖，无霜期增长。春季平均日较差 10.9℃，夏季 9.9℃；全年日较差 5 月、6 月最大，均为 11.40℃（表 1-4）。

表 1-3　周至县平均气温表　　　　　　　　　　　　（单位：℃）

月份	平原平均气温	山区双庙子平均气温	山区厚畛子平均气温
1	–1.2	–5.2	–4.2
2	1.8	–3.9	–2.5
3	8.0	1.1	3.1
4	13.8	6.9	8.9
5	18.9	11.4	13.0
6	25.0	15.4	17.2
7	26.5	17.6	20.4
8	25.3	17.0	20.2
9	19.0	11.6	14.7
10	13.5	7.0	10.2
11	6.6	1.2	2.5
12	0.6	–3.4	–2.4
平均	13.2	6.4	8.4

注：平原为 1957～1978 年平均气温。山区为 1961～1977 年平均气温。双庙子海拔 1975.8 m，厚畛子海拔 1600 m。

表 1-4　周至县 1990～2010 年月温度统计表　　　（单位：℃）

月份	平均气温	极端最高	极端最低	平均最高	平均最低	气温日较差
1	0.60	17.80	-10.80	5.40	-2.60	8.00
2	4.40	24.80	-9.90	9.70	0.80	8.90
3	9.40	29.90	-5.60	15.30	5.20	10.10
4	15.60	36.40	0.20	22.00	10.70	11.30
5	20.70	38.20	5.90	27.00	15.60	11.40
6	25.30	41.50	11.20	31.60	20.20	11.40
7	27.10	39.80	17.00	32.50	22.90	9.60
8	25.00	41.10	13.90	30.10	21.30	8.80
9	20.00	38.20	8.10	25.20	16.70	8.50
10	13.40	31.90	1.10	19.40	10.80	8.60
11	7.60	26.10	-8.50	13.20	4.10	9.10
12	2.00	18.60	-14.30	6.80	-1.30	8.10

本县平原小麦在 10 月上旬播种，来年 6 月中旬收割，生育期 245 天左右，早熟品种需≥0℃积温 1700～1800℃，中熟品种需≥0℃积温 2000℃，小麦生育期 80%保证率的≥0℃积温是 1857℃，50%保证率的≥0℃积温是 1972.3℃，完全可以满足中熟品种生长要求。在正常年份，小麦收获后即插植水稻或播种玉米，水稻生育期（5 月上旬～9 月中旬）需≥0℃积温，早熟品种是 2800℃，中熟品种是 3200℃，晚熟品种是 3600℃，本县水稻生育期 50%～80%保证率的≥0℃积温是 2955～2962.9℃，可满足早熟及中熟品种生长要求。夏玉米生育期（6 月上旬～9 月中旬）需≥10℃积温，早熟品种是 2200℃，中熟品种是 2400℃，夏玉米生育期的 50%～80%保证率的≥0℃积温是 2270.2～2271.5℃，可以满足早熟及中早熟品种生长需要。

深山区年平均气温：双庙子为 6.4℃，厚畛子 8.4℃，海拔相差近 400 m，温差 2℃。最热月 7 月气温：双庙子 17.6℃，厚畛子 20.4℃，相差 2.8℃；最冷月 1 月气温，双庙子-5.2℃，厚畛子-4.2℃，相差 1℃。双庙子年极端最低温度-19.7℃（1975 年 12 月），年极端最高温度 29.7℃（1966 年 6 月）。冬季冷而长，夏季凉而短，不利于农作物生长。

山区年平均气温：在海拔 576 m 的低山区木匠河口为 12℃，在海拔 1109 m 的中山区板房子为 10℃，在海拔 1500 m 的中山区黑河上源钓鱼台为 8.4℃，在海拔 1975.8 m 的四方台双庙气象站处为 6.4℃。气温随海拔升高而明显降低，垂直递减率为每升高 100 m 降低 0.5℃。低山地夏季各月气温差异大，冬季各月气温差异小。年平均气温与平原仅差 1.1℃，可以发展小麦、夏杂粮、春玉米的 2 年 3 熟耕作制。中山区夏秋季温度低，20℃以上适宜植物生长的温度持续时间短，限制着当地农作物的生长和成熟，只能 1 年 1 熟，但有利于树木和牧草生长。高山区气候温凉，≥0℃积温仅有 2600～3300℃，≥10℃积温仅 1500～2400℃，热量不足，适宜高山灌木生长（袁秉和，2006）。

地温：境内地面平均温度 16.1℃，年平均最高值 29.8℃，最低值 8.9℃。1991 年 12

月 28 日，极端最低值–22.6℃。县境内冻土出现最早为 1999 年 11 月 21 日，最晚 2 月 20 日解冻，最大冻土深度 19 cm，有 13 年（1990～2010 年）冻土深度大于 10 cm。2010 年 6 月 29 日，出现地温极端最高值 71.1℃。一年内 7 月平均最高值达 56.9℃，1 月最低，仅–8.4℃（1990～2010 年）。

1.4.3　降水

周至平原年平均降水量 674.3 mm。夏季（6 月、7 月、8 月）最多，冬季（12 月、1 月、2 月）最少，月降水量最大的是 7 月、8 月。年平均降水日数 100.2 天，以秋季为最多，夏季次之，冬季最少。但夏季降水强度大，雨势猛；秋季强度小，雨势缓，多连阴雨。平原地区年最大降水量 1083.3 mm（1958 年），最小降水量 377.1 mm（1977 年），极差达 706.2 mm。季、月际降水变率大，年际降水变率要比各月、季际的小。

周至平原冬季降水变率最大，为 48.7%，故冬旱明显。月降水变率 4 月、5 月小于 40%，其余各月大于 40%，尤其是冬季 3 个月大，其次是夏季 3 个月亦大，这个时段降水很不稳定，强度变化大，易发生旱涝灾害。11 月是向旱季过渡月，故降水变率也较大。全年降水变率比之月、季都小，说明年际降水较稳定。

山区降水受地形地势影响很大。由于秦岭山地毗连亚热带湿润气候区域，特别是与秦岭山脊基本平行的太白山东跑马梁、老君岭、四方台诸峰岭，大都高过南部的秦岭山峰，故越过秦岭的亚热带多雨气流在此多被阻隔，形成黑河上游深山谷地降水强、多的特征。例如，拔仙台南 15 km 的钓鱼台（海拔 1500 m），年平均降水量 945.5 mm；板房子南 15 km 的秦岭垭口南天门（海拔 2000 m），年平均降水量 1393.5 mm。全年降水量集中在夏秋季，占全年雨量的 68%，季节分配上与平原基本一致，但各季雨量均大于平原，故夏秋山洪多，洪流量大，对平原区危害甚大。

周至降水量趋势是由南向北递减，山区由低向高递增。表现为地区差异大，年内变化大，年际变化亦大的规律。年际变化差异是：平均年降水量，20 世纪 50 年代为 774.12 mm，60 年代为 699.5 mm，70 年代为 588.83 mm，递减率为 9.2%～23.9%。1980～1983 年 4 年平均为 731.1 mm，有回升趋势。1990～2010 年，年平均降水量 597.60 mm，其中 2003 年降水最多，年降水量达 886.8 mm；1995 年降水最少，年降水量 298.7 mm。年内变化差异是：降水量集中于 7 月、8 月、9 月，1961～1983 年 7～9 月的降水量达 319.45 mm，占全年总降水量的 47.4%，7 月、9 月最多，形成"双峰"型降水；1990～2010 年 7～9 月的降水量 290.9 mm，占全年总降水量的 48.68%，8 月最多，为单峰型降水。冬季（12 月、1 月、2 月）最少，1961～1983 年冬季的降水量仅有 24.13 mm，占全年总量的 3.58%；1990～2010 年冬季的降水量 26.30 mm，占全年总量的 4.40%（表 1-5）。地区差异是：多年平均降水量山区为 850.52 mm，平原为 699.98 mm。从降水特点上看，夏季多以暴雨形式出现，雨日少，雨势猛，强度大，往往出现洪灾或伏旱；秋季常出现连阴雨，雨日多，强度小，雨势缓。据记载最大 30 日降水量为 563.9 mm，占多年平均年降水量的 66.26%，因而洪涝灾害比较频繁。冬春季节，雨雪稀少，多出现春旱。

表 1-5　周至县 1990～2010 年月均自然降水统计表

类别	月份												全年
	1	2	3	4	5	6	7	8	9	10	11	12	
平均偏差（%）	2.30	7.70	15.20	8.70	20.90	17.50	12.90	20.20	17.70	32.20	40.90	13.20	17.50
相对平均变率（%）	16.10	118.50	107.00	29.60	54.90	29.70	16.90	22.60	16.10	35.00	68.50	70.20	47.80
最大降水量（mm）	26.30	60.90	76.90	79.30	142.20	144.60	169.20	227.20	203.00	126.40	62.60	19.60	886.80
平均降水量（mm）	6.50	14.20	29.40	38.10	59.00	76.50	89.40	109.60	91.90	59.70	18.80	5.60	597.60

1.4.4　风

　　周至县属季风性区域，大气环境具有明显季节变化，各季出现风也随之变化。山区地势高，平原地势平坦开阔，高低悬殊，受热、散热不同，山顶空气冷却下沉，沿山坡向谷底下滑汇合，在山谷狭管效应作用下，冷空气向暖空气流动，形成了自山区流向平原的下山风。以马召、黑水峪为最，唐代白居易曾写有"夜来南风起"的名句。在 6 月、7 月内几乎天天都有风，一般风速 8～15 m/s。黑水峪口处三四里内树木皆被风吹得向北斜俯。

　　风向：年最常见风向为西风，频率为 11%；其次为西北风，频率为 10%。

　　风速：年平均风速为 0.8 m/s，春夏风速高，秋冬风速低。春夏平均风速 0.9 m/s，秋冬平均风速 0.6 m/s。

　　大风：境内大风一般发生在春夏季，平均春季占 33%，夏季占 42%。1990～2010 年，县境内局部发生大风（8 级或 8 级以上）12 次（天），1995 年 8 月 11 日，最大风速为 14.00 m/s（表 1-6）。

表 1-6　周至县 1990～2010 年最大风速统计表

年份	1990	1991	1992	1993	1994	1995	1996	1997	1998	1999	2000
最大风速（m/s）	11.0	9.30	10.00	8.00	8.70	14.00	10.00	8.00	10.30	7.30	9.00
年份	2001	2002	2003	2004	2005	2006	2007	2008	2009	2010	
最大风速（m/s）	6.00	6.70	7.70	6.00	5.70	8.00	5.30	5.30	9.50	8.90	

　　雾，1990～2010 年，年平均出现雾 8 天；霾，2004～2010 年，出现霾天气较少，年平均不足 1 次；沙尘，1990～2010 年，扬沙、浮尘天气大多出现在春季，年平均 5 天左右，遇小雨落土为泥。

　　风灾，每年 4～8 月大风发生频率较大，其中，6～7 月是大风的多发季节，且多为雷雨大风，对农作物影响很大。4～5 月，大风常伴大雨，可致小麦倒伏、减产或绝收。7～8 月，大风大雨还可致大面积玉米倒伏而减产。6 级以上大风可把猕猴桃架掀倒，尤其是南北走向果园。此外冬季还有寒潮大风，对部分大棚蔬菜和苗木花卉造成影响。1990 年 7 月 9 日 23 时至 10 日凌晨，境内出现罕见大风灾害，风速瞬间可达 11 级，大风将大树连根拔起，使房屋倒塌，电力设施遭到破坏，环南路交通中断 100 h 以上，供电、供水中断持续 2 天，经济损失 2000 多万元。

1.5　土　壤

1.5.1　构成和特点

周至县属古老农业区，土壤分为潮土、水稻土、淤土、黄土、娄土、褐土、棕壤、山地石渣土和山地草甸土等类型。根据土壤普查结果，全县共 9 类土壤，24 个亚类，44 个土属。平原区有 81 个种（山区只查到土属）（表 1-7）。

表 1-7　周至县土壤类型及面积表

名称	占比（%）	所属亚类	分布地区
娄土	7.47	油土、立荏土、褐娄土、灰土、黑涝洼土	竹峪、翠峰、广济等台原高地
黄土	5.21	黄墡土、红胶土	广济、二曲、马召、集贤等地
淤土	1.06	河淤土	司竹、九峰、终南等地
潮土	7.12	潮土、湿潮土、盐化潮土、脱潮土、黑潮土	沿黑河、渭河一带及集贤、九峰等地
水稻土	1.02	淹育水稻土、潴育水稻土、潜育水稻土	司竹、终南、楼观、马召及沿渭等地
褐土	1.93	淋溶褐土	沿山一带
棕壤	2.04	棕壤、生草棕壤、暗棕壤	南部秦岭中高山区局部
山地石渣土	71.47	褐土性石渣土、棕壤性石渣土、暗棕壤性石渣土	南部秦岭山区大部
山地草甸土	1.15	山地草甸土	南部秦岭高山区
水域	1.53		湖、河、渠、塘、库

土壤特征：本县的土壤类型复杂多样。风成和冲积黄土分布广泛，并且在落叶阔叶林植被的影响下，褐土分布广泛，为关中褐土地带的重要组成部分。在秦岭山地，气候温和湿润，落叶阔叶林和针阔叶混交林植被影响大，棕壤广泛发育，是本县土壤显著特色之一。

人工生产而培育成的农业土壤分布很广。由于人们长期耕作施肥，原来的自然褐土上覆盖了一层熟化层，创造出新型农业土壤——娄土。娄土肥力高，在平原和台原都有分布，是县内肥力最高的土壤，这是本县土壤特色之二。

水稻土是在水源充足、人们长期种植水稻的地方发育而成的土壤，在秦岭北麓洪积扇前缘地下水溢出带以及河谷川道地带有较广泛的分布。由于人工精心培育，水稻土比较肥沃，作物产量较高，也是周至县主要农业土壤之一，这是本县土壤特色之三。

土壤分布规律：平原区的河流一级阶地及高河漫滩区分布着潮土和淤泥土，水源充足的地区分布着水稻土；二级阶地、三级阶地和黄土台原区分布着娄土类的褐土和黑油土；台原坡地由于土壤侵蚀严重，成土母岩裸露，为黄土性土；山麓洪积扇顶部为褐土，中下部为红立荏土和黑立荏土。在山区，一般海拔 1200 m 以下为褐土，1200～2400 m 为棕壤，2400～3000 m 为山地灰化土，3000 m 以上为山地草甸土，土壤分布呈明显的垂直地带性。

1.5.2　类型及利用

（1）潮土

潮土是陕西周至黑河湿地省级自然保护区主要土类之一。分布于渭河一级阶地，河流两岸及洪积扇前缘凹地的大部分地区，是在河流冲积物上发育的土壤。由于交替性氧化还原作用和旱耕作熟化形成的地下水位较高，毛细作用强烈，容易"回潮"，土壤湿度较大，俗称"夜潮土"。质地以轻壤为主，耕性好，保肥力差，有石灰反应，微量元素缺乏。占全县面积的 7.12%。其中鸡粪土和黑潮土是质地很低劣的低产土壤，全县共 4000 hm²。

（2）水稻土

水稻土是人们开河修渠，采取交替灌溉、耕作、施绿肥、农家肥等措施，精心培育的一种以栽种水稻为主而形成的土壤。有淹育水稻土、潴育水稻土、潜育水稻土之分，本县以潴育水稻土为主。主要分布于黑河两岸和渭河北岸及河漫滩，一级阶地的水稻种植区。占全县面积的 1.02%。

（3）淤土

淤土为淤沙土属。主要分布在河流两岸，是河流冲积或洪积物形成的土壤，有不同程度的夹沙石，耕性良好，保水、保肥能力较差。占全县面积的 1.06%。

（4）黄土

黄土是发育在黄土母质上的幼年土壤。分布在黄土台原边坡及山麓坡角线两侧地区。由于成土年龄短，成土作用较微，表土疏松软绵，通气性良好，透气性强，具有较好的团粒结构，质地以中壤为主，适耕期长。占全县面积的 5.21%。黄土在周至县大部分乡村均有分布。分黄墡土、红胶土 2 个亚类，又分为白墡土、黄墡土、淤墡土、非石灰性黄墡土、红胶土 5 个土属。

（5）㟆土

㟆土为主要的农业土壤，广泛分布于渭河一、二级阶地和黄土台原上，是在自然褐土的基础上，经过人类长期耕作熟化，特别是施加土粪堆积覆苫下形成的特殊土壤，是熟化程度高、十分肥沃的农业土壤。人工熟化层厚 30~60 cm，通常呈灰棕色，团块状结构，常夹有灰渣、瓦片等杂物。分为油土、立槎土、褐㟆土、灰土、斑斑黑油土、立茬土、黑涝洼土 7 个土属。占全县面积的 7.47%。

（6）褐土

褐土又称肝泥。主要分布在海拔 600~1400 m、坡度在 15°左右的浅山地带，是在暖温带半湿润半干旱季风气候条件下，于森林草原植被上形成的土壤。天然植被物以落叶阔叶林为主。并伴生草灌。分布地区年平均温度 12℃，≥10℃活动积温在 3300℃，年均降水量 700~800 mm。高温和湿润季节，促进了土壤的风化，增大了土壤的淋溶作用。土体坚实，质地黏重。棱柱状结构，缺磷素，难耕作，只能 1 年 1 熟或 2 年 3 熟。本县只有淋溶褐土亚类，再分为黄土母质、石灰岩母质、花岗岩片麻岩母质、千枚岩页岩母质 4 个土属。占全县面积的 1.93%（邢东兴，2004）。

（7）山地石渣土

山地石渣土占全县面积的 71.47%，为母质性土壤，分布在秦岭山地、陡坡，多为滚水地，土层薄，侵蚀强烈，发育弱。土壤中砾石多，没有地带性土壤的发育层次，其土体结构为腐殖层、半风化产物。分褐土性石渣土、棕壤性石渣土、暗棕壤性石渣土 3 个亚类，前者主要处在海拔 600～1900 m 地带，后二者主要处在海拔 1300～3100 m 地带（胡斌，2017）。

（8）棕壤

棕壤分布在高、中山区，海拔 1400～3000 m 的暖湿带落叶阔叶林和针阔叶混交林下，是在夏季暖热而多雨、冬季寒冷而干旱的条件下形成的垂直地带性土壤。分布地区年平均温度 6.4～8.4℃，≥10℃的活动积温在 913～2468℃，年平均降水量在 700～1300 mm，土壤呈中性或微酸性（pH6.4～6.8），剖面为棕色，心土层鲜棕色，母质层为棕色，分棕壤、生草壤、暗棕壤、青石棕壤、麻石棕壤、片石生草棕壤、麻石暗棕壤 7 个土属。棕壤土层薄、黏粒多。占全县面积的 2.04%（刘筱，2016）。

（9）山地草甸土

山地草甸土占山区面积的 1.50%，主要分布在海拔 2300～3700 m，植被为针叶松，其上与灌木草甸相接。土层厚 0.3～0.6 m，多石，酸性，温度低，含水率高。有机质分解较慢，积累多，腐殖质层较厚。本县只有麻石山地草甸土，占全县面积的 1.15%（雷宝佳，2014）。

参 考 文 献

胡斌. 2017. 陕西周至自然保护区野生动植物资源保护管理对策研究：以金丝猴及其生境为例[D]. 杨凌：西北农林科技大学硕士学位论文: 38-39.

雷宝佳. 2014. 农耕区土壤养分空间变异及其影响因素分析：以陕西周至县为例[D]. 西安：西北大学硕士学位论文: 31-34.

李水, 张荣幸, 王耀群, 等. 2020. 周至县志(1990～2010)[M]. 西安：陕西新华出版传媒集团, 陕西人民出版社: 82-91, 107-110.

刘筱. 2016. 陕西黑河流域汇水区不同水体氢氧稳定同位素变化特征研究[D]. 西安：陕西师范大学硕士学位论文: 41-43.

陕西省地质矿产局. 1989. 中华人民共和国地质矿产部地质专报. 区域地质. 第13号. 陕西省区域地质志[M]. 北京：地质出版社: 1-698.

王安全. 1993. 周至县志·自然地理志[M]. 西安：三秦出版社: 30-38, 45-48.

王宗起, 闫全人, 闫臻, 等. 2009. 秦岭造山带主要大地构造单元的新划分[J]. 地质学报, 83(11): 1527-1546.

邢东兴. 2004. 周至国家级自然保护区景观空间格局评析与规划研究[D]. 西安：陕西师范大学硕士学位论文.

袁秉和. 2006. 周至老县城自然保护区维管植物区系及其资源利用研究[D]. 杨凌：西北农林科技大学硕士学位论文.

第 2 章　浮游生物监测及其水质评价

浮游植物和浮游动物分别是水生生态系统的生产者和初级消费者,对维持水生生态系统健康具有重要作用。浮游植物还是水体中溶解氧的主要来源,为整个水生生态系统的运转提供能源,其种类和数量的变化直接或间接地影响着其他水生生物的分布和丰度,关系着水生生态系统的稳定与健康。浮游动物是水域的初级消费者,以浮游植物为食或以细菌、碎屑为食,位于食物链的前端,其本身又是其他水生生物的食物,因而成为食物链中的一个重要环节;此外,浮游动物还通过排泄和分泌,帮助水体有机物质进行分解和循环,对水体的自净功能起着巨大作用;因为摄食方式和对象不同,不同类群浮游动物对环境变化的敏感性和适应能力各异,所以能够指示环境的变化。因此,在同一水域中,浮游生物群落结构和生物量以及优势种分布情况的变化预示着水体水质的变化,并能反映多种环境胁迫对水环境的综合效应和累积效应,已经成为水质监测和评价的主要指示生物。

为了解陕西周至黑河湿地省级自然保护区的水生生态环境的现状,预测水域生态环境的变化趋势,进而为保护秦岭生态环境提供可靠的技术资料,2015 年 8 月至 2016 年 4 月在一个完整的水文周期内对该水域的代表性断面的浮游生物进行了采样调查。

2.1　保护区浮游生物的采集及生物量计算

2.1.1　采样点的设置

根据控制性和代表性的原则,结合区域自然环境、地理位置、人居活动情况,依据“水生生物调查规范”,在黑河水库库区及其下游设置了 4 个采样断面,以黑河金盆水库为起始断面(海拔最高),顺河而下,断面依次为以下 4 个。

(1)断面一:金盆水库

样点①:水库上游(N 33°2′20.8″,E 108°11′39.9″,海拔:550 m);

样点②:水库中心(N 34°3′7.5″,E 108°12′16.3″,海拔:550 m);

样点③:水库坝前(N 34°3′43.8″,E 108°13′17.0″,海拔:550 m)。

(2)断面二:两河口上

样点①:孙家滩(N 34°11′3.7″,E 108°23′35.1″,海拔:406 m);

样点②:富兴村(N 34°11′14.8″,E 108°24′0.2″,海拔:404 m);

样点③:原滩村(N 34°11′39.0″,E 108°24′11.0″,海拔:401 m)。

（3）断面三：两河口

样点①：两河口 1（N 34°12′12.8″，E 108°26′1.0″，海拔：400 m）；

样点②：两河口 2（N 34°12′22.2″，E 108°26′20.6″，海拔：399 m）；

样点③：两河口 3（N 34°13′2.3″，E 108°26′49.8″，海拔：398 m）。

（4）断面四：两河口下（渭河）

样点①：李家滩（N 34°12′45.3″，E 108°28′5.4″，海拔：396 m）；

样点②：马家滩（N 34°13′33.7″，E 108°29′7.5″，海拔：395 m）；

样点③：永安滩（N 34°13′46.7″，E 108°30′4.0″，海拔：395 m）。

2.1.2　采样方法

1. 浮游植物

（1）样品采集和固定

浮游植物的采集包括定量采集和定性采集。

定量采集：在定性采集前进行。由于这些河流水深均小于 3 m，宽度均小于 50 m，依据"水生生物调查规范"，定量采集即为在每条河流的中央处用采水器在水面下直接取水 1000 mL。黑河两河口河段由于在大坝被截流，在冬、春枯水期流至下游水量极小，水深不超过 10 cm，不能使用采水器，因此采集时用量杯直接在河中舀水 1000 mL。

定性采集：采用 25 号筛绢制成的浮游生物网在河流表面缓慢拖曳采集，将网头中的水样放入样品瓶，冲洗过滤网，过滤物也放入样品瓶。

样品现场加入鲁哥氏液固定，用量为水样体积的 1%～1.5%；定量样品带回室内静置沉淀 24～48 h，浓缩至约 30 mL，保存待检。

（2）种类鉴定

定性样品摇匀后吸取 2 滴于载玻片上，盖上盖玻片后检测种类；同时需吸取定量样品进行观察，一般在计数后进行。优势种类鉴定到种，其他种类至少鉴定到属。

（3）计数

将定量样品充分摇匀后吸取 0.1 mL 置于浮游植物计数框内，盖上盖玻片后在显微镜下按行格法计数。观察时采用全片计数，每个样品计数 2 片，取其平均值。如果每次计数结果与平均值之差大于 15%，则增加计数次数。每升水样中浮游植物个数（密度）的计算公式如下：

$$N = \frac{N_0}{N_1} \cdot \frac{V_1}{V_0} \cdot P_n$$

式中，N 为 1 L 水样中浮游生物的数量（ind./L）；N_0 为计数框总格数；N_1 为计数过的方格数；V_1 为 1 L 水样经浓缩后的体积（mL）；V_0 为计数框容积（mL）；P_n 为计数的浮游植物个体数（ind.）。

（4）生物量的测定

浮游植物的比重接近 1，可直接将体积换算成重量（湿重）。

体积的测定根据浮游植物的体型，按最近似的几何形状测量必要的长度、高度、直径等，每一种类随机测定 50 ind.，求出平均值，代入相应的求积公式计算出体积。此平均值乘上 1 L 水中该种藻类的数量，即得到 1 L 水中这种藻类的生物量，所有藻类生物量的和即为 1 L 水中浮游植物的生物量，单位为 mg/L 或 g/m³。微型种类按大、中、小三级的平均质量计算。极小的（<5 μm）为 0.0001 mg/10⁴ ind.；中等的（5～10 μm）为 0.002 mg/10⁴ ind.；较大的（10～20 μm）为 0.005 mg/10⁴ ind.。

2. 浮游动物

（1）样品采集、沉淀和浓缩

原生动物、轮虫类：与同断面的浮游植物共用一份定性、定量样品。

枝角类、桡足类：由于浮游动物存在明显垂直分布格局，因此采集方法因水体深度而不同。本次调查中，水深<0.5 m 时，只在水面下取水；水深<1 m 时，分别取表层水与底层水，混合。定量样品在定性采样前用采水器采集，采水 20 L，用 25 号浮游生物网过滤浓缩，将网头中的浓缩样品放入样品瓶中，并用滤出水冲洗过滤网 3 次，所得过滤物放入样品瓶，样品定量至 50 mL。定性样品水深<0.5 m 时，用 25 号浮游生物网在表层缓慢拖曳采集，水深<1 m 时同时用采水器取底层水过滤浓缩，将网头中的水样放入样品瓶，冲洗过滤网，过滤物也放入样品瓶。样品均现场用 37%～40%甲醛溶液固定，用量为水样体积的 5%；带回室内静置、沉淀 24～48 h，浓缩至 30 mL，保存待检。

（2）种类鉴定

定性样品摇匀后取 2 滴于载玻片上，盖上盖玻片后进行观察计数，种类鉴定参照《淡水微型生物与底栖动物图谱》（第二版）（周凤霞和陈剑虹，2010），优势种类鉴定到种，其他种类至少鉴定到属。

（3）计数

将定量样品充分摇匀后吸取 0.5 mL 置于浮游动物计数框内，盖上盖玻片后在显微镜下按行格法计数，采用全片计数，每个样品计数 2 片，取其平均值。如果每次计数结果与平均值之差大于 15%，则增加计数次数。

每升水样中浮游动物个数（密度）的计算公式如下：

$$N = \frac{V_s \cdot n}{V \cdot V_a}$$

式中，N 为 1 L 水样中浮游生物的数量（ind./L）；V 为采样的体积（L）；V_s 为样品浓缩后的体积（mL）；V_a 为计数样品体积（mL）；n 为计数所获得的个体数（ind.）。

（4）生物量的测定

原生动物和轮虫类生物量的计算采用体积换算法，比重取 1；根据不同种类的体形，按最近似的几何形状测量其体积，再根据体积换算为重量和生物量。枝角类和桡足类生物量的计算采用测量不同种类的体长，用回归方程式求体重进行。

2.1.3　数据处理

采用 Excel 2007 进行数据统计和作图，采用香农-维纳多样性指数（Shannon-Wiener's diversity index，H'）（Shannon，1948）对浮游生物群落特征进行分析。

1. 生物多样性指标计算公式

香农-维纳（Shannon-Wiener）多样性指数（H'）：

$$H' = -\sum_{i=1}^{S} P_i \cdot \log_2 P_i$$

式中，H' 为样本中的信息容量，即种的多样性指数；S 为物种总数；P_i 为第 i 个物种个体数占群落总个体数的比例。

浮游生物物种优势度指数是表示浮游生物群落中某一种（属）在其中所占优势的程度（张婷等，2009），公式如下：

$$优势度指数 \ Y = (N_i/N) \times F_i$$

式中，N_i 为第 i 种（属）的个体总数；N 为所有种（属）的个体总数；F_i 为第 i 种（属）在各采样点出现的频率。当 $Y > 0.2$ 时，即为优势种，当 $Y > 0.5$ 时，即为绝对优势种。

2. 浮游植物、浮游动物密度的计算

浮游植物密度参照姜雪芹等（2009）的方法计算：

$$N = \frac{G_S}{F_S \cdot F_n} \times \frac{V}{U} \times P_n$$

式中，N 为浮游植物密度（ind./L）；G_S 为计数框面积（mm²）；F_S 为 1 个视野的面积（mm²）；F_n 为计数的视野数；V 为 1 L 水样沉淀后浓缩的体积（mL）；U 为计数框容积（一般为 0.1 mL）；P_n 为 1 个显微镜视野下所计得浮游植物的个体数（ind.）。

浮游动物密度参照胡鸿钧和魏印心（2006）的方法计算：

$$N = \frac{V \cdot P}{W \cdot C}$$

式中，V 为水样沉淀浓缩后的体积（mL）；C 为计数框的容积（mL）；W 为采水样体积（1 L）；P 为显微镜视野下各类浮游动物个体数（ind.）（2 片平均数）。

2.2　浮游生物的种类及其生物量

分别在丰水期（2015 年 8 月）、枯水期（2015 年 12 月）、平水期（2016 年 4 月）

3 个水文期,进行了 3 次野外样品采集,共采集水生浮游生物样品 108 份(包括定性样品和定量样品)。

2.2.1 浮游植物

1. 浮游植物种类组成

在 2015 年 8 月至 2016 年 4 月,三个水文期进行的 3 次调查中,在 4 个监测断面共检出浮游植物 7 大门类 94 种(变种)。其中硅藻门最多,51 种(变种),占 54.26%;绿藻门次之,23 种(变种),占 24.47%;蓝藻门 10 种,占 10.64%;隐藻门和裸藻门各 3 种,分别占 3.19%;黄藻门和金藻门各 2 种,分别占 2.13%(图 2-1)。陕西周至黑河湿地省级自然保护区 4 个调查断面浮游植物种类名录详见表 2-1。

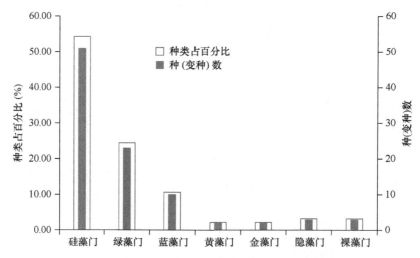

图 2-1　陕西周至黑河湿地省级自然保护区浮游植物门类分布

表 2-1　陕西周至黑河湿地省级自然保护区浮游植物种类名录

门类	编号	中文名	学名
硅藻门	1	优美曲壳藻	*Achnanthes delicatula* (Kütz.) Grunow, 1930
	2	卵圆双眉藻	*Amphora ovalis* (Kütz.) Kützing, 1844
	3	近缘桥弯藻	*Cymbella affinis* Kützing, 1844
	4	箱形桥弯藻原变种	*C. cistula* var. *cistula* (Hemper.) Kirchner, 1878
	5	埃伦桥弯藻	*C. ehrenbergii* Kützing, 1930
	6	膨胀桥弯藻	*C. tumida* (Bréb. ex Kütz.) Van Heurck, 1880
	7	角刺藻	*Chaetoceros elmorei* Boyex, 1914
	8	椭圆波缘藻	*Cymatopleura elliptica* (Bréb., 1930)
	9	草鞋形波缘藻	*C. solea* (Bréb., 1930)
	10	梅尼小环藻	*Cyclotella meneghiniana* Kützing, 1844
	11	普通等片藻	*Diatoma vulgare* Borger, 1824
	12	卵圆双壁藻	*Diploneis ovalis* (Hilse) Cleve, 1891

续表

门类	序号	中文名	学名
	13	美丽双壁藻	*D. puella* (Schum.) Cleve, 1894
	14	斑纹窗纹藻	*Epithemia zebra* (Ehr.) Kützing, 1844
	15	弧形短缝藻	*Eunotia arcus* Ehrenberg, 1837
	16	月形短缝藻	*E. lunaris* (Ehr.) Grunow, 1881
	17	篦形短缝藻	*E. pectinalis* (Kütz.) Rabenhorst, 1864
	18	强壮短缝藻	*E. valida* Hustedt, 1930
	19	连接脆杆藻	*Fragilaria construens* (Ehr.) Grunow, 1862
	20	中型脆杆藻	*F. intermedia* (Grun.) Grunow, 1881
	21	狭辐节脆杆藻	*F. leptostauron* (Ehr.) Hustedt, 1931
	22	小双胞藻	*Geminella minor* (Naegeli) Heering, 1914
	23	塔形异极藻	*Gomphonema turris* Ehrenberg, 1975
	24	尖布纹藻	*Gyrosigma acuminatum* (Kütz.) Rabenhorst, 1853
	25	斯潘塞布纹藻	*G. spencerii* (Quek.) Griff. & Henfr., 1856
	26	变异直链藻	*Melosira varians* Agardh, 1849
	27	卡里舟形藻	*Navicula cari* Ehrenberg, 1930
	28	线形舟形藻	*N. graciloides* Mayer, 1919
	29	瞳孔舟形藻	*N. pupula* Kützing, 1844
	30	微小舟形藻	*N. pusilla* Meneghini ex Kützing, 1848
	31	放射舟形藻	*N. radiosa* Kützing, 1844
硅藻门	32	莱茵哈尔德舟形藻	*N. reinhardtii* Grunow, 1877
	33	简单舟形藻	*N. simplex* Krasske, 1930
	34	双头菱形藻	*Nitzschia amphibia* Grunow, 1930
	35	泉生菱形藻	*N. fonticola* Grunow, 1930
	36	线形菱形藻	*N. linearis* W. Smith, 1930
	37	谷皮菱形藻	*N. palea* (Kütz.) W. Smith, 1930
	38	奇异菱形藻	*N. paradoxa* (Gmelin Grunow, 1880)
	39	北方羽纹藻	*Pinnularia borealis* Ehrenberg, 1841
	40	歧纹羽纹藻	*P. divergentissima* (Grun.) Cleve, 1895
	41	大羽纹藻	*P. maior* (Kütz.) Rabenhorst, 1853
	42	尖针杆藻	*Synedra acus* Kützing, 1844
	43	近缘针杆藻	*S. affinis* (Ag.) Kützing, 1844
	44	双头针杆藻	*S. amphicephala* Kützing, 1844
	45	肘状针杆藻	*S. ulna* (Nitzsch.) Ehrenberg, 1936
	46	肘状针杆藻缢缩变种	*S. ulna* var. *contracta* Östrup, 1901
	47	肘状针杆藻凹入变种	*S. ulna* var. *impressa* Hustedt, 1914
	48	双头辐节藻	*Stauroneis anceps* Ehrenberg, 1843
	49	矮小辐节藻	*S. kriegeri* Patrick, 1945
	50	粗壮双菱藻	*Surirella robusta* Ehrenberg, 1930
	51	绒毛平板藻	*Tabellaria flocculasa* (Lyngb.) Kützing, 1844

续表

门类	序号	中文名	学名
绿藻门	52	狭形纤维藻	*Ankistrodesmus angustus* Bernard, 1908
	53	镰形纤维藻	*A. falcatus* (Corda) Ralfs, 1848
	54	小球藻	*Chlorella vulgaris* Beijerinck, 1890
	55	宫廷绿梭藻	*Chlorogonium peterhofiense* Kisselev, 1931
	56	近胡瓜鼓藻	*Cosmarium subcucumis* Schmidle, 1893
	57	角丝鼓藻	*Desmidium swartzii* Agardh ex Ralfs, 1848
	58	多毛棒形鼓藻	*Gonatozygon pilosum* Wolle, 1882
	59	具孔盘星藻	*Pediastrum clathratum* (Schroetor) Lemmermann, 1987
	60	二角盘星藻纤细变种	*P. duplex* var. *gracillimum* West & West, 1895
	61	纺锤柱形鼓藻	*Penium ubellula* Nordst, 1904
	62	浮球藻	*Planktosphaeria gelatinosa* G. M. Smith, 1918
	63	被甲栅藻	*Scenedesmus armatus* (Chod.) Chodat, 1913
	64	双对栅藻	*S. bijuga* (Turp.) Lagerheim, 1893
	65	斜生栅藻	*S. obliquus* (Turp.) Kützing, 1834
	66	裂孔栅藻	*S. perforatus* Lemmermamn, 1903
	67	埃伦新月藻	*Closterium ehrenbergii* Meneghini, 1840
	68	纤细新月藻	*C. gracile* Brébisson, 1839
	69	库津新月藻	*C. kutzingii* Brébisson, 1856
	70	四刺顶棘藻	*Chodatella quadriseta* Lemmermamn, 1898
	71	简单衣藻	*Chlamydomonas simplex* Pascher, 1983
	72	纤细月牙藻	*Selenastrum gracile* Reinsch, 1867
	73	纤细角星鼓藻	*Staurastrum gracile* Ralfs ex Ralfs, 1848
	74	丛球韦斯藻	*Westella botryoides* (West) Wildeman, 1897
蓝藻门	75	膨胀色球藻	*Chroococcus turgidus* (Kützing) Nägeli, 1849
	76	小型色球藻	*Ch. minor* (Kütz.) Näg., 1849
	77	微小色球藻	*Ch. minutus* (Kütz.) Näg., 1849
	78	具鞘微鞘藻	*Microcoleus vaginatus* (Vauch.) Gom., 1890
	79	美丽颤藻	*Oscillatoria formosa* Bory, 1951
	80	湖泊颤藻	*O. lacustris* (Kleb.) Geitler, Sussw, 1895
	81	巨颤藻	*O. princeps* Vauch ex Gom., 1892
	82	颤藻	*Oscillatoria* sp.
	83	小席藻	*Phorimidium tenus* (Menegh) Gom. Monogr. Oscill, 1837
	84	席藻	*Phorimidium* sp.
黄藻门	85	湖生胶葡萄藻	*Gloeobotrys limneticus* (G. M. Smith) Pasch., 1939
	86	小型黄丝藻	*Tribonema minus* (Will.) Haz., 1902
金藻门	87	分歧锥囊藻	*Dinobryon divergens* Imhof., 1887
	88	小三毛金藻	*Prymnesium parvum* Carter, 1937
隐藻门	89	尖尾蓝隐藻	*Chroomonas acuta* Uterm., 1950
	90	卵形隐藻	*Cryptomonas ovata* Ehr., 1838
	91	回转隐藻	*C. reflexa* Skuja, 1948
裸藻门	92	膝曲裸藻	*Euglena geniculata* Dujardin, 1841
	93	纤细裸藻	*E. gracilis* Klebs, 1883
	94	血红裸藻	*E. sanguinea* Ehrenberg, 1830

　　从表 2-1 可以看出，调查水域的浮游植物群落结构为硅藻-绿藻型，这两个门的种数占到了每个样点总种数的 74%～100%。

　　从黑河和渭河的 4 个断面来看，所有断面都检测出硅藻和绿藻，断面一在平水期和丰水期检测到裸藻，枯水期检测到蓝藻；除断面一外，其他 3 个断面还均监测到蓝藻，另外，断面二在平水期检测到黄藻，在丰水期检测到裸藻和隐藻，断面三在平水期检测到隐藻，在丰水期检测到金藻，断面四在平水期检测到隐藻和黄藻，在丰水期检测到隐藻和金藻。各调查断面浮游植物种数在 13～39 种（变种），断面一（金盆水库）种类数最多，断面二和断面三次之，断面四种类数最少。

　　在不同水文期各断面浮游植物种类数差异明显，尤其处于冬季的枯水期，浮游植物种类数最少，除金盆水库断面依然有 29 种（变种）外，另外三个断面枯水期浮游植物种类仅有 13～16 种（变种），这与中国北方地区其他淡水河流的种类结构变化一致，即春、夏两季种类较秋、冬季多，平水期和丰水期较枯水期种类多。

　　从两条河流来看，位于黑河水域的断面一和断面二，其浮游植物种类要明显多于位于渭河水域的断面三和断面四。其中，断面一（金盆水库）为湖泊型水环境，更利于浮游植物的繁殖，我们暂且不考虑这一断面。而其余三个断面均为河流型生境，黑河水域的断面二检测到的浮游植物种类数多于渭河断面的浮游植物种类数，这可能反映黑河水体质量优于渭河水体质量。

　　从藻类出现频率来看，硅藻门的优美曲壳藻（*Achnanthes delicatula*）、膨胀桥弯藻（*Cymbella tumida*）、普通等片藻（*Diatoma vulgare*）和绿藻门的小球藻（*Chlorella vulgaris*）、双对栅藻（*Scenedesmus bijuga*）发现于所有调查断面甚至所有调查样点。

2. 三个水文期各断面浮游植物组成及其种（变种）数

　　由图 2-2 可知，三个水文期各断面藻类组成种数为 13～39 种（变种），枯水期藻类种数较少，平水期和丰水期藻类的种数变化并不明显，断面 1 即库区的藻类组成最为稳定。总体来看，各断面藻类种数平水期最多，丰水期次之，枯水期最少，所有断面不同水文期

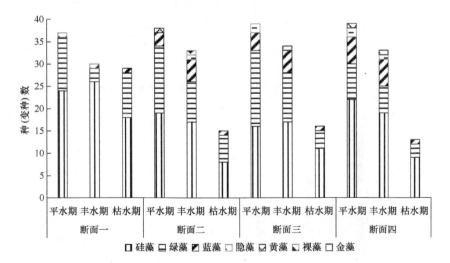

图 2-2　三个水文期各断面浮游植物组成及其种（变种）数分布图

水体浮游植物组成均为硅藻-绿藻型，这两个门类的藻类种数占每个断面藻类组成总种数的76.9%～97.3%，这和我国北方大多数水体藻类组成类型一致。

浮游生物优势度指数>20%为优势种，>50%为绝对优势种（徐先栋等，2012）。4个调查断面无绝对优势种，但均存在优势种，且优势种多为硅藻或绿藻，如断面一的优势种为线形舟形藻（*Navicula graciloides*）（占22.0%）和小席藻（*Phorimidium tenus*）（占20.5%），变异直链藻（*Melosira varians*）在断面二和断面三为优势种（分别占22.5%和27.0%），断面四优势种为卡里舟形藻（*Navicula cari*）（占23.5%）和小球藻（占30.2%）。

（1）平水期浮游植物组成

4个调查断面平水期浮游植物组成种（变种）数以硅藻门和绿藻门藻类为主，蓝藻门次之，隐藻门、黄藻门和裸藻门均较少；未检测到金藻门种类（图2-3）。

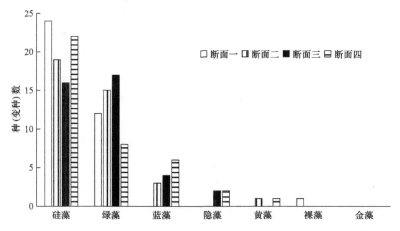

图2-3　平水期各断面浮游植物组成

（2）丰水期浮游植物组成

丰水期各断面浮游植物组成和平水期类似，依然为硅藻-绿藻型，种类组成上较平水期丰富，但丰水期各断面均未检测到黄藻门藻类（图2-4）。

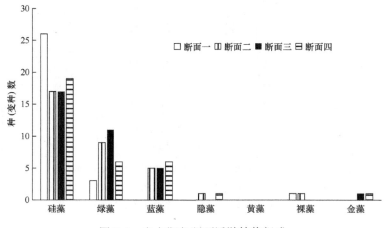

图2-4　丰水期各断面浮游植物组成

（3）枯水期浮游植物组成

枯水期各断面浮游植物组成依然为硅藻-绿藻型，总体上来看，枯水期藻类组成种（变种）数较另外两个水文期少，即组成更单一，除断面一外，另外三个断面种（变种）数明显较少。且枯水期在所有断面均未检测到隐藻门、黄藻门、金藻门和裸藻门藻类（图 2-5）。

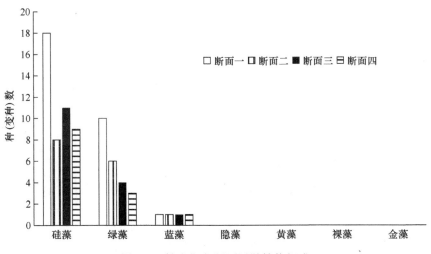

图 2-5 枯水期各断面浮游植物组成

3. 三个水文期各断面浮游植物组成及其密度

经定量分析，4 个断面 12 个样点三个水文期的浮游植物平均密度在 $0.67 \times 10^4 \sim 9.59 \times 10^4$ ind./L，其中，平水期平均密度为 6.21×10^4 ind./L，丰水期为 7.94×10^4 ind./L，枯水期为 2.38×10^4 ind./L，其密度趋势为丰水期＞平水期＞枯水期。最高密度出现在断面二的丰水期，达 9.59×10^4 ind./L，最低密度出现在断面四的枯水期，仅 0.67×10^4 ind./L。从各个断面来看，断面一浮游植物密度最高，且不同水文期波动较小，为 $5.97 \times 10^4 \sim 9.41 \times 10^4$ ind./L，趋势为丰水期＞平水期＞枯水期；断面二浮游植物密度在 $1.78 \times 10^4 \sim 9.59 \times 10^4$ ind./L，趋势也为丰水期＞平水期＞枯水期，不同水文期波动较明显，枯水期浮游植物密度较另外两个水文期显著降低；断面三浮游植物密度在 $1.13 \times 10^4 \sim 6.79 \times 10^4$ ind./L，趋势为平水期＞丰水期＞枯水期，枯水期浮游植物密度也显著降低；断面四浮游植物密度在 $0.67 \times 10^4 \sim 7.02 \times 10^4$ ind./L，各期趋势为丰水期＞平水期＞枯水期，枯水期显著降低，且在 4 个断面中最低。从各个断面平均密度来看，断面一在三个水文期的平均密度最高，达 7.69×10^4 ind./L，断面二和断面三次之，分别为 5.92×10^4 ind./L 和 4.56×10^4 ind./L，断面四最低，仅 3.89×10^4 ind./L。即顺河而下浮游植物密度有下降趋势。

金盆库区即断面一的浮游植物密度总体高于其他断面，这是由于库区静水环境适宜藻类繁殖生长，而下游水体为流动水体、水流较急，不适宜藻类生长繁殖（洪松和陈静生，2002）。张军燕等（2009）在黄河上的研究也发现，相对于水流较急的上游河段，水流比较平缓且深度较大的黄河玛曲大桥段浮游植物密度较高，与本研究的结果一致。

断面一（即金盆水库库区）三个水文期浮游植物密度相对稳定，这主要是由于库区水体深，水质良好，水环境较稳定，各季节水温变化相对温和，给浮游植物提供了良好的生存环境，而下游三个调查断面为河流型生境，季节间水环境变化剧烈，且沿途居民较多，可能存在污染，尤其断面三和断面四位于渭河干流，可能存在工业污水和城市生活污水的潜在污染，导致浮游植物密度的显著变化（图2-6）。

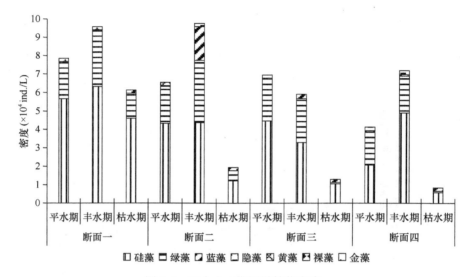

图2-6　三个水文期浮游植物密度

贫营养型水体的浮游植物以金藻为主，中营养型水体的浮游植物以硅藻为主，富营养型水体以绿藻、蓝藻为主（Negro et al., 2000; Kamenir et al., 2004）。本调查结果表明，陕西周至黑河湿地省级自然保护区流域浮游植物以硅藻和绿藻为主，可见该流域水体为中营养型水体。

（1）平水期各断面浮游植物密度

各调查断面平水期浮游植物密度在$3.97 \times 10^4 \sim 7.69 \times 10^4$ ind./L，断面一（金盆水库）密度最高，断面四最低，这与各断面对应的水环境相适应，平水期正处于春季，此时气温回暖，水温上升，正利于浮游植物进行光合作用，往往这一时期浮游植物密度迅速上升。断面二和断面三浮游植物密度分别为6.38×10^4 ind./L 和 6.79×10^4 ind./L（图2-7）。

（2）丰水期各断面浮游植物密度

各调查断面丰水期浮游植物密度普遍较高，在$5.75 \times 10^4 \sim 9.59 \times 10^4$ ind./L，位于黑河水域的断面一和断面二分别为9.41×10^4 ind./L 和 9.59×10^4 ind./L，明显高于位于渭河水域的断面三和断面四（分别为5.75×10^4 ind./L 和 7.02×10^4 ind./L）。我们分析，这主要是由于渭河水体泥沙含量远高于黑河流域水体，水体透明度低，不利于浮游植物进行光合作用，因而其密度较低，其次，渭河流经天水市、宝鸡市、咸阳市等中大城市，沿途工业污水、生活污水等难免造成渭河水体的污染，这可能也大大影响了浮游植物的生存（图2-8）。

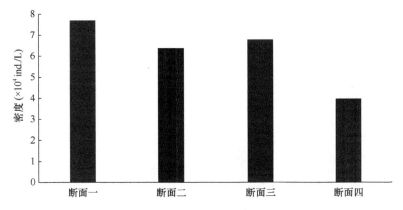

图 2-7　平水期各断面浮游植物密度

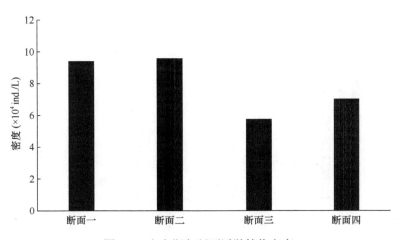

图 2-8　丰水期各断面浮游植物密度

（3）枯水期浮游植物密度

各调查断面枯水期浮游植物密度在 $0.67 \times 10^4 \sim 5.97 \times 10^4$ ind./L，断面一（金盆水库）密度最高，明显高于其余三个断面，断面二、断面三和断面四枯水期浮游植物密度分别为 1.78×10^4 ind./L、1.13×10^4 ind./L 和 0.67×10^4 ind./L（图 2-9）。

枯水期正处于年温度最低的冬季，此时水温不利于大部分浮游植物生存，仅部分耐低温的浮游植物能进行光合作用并繁殖，其中以硅藻居多。而金盆水库由于水深较大，冬季库区水体的温跃层为浮游植物提供了温和的水环境，因而其冬季的浮游植物密度并没有显著下降。

4. 不同水文期各断面浮游植物生物量

由图 2-10 可见，断面一浮游植物生物量总体高于其他三个断面，不同水文期波动不明显，尤其在枯水期，下游三个断面枯水期浮游植物生物量明显低于各自断面的丰水期和平水期，总体来看，生物量的变化趋势和密度变化趋势一致。

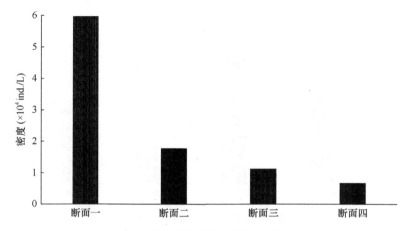

图 2-9 枯水期各断面浮游植物密度

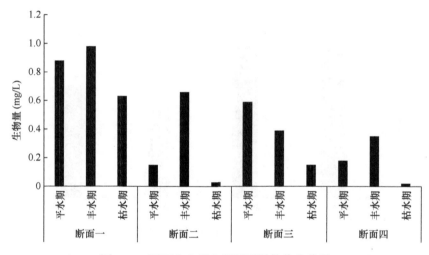

图 2-10 不同水文期各断面浮游植物生物量

（1）平水期各断面浮游植物生物量

平水期，断面一生物量最高，为 0.88 mg/L，断面三次之，为 0.59 mg/L，断面二和断面四较低，分别为 0.15 mg/L 和 0.18 mg/L（图 2-11）。

（2）丰水期各断面浮游植物生物量

单从丰水期来看，断面一生物量最高，为 0.98 mg/L，且向下游逐渐呈降低趋势，断面二至断面四生物量依次为 0.66 mg/L、0.39 mg/L 和 0.35 mg/L（图 2-12）。

（3）枯水期各断面浮游植物生物量

单从枯水期来看，下游三个断面浮游植物生物量均处于较低水平，而断面一依然相对较高，达 0.63 mg/L，接近其丰水期和平水期的生物量。断面二、断面三和断面四枯水期浮游生物量分别为 0.03 mg/L、0.15 mg/L 和 0.02 mg/L（图 2-13）。

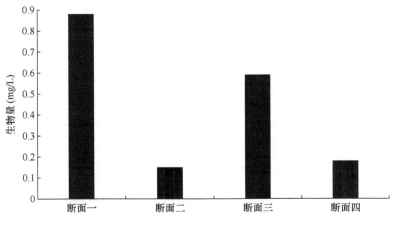

图 2-11　平水期各断面浮游植物生物量

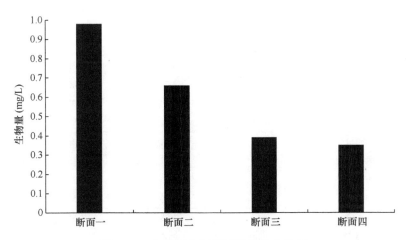

图 2-12　丰水期各断面浮游植物生物量

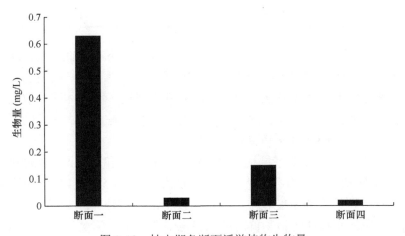

图 2-13　枯水期各断面浮游植物生物量

5. 浮游植物生物多样性分析

生物多样性是生态系统中生物组成和结构的重要指标，它不仅反映生物群落的组织化水平，而且可以通过结构与功能的关系反映群落的本质属性。

浮游生物（藻类）生物多样性多采用香农-维纳（Shannon-Wiener）多样性指数（H'）进行评价：$H'<1$ 说明生物种群组成的丰度小，结构不稳定，易受外界干扰；为 $1\sim2$ 时说明生物种群组成的丰度较小，结构较稳定，对外界的干扰具有调节能力；>2 说明生物种群组成的丰度较大，结构较稳定，自我调节的能力较强，有较强的抗干扰能力。其值越高，表明该群落中水生生物越多，食物链及群落结构越复杂，自动调节能力越强，群落稳定性越大，反之则相反（孙儒泳等，2019）。各断面在各水文期的 H' 见表2-2。

表 2-2　浮游植物的 Shannon-Wiener 多样性指数

采样点		水文期			平均值
		平水期	丰水期	枯水期	
断面一	水库上游	3.55	3.56	3.02	3.38
	水库中心	3.57	3.68	3.21	3.49
	水库坝前	3.93	4.12	3.18	3.74
	平均值	3.68	3.79	3.14	3.54
断面二	孙家滩	3.26	3.25	1.58	2.70
	富兴村	3.55	3.78	1.85	3.06
	原滩村	3.18	3.84	1.97	3.00
	平均值	3.33	3.62	1.80	2.92
断面三	两河口1	2.66	3.32	1.23	2.40
	两河口2	2.97	2.92	1.19	2.36
	两河口3	3.12	2.95	2.34	2.80
	平均值	2.92	3.06	1.59	2.52
断面四	李家滩	2.47	3.08	1.65	2.40
	马家滩	3.24	2.67	1.89	2.60
	永安滩	2.79	3.04	1.62	2.48
	平均值	2.83	2.93	1.72	2.49

由表2-2可知：断面一的 H' 多样性指数最高，顺河而下有降低趋势。断面一在三个水文期 H' 多样性指数均值达 3.54，且其值在三个水文期均大于3，断面二、三、四的 H' 多样性指数在平水期和丰水期均大于2，由此可见，调查区域水体的浮游生物种群结构较稳定，自我调节的能力强，有较强的抗干扰能力，尤其是金盆水库库区浮游植物群落结构最为稳定，这也反映库区水质良好。

断面二平均 H' 多样性指数较断面一低，但高于断面三和断面四。除库区断面外，另外三个断面枯水期 H' 多样性指数显著降低，分别为 1.80、1.59 和 1.72，说明调查区域水体在枯水期生物种群组成的丰度较小，但结构较稳定，对外界的干扰具有调节能力。

总体来看，黑河水体浮游植物群落结构稳定性要高于两河交界附近的渭河水体，陕西周至黑河湿地省级自然保护区水体的春、夏季浮游植物群落稳定性高于冬季水体。

当 $H'>3$ 时，表示水质清洁；$1\leqslant H'\leqslant3$ 时，表示水质中度污染；$H'<1$ 时，表明水质重度污染。由此来看，金盆水库库区水质优良，在4个调查断面中水质最好，断面二

水质不及库区水质，但总体也达到清洁程度，仅在枯水期水质为中度污染，而断面三和断面四在枯水期水质均为中度污染状态，在丰水期和平水期为清洁或中度污染状态。这表明自黑河汇入渭河后水质下降，反映渭河水质确实存在污染。

2.2.2　浮游动物

1. 种类组成

在 2015 年 8 月至 2016 年 4 月，三个水文期进行的 3 次调查中，在 4 个监测断面共检出浮游动物 4 大门类 72 种（属）。其中原生动物最多，30 种，占 41.67%；轮虫次之，24 种，占 33.33%；枝角类 11 种，占 15.28%；桡足类 7 种（属），占 9.72%（图 2-14）。陕西周至黑河湿地省级自然保护区 4 个调查断面浮游动物种类名录详见表 2-3。

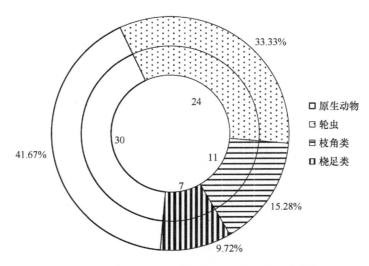

图 2-14　浮游动物组成［种（属）数及其百分数］

表 2-3　陕西周至黑河湿地省级自然保护区浮游动物种类名录

门类	编号	学名	拉丁名
原生动物	1	短棘刺胞虫	*Acanthocystis brevicirrhis*
	2	蝙蝠变形虫	*Amoeba vespertilis*
	3	大变形虫	*A. proteus*
	4	珊瑚变形虫	*A. gorgonia*
	5	辐射变形虫	*A. radiosa*
	6	齿表壳虫	*Arcella dentata*
	7	针棘匣壳虫	*Centropyxis aculeata*
	8	压缩匣壳虫	*C. constricta*
	9	盘状匣壳虫	*C. discoides*
	10	坛状曲颈虫	*Cyphoderia ampulla*

门类	编号	学名	拉丁名
原生动物	11	珍珠映毛虫	*Cinetochilum margaritaceum*
	12	尖顶砂壳虫	*Difflugia acuminata*
	13	藻砂壳虫	*D. bacillariarum*
	14	冠砂壳虫	*D. corona*
	15	球形砂壳虫	*D. globulosa*
	16	长圆砂壳虫	*D. oblonga*
	17	梨形砂壳虫	*D. pyriformis*
	18	矛状鳞壳虫	*Euglypha laevis*
	19	结节鳞壳虫	*E. tuberculata*
	20	阔口游仆虫	*Euplotes eurystomus*
	21	泡形裸口虫	*Holophrya vesiculosa*
	22	节盖虫	*Opercularia articulata*
	23	尾草履虫	*Paramecium caudatum*
	24	巢居法帽虫	*Phryganella nidulus*
	25	小旋口虫	*Spirostomum minus*
	26	多态喇叭虫	*Stentor polymorphus*
	27	锥形似铃壳虫	*Tintinnopsis conicus*
	28	扭曲管叶虫	*Trachelophyllum sigmoides*
	29	线条三足虫	*Trinema lineare*
	30	王氏似铃壳虫	*Tintinnopsis wangi*
轮虫类	31	前节晶囊轮虫	*Asplanchna priodonta*
	32	角突臂尾轮虫	*Brachionus angularis*
	33	萼花臂尾轮虫	*B. calyciflorus*
	34	矩形臂尾轮虫	*B. leydigi*
	35	壶状臂尾轮虫	*B. urceus*
	36	钝角狭甲轮虫	*Colurella obtusa*
	37	钩状狭甲轮虫	*C. uncinata*
	38	大肚须足轮虫	*Euchlanis dilatata*
	39	卵形鞍甲轮虫	*Lepadella ovalis*
	40	盘状鞍甲轮虫	*L. patella*
	41	阔口鞍甲轮虫	*L. venefica*
	42	蹄形腔轮虫	*Lecane ungulata*
	43	螺形龟甲轮虫	*Keratella cochlearis*
	44	矩形龟甲轮虫	*K. quadrata*
	45	单趾轮虫	*Monostyla* sp.
	46	唇形叶轮虫	*Notholca labis*
	47	弯趾椎轮虫	*Notommata cyrtopus*
	48	长肢多肢轮虫	*Polyarthra dolichoptera*
	49	较大多肢轮虫	*P. major*
	50	针簇多肢轮虫	*P. trigla*
	51	污前翼轮虫	*Proales sordida*
	52	裂足轮虫	*Schizocerca diversicornis*
	53	长刺异尾轮虫	*Trichocerca longiseta*
	54	纵长异尾轮虫	*Tr. elongata*

续表

门类	编号	学名	拉丁名
	55	中型尖额溞	*Alona intermedia*
	56	奇异尖额溞	*A. eximia*
	57	球形锐额溞	*Alonella globulosa*
	58	简弧象鼻溞	*Bosmina coregoni*
	59	直额弯尾溞	*Camptocercus rectirostris*
枝角类	60	长刺溞	*Daphnia longispina*
	61	僧帽溞	*D. cucullata*
	62	蚤状溞	*D. pulex*
	63	透明薄皮溞	*Leptodora kindti*
	64	多刺裸腹溞	*Moina macrocopa*
	65	老年低额溞	*Simocephalus vetulus*
	66	棘刺真剑水蚤	*Eucyclops euacanthus*
	67	锯缘真剑水蚤	*E. serrulatus*
	68	跨立小剑水蚤	*Microcyclops varicans*
桡足类	69	无节幼体	*Nauplius*
	70	毛饰拟剑水蚤	*Paracyclops fimbriatus*
	71	中华哲水蚤	*Sinocalanus sinensis*
	72	汤匙华哲水蚤	*S. dorrii*

2. 各断面浮游动物种（属）数

总体来看，断面一浮游动物种类最为丰富，其平水期、丰水期和枯水期检测到的浮游动物分别有 40 种（属）、46 种（属）和 32 种（属），这和浮游植物丰度趋势一致。从不同水文期各样点分布来看，断面一丰水期分布最多，有 46 种（属），包括原生动物 22 种，轮虫 11 种，枝角类 8 种，桡足类 5 种（属），各断面枯水期浮游动物种（属）数最少，但枯水期断面一浮游动物种（属）数明显多于另外三个调查断面（图 2-15）。

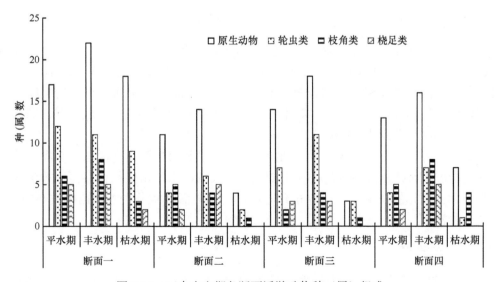

图 2-15　三个水文期各断面浮游动物种（属）组成

3. 三个水文期各断面浮游动物密度

由图 2-16 可知，断面一浮游动物密度明显高于其他断面，三个水文期的平均密度达 77.34 ind./L，其中原生动物达 66.00 ind./L，轮虫 6.67 ind./L，枝角类 3.00 ind./L，桡足类仅 1.67 ind./L。下游三个断面三个水文期浮游动物平均密度基本相当，断面二为 22.67 ind./L，其中原生动物 17.67 ind./L，轮虫和枝角类各 2.00 ind./L，桡足类仅 1.00 ind./L；断面三为 21.67 ind./L，其中原生动物 16.67 ind./L，轮虫 3.33 ind./L，枝角类 1.00 ind./L，桡足类仅 0.67 ind./L；断面四为 20.34 ind./L，原生动物达 15.00 ind./L，轮虫 1.67 ind./L，枝角类 2.67 ind./L，桡足类 1.00 ind./L。断面一浮游动物密度最高，主要是由于库区较高密度的浮游植物为浮游动物提供了充足的饵料。其次，库区静水水体更适宜浮游动物生存。

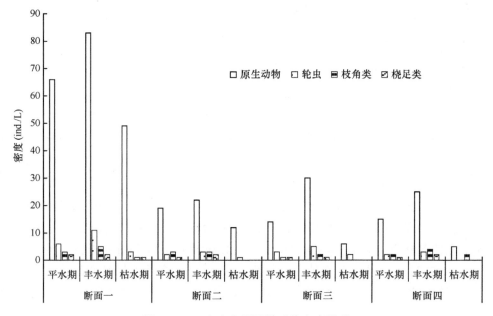

图 2-16　三个水文期浮游动物密度组成

在平水期，断面一平均密度最高，达 77 ind./L，断面二、三、四平水期密度分别为 25 ind./L、19 ind./L 和 20 ind./L；在丰水期，断面一平均密度也是最高，达 101 ind./L，断面二、三、四丰水期密度分别为 30 ind./L、38 ind./L 和 34 ind./L；枯水期平均密度最低，但断面一达 54 ind./L，断面一在不同季节的浮动不及下游三个断面明显。断面二、三、四枯水期密度分别为 13 ind./L、8 ind./L 和 7 ind./L。

除断面一外，下游三个断面枯水期浮游动物密度显著下降，这也与各断面浮游植物的变化趋势一致。枝角类和桡足类在下游三个断面的枯水期密度很低甚至未检测到。如枯水期断面三水体的桡足类仅 0.67 ind./L，断面二和断面四桡足类密度也仅在 0.50 ind./L 以下或未检测到。

4. 浮游动物生物量

4 个调查断面浮游动物生物量平水期在 0.009～0.052 mg/L，平均值为 0.021 25 mg/L；

丰水期在 0.016～0.125 mg/L，平均值为 0.045 mg/L；枯水期在 0.001～0.048 mg/L，平均值为 0.014 25 mg/L。由此可见，丰水期浮游动物生物量最高，平水期次之，枯水期最低，见表 2-4、图 2-17～图 2-19。

表 2-4　各断面各水文期浮游动物密度及其生物量

采样断面	水文期	密度（ind./L）	生物量（mg/L）
断面一	平水期	77	0.052
	丰水期	101	0.125
	枯水期	54	0.048
断面二	平水期	25	0.013
	丰水期	30	0.016
	枯水期	13	0.007
断面三	平水期	19	0.011
	丰水期	38	0.021
	枯水期	8	0.001
断面四	平水期	20	0.009
	丰水期	34	0.018
	枯水期	7	0.001

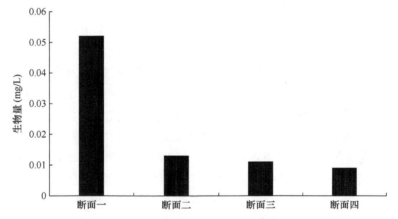

图 2-17　平水期各断面浮游动物生物量

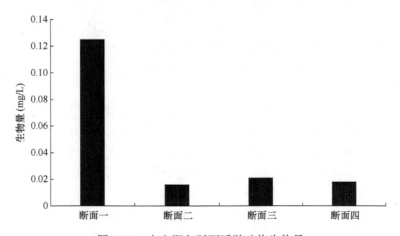

图 2-18　丰水期各断面浮游动物生物量

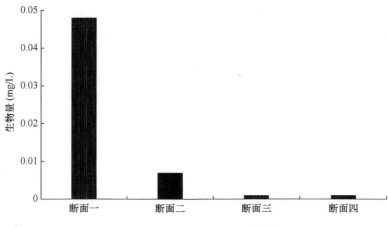

图 2-19　枯水期各断面浮游动物生物量

2.3　浮游生物对湿地类型保护区的评价意义

浮游生物是水生生态系统的重要组成部分，浮游植物和浮游动物分别是水生生态系统的初级和次级生产者，对维持水生生态系统健康具有重要作用，为整个水生生态系统的运转提供能源，其种类和数量的变化直接或间接地影响着其他水生生物的分布和丰度，关系着水生生态系统的稳定与健康，因此浮游植物群落的多寡、结构组成、相关指示种的存在与否均可以反映其水域水质状况（金相灿和屠清瑛，1990）。

浮游动物是水域的初级消费者，以浮游植物为食或以细菌、碎屑为食，位于食物链的前端，其本身又是其他水生生物的食物，因而成为食物链中的一个重要环节；此外，浮游动物还通过排泄和分泌，帮助水体有机物质进行分解和循环，对水体的自净功能起着巨大作用；因为摄食方式和对象不同，不同类群对环境变化的敏感性和适应能力各异，能够指示环境的变化。因此，在同一水域中，浮游生物群落结构和生物量以及优势种分布情况的变化预示着水体水质的变化，并能反映多种环境胁迫对水环境的综合效应和累积效应，已经成为水质监测和评价的主要指示生物。

浮游植物密度和生物量可以反映水体营养状况，可根据其密度水平评价水体营养状况（沈治蕊等，1997）。密度小于 3×10^5 ind./L 为贫营养型水体，$3 \times 10^5 \sim 10 \times 10^5$ ind./L 为中营养型水体，大于 10×10^5 ind./L 为富营养型水体。从浮游植物生物量来划分，小于 1 mg/L 为贫营养型水体，$1 \sim 5$ mg/L 为中营养型水体，$5 \sim 10$ mg/L 为富营养型水体（何志辉，1987）。

调查结果显示，调查水域的浮游植物群落结构为硅藻-绿藻型，在 4 个监测断面共检出浮游植物 7 大门类 94 种（变种），其中硅藻门最多，绿藻门次之。共检出浮游动物 4 大门类 72 种（属），其中原生动物最多，轮虫次之。黑河流域尤其是金盆水库库区浮游生物群落结构最为稳定，优于渭河调查断面。各个断面在不同水文期营养状态明显不同，丰水期水体营养明显优于平水期和枯水期，上游断面优于下游断面。

各调查断面浮游植物种数在 13～39 种（变种）。在不同水文期各断面浮游植物种类数差异明显，尤其处于冬季的枯水期，浮游植物和浮游动物种类均较少，这与中国北方地区其他淡水河流的种类结构变化相一致，总体来说春、夏两季种类较秋、冬多。

从两条河流来看，位于黑河水域的断面一和断面二，其浮游生物种类要明显多于位于渭河水域的断面三和断面四，三个河流型生境的断面的浮游生物检测结果反映黑河水体优于渭河水体。我们分析这是因为：一是渭河流域存在较多污染源，如城市工业废水、生活污水等；二是黑河中上游是西安等城市的供水区，受到严格保护，并且流经区域为秦岭山脉，污染源很少。

从生物多样性指数结果来看，调查区域水体的浮游生物种群结构较稳定，自我调节能力强，有较强的抗干扰能力，尤其是金盆水库库区浮游植物群落结构最为稳定，这反映库区水质良好，黑河下游水体也为中营养型水体，水质较好。但多样性指数也反映两河口交界处的断面三及渭河干流的断面四附近水质存在一定程度污染，尤其枯水期较为明显，应当引起相关部门的重视和警惕。

2.4　小　　结

黑河保护区 4 个监测断面共检出浮游植物 7 大门类 94 种（变种）。浮游植物群落结构为硅藻-绿藻型，这两个门的种数占到了每个样点总种数的 74%～100%。

在黑河保护区内，黑河水体浮游植物群落结构稳定性要高于两河交界附近的渭河水体，陕西周至黑河湿地省级自然保护区水体的春、夏季浮游植物群落稳定性高于冬季水体。黑河流域浮游生物群落结构稳定，黑河水系尤其金盆水库库区水质良好，优于渭河断面，且渭河水体甚至在枯水期存在中度污染。

黑河保护区 4 个监测断面共检出浮游动物 4 大门类 72 种（属）。浮游动物密度断面一明显高于其他断面，浮游动物生物量丰水期最高，平水期次之，枯水期最低。

黑河保护区其水体水质在不同水文期、不同断面的营养状态明显不同，丰水期水体营养明显优于平水期和枯水期，上游断面优于下游断面，黑河水体营养优于渭河水体。

参 考 文 献

何志辉. 1987. 中国湖泊和水库的营养分类[J]. 大连水产学院学报, 8(1): 1-10.

洪松, 陈静生. 2002. 中国河流水生生物群落结构特征探讨[J]. 水生生物学报, 26(3): 295-305.

胡鸿钧, 魏印心. 2006. 中国淡水藻类：系统、分类及生态[M]. 北京：科学出版社.

姜雪芹, 禹娜, 毛开云, 等. 2009. 冬季上海市城区河道中浮游植物群落结构及水质的生物评价[J]. 华东师范大学学报(自然科学版), (2): 78-87, 140.

金相灿, 屠清瑛. 1990. 湖泊富营养化调查规范[M]. 2 版. 北京：中国环境科学出版社.

沈治蕊, 卞小红, 赵燕, 等. 1997. 南京煦园太平湖富营养化及其防治[J]. 湖泊科学, 9(4): 377-380.

孙儒泳, 王德华, 牛翠娟. 2019. 动物生态学原理[M]. 4 版. 北京：北京师范大学出版社.

徐先栋, 王海华, 盛银平, 等. 2012. 太子河浮游植物初步调查及鲢鳙鱼产力评估[J]. 水生态学杂志, 33(4): 84-89.

张军燕, 张建军, 杨兴中, 等. 2009. 黄河上游玛曲段春季浮游生物群落结构特征[J]. 生态学杂志, 28(5): 983-987.

张婷, 李林, 宋立荣. 2009. 熊河水库浮游植物群落结构的周年变化[J]. 生态学报, 29(6): 2971-2979.

周凤霞, 陈剑虹. 2010. 淡水微型生物与底栖动物图谱[M]. 2 版. 北京: 化学工业出版社.

Kamenir Y, Dubinsky Z, Zohary T. 2004. Phytoplankton size structure stability in a meso-eutrophic subtropical lake[J]. Hydrobiologia, 520: 89-104.

Negro A I, Hoyos C D, Vega J. 2000. Phytoplankton structure and dynamics in Lake Sanabria and Valparaiso reservoir (NW Spain)[J]. Hydrobiologia, 424: 25-37.

Shannon C E. 1948. A mathematical theory of communication[J]. The Bell System Technical Journal, 27: 379-423, 623-656.

第3章 底栖动物

底栖动物处于水生食物链的中间环节，既可以促进有机质分解，净化水体，又可作为鱼类的天然优质饵料，在水生生态系统的能量循环和营养流动中起着重要作用。底栖动物具有活动范围广、易采集辨认、少迁徙、对外界干扰敏感等优势，被称为优秀的"水下哨兵"。底栖动物很早就被美国、英国、加拿大和澳大利亚等国家的环保部门应用于水环境监测。我国自20世纪80年代初开始，广泛利用底栖动物对黄河干流、湘江干流、珠江水系、京津地区河流及丰溪河、青龙河、洞庭湖和东湖等的水质进行监测（颜京松等，1980；黄玉瑶等，1982；任淑智，1991；柯欣等，1996；戴友芝等，2000；王士达，1996）。杨莲芳等（1992）首次将快速水质生物评价技术介绍到了国内，并利用水生昆虫系统评价了安徽九华河的水质状况。郝卫民等（1995）对洪湖的水质评价结果和蓝宗辉（1997）对韩江下游支流水质的监测分析均表明，基于底栖动物对水质的评价结果与理化指标分析结果基本一致。

秦岭是中国自然地理上的南北分界线，为北亚热带向南暖温带的过渡地带。特殊的地理位置、多样的气候类型和丰富的地貌类型，为各种生物种类的产生和繁衍提供了优越的生境。秦岭是我国两大水系黄河水系和长江水系的分水岭，水资源量丰富，达 $2.22 \times 10^{10} \text{ m}^3$，约占陕西省水资源总量的50%，是陕西省的主要水源涵养区。黑河位于秦岭北坡，黑河金盆水库是西安市重要的饮用水水源地。渭河发源于甘肃省渭源县鸟鼠山，是黄河流域面积最大、水量最多的第一大支流，渭河接纳的支流有黑河、泾河、洛河等，于陕西潼关汇入黄河。本章调查了陕西周至黑河湿地省级自然保护区的黑河水库、黑河入渭口底栖动物种类及分布情况，并探讨其在水质监测中的相关作用。

3.1 底栖动物采集

2015年秋、冬季和2016年春、夏季连续4次对黑河水库、黑河入渭口底栖动物进行调查。

依据《水生生物监测手册》（王德铭等，1993），《淡水浮游生物研究方法》（章宗涉和黄祥飞，1991），《水质 样品的保存和管理技术规定》（HJ 493—2009）等，对样品进行采集及处理。

底栖动物采用彼得森采泥器进行采集，采样面积为 0.9 m^2，采集后置于白瓷盘中将动物拣出。拣出的动物用甲醛溶液进行固定，然后进行种类鉴定、计数及称重。底栖动物种类鉴别主要参考资料有《中国小蚓类研究：附中国南极长城站附近地区两新种》（王洪铸，2002），《中国经济动物志·淡水软体动物》（刘月英等，1979），*Identification manual for the larval Chironomidae (Diptera) of North and South Carolina*（Epler，2001），*Guide to the freshwater oligochaetes of North America*（Kathman and Brinkhurst，1999）等。

3.2　密　度　计　算

底栖动物密度：

$$D_{底栖} = \frac{P_n}{S}$$

式中，P_n 为计数出的底栖动物个数；S 为采样面积（m^2）。

3.3　底栖动物种类和生物量

3.3.1　物种组成

共鉴定出底栖动物 23 种，隶属于 3 门 7 纲 11 目 13 科（表 3-1），其中节肢动物 14 种，占总物种数的 60.87%，环节动物 7 种，占总物种数的 30.43%，软体动物 2 种，占总物种数的 8.70%。节肢动物中的四节蜉（*Baetis alpinus*）和中国扁蜉（*Heptagenia chinensis*）为常见种。

表 3-1　陕西周至黑河湿地省级自然保护区底栖动物种类及分布

种类	黑河水库	黑河入渭口
环节动物门 Annelida		
寡毛纲 Oligochaeta		
颤蚓目 Tubificida		
颤蚓科 Tubificidae		
霍甫水丝蚓 *Limnodrilus hoffmeisteri* (Claperede, 1861)		+
克拉泊水丝蚓 *Limnodrilus claparedianus* (Ratzel, 1868)	+	
苏氏尾鳃蚓 *Branchiura sowerbyi* (Beddard, 1892)		+
中华河蚓 *Rhyacodrilus sinicus* (Chen, 1940)	+	+
环带纲 Clitellata		
单向蚓目 Haplotaxida		
仙女虫科 Naididae		
普通仙女虫 *Nais communis* (Piguet, 1906)		+
双齿钩仙女虫 *Uncinais uncinata* (Orsted, 1842)		+
蛭纲 Hirudinea		
无吻蛭目 Arhynchobdellida		
医蛭科 Hirudinidae		
日本医蛭 *Hirudo nipponia* (Whitman, 1886)		+
软体动物门 Mollusca		
瓣鳃纲 Lamellibranchia		
真瓣鳃目 Eulamellibranchia		
蚬科 Corbiculidae		
河蚬 *Corbicula fluminea* (Müller, 1774)	+	+

续表

种类	黑河水库	黑河入渭口
腹足纲 Gastropoda		
基眼目 Basommatophora		
椎实螺科 Lymnaeidae		
椭圆萝卜螺 *Radix swinhoei* (Adams, 1866)		+
节肢动物门 Arthropoda		
甲壳纲 Crustacea		
十足目 Decapoda		
长臂虾科 Palaemonidae		
日本沼虾 *Macrobrachium nipponense* (De Haan, 1849)		+
昆虫纲 Insecta		
蜉蝣目 Ephemeroptera		
四节蜉科 Baetidae		
四节蜉 *Baetis alpinus* (Eaton, 1872)		+
扁蜉科 Heptageniidae		
中国扁蜉 *Heptagenia chinensis* (Ulmer, 1919)		+
毛翅目 Trichoptera		
纹石蛾科 Hydropsychidae		
纹石蛾属一种 *Hydropsyche* sp.		+
蜻蜓目 Odonata		
扇螅科 Platycnemididae		
扇螅属一种 *Platycnemis* sp.		+
半翅目 Hemiptera		
划蝽科 Corixidae		
划蝽科一种 Corixidae sp.		+
双翅目 Diptera		
大蚊科 Tipulidae		
大蚊属一种 *Tipula* sp.		+
摇蚊科 Chironomidae		
摇蚊亚科 Chironominae		
小摇蚊属一种 *Microchironomus* sp.		+
狭摇蚊属一种 *Stenochironomus* sp.		+
多足摇蚊属一种 *Polypedilum* sp.		+
二叉摇蚊属一种 *Dicrotendipes* sp.		+
欧流粗腹摇蚊 *Rheopelopia ornata* (Meigen, 1838)		+
直突摇蚊亚科 Orthocladiinae		
狭长直突摇蚊 *Orthocladius angustus* Kong, Sæther *et* Wang, 2012		+
摇蚊（幼虫）*Chironomus* sp.		+
总计（种）	3	22

注：“+”表明物种在该站点出现。

因黑河水库属于水源地保护区域，无法进入核心库区采样，仅能在水库坝下小范围区域采集样品，因此采集到的底栖动物种类较少。

3.3.2 现存量

保护区采集到的底栖动物密度平均值为 31.95 ind./m², 其中黑河入渭口底栖动物密度平均值为 48.64 ind./m²; 黑河水库底栖动物密度平均值为 15.26 ind./m²。

3.4 底栖动物的生态价值

3.4.1 底栖动物群落与生态系统的结构功能特征

在类群组成上，在陕西周至黑河湿地省级自然保护区采集到的底栖动物大多数为广布性种类，如寡毛类的克拉泊水丝蚓，软体动物中的椭圆萝卜螺，水生昆虫中的四节蜉、摇蚊科各种摇蚊等。其中大多为常见种类，也是适应性很强的世界性种类，它们分布于黑河水库、黑河入渭口的不同区段。其中水生昆虫数量占底栖动物总体数量比例最大，但其分布情况不均匀。有机质含量的增加会引起颤蚓科密度的升高，例如，中华河蚓因其主要以有机质为食，从而更容易受到影响。

3.4.2 主要环境因子与底栖动物群落

由于河流的流速、水深、底质和其他水生生物分布等状态的不同，底栖动物数量组成和分布也有明显的区别。黑河水库底栖动物种类较为单一且数量有限，这可能与水库附近人为因素较少以及饮用水水源地的保护工作有关。黑河入渭口底栖动物的数量和种类相对水库有所增加，这可能是由于该段地处交通要塞，流动人口多，城镇化加速，向河内排放的污染物增加，水域有机物含量丰富。河蚬、摇蚊幼虫和颤蚓类等都有钻泥穴居的习性，以底部的着生藻类为食，兼食水底的一些细菌以及淤泥中的有机碎屑。有机质丰富的底质，有机质含量的增加会引起寡毛类特别是颤蚓科密度的升高。另外，浮游动物、浮游植物的种类和数量大大增多及水生维管植物的生长，也为底栖动物的繁殖和生长提供了物质基础与生存环境。

3.4.3 底栖动物物种与季节元素

黑河流经秦岭山脉，流域地理状况复杂，使得黑河流域底栖动物显现出较为独特的群落结构模式。黑河流域从丰水期到枯水期，底栖动物群落结构由滤食者转变为收集者和采集者。在春夏季，黑河入渭口流域水体中含大量的泥沙，水量充沛，底栖动物群落结构主要为黏附者，依靠有力的附肢、吸盘和黏附性虫巢得以生存；进入秋冬季，流域水量骤减，一些区域甚至出现断流，致使局部区域营养盐浓度骤增，导致底栖动物群落结构发生重大演变，一些摇蚊幼虫和寡毛类等耐污性强的物种大量繁殖，并逐渐占据优势地位。

3.4.4 底栖动物种类和多样性的比较

调查显示，黑河水库和黑河入渭口的底栖动物种类及多样性差别较大。黑河水库采集到的底栖动物种类和数量相对较少，而黑河入渭口的底栖动物物种丰富且数量较多。黑河水库采集到的标本多以穴居种类为主，黑河入渭口则主要包括水生昆虫、环节动物和软体动物，其中水生昆虫较多。

3.4.5 底栖动物种类分布、数量密度、多样性指标与生态因子的关系

底栖动物长期生活于水体底部，水质状况对底栖动物的种类分布、数量密度、多样性指标有着直接的影响。底栖动物对溶氧需求量一般不高，但过低的溶氧水平对底栖动物有负面的影响。低氧状况下底栖动物的食物同化率很低甚至为零，只有充足的溶氧水平才能维持其有所增长。底栖动物的物种多样性指数与水中溶氧呈显著正相关关系（任淑智，1991）。深水水域或其他遭受有机污染的水体中，底质环境的溶氧常处于相对较低水平，对于生活在这种环境中的底栖动物来说，溶氧明显地成为它们的限制因子（Martien and Benke，1977），不适应这种环境的物种逐渐消失，仅有几种能够容忍低氧环境的种类成为优势类群。

水底层的悬浮物浓度与底栖动物数量呈负相关关系。因为悬浮物浓度高的水域，悬浮颗粒阻碍了光照，从而使水体的初级生产力降低，影响了底栖动物的生长。氮和磷含量水平是水体营养程度的一个重要指标。底栖动物的多样性与水体中总氮、总磷均呈负相关关系，水体富营养化导致底栖动物有些种类消失。水体的酸碱度、盐度和流速等其他因子对底栖动物也产生一定的影响（关福田等，1989）。水体盐度过高或过低均会导致底栖动物的死亡。通常静水水体中底栖动物的物种多样性大于流水水体。

底质是底栖动物的生长、繁殖等一切生命活动的必备条件。底质的颗粒大小、稳定程度、表面构造和营养成分等都对底栖动物有很大的影响，然而具体的影响随个体种类而异。水体的底质大体可分为岩石、砾石、粗砂、细砂、黏土和淤泥等，粗砂和细砂的底质最不稳定。

底栖动物主食浮游生物及水草碎屑，还从底泥中吸收有机物，底质中食物的质或量对底栖动物的生长有着直接的影响。底栖动物的多样性随着底质的稳定性和有机碎屑的增加而增加。生态因子对底栖动物的影响，较为普遍的认识是在食物和其他环境适宜的条件下，在适宜的温度范围内，升高温度可加快底栖动物的生长。温度变化还影响底栖动物的个体大小，个体越小影响越大。大部分底栖动物种类适宜在较高的温度中生长，如一些摇蚊幼虫在温暖的夏季生长迅速，而到寒冷的月份完全停止生长。但温度过高也会对底栖动物产生不良影响。

一般深水水域底栖动物数量与水深之间存在着负相关的关系。因为深水水域的底栖动物数量很大程度上依赖于自有光层沉降下来的食物的质和量。当食物自有光层沉降到水底时，分解作用同时进行着，水越深，沉降时间越长，食物被微生物矿化程度越大，

底栖动物可利用的部分越少，因此底栖动物的数量越少。

3.5 小 结

黑河水库、黑河入渭口采集到的底栖动物共 23 种，隶属于 3 门 7 纲 11 目 13 科，大多数为广布性种类，底栖动物密度平均值为 31.95 ind./m^2。黑河水库和黑河入渭口的底栖动物种类及密度差别较大。黑河水库底栖动物种类较为单一且数量有限，可能与无法进入核心库区采样有关，也可能与饮用水水源地的保护工作以及水库附近人为因素较少有关。黑河入渭口底栖动物的数量和种类相对水库有所增加，可能是由于该段地处交通要塞，流动人口多，城镇化进程加速导致水域有机物含量丰富。

参 考 文 献

戴友芝, 唐受印, 张建波. 2000. 洞庭湖底栖动物种类分布及水质生物学评价[J]. 生态学报, 20(2): 277-282.

关福田, 韩一萍, 曲维功. 1989. 寻氏肌蛤生境及生长的初步研究[J]. 水产学报, 13(3): 181-188.

郝卫民, 王士达, 王德铭. 1995. 洪湖底栖动物群落结构及其对水质的初步评价[J]. 水生生物学报, 19(2): 124-134.

黄玉瑶, 滕德兴, 赵忠宪. 1982. 应用大型无脊椎动物群落结构特征及其多样性指数监测蓟运河污染[J]. 动物学集刊, 2: 133-146.

柯欣, 杨莲芳, 孙长海, 等. 1996. 安徽丰溪河水生昆虫多样性及其水质生物评价[J]. 南京农业大学学报, 19(3): 37-43.

蓝宗辉. 1997. 韩江下游底栖动物的分布及其对水质的评价[J]. 生态学杂志, 16(4): 24-28.

刘月英, 张文珍, 王跃先, 等. 1979. 中国经济动物志·淡水软体动物[M]. 北京: 科学出版社.

任淑智. 1991. 北京地区河流中大型底栖无脊椎动物与水质关系的研究[J]. 环境科学学报, 11(1): 31-46.

王德铭, 王明霞, 罗森源. 1993. 水生生物监测手册[M]. 南京: 东南大学出版社.

王洪铸. 2002. 中国小蚓类研究: 附中国南极长城站附近地区两新种[M]. 北京: 高等教育出版社.

王士达. 1996. 武汉东湖底栖动物的多样性及其与富营养化的关系[J]. 水生生物学报, 20(增刊): 75-89.

颜京松, 游贤文, 苑省三. 1980. 以底栖动物评价甘肃境内黄河干支流枯水期的水质[J]. 环境科学, (4): 14-20.

杨莲芳, 李佑文, 戚道光, 等. 1992. 九华河水生昆虫群落结构和水质生物评价[J]. 生态学报, 12(1): 8-15.

章宗涉, 黄祥飞. 1991. 淡水浮游生物研究方法[M]. 北京: 科学出版社.

Epler J H. 2001. Identification manual for the larval Chironomidae (Diptera) of North and South Carolina[M]. Special Publication SJ2001-SP13. Raleigh: North Carolina Department of Environment and Natural Resources.

Kathman R D, Brinkhurst R O. 1999. Guide to the freshwater oligochaetes of North America[M]. Tennessee: Aquatic Resources Center.

Martien R F, Benke A C. 1977. Distribution and production of two crustaceans in a wetland pond[J]. American Midland Naturalist, 98(1): 162-175.

第 4 章 植   被

植被是植物与其环境长期作用演化而形成的自然复合体。特定的植物群落有其自身的种类组成、结构及动态特点。研究植被的类型，对进一步研究植被的起源、分布规律及其动态变化具有重要意义，同时植被是生物多样性保护和湿地保护、管理与评价的重要依据和指标。

黑河是渭河南岸的最大支流，发源于秦岭主峰太白山的二爷海，由西南流向东北，至周至县马召镇出峪，由周至县东北的石马村汇入渭河，全长 125.8 km，其水源充沛，水质清澈，是黑河引水工程的主要水源地。该区域属暖温带半干旱、半湿润大陆性季风气候区，四季分明、冬夏温差大，年平均气温约 13.2℃，年平均降水量 660～1000 mm。该流域主要有黑河、大蟒河、板房子河、虎豹河、王家河等 34 条河流，并汇入了由涝水河引入的部分径流。其河流特征为：河短流急，河道狭窄，河床比降大，库容条件差。该流域径流由降雨形成，径流量年际变化较大，年内分配亦不均匀，年平均径流量为 6.67×10^8 m^3，加上涝水河流量后的年径流量近 10 亿 m^3。该流域从秦岭梁往北，高度递减，植被覆盖率亦呈递减之势，在中、深山区，植被覆盖度高，生态环境良好，大部分为茂密森林所覆盖，主要为落叶阔叶林，在太白山高山地带分布有原生性森林，有 675 km^{2}林地已划为国家自然保护区。该流域从北往南，浅低山区为褐土，中高山区为棕壤，高山深山区为暗棕壤。黑河流域植物多样性丰富，植被茂密，是西安市重要的水源涵养区，直接关系着西安等大中城市的城镇居民生活用水及工农业用水和生态环境用水。其中，西安市 74.9%的工业用水、生活用水来自黑河流域的金盆水库。

陕西周至黑河湿地省级自然保护区位于黑河流出山口之前的浅山区，金盆水库积水区及其两侧是保护区的主要区域，还包括黑河入渭口附近以及渭河段部分，总面积 13 125.5 hm^2，其中金盆大坝以上部分，通常称山区段，面积 12 535 hm^2，入渭口段面积 590.5 hm^2。按照湿地的定义，山区段仅有沿河两侧及水库积水区属于湿地范围，远离河流的低山部分属于水源涵养区。所以陕西周至黑河湿地省级自然保护区的植被有很大部分不属于湿地植被的范畴。这是陕西周至黑河湿地省级自然保护区与其他湿地保护区植被研究的不同之处，本次调查按照陕西周至黑河湿地省级自然保护区的实际情况，对保护区全范围的植物群落进行了调查和描述。

4.1 植被调查的工作方法和依据

4.1.1 样线、样地和样方的设置

根据陕西周至黑河湿地省级自然保护区的实际情况，本次调查采用样线、样地和样方调查相结合的方法，在入渭口段分别在沿河两岸设置 2 条调查样线，山区段在甘峪、

山寨沟、陈河到青冈砭、共兴到四方台各设立一条调查样线。在每条样线上每隔 1 km 设置一个样地，进行植物群落调查。

4.1.2 样地和样方中的调查内容

对于每个样地和样方，记录如下内容：样地编号、样地面积、调查者、调查日期、样方号、样方面积、地理位置（包括经度和纬度）、地形、海拔、坡向、坡度、土壤类型、动物活动情况、人为干扰情况、群落类型和群落名称。

（1）乔木植物样方调查内容

由于陕西周至黑河湿地省级自然保护区的乔木树种单调、个体数量较少，因此在本调查中对于乔木样方，在每个样方中调查每个乔木个体的高度、多度、郁闭度等。

（2）草本植物样方调查内容

在每个草本植物样方中，调查建群种、共建种、优势种和主要伴生植物。

4.1.3 室内分析研究

室内分析研究包括了植物标本鉴定、植物群落结构分析和类型划分两个内容。

植物标本鉴定：严格按照《中国植物志》及 *Flora of China*（《中国植物志》的英文版），对样方中的建群种、共建种、优势种和主要伴生植物标本进行严格的鉴定，每份标本均准确鉴定到种或种下等级。

植物群落结构分析和类型划分：按照野外调查表中的调查数据，进行群落结构分析和类型划分。群落类型的划分主要依据《中国植被》（中国植被编辑委员会，1980）和《陕西植被》（雷明德等，1999）的分类原则，即植物群落学-生态学原则，主要依据有：①植物种类组成，是群落最基本的特征，植物群落的许多特征取决于植物的生态生物学特性及物种组合等形式。本次调查中主要考虑植物群落的建群种和优势种。在划分群系时，种类组成作为最重要的依据和标准。②外貌和结构，即生态外貌原则，植物群落的外貌和结构是植物对综合生境条件长期适应的表现，在某种程度上反映植物与环境的统一，植被的外貌和结构主要取决于优势种的生活型。③生态地理特征，任何植物群落的存在都与一定的生态环境密切联系，有时生活型和外貌不一定完全反映环境条件，外貌相似的群落可以分布于完全不同的环境中，所以需要考虑建群种、共建种对水热因子的需求和适应。④群落的动态特征。因本次调查范围的生态环境相对单一，我们在进行群落分析时没有考虑最后两个依据，即群落的生态地理特征和动态特征。

按照上述的植被分类原则，我们对陕西周至黑河湿地省级自然保护区植物群落所采用的主要分类单位有三级，即植被型、群系和群丛。植被型为植被分类系统中主要的高级分类单位，与建群种生活型相同或相似，同时对水热条件生态关系一致的植物群落联合为植被型。群系为植被分类最重要的中级单位，把建群种或共建种相同的植物群落联合为群系。群丛为植被分类的基本单位，凡层片结构相同，各层片的优势种或共优种相同的植物群落联合为群丛，属于同一群丛的植物群落应具有相同的种类组成。

因在"维管植物"一章中已经有每一种植物及其所隶属的科的学名（即拉丁语名称），

在本章中所有的植物名不一一给出学名。

4.2　植被分类系统

经野外调查与整理，陕西周至黑河湿地省级自然保护区的自然植被可以划分为 5 个植被型组（vegetation type group）；10 个植被型（vegetation type）；43 个群系（formation）。栽培植被可以划分为 8 个植被型。

4.2.1　自然植被

1. 针叶林植被型组

　　Ⅰ. 寒温性针叶林植被型

　　（1）华山松群系（Form. *Pinus armandii*）

　　（2）油松群系（Form. *Pinus tabuliformis*）

2. 阔叶林植被型组

　　Ⅱ. 落叶阔叶林植被型

　　（1）锐齿槲栎群系（Form. *Quercus aliena* var. *acuteserrata*）

　　（2）栓皮栎群系（Form. *Quercus variabilis*）

　　（3）刺叶高山栎群系（Form. *Quercus spinosa*）

　　（4）槲栎群系（Form. *Quercus aliena*）

　　（5）胡桃楸群系（Form. *Juglans mandshurica*）

　　（6）栗群系（Form. *Castanea mollissima*）

　　（7）小叶杨群系（Form. *Populus simonii*）

　　（8）垂柳群系（Form. *Salix babylonica*）

3. 灌丛植被型组

　　Ⅲ. 落叶阔叶灌丛植被型

　　（1）火棘＋小果蔷薇群系（Form. *Pyracantha fortuneana*＋*Rosa cymosa*）

　　（2）马桑群系（Form. *Coriaria sinica*）

　　（3）兴山榆群系（Form. *Ulmus bergmanniana*）

　　（4）杂灌丛群系（Form. Miscellancous Shrub）

　　Ⅳ. 盐生灌丛植被型

　　　　多枝柽柳群系（Form. *Tamarix ramosissima*）

4. 草丛湿地植被型组

　　Ⅴ. 莎草型植被型

　　（1）香附子群系（Form. *Cyperus rotundus*）

（2）扁秆藨草群系（Form. *Scirpus planiculmis*）

（3）水葱群系（Form. *Scirpus validus*）

（4）黑三棱群系（Form. *Sparganium stoloniferum*）

（5）球穗扁莎群系（Form. *Pycreus globosus*）

Ⅵ. 禾草型植被型

（1）芦苇群系（Form. *Phragmites australis*）

（2）荻群系（Form. *Triarrhena sacchariflora*）

（3）獐毛群系（Form. *Aeluropus sinensis*）

（4）稗群系（Form. *Echinochloa crusgalli*）

（5）狗牙根-杂草类群系（Form. *Cynodon dactylon*+Herb）

Ⅶ. 杂类草植被型

（1）灯心草群系（Form. *Juncus effusus*）

（2）野慈姑群系（Form. *Sagittaria trifolia*）

（3）节节草群系（Form. *Equisetum ramosissimum*）

（4）水烛群系（Form. *Typha angustifolia*）

（5）杂草类群系

5. 浅水植物植被型组

Ⅷ. 漂浮植物植被型

（1）紫萍群系（Form. *Spirodela polyrhiza*）

（2）浮萍群系（Form. *Lemna minor*）

Ⅸ. 浮叶植物植被型

（1）莕菜群系（Form. *Nymphoides peltatum*）

（2）菱群系（Form. *Trapa bispinosa*）

（3）浮叶眼子菜群系（Form. *Potamogeton natans*）

（4）莲子草群系（Form. *Alternanthera sessilis*）

Ⅹ. 沉水植物植被型

（1）菹草群系（Form. *Potamogeton crispus*）

（2）黑藻群系（Form. *Hydrilla verticillata*）

（3）竹叶眼子菜群系（Form. *Potamogeton malaianus*）

（4）金鱼藻群系（Form. *Ceratophyllum demersum*）

（5）穗状狐尾藻群系（Form. *Myriophyllum spicatum*）

（6）大茨藻群系（Form. *Najas marina*）

（7）杉叶藻群系（Form. *Hhppuris vulgaris*）

4.2.2 栽培植被

栽培植被型组

（1）杨林（Form. *Populus* sp.）

（2）旱柳林（Form. *Salix matsudana*）

（3）油松林（Form. *Pinus tabuliformis*）

（4）刺槐林（Form. *Robinia pseudoacacia*）

（5）胡桃林（Form. *Juglans regia*）

（6）侧柏林（Form. *Platycladus orientalis*）

（7）农田

（8）果园

4.3　主要植物群落特征

4.3.1　自然植被

1. 华山松群系

该群系一般分布于海拔 1500～2600 m 的山坡及山脊上，林下为森林棕壤土，土层厚度 30～60 cm，较湿润，但在稍陡峭的地方常有岩石出露。华山松林常分布于阳坡的山脊或山顶。物种组成比较简单，乔木层郁闭度为 0.4 左右，主要由华山松组成，树高 6～10 m，胸径 8～18 cm，树龄 30 年左右，林下无华山松幼苗。一些胡枝子、悬钩子、栓翅卫矛和防己叶菝葜等，多生于林缘地带。草本层盖度仅为 10%，常见植物有茜草、酢浆草和少数蕨类植物。

2. 油松群系

油松林是寒温性针叶林中分布最广的植物群落，它的北界为华北山地，秦岭山地是它的分布南限。

在陕西周至黑河湿地省级自然保护区仅有一些残留的片断性小林块，大多生长在陡峭的山脊和悬崖上，且常与华山松混生。分布面积都不大。由于生长环境差异很大，油松生长参差不齐，树高在 10～15 m，树龄一般为 40 年左右。林下的灌木主要由秦岭箭竹组成，其他的灌木成分有华中五味子、悬钩子、胡枝子等 10 余种。草本植物有山酢浆草、薹草和一些蕨类植物。

3. 锐齿槲栎群系

在陕西周至黑河湿地省级自然保护区分布于少数几个山头，该群系林下为森林棕壤土，土层厚度可达 60 cm，小气候温暖湿润。乔木层主要由锐齿槲栎组成，树高 6～12 m，胸径为 6～22 cm，树龄 30 年左右，郁闭度为 0.6。伴生种有白桦、华山松、冬瓜杨、少脉椴和漆树等。灌木层盖度为 30%～60%，优势种为巴山木竹，其他灌木计有 20 种左右，常见的有棣棠花、细枝绣线菊、猕猴桃、喜阴悬钩子、南方六道木、山梅花等。草本植物常见的有蹄盖蕨、七叶鬼灯檠及禾本科的一些种类等。

4. 栓皮栎群系

见于山寨沟等地，仅见残存的小面积斑块，林相尚好。树高 12～15 m，胸径 8～20 cm，郁闭度在 0.6 左右，树种单一。林下灌木较少，草本层稀疏。

5. 刺叶高山栎群系

仅见于陈河附近，常生于石灰岩山地陡峭的山坡。刺叶高山栎是常绿的小乔木，一般树高在 5～8 m，胸径 5～9 cm，郁闭度较低，仅在 0.3 左右。伴生的小乔木和灌木有榆树、朴树、青檀、小檗等。草本层以禾本科、莎草科植物为主，一般盖度都较低。

6. 槲栎群系

仅见于桃李坪附近山坡，近半常绿状，多为小乔木，群系高一般为 4～7 m，胸径 4～8 cm，郁闭度常在 0.4 上下。灌木层以蔷薇属、胡枝子属植物为主。草本层稀疏，盖度较低，以蒿属为主。

7. 胡桃楸群系

仅见于陈河附近山沟，群系高 7～10 m，胸径在 20 cm 上下，郁闭度在 0.6 左右。伴生乔木树种复杂，常见的以河柳为主。灌木层有悬钩子属、山梅花属等。草本层常见的有蟹甲草等，盖度较高。

8. 栗群系

在陕西周至黑河湿地省级自然保护区仅在低海拔有残存，分布于栓皮栎林亚带与锐齿槲栎林亚带之间，其间常混生有栓皮栎和锐齿槲栎以及部分油松，林下多有巴山木竹生长。群系结构与锐齿槲栎林十分相似，且有一定的面积。（板）栗是重要的木本坚果，很受人们喜爱，也是当地社区的重要经济来源之一，通过合理的品种改造和利用，可借助（板）栗产业提高社区村民的经济收入。

9. 小叶杨群系

见于黑河入渭河口湿地片区，生于河滩沙地，多见的是小苗，群系高在 1.5 m 以下，郁闭度在 0.3 左右，草本层常见的有猪毛菜、狗尾草等，盖度很低。

10. 火棘＋小果蔷薇群系

仅见于桃李坪、山寨沟等公路沿线，生于公路两侧的山坡，群系高一般在 2 m 以下，盖度常在 55% 上下。常见伴生灌丛有三花莸等。草本以蒿属为主，盖度在 45% 上下。

11. 马桑群系

见于山寨沟附近的公路旁，生于陡峭的山坡，群系高常在 2 m 以下，盖度在 30% 上下。常见的伴生灌木有蔷薇属、三花莸等。草本以禾本科、莎草科为主，盖度很低。

12. 兴山榆群系

见于水库两侧陡峭的山坡，群系高一般在 3 m 以下，盖度较低。伴生的灌木以荆条、三花莸等为主。生地环境干燥，草本层稀疏，以禾本科、莎草科等为主。

13. 垂柳群系

在该群系中，或多或少存在着垂柳个体，垂柳一般以数株或数十株集中分布，构成群落的乔木层。根据乔木层下的灌木、草本植物的类型，将该群系划分为：垂柳-杂草类群丛、垂柳-刺槐-杂草类群丛、垂柳-杂灌-杂草类群丛等三个群丛。

常生长于河漫滩上，乔木层的郁闭度在 0.3～0.8，垂柳平均高度在 3 m 左右，平均胸径 5 cm，在群落中除垂柳外，偶可见到杨树。该群系乔木层下无灌木。草本植物计有 20 余种，以菊科和禾本科的种类较多，约占总种数的 30%。出现频率较大者有魁蒿、芦苇、两型豆、荻、葎草、卷耳、鬼针草、水蓼、藜、茵陈蒿、婆婆纳、附地菜、看麦娘和蕨类植物节节草等。

14. 杂灌丛群系

见于山区段各处，群系高一般在 2.5 m 以下，盖度在 30%～60%。建群种较复杂，在各种环境下不一，常见的有荆条、三花莸、榆科、蔷薇属、火棘、悬钩子属、对节刺、卫矛属等 40 余种。草本层以禾本科、莎草科、菊科等植物为主，盖度不一，常在 15%～60%。

15. 多枝柽柳群系

仅见于黑河入渭河口湿地片区的河滩，面积很小，灌木层生长稀疏，高度在 1.5 m 以下，盖度 15%。伴生有小叶杨幼苗。草本层常见的有猪毛菜、狗尾草等，盖度在 10% 以下。

16. 香附子群系

见于黑河入渭河口湿地片区，生于近水的河滩，群系高常在 50 cm 以下，盖度以生境不同而异。常见伴生种有稗、莎草等。

17. 扁秆蔍草群系

见于黑河入渭河口湿地片区，生于近水的河滩，群系高在 70 cm 以下，盖度差异较大。常见伴生种有香附子、水葱、水烛等。

18. 水葱群系

见于黑河入渭河口湿地片区，生于浅水中。群系高常在 80 cm 以下，盖度在 50% 左右。常见的伴生种有水烛、矮慈姑、黑三棱等。

19. 黑三棱群系

见于黑河入渭口以上，生于浅水中。群系高在 90 cm 以下，盖度达 80%。常见伴生种有水烛、矮慈姑、水葱等。

20. 球穗扁莎群系

见于黑河入渭河口湿地片区，生于近水河滩。群系高在 50 cm 以下，盖度达 60%。常见伴生种有水葱、扁秆藨草、香附子、稗、长芒稗等。

21. 芦苇群系

芦苇群系是各类湿地的主要植物群落，见于黑河入渭河口湿地片区各处，常生于古河床和河流沿岸，以及浅水中，在开阔的河滩能形成芦苇荡，是重要的湿地植物群落。由于生境的不同，群系高度差异很大，从 10 cm 到 3 m 都有，群系的盖度也差异很大，从 10% 到 95% 都有。建群种极其复杂，几乎有各种草本植物伴生。

22. 荻群系

该群系主要建群种为禾本科植物荻，为具根状茎多年生植物，常见于河滩，在各种湿地都有分布，群落高在 150 cm 左右，盖度在 40%～95%，建群种单一。

23. 獐毛群系

见于黑河入渭河口湿地片区，分布于河滩近水处，建群种为獐毛和小獐毛，群系高在 100 cm 以下，盖度通常在 30%～85%。伴生植物常见的有稗、猪毛菜、狗牙根和莎草属植物。

24. 稗群系

见于黑河入渭河口湿地片区。分布于河滩及浅水中，建群种除稗外，通常还有长芒稗、莎草等。群系高通常在 10～120 cm，盖度在 30%～85%。

25. 狗牙根-杂草类群系

该群系的主要优势种为禾本科植物狗牙根，但有时在个别地段或小的区域内也可以为其他物种所代替。根据群落中的物种组成，又可以被划分为狗牙根-一年蓬群丛、狗牙根-香蒲群丛、狗牙根-水蓼群丛、狗牙根-葎草群丛和狗牙根-杂草类群丛等 5 个群丛。

优势种狗牙根平均高度 25 cm 左右，盖度达 100%，群系中几乎全部为该种，只有在样方的边缘可出现一年蓬，一年蓬因在调查期间尚处于幼苗期，平均高度在 25 cm 左右，盖度仅为 10%。在该群丛中伴生种匮乏，有朝天委陵菜、罗布麻、灰绿藜、鬼针草、酸模、北水苦荬、苍耳、柳兰、葎草、水蓼、沟酸浆、猪毛菜等，偶可见到芦苇。

26. 灯心草群系

灯心草群系的建群种为灯心草，见于浅水中或经常积水的河滩。灯心草高一般在 50 cm 以下，盖度较低，在 20%～60%。伴生草本有莎草、稗和扁莎草等。

27. 野慈姑群系

野慈姑为挺水植物，该群系一般生于浅水中或经常积水处，面积很小，建群种野慈姑，高 30～60 cm，盖度通常在 30%以下。伴生植物常见的有黑三棱、莎草和水烛等。

28. 节节草群系

见于各种湿地的河漫滩或平缓低地，一般面积较小，建群种为具根状茎的多年生植物，所以群系较稳定；群系高一般在 10～40 cm，盖度变化较大，20%～60%不等。伴生种常见的有莎草、蓼属等种类。

29. 水烛群系

该群系中的优势种为水烛，在水烛个体的周围或群系边缘常常伴生有不同的草本植物，因此又可以划分为水烛群丛、水烛-芦苇群丛和水烛-杂草类群丛等三个群丛。

优势种水烛平均高度 180 cm 左右，盖度 80%左右。伴生种类较为丰富，有朝天委陵菜、柳兰、水蓼、魁蒿、扁秆藨草、雀麦、酸模、两型豆、北水苦荬、灰绿藜和鬼针草等。该群系见于黑河河边的局部区域和渭河河岸挖沙后遗留的较大面积的积水沙坑中。

30. 杂草类群系

该群系在黑河入渭河口湿地片区漫滩中并非优势群落，只是存在于狗牙根-杂草类群系各群丛的边缘地带，或环境受破坏后的小范围区域。由于由许多种草本植物构成，因此在各地段均无明显的建群种，但根据样方统计和群系外貌以及优势种，可以划分出以水蓼为优势种的群丛、以无芒稗为优势种的群丛、以酸模为优势种的群丛、以猪毛菜为优势种的群丛、以禾本科为优势种的群丛、以灰绿藜为优势种的群丛、以荠菜为优势种的群丛、以黄花蒿为优势种的群丛、以荮草为优势种的群丛、以葎草为优势种的群丛、以铺地委陵菜为优势种的群丛和以菟丝子为优势种的群丛等。

群系的高度为 30～120 cm，盖度为 30%～60%。伴生种十分丰富，常见的有石龙芮、长柱灯心草、茵陈蒿、北水苦荬、朝天委陵菜、狗牙根、车前、柳兰、独行菜、酸模、葎草、藨草、簇生卷耳、萹蓄、一年蓬、蒙山莴苣、无芒稗、魁蒿、荠菜、黄花蒿、野燕麦、莎草、离子芥、三褶脉紫菀、蔊菜、藜、狗尾草、苋、离蕊芥、遏兰菜、苦苣菜、地肤、白英、曼陀罗、扬子毛茛、水蓼、灰绿藜、漆菇草、播娘蒿、打碗花、芦苇、魁蓟、枸杞、葶苈、看麦娘、鹅肠菜、大蓟、婆婆纳、稗、两型豆、扁秆藨草、雀麦、鬼针草等。

31. 紫萍群系

常见于湿地的静水面，属漂浮型湿地植物，在黑河入渭河口湿地片区各处均有分布。紫萍个体很小，可随水流漂动，所以盖度较低，有时也能见到水面完全被其覆盖。伴生种仅有浮萍一种。

32. 浮萍群系

该群系与紫萍群系的分布与生境以及特性非常相似，浮萍与紫萍互为伴生植物。

33. 莕菜群系

该群系分布于黑河入渭河口湿地片区河滩的静水潭中，建群种仅有龙胆科水生植物莕菜，莕菜的叶子漂浮于水面，开花时花朵伸出水面。盖度随季节与水位变化较大，常在20%～90%。

34. 菱群系

与莕菜群系较相似，个体大小也差不多，不同之处是菱开花时花朵不伸出水面。见于黑河湿地河堤路大桥以上，生于河漫浅水塘。

35. 浮叶眼子菜群系

该群系分布于黑河入渭河口湿地片区河滩的静水塘中，建群种仅有浮叶眼子菜，它的叶子漂浮于水面。盖度随季节与水位变化较大，常在20%～90%。

36. 莲子草群系

见于黑河和渭河湿地段，莲子草为外来有害生物，属恶性杂草，在亚热带水田、河滩、农田和路旁疯狂生长，与农作物争水争肥，堵塞渠道，但在温带相对来说这种危害不是很突出；群系高常在30 cm以下，盖度在30%～100%。

37. 菹草群系

菹草是一种沉水性水生植物，一般生于河漫滩浅水中或河流缓慢的溪流中，吸附污染物能力很强。菹草群系属于重要湿地植物群落。

38. 黑藻群系

黑藻为沉水性水生植物，与菹草分布、生境和特征极为相似。黑藻群系也是重要的湿地植物群落。

39. 竹叶眼子菜群系

竹叶眼子菜为沉水性水生植物，与菹草、黑藻不同之处在于，竹叶眼子菜生长需要含氧量较高的水质，所以经常生于流速较快的浅水流处，它的根固定在溪流水下的泥土中，植株长度可达1 m以上，随水流摆动。

40. 金鱼藻群系

金鱼藻为沉水性水生植物，常见于黑河入渭河口湿地片区河漫滩的浅水塘和流速缓慢的溪流中；净化水质能力很强。金鱼藻群系是重要的湿地植物群落。

41. 穗状狐尾藻群系

穗状狐尾藻为沉水性水生植物，在各类湿地常见，黑河入渭河口湿地片区见于黑河下游，生于河漫滩水塘和流速缓慢的溪流中，在富营养化水质中生长极快，生物量很大，花序可伸出水面。穗状狐尾藻群系也是重要的湿地植物群落。

42. 大茨藻群系

见于黑河湿地下游，生于河漫滩浅水塘，大茨藻的根固定在水下泥土中；群系盖度常在 15%～50%。

43. 杉叶藻群系

杉叶藻为一种沉水性水生植物，与菹草分布、生境和特征极为相似。杉叶藻群系也是重要湿地植物群落。

4.3.2　栽培植被

1. 杨林

见于陕西周至黑河湿地省级自然保护区金盆大坝东侧山坡。树高 12～14 m，胸径 10～20 cm，郁闭度 0.9，林相整齐，但面积较小。

2. 旱柳林

见于陕西周至黑河湿地省级自然保护区仙游寺新址东侧山坡。旱柳高 3～5 m，胸径 5～10 cm，郁闭度 0.3，林相不整，面积较小。

3. 油松林

见于仙游寺新址东侧山坡。油松高 3～5 m，胸径 4～8 cm，郁闭度 0.6。林相相对整齐，面积不大。

4. 刺槐林

见于山区各处。刺槐是最早引进的造林树种之一，抗逆性、萌生能力极强，具有一定的水土保持功能，但外来树种对当地生物多样性影响较大，应该引起重视。常见的树高在 3～12 m，胸径 5～20 cm，郁闭度 0.3～0.9。在秦岭各地及陕西周至黑河湿地省级自然保护区的面积都比较大。应进一步用乡土树种进行改造。

5. 胡桃林

见于山区段各处，尤以桃李坪—山寨沟一带最广，该群落是当地为增加村民收入栽植的经济林，一般栽植于退耕还林后的农田、山坡地，由于栽植的年份不同，树高、郁闭度变化较大。栽植密度一般在 600 株/hm^2 左右，目前树高常在 2.5～5 m。

6. 侧柏林

见于仙游寺新址东侧山坡，为退耕还林后建设的生态公益林和水土保持林，栽植密度在 1000～1500 株/hm^2，树高 3～6 m。郁闭度在 0.5 左右。面积不大。

7. 农田

见于山区段各地，黑河入渭河口湿地片区仅见于河堤路黑河大桥东侧的河堤内，但面积较小，为 3～5 hm²。在山区面积较大，全部为当地村民的基本农田，近年来国家实施退耕还林工程，多数农田被列入，现在农田面积大幅度减小。以种植小麦、玉米、豆类、马铃薯和蔬菜为主，一年一熟。

8. 果园

仅见于桃李坪、山寨沟等处，以种植桃树、苹果树等水果为主，桃李坪的桃种植历史悠久，品质较好，有一定的经济效益，应鼓励发展。

4.4　植被的垂直分布

陕西周至黑河湿地省级自然保护区的海拔范围为 403～2630.5 m，根据现存的自然植被的垂直分布，可以基本划分为 3 个植被带，即海拔 700 m 以下，为以湿地和湿地植物群落为主、栽培植被为辅的湿地植被带；海拔 700～1800 m，为以灌丛和农田为主的灌丛、栽培植被带；1800 m 以上，为以次生林为主的落叶阔叶林带。但需要指出的是，各带的界线不是很明显，湿地植物群落、灌丛、人工林、农田和次生林交错现象十分复杂。

4.5　小　　结

陕西周至黑河湿地省级自然保护区的自然植被可以划分为 5 个植被型组：①针叶林植被型组，②阔叶林植被型组，③灌丛植被型组，④草丛湿地植被型组，⑤浅水植物植被型组；10 个植被型：①寒温性针叶林植被型，②落叶阔叶林植被型，③落叶阔叶灌丛植被型，④盐生灌丛植被型，⑤莎草型植被型，⑥禾草型植被型，⑦杂类草植被型，⑧漂浮植物植被型，⑨浮叶植物植被型，⑩沉水植物植被型；43 个群系。栽培植被可以划分为 8 个植被型。

陕西周至黑河湿地省级自然保护区景观多样性较高，特别是湿地植物群落类型十分丰富，但由于下游的采砂、修筑河堤等工程，对湿地生物多样性影响较大，尽管目前采砂活动已经被停止，但遗留的大量废渣和影响湿地的采砂、修筑河堤等痕迹仍有待清理。政府在进行防洪工程设计建设时应尽可能地结合当地的自然条件，不要贪大，以免造成浪费。山区段除大坝以上蓄水区外，基本属于森林、灌丛与农田的交错区，为水土保持和水源涵养林，由于多年的利用，植物群落以灌丛为主，森林残存较少，今后应加强对生态环境的保护，使自然植被尽快得到恢复，以发挥作用。需要指出的是，湿地植被以草本植物为主，受生境、湿地水环境影响较大，所以黑河金盆水库除保障西安市生活用水外，应充分考虑黑河湿地的水供给，尽量不要使黑河下游断流，以维持黑河湿地环境的稳定。

参 考 文 献

雷明德, 等. 1999. 陕西植被[M]. 北京: 科学出版社.

中国植被编辑委员会. 1980. 中国植被[M]. 北京: 科学出版社.

中国植物志编委会. 1959-2004. 中国植物志(1-80 卷)[M]. 北京: 科学出版社.

Flora of China Editorial Committee. 1989-2013. Flora of China[M]. Beijing and St. Louis: Science Press & Missouri Botanical Garden Press.

第 5 章　大 型 真 菌

　　菌类是生物物种多样性中重要的组成部分之一，也是生物圈中物质循环和能量流动过程中一个非常重要的环节。虽然陕西周至黑河湿地省级自然保护区的黑河库区湿地片区位于秦岭北坡的浅山区，但区内地貌、气候、水文等错综复杂的自然生态地理，组成了多种多样的植物群落。保护区内较充沛的降水使得林木繁茂，形成了枯枝落叶层及土壤腐殖质肥厚、树种繁多且根系复杂的生境，从而为腐生、寄生或共生性大型真菌提供了繁衍的优越条件。而大型真菌在长期的系统发育和演变过程中，由于与外界的生态环境相互作用、相互制约，也形成了与生境、树种条件相吻合的和相对稳定的种类，使得真菌类成为衡量该地区生物多样性丰富度的一个重要指标。

5.1　大型真菌名录

　　陕西周至黑河湿地省级自然保护区的大型真菌分类中，基本上采用了近代真菌学家普遍承认和采用的 *Ainsworth & Bisby's Dictionary of the Fungi*（Kirk et al.，2008）的分类系统，并参考邓叔群（1963）、戴芳澜（1979）、卯晓岚（2009）、林晓民等（2005）、袁明生和孙佩琼（2013）、上海农业科学院食用菌研究所（1991）等文献，部分种类根据传统的分类习惯作了少许修正。属、种的鉴定依据其宏观和显微特征，以及与某些化学试剂反应的特征。

　　调查结果显示，陕西周至黑河湿地省级自然保护区已鉴定的大型真菌隶属于 2 门 3 纲 13 目 33 科 63 属 97 种。

子囊菌门 Ascomycota

　地舌菌纲 Geoglossomycetes

　　地舌菌目 Geoglossales

　　　地舌菌科 Geoglossaceae

　　　　1. 粘地舌菌 *Geoglossum glutinosum* Pers.

　　盘菌目 Pezizales

　　　羊肚菌科 Morchellaceae

　　　　2. 小羊肚菌 *Morchella deliciosa* Fr.

　　　　3. 羊肚菌 *Morchella esculenta* (L.) Pers.

　　　盘菌科 Pezizaceae

　　　　4. 兔耳状侧盘菌（地耳）*Otidea leporina* (Batsch ex Fr.) Fuck.

　　　马鞍菌科 Helvellaceae

　　　　5. 马鞍菌 *Helvella elastica* Bull. ex Fr.

　　　　6. 皱柄白马鞍菌 *Helvella crispa* (Scop.) Fr.

担子菌门 **Basidiomycota**

　层菌纲 **Hymenomycetes**

　　有隔担子菌亚纲 **Phragmobasidiomycetidae**

　　　银耳目 **Tremellales**

　　　　银耳科 **Tremellaceae**

　　　　　7. 银耳 *Tremella fuciformis* Berk.

　　　　　8. 黑耳 *Exidia glandulosa* Fr.

　　　　　9. 焰耳 *Phlogiotis helvelloides* (DC. Fr.) Martin.

　　　木耳目 **Auriculariales**

　　　　木耳科 **Auriculariaceae**

　　　　　10. 毛木耳 *Auricularia polytricha* (Mont.) Sacc.

　　　　　11. 黑木耳 *Auricularia auricula* (L. ex Hook) Underw

　　无隔担子菌亚纲 **Holobasidiomycetidae**

　　　非褶菌目 **Aphyllophorales**

　　　　珊瑚菌科 **Clavariaceae**

　　　　　12. 豆芽菌 *Clavaria vermiculata* Scop.

　　　　杯瑚菌科 **Clavicoronaceae**

　　　　　13. 扫帚菌 *Aphelaria dendroides* (Jungh) Corner.

　　　　　14. 杯珊瑚菌 *Clavicorona pyxidata* (Fr.) Doty

　　　　　15. 小刺枝瑚菌 *Ramaria spinulosa* (Pers. Fr.) Quél.

　　　　　16. 壳绿枝瑚菌 *Ramaria testaceo-viridis* (Doty) Corn.

　　　　　17. 烟色珊瑚菌 *Clavaria fumosa* Pers. Fr.

　　　　韧革菌科 **Stereaceae**

　　　　　18. 毛韧革菌 *Stereum hirsutum* (Willd.) Gray.

　　　　　19. 褐盖韧革菌 *Stereum vibrans* Berk et Curt.

　　　　刺革孔菌科 **Hymenochaetaceae**

　　　　　20. 锈色木层孔菌 *Phellinus ferruginosus* (Fr.) Pat.

　　　　　21. 窄盖木层孔菌 *Phellinus tremulae* (Bondartsev) Bondartsev & Borisov.

　　　　　22. 苹果木层孔菌 *Phellinus tuberculosu* (Baumg.) Niemela.

　　　　　23. 绣球菌 *Sparassia crispa* (Wulf.) Fr.

　　　　裂褶菌科 **Schizophyllaceae**

　　　　　24. 裂褶菌 *Schizophyllum commne* Fr.

　　　　灵芝科 **Ganodermataceae**

　　　　　25. 树舌 *Ganoderma applanatum* (Pers. ex Wallr.) Pat.

　　　　　26. 紫光灵芝 *Ganoderma valesiacum* Boud.

　　　　多孔菌科 **Polyporaceae**

　　　　　27. 香菇 *Lentinus edodes* (Berk.) Sing.

　　　　　28. 瘤厚原孢孔菌 *Pachykytospora tuberculosa* (DC. Fr.) Kotl. et Pouz.

29. 树舌灵芝 *Ganoderma applanatum* (Pers.) Pat.

30. 多孔菌 *Polyporus varius* Pers.

31. 猪苓 *Polyporus umbellatus* (Pers.) Fries.

32. 宽褶革菌 *Lenzites platyphylla* Lev.

33. 毛栓菌 *Trametes hirsute* (Wulf. ex Fr.) Pilat.

齿菌科 **Hydnaceae**

34. 卷缘齿菌变种 *Hydnum repandum* var. *album* (Quél) Rea.

猴头菌科 **Hericiaceae**

35. 猴头菌 *Hericium erinaceus* (Bull. ex Fr.) Pers.

口蘑目 **Tricholomatales**

口蘑科 **Tricholomataceae**

36. 灰环口蘑 *Tricholoma cingulatum* (Ahnfelt. Fr.) Jacobaoch.

37. 松口蘑 *Tricholoma matsutake* (S. Ito et Imai) Sing.

38. 锈口蘑 *Tricholoma pessundatum* (Fr.) Quél.

39. 假蜜环菌 *Armillariella tabescens* (Scop. ex Fr.) Sing.

40. 皱褶小皮伞 *Marasmius rhyssophyllus* Mont.

41. 雪白小皮伞 *Marasmius niveus* Mont.

42. 罗汉松小皮伞 *Marasmius podocarpi* Sing.

43. 安络小皮伞 *Marasmius androsaceus* (L.) Fr.

44. 栎小皮伞 *Marasmius dryophilus* (Bolt.) Karst.

45. 花脸香蘑 *Lepista sordida* (Fr.) Sing.

46. 栎金钱菌 *Collybia dryophila* (Bull. Fr.) Kumm.

47. 堆金钱菌 *Collybia acervata* (Fr.) Kummer.

48. 高大环柄菇 *Macrolepiota procera* (Scop. Fr) Sing.

49. 直柄铦囊蘑 *Melanoleuca strictipes* (Karst.) Schaeff.

50. 格氏蝇头菌 *Cantharocybe gruberi* (Sm.) Big. et Sm.

51. 红汁小菇 *Mycena haematopus* (Pers. Fr.) Kummer.

52. 毒杯伞 *Clitocybe cerussata* (Fr.) Kummer.

53. 黄绒干菌 *Xerula pudens* (Pers. Fr.) Sing.

54. 双色蜡蘑 *Laccaria bicolor* (Maire) Orton.

鹅膏科 **Amanitaceae**

55. 灰鳞鹅膏 *Amanita aspera* Pers. ex S. F. Gray

56. 雪白鹅膏菌 *Amanita nivalis* Grev.

57. 黄盖鹅膏菌 *Amanita gemmata* (Fr.) Gill.

58. 灰鹅膏 *Amanita vaginata* (Bull ex Fr.) Vitt.

蜡伞科 **Hygrophoraceae**

59. 具缘蜡伞 *Hygrophorus marginatus* Peck.

红菇目 **Russulales**

　红菇科 **Russulaceae**

　　60. 红菇 *Russula lepida* Fr.

　　61. 黑红菇 *Russula nigricans* (Bull.) Fr.

　　62. 玫瑰柄红菇 *Russula roseipes* Secr. ex Bres.

　　63. 淡孢红菇 *Russula pallidospora* (Bl. in Romagn.) Romagn.

　　64. 紫柄红菇 *Russula violeipes* Quél.

　　65. 小红菇 *Russula minutula* Vel.

　　66. 密褶红菇 *Russula densifolia* Secr. ex Gill.

　　67. 沃尔特乳菇 *Lactarius waltersii* Hesl. et Sm.

伞菌目 **Agaricales**

　球盖菇科 **Strophariaceae**

　　68. 黄伞 *Pholiota adipose* (Fr.) Quél.

　　69. 黄褐环锈伞 *Pholiota spumosa* (Fr.) Sing.

　　70. 滑菇 *Pholiota nameko* Ito ex Imai.

　伞菌科 **Agaricaceae**

　　71. 夏生蘑菇 *Agaricus aestivalis* Secr.

　　72. 小红褐蘑菇 *Agaricus semotus* Fr.

　　73. 小白菇 *Agaricus comtulus* Fr.

　　74. 蘑菇 *Agaricus bisporus* (Lange) Singer.

　　75. 侧耳 *Pleurotus ostreatus* (Jacg. Fr.) Kummer.

　　76. 粗鳞大环柄菇 *Macrolepiota rachodes* (Vitt.) Sing.

　光柄菇科 **Pluteaceae**

　　77. 小孢光柄菇 *Pluteus microspores* (Denn.) Sing.

　　78. 灰光柄菇 *Pluteus cervinus* (Oschae H. Fr.) Kumm.

　　79. 变黄光柄菇 *Pluteus lutescens* (Fr.) Bres.

　粉褶菌科 **Entolomataceae**

　　80. 褐盖粉褶菌 *Rhodophyllus rhodopolius* (Fr.) Quél.

　　81. 粉褶菌 *Entoloma prunmloides* (Fr.) Quél.

　鬼伞科 **Coprinaceae**

　　82. 褐黄小脆柄菇 *Psathyrella subnuda* (P. Karst.) A. H. Sm.

　　83. 假小鬼伞 *Coprinellus disseminatus* (Pers.) J. E. Lange

　丝膜菌科 **Cortinariaceae**

　　84. 粘丝膜菌 *Cortinarius glutinosus* Peck

　　85. 小黄褐丝盖伞 *Inocybe auricoma* (Batsch) Fr.

　侧耳科 **Pleurotaceae**

　　86. 白侧耳 *Pleurotus albellus* (Pat.) Pegler.

　　87. 鳞皮扇菇 *Panellus stypticus* (Bull. Fr.) Karst.

牛肝菌目 **Boletales**

　牛肝菌科 **Boletaceae**

　　88. 美味牛肝菌 *Boletus edulis* Bull ex Fr.

　　89. 褐疣柄牛肝菌 *Leccinum scabrum* (Bull. Fr.) Gray.

　铆钉菇科 **Gomphidiaceae**

　　90. 铆钉菇 *Gomphidius* sp.

鸡油菌目 **Cantharellales**

　鸡油菌科 **Cantharellaceae**

　　91. 鸡油菌 *Cantharellus clbarius* Fr.

腹菌纲 **Gasteromycetes**

　鸟巢菌目 **Nidulariales**

　鸟巢菌科 **Nidulariaceae**

　　92. 白蛋巢菌 *Crucibulum leave* (Huds. ex Relh.) Kambly et al.

　马勃目 **Lycoperdales**

　马勃科 **Lycoperdaceae**

　　93. 光皮马勃 *Lycoperdon glabrescens* B.

　　94. 网纹灰包 *Lycoperdon perlatum* Pers.

　　95. 梨形马勃 *Lycoperdon pyriforme* Schaeff. Pers.

　地星科 **Geastraceae**

　　96. 尖顶地星 *Geastrum triplex* (Jungh.) Fisch.

　腹菌目 **Hymenogastrales**

　灰菇包科 **Secotiaceae**

　　97. 伞菌状灰菇包 *Secotium agaricoides* (Czern.) Hollos.

5.2　小　结

　　陕西周至黑河湿地省级自然保护区的大型真菌种类相对匮乏，只有 2 门 3 纲 13 目 33 科 63 属 97 种，这可能和调查仅在一年内进行有直接关系，而野外调查时当地的气候少雨干燥，并非大型真菌的最佳生长条件。从另一方面来看，在陕西周至黑河湿地省级自然保护区采集到的这些真菌所在的科基本上囊括了秦岭地区分布的大型真菌的主要科，说明该地区的大型真菌具有一定的丰富性。从生长习性来看，在陕西周至黑河湿地省级自然保护区采集到的大型真菌中，以木腐菌和地生菌占绝对优势，从一个侧面说明陕西周至黑河湿地省级自然保护区具有良好的生态环境；当然这主要是保护区的黑河库区湿地片区的贡献。从资源的角度来看，在这 97 种大型真菌中，不乏食用和药用真菌，这些大型真菌的存在对当地社区发展经济、带动保护事业的发展有很大的帮助。

参 考 文 献

戴芳澜. 1979. 中国真菌总汇[M]. 北京: 科学出版社.

邓叔群. 1963. 中国的真菌[M]. 北京: 科学出版社.

林晓民, 李振岐, 侯军. 2005. 中国大型真菌的多样性[M]. 北京: 中国农业出版社.

卯晓岚. 2009. 中国蕈菌[M]. 北京: 科学出版社.

上海农业科学院食用菌研究所. 1991. 中国食用菌志[M]. 北京: 中国林业出版社.

袁明生, 孙佩琼. 2013. 中国大型真菌彩色图谱[M]. 成都: 四川科学技术出版社.

Kirk P M, Cannon P F, Minter D W, et al. 2008. Ainsworth & Bisby's Dictionary of the Fungi [M]. 10th ed. Wallingford: CABI.

第 6 章　维管植物

经过野外调查、查阅《秦岭植物志》（中国科学院西北植物研究所，1974，1976，1981，1983，1985）等资料，不完全统计，陕西周至黑河湿地省级自然保护区共有维管植物 949 种（不含种下分类单位，下同），隶属于 145 科、533 属。其中，蕨类植物有 17 科、32 属、69 种、1 亚种、1 变种、1 变型；裸子植物有 3 科、4 属、5 种，栽培 2 科、5 属、5 种；单子叶植物有 17 科、79 属、133 种、4 变种，栽培 3 科、3 属、3 种；双子叶植物有 105 科、394 属、685 种、11 亚种、29 变种、1 变型，栽培 24 科、41 属、49 种、1 变型；野生维管植物 142 科、509 属、892 种、12 亚种、34 变种、2 变型。不完全统计的栽培植物有 29 科（3 科不包括野生种的科）、49 属（24 属不包括有野生种的属）、57 种、1 变型。蕨类植物按秦仁昌（1978a，1978b）中国蕨类科属系统排列，裸子植物按《中国植物志》第七卷分类系统排列，被子植物参考《中国植物志》和《秦岭植物志》等文献排列。

6.1　蕨类植物 PTERIDOPHYTA

1. 卷柏科 Selaginellaceae

黑河湿地保护区有 1 属、8 种。

蔓出卷柏 *Selaginella davidii* Franch.
见于山区各地；生于海拔 800～2000 m 岩石上。

兖州卷柏 *S. involvens* (Sw.) Spring
见于山区各地；生于海拔 500～2000 m 岩石上。

江南卷柏 *S. moellendorffii* Hieron.
见于山区各地；生于海拔 500～2000 m 岩石上。

伏地卷柏 *S. nipponica* Franch. et Sav.
见于山区各地；生于海拔 800～1900 m 岩石上。

红枝卷柏 *S. sanguinolenta* (Linn.) Spring
见于山区各地；生于海拔 1000～2100 m 岩石上。

中华卷柏 *S. sinensis* (Desv.) Spring
见于山区各地；生于海拔 600～1500 m 岩石上。

卷柏 *S. tamariscina* (P. Beauv.) Spring
见于山区各地；生于海拔 500～1000 m 岩石上。

翠云草 *S. uncinata* (Desv.) Spring
见于山区各地；生于岩石、林下。

2. 木贼科 Equisetaceae

黑河湿地保护区有 1 属、3 种、1 亚种。

问荆 *Equisetum arvense* Linn.

见于保护区各地；生于海拔 500～1900 m 的河滩、山沟。

木贼 *E. hyemale* Linn.

见于山区各地；生于海拔 600～2200 m 的林下。

节节草 *E. ramosissimum* Desf.

见于保护区各地；生于海拔 400～1800 m 的河滩、山沟、草地。

笔管草 *E. ramosissimum* Desf. subsp. *debile* (Roxb. ex Vaucher) Á. Löve & D. Löve

见于金盆等地；生于海拔 500～1800 m 林缘。

3. 阴地蕨科 Botrychiaceae

黑河湿地保护区有 1 属、2 种。

扇羽阴地蕨 *Botrychium lunaria* (Linn.) Sw.

见于山寨沟等地；生于海拔 6000～2000 m 林下。

蕨萁 *B. virginianum* (Linn.) Sw.

见于陈河等地；生于海拔 700～1600 m 林下。

4. 紫萁科 Osmundaceae

黑河湿地保护区有 1 属、1 种。

紫萁 *Osmunda japonica* Thunb.

见于陈河等地；生于海拔 1000 m 的林下。

5. 碗蕨科 Dennstaedtiaceae

黑河湿地保护区有 1 属、1 种。

溪洞碗蕨 *Dennstaedtia wilfordii* (Moore) Christ

见于陈河等地；生于海拔 1000～2100 m 林下。

6. 凤尾蕨科 Pteridaceae

黑河湿地保护区有 1 属、1 种。

蕨 *Pteridium aquilinum* (L.) Kuhn var. *latiusculum* (Desv.) Underw. ex Heller

见于山寨沟等地；生于海拔 600～1800 m 草地。

7. 中国蕨科 Sinopteridaceae

黑河湿地保护区有 1 属、2 种。

银粉背蕨 *Aleuritopteris argentea* (Gmel.) Fee

见于桃李坪、山寨沟等地；生于海拔 500～2000 m 林下。

陕西粉背蕨 *A. shensiensis* Ching

见于桃李坪等地；生于海拔 600～1500 m 林下。

8. 铁线蕨科 Adiantaceae

黑河湿地保护区有 1 属、3 种。

白背铁线蕨 *Adiantum davidii* Franch.

见于山区各地；生于海拔 1000～2000 m 林下。

肾盖铁线蕨 *A. erythrochlamys* Diels

见于山区各地；生于海拔 1200～1600 m 林下。

掌叶铁线蕨 *A. pedatum* Linn.

见于山区各地；生于海拔 1500～2000 m 林下。

9. 裸子蕨科 Hemionitidaceae

黑河湿地保护区有 1 属、4 种。

尖齿凤丫蕨 *Coniogramme affinis* (Wall.) Hieron.

见于山区各地；生于海拔 1800～2000 m 林下。

普通凤丫蕨 *C. intermedia* Hieron.

见于山区各地；生于海拔 1000～2000 m 的林下。

紫柄凤丫蕨 *C. sinensis* Ching

见于山区各地；生于海拔 1200～1800 m 的林下。

太白山凤丫蕨 *C. taipaishanensis* Ching et Y. T. Hsieh

见于山区各地；生于海拔 1300～1400 m 的林下。

10. 蹄盖蕨科 Athyriaceae

黑河湿地保护区有 7 属、14 种。

日本蹄盖蕨（华东蹄盖蕨、华北蹄盖蕨）*Athyrium niponicum* (Mett.) Hance

见于山区各地；生于海拔 1000～2100 m 的林下。

峨眉蹄盖蕨（秦岭蹄盖蕨）*A. omeiense* Ching

见于山区各地；生于海拔 900～2100 m 的林下。

中华蹄盖蕨 *A. sinense* Rupr.

见于山区各地；生于海拔 1400～2000 m 的林下。

尖头蹄盖蕨（太白山蹄盖蕨）*A. vidalii* (Franch. et Saw.) Nakai

见于山区各地；生于海拔 600～2100 m 的林下。

黑鳞短肠蕨 *Allantodia crenata* (Sommerf.) Ching

见于山区各地；生于海拔 1000～1500 m 的林下。

鳞柄短肠蕨 *A. squamigera* (Mett.) Ching

见于山区各地；生于海拔 1200～1700 m 的林下。

冷蕨 *Cystopteris fragilis* (Linn.) Bernh.

见于山区各地；生于海拔 1200～2000 m 的林下。

膜叶冷蕨 *C. pellucida* (Franch.) Ching

见于山区各地；生于海拔 1000～1500 m 的林下。

陕甘介蕨 *Dryoathyrium confusum* Ching et Hsu

见于山区各地；生于海拔 1300～1500 m 的林下。

蛾眉蕨 *Lunathyrium acrostichoides* (Sw.) Ching

见于山区各地；生于海拔 1500～2100 m 的林下。

陕西蛾眉蕨 *L. giraldii* (Christ) Ching

见于山区各地；生于海拔 1500～2000 m 的林下。

羽节蕨 *Gymnocarpium jessoense* (Koidz.) Koidz.

见于低山区各地；生于海拔 1500～2000 m 的林下。

东亚羽节蕨 *G. oyamense* (Bak.) Ching

见于山区各地；生于海拔 1400～2000 m 的林下。

大叶假冷蕨 *Pseudocystopteris atkinsonii* (Bedd.) Ching

见于山区各地；生于海拔 1400～2000 m 的林下。

11. 铁角蕨科 Aspleniaceae

黑河湿地保护区有 2 属、5 种。

北京铁角蕨 *Asplenium pekinense* Hance

见于山区各地；生于海拔 700～1800 m 的林下。

华中铁角蕨 *A. sarelii* Hook.

见于山区各地；生于海拔 700～1500 m 的林下。

铁角蕨 *A. trichomanes* Linn.

见于山区各地；生于海拔 1300～2100 m 的林下。

变异铁角蕨 *A. varians* Wall. ex Hook. et Grev.

见于山区各地；生于海拔 1200～1700 m 的林下。

过山蕨 *Camptosorus sibiricus* Rupr.

见于山区各地；生于海拔 1000～1500 m 的林下。

12. 金星蕨科 Thelypteridaceae

黑河湿地保护区有 3 属、3 种。

中日金星蕨 *Parathelypteris nipponica* (Franch. et Sav.) Ching

见于山区各地；生于海拔 1000～2100 m 的林下。

延羽卵果蕨 *Phegopteris decursive-pinnata* (van Hall) Fée

见于低山区各地；生于海拔 800～2100 m 的林下。

星毛紫柄蕨 *Pseudophegopteris levingei* (Clarke) Ching

见于低山区各地；生于海拔 2200 m 的林下。

13. 球子蕨科 Onocleaceae

黑河湿地保护区有 1 属、3 种。

中华荚果蕨 *Matteuccia intermedia* C. Chr.
见于低山区各地；生于海拔 500～1500 m 的林下。

东方荚果蕨 *M. orientalis* (Hook.) Trev.
见于低山区各地；生于海拔 1500～2000 m 的林下。

荚果蕨 *M. struthiopteris* (Linn.) Todaro
见于低山区各地；生于海拔 500～1500 m 的林下。

14. 岩蕨科 Woodsiaceae

黑河湿地保护区有 1 属、1 种。

耳羽岩蕨 *Woodsia polystichoides* Eaton
见于低山区各地；生于海拔 1000～2100 m 的林下。

15. 鳞毛蕨科 Dryopteridaceae

黑河湿地保护区有 3 属、8 种、1 变型。

贯众 *Cyrtomium fortunei* J. Sm.
见于低山区各地；生于海拔 500～2100 m 的林下。

小羽贯众 *C. fortunei* form. *polypterum*（Diels）Ching
见于低山区各地；生于海拔 800～1500 m 的林下。

华北鳞毛蕨 *Dryopteris goeringiana* (Kunze) Koidz.
见于低山区各地；生于海拔 1300～1400 m 的林下。

半岛鳞毛蕨 *D. peninsulae* Kitag.
见于低山区各地；生于海拔 800～1800 m 的林下。

川西鳞毛蕨 *D. rosthornii* (Diels) C. Chr.
见于低山区各地；生于海拔 1500～2100 m 的林下。

腺毛鳞毛蕨 *D. sericea* C. Chr.
见于低山区各地；生于海拔 700～1600 m 的林下。

革叶耳蕨 *Polystichum neolobatum* Nakai
见于低山区各地；生于海拔 1400～1800 m 的林下。

秦岭耳蕨 *P. submite* (Christ) Diels
见于低山区各地；生于海拔 1200～2100 m 的林下。

戟叶耳蕨（三叉耳蕨）*P. tripteron* (Kunze) Presl
见于低山区各地；生于海拔 400～2100 m 的林下。

16. 水龙骨科 Polypodiaceae

黑河湿地保护区有 5 属、9 种、1 变种。

秦岭槲蕨 *Drynaria baronii* (Christ) Diels
见于低山区各地；生于海拔 900～2100 m 的林下。

扭瓦韦 *Lepisorus contortus* (Christ) Ching
见于低山区各地；生于海拔 900～2000 m 的林下。

大瓦韦 *L. macrosphaerus* (Baker.) Ching
见于低山区各地；生于海拔 800 m 的林下。

有边瓦韦 *L. marginatus* Ching
见于低山区各地；生于海拔 1000～2100 m 的林下。

中华水龙骨 *Polypodium chinensis* (Christ) X. C. Zamg
见于低山区各地；生于海拔 900～2100 m 的林下。

柔毛中华水龙骨 *P. chinensis* var. *pilosa* (C. B. Clarke) Ching
见于低山区各地；生于海拔 900～2100 m 的林下。

华北石韦 *Pyrrosia davidii* (Baker.) Ching
见于低山区各地；生于海拔 1000～2000 m 的林下。

毡毛石韦 *P. drakeana* (Franch.) Ching
见于低山区各地；生于海拔 1200～2100 m 的林下。

有柄石韦 *P. petiolosa* (Chist) Ching
见于低山区各地；生于海拔 600～1500 m 的林下。

石蕨 *Saxiglossum angustissimum* (Gies.) Ching
见于低山区各地；生于海拔 700～2000 m 的林下。

17. 剑蕨科 Loxogrammaceae

黑河湿地保护区有 1 属、1 种。

褐柄剑蕨 *Loxogramme duclouxii* Christ
见于低山区各地；生于海拔 800～2000 m 的林下。

6.2 裸子植物 GYMNOSPERMAE

1. 松科 Pinaceae

黑河湿地保护区有 2 属、3 种，栽培 2 属、2 种。

雪松 *Cedrus deodara* (Roxb.) G. Don（栽培）
见于保护区各地；生于路旁及房前屋后。

华山松 *Pinus armandii* Franch.
见于山区段等地；生于海拔 1200～1800 m 山坡。

白皮松 *P. bungeana* Zucc. ex Endl.（栽培）
见于山区段；生于海拔 500～1800 m 的山坡

油松 *P. tabuliformis* **Carr.**
见于山区段各地；生于海拔 1000～2200 m 山坡。

铁杉 *Tsuga chinensis* **(Franch.) Pritz.**
见于陈河等地；生于海拔 1800～2000 m 山沟。

2. 柏科 Cupressaceae

黑河湿地保护区有 1 属、1 种，栽培 3 属、3 种。

刺柏 *Juniperus formosana* **Hayata**（栽培）
见于山区段等地；生于海拔 600～900 m 路旁。

侧柏 *Platycladus orientalis* **(Linn.) Franch**
见于山区段各地；生于海拔 600～1500 m 山坡及荒地。

千头柏 *P. orientalis* **cv. Sieboldii**（栽培）
见于各地；生于路旁、房前屋后。

龙柏 *Sabina chinensis* **(Linn.) Ant. cv. Kaizuca**（栽培）
见于保护区各地；生于海拔 500～900 m 的路旁。

3. 三尖杉科（粗榧科）Cephalotaxaceae

黑河湿地保护区有 1 属、1 种。

粗榧 *Cephalotaxus sinensis* **(Rehd. et Wils.) Li**
见于山区段各地；生于海拔 700 m 的河谷。

6.3　被子植物 ANGIOSPERMAE

6.3.1　单子叶植物 Monocotyledoneae

1. 香蒲科 Typhaceae

黑河湿地保护区有 1 属、1 种。

水烛 *Typha angustifolia* **Linn.**
见于黑河入渭河口湿地片区；生于河滩或浅水区域。

2. 黑三棱科 Sparganiaceae

黑河湿地保护区有 1 属、1 种。

黑三棱 *Sparganium stoloniferum* **(Graebn.) Buch.-Ham. ex Juz.**
见于黑河下游及渭河段；生于浅水中。

3. 眼子菜科 Potamogetonaceae

黑河湿地保护区有 1 属、4 种。

菹草 *Potamogeton crispus* **Linn.**

见于黑河入渭河口湿地片区；生于静水中。

眼子菜 *P. distinctus* **A. Benn.**

见于黑河下游；生于静水中。

竹叶眼子菜 *P. malaianus* **Miq.**

见于黑河下游；生于流水中。

浮叶眼子菜 *P. natans* **Linn.**

见于黑河入渭河口湿地片区；生于静水中。

4. 茨藻科 Najadaceae

黑河湿地保护区有 1 属、1 种。

大茨藻 *Najas marina* **Linn.**

见于渭河湿地；生于静水或浅水中。

5. 泽泻科 Alismataceae

黑河湿地保护区有 2 属、3 种。

泽泻 *Alisma plantago-aquatica* **Linn.**

见于黑河入渭河口湿地片区；生于流水或静水中。

矮慈姑 *Sagittaria pygmaea* **Miq.**

保护区常见；生于海拔 1100 m 林下。

野慈姑 *S. trifolia* **Linn.**

见于黑河入渭河口湿地片区；生于浅水中。

6. 水鳖科 Hydrocharitaceae

黑河湿地保护区有 1 属、1 种。

黑藻 *Hydrilla verticillata* **(Linn. f.) Royle**

见于黑河入渭河口湿地片区；生于静水中。

7. 禾本科 Gramineae

黑河湿地保护区有 36 属、55 种、2 变种，栽培 1 属、1 种。

小獐毛 *Aeluropus pungens* **(M. Bieb.) C. Koch**

见于黑河入渭河口湿地片区；生于河滩。

獐毛 *A. sinensis* **(Debeaux) Tzvel.**

见于黑河入渭河口湿地片区；生于河滩。

小糠草 *Agrostis alba* **Linn.**

保护区常见；生于海拔 1100 m 林下。

看麦娘 *Alopecurus aequalis* **Sobol.**

保护区常见；生于海拔 1300 m 林下。

日本看麦娘 *A. japonicus* **Steud.**

保护区常见；生于海拔 1300 m 林下。

荩草 *Arthraxon hirta* **(Thunb.) Tanaka**

保护区常见；生于海拔 1600 m 林缘。

矛叶荩草 *A. prionodes* **(Steud.) Dandy**

保护区常见；生于海拔 1400 m 林下。

野古草 *Arundinella anomala* **Steud.**

保护区常见；生于海拔 1300 m 林下。

野燕麦 *Avena fatua* **Linn.**（外来种）

保护区各处常见；生于海拔 1000 m 河滩。

雀麦 *Bromus japonicus* **Thunb.**

保护区山区常见；生于海拔 1100 m 林下。

疏花雀麦 *B. remotiflorus* **(Steud.) Ohwi**

保护区山区常见；生于海拔 2000 m 林下。

菵草 *Beckmannia syzigachne* **(Steud.) Fern.**

保护区山区常见；生于海拔 1200 m 林下。

细柄草 *Capillipedium parviflorum* **(R. Br.) Stapf**

保护区常见；生于海拔 1300 m 林下。

狗牙根 *Cynodon dactylon* **(Linn.) Pers.**

见于黑河下游各地；生于海拔 1300 m 河滩。

鸭茅 *Dactylis glomerata* **Linn.**

保护区常见；生于海拔 1300 m 林下。

野青茅 *Deyeuxia arundinacea* **(L.) Beauv.**

保护区常见；生于海拔 1500 m 林下。

疏花野青茅 *D. arundinacea* **(Linn.) Beauv. var.** *laxiflora* **(Rendle) P. C. Kuo et S. L. Lu**

保护区常见；生于海拔 1300 m 林下。

糙野青茅 *D. scabrescens* **(Griseb.) Munro ex Duthie**

保护区常见；生于海拔 2000 m 林下。

华高野青茅 *D. sinelatior* **Keng**

保护区常见；生于海拔 1800 m 林下。

马唐 *Digitaria sanguinalis* **(Linn.) Scop.**

保护区常见；生于海拔 1400 m 河滩。

长芒稗 *Echinochloa caudata* **Roshev.**

见于黑河入渭河口湿地片区；生于河滩。

稗 *E. crusgalli* **(Linn.) Beauv.**

见于黑河下游等地；生于海拔 1200 m 河滩。

牛筋草 *Eleusine indica* **(Linn.) Gaertn.**

保护区山区常见；生于海拔 1200 m 林下。

披碱草 *Elymus dahuricus* **Turcz.**

见于黑河入渭口等地；生于海拔 2000 m 河滩。

圆柱披碱草 *E. dahuricus* **var.** *cylindricus* **Franch.**

见于黑河入渭口等地；生于海拔 1200 m 河滩。

大画眉草 *Eragrostis cilianensis* **(All.) Link. ex Vign.-Lut.**

保护区常见；生于海拔 1100 m 林下。

知风草 *E. ferruginea* **(Thunb.) Beauv.**

保护区常见；生于海拔 1500 m 林下。

黑穗画眉草 *E. nigra* **Nees ex Steud.**

保护区常见；生于海拔 1100 m 林下。

秦岭箭竹 *Fargesia qinlingensis* **Yi et L. X. Shao**

保护区中高海拔山区常见；生于海拔 500～2100 m 林下。

光花山燕麦 *Helictotrichon leianthum* **(Keng) Ohwi**

保护区常见；生于海拔 1400 m 河滩。

大牛鞭草 *Hemarthria altissima* **(Poir.) Stapf et C. E. Hubb.**

见于黑河入渭河口湿地片区；生于河滩地。

细叶臭草 *Melica radula* **Franch.**

保护区山区常见；生于海拔 1300 m 林下。

臭草 *M. scabrosa* **Trin.**

保护区山区常见；生于海拔 1100 m 林下。

粟草 *Milium effusum* **Linn.**

保护区常见；生于海拔 1100 m 林下。

芒 *Miscanthus sinensis* **Anderss.**

保护区常见；生于海拔 1200 m 林下。

白茅 *Imperata cylindrica* **(Linn.) Beauv.**

见于黑河入渭河口湿地片区；生于海拔 400～500 m 的河滩。

金竹 *Phyllostachys sulphurea* **(Carr.) A. et C. Riv.**（栽培）

保护区山区段常见；生于林缘、房前屋后等处。

雀稗 *Paspalum thunbergii* **Kunth ex Steud.**

保护区常见；生于海拔 1600 m 河滩。

白顶早熟禾 *Poa acroleuca* **Steud.**

保护区山区常见；生于海拔 1300 m 林下。

细叶早熟禾 *P. angustifolia* **Linn.**

保护区山区常见；生于海拔 1200 m 林下。

早熟禾 *P. annua* Linn.

保护区山区常见；生于海拔 1200 m 林下。

林地早熟禾 *P. nemoralis* Linn.

保护区山区常见；生于海拔 1400 m 林下。

草地早熟禾 *P. pratensis* Linn.

保护区山区常见；生于海拔 1500 m 林下。

长芒棒头草 *Polypogon monspeliensis* (Linn.) Desf.

见于黑河下游等地；生于海拔 500 m 林下的河滩。

鬼蜡烛 *Phleum paniculatum* Huds.

保护区常见；生于海拔 1400 m 林下。

狼尾草 *Pennisetum alopecuroides* (Linn.) Spreng.

见于山寨沟等地；生于海拔 1200 m 林下。

白草 *P. centrasiaticum* Tzvel.

保护区常见；生于海拔 1100 m 林下。

芦苇 *Phragmites australis* (Cav.) Trin. ex Steud.

见于保护区各地；生于河滩、草地等处。

鹅观草 *Roegneria kamoji* Ohwi

保护区山区常见；生于海拔 1200 m 林下。

东瀛鹅观草 *R. mayebarana*（Honda）Ohwi

保护区山区常见；生于海拔 1700 m 林下。

秋鹅观草 *R. serotina* Keng

保护区山区常见；生于海拔 2100 m 林下。

金色狗尾草 *Setaria glauca* (Linn.) Beauv.

见于黑河下游及渭河等地；生于海拔 1300 m 林下。

狗尾草 *S. viridis* (Linn.) Beauv.

见于入渭口、金盆等地；生于海拔 1200 m 林下。

黄背草 *Themeda japonica* (Will.) Makino

见于金盆等地；生于海拔 1100 m 林下。

荻 *Triarrhena sacchariflora* (Maxim.) Nakai

各地常见；生于海拔 1200 m 林下。

中华草沙蚕 *Tripogon chinensis* (Franch.) Hack

保护区山区常见；生于海拔 1100 m 林下。

锋芒草 *Tragus racemosus* (Linn.) Scop.

保护区常见；生于海拔 1100 m 林下。

虱子草 *T. berteronianus* Schult.

见于黑河下游等地；生于海拔 480 m 的河滩。

8. 莎草科 Cyperaceae

黑河湿地保护区有 5 属、16 种。

二型鳞薹草 *Carex dimorpholepis* Steud.

保护区常见；生于海拔 1500 m 林下。

穹隆薹草 *C. gibba* Wahlenb.

保护区常见；生于海拔 500～2000 m 林缘。

异穗薹草 *C. heterostachya* Bge.

保护区常见；生于海拔 1100 m 林下。

日本薹草 *C. japonica* Thunb.

保护区常见；生于海拔 500～1600 m 林下。

翼果薹草 *C. neurocarpa* Maxim.

保护区常见；生于海拔 1300 m 林下。

丝引薹草 *C. remotiuscula* Wahlenb.

保护区常见；生于海拔 500～1900 m 林下。

异型莎草 *Cyperus difformis* Linn.

保护区常见；生于海拔 1300 m 林下。

头状穗莎草 *C. glomeratus* Linn.

见于渭河段等地；生于海拔 1400 m 林下。

具芒碎米莎草 *C. microiria* Steud.

保护区常见；生于海拔 1450 m 林下。

莎草（香附子）*C. rotundus* Linn.

保护区常见；生于海拔 1300 m 河滩。

水莎草 *Juncellus serotinus* (Rottb.) C. B. Clarke

见于渭河段等地；生于海拔 400～500 m 河滩。

球穗扁莎 *Pycreus globosus* (All.) Reichb.

见于渭河段等地；生于海拔 400～500 m 河滩。

红鳞扁莎 *P. sanguinolentus* (Vahl) Nees

见于渭河段；生于河滩。

扁秆藨草 *Scirpus planiculmis* Fr. Schmidt

保护区黑河入渭河口湿地片区常见；生于海拔 1700 m 林下。

藨草 *S. triqueter* Linn.

保护区常见；生于海拔 500～2000 m 林下。

水葱 *S. validus* Vahl

见于黑河入渭河口湿地片区；生于河滩。

9. 天南星科 Araceae

黑河湿地保护区有 2 属、3 种，栽培 1 属、1 种。

短柄南星 *Arisaema brevipes* **Engl.**

保护区常见；生于海拔 1200 m 林下。

天南星 *A. heterophyllum* **Bl.**

保护区常见；生于海拔 1200 m 林下。

虎掌 *Pinellia pedatisecta* **Schott**（栽培）

见于柳叶河；生于房前屋后。

半夏 *P. ternata* **(Thunb.) Breit.**

见于保护区各地；生于农田、河滩。

10. 浮萍科 Lemnaceae

黑河湿地保护区有 2 属、3 种。

浮萍 *Lemna minor* **Linn.**

见于黑河入渭河口湿地片区各处；生于稻田、池塘及河滩的积水处。

品藻 *L. trisulca* **Linn.**

见于黑河入渭河口湿地片区；生于稻田、池塘及河滩积水处。

紫萍 *Spirodela polyrhiza* **(Linn.) Schleid.**

见于黑河入渭河口湿地片区；生于稻田、池塘及河滩积水处。

11. 鸭跖草科 Commelinaceae

黑河湿地保护区有 2 属、2 种。

鸭跖草 *Commelina communis* **Linn.**

见于山寨沟、陈河等地；生于海拔 1000 m 路旁。

竹叶子 *Streptolirion volubile* **Edgew.**

见于金盆、山寨沟等地；生于海拔 800 m 的路旁。

12. 灯心草科 Juncaceae

黑河湿地保护区有 2 属、9 种。

葱状灯心草 *Juncus allioides* **Franch.**

各地均见；生于海拔 500～1300 m 的河谷。

小花灯心草 *J. articulatus* **Linn.**

各地均见；生于海拔 500～1800 m 的河谷。

小灯心草 *J. bufonius* **Linn.**

各地均见；生于海拔 500～1700 m 的河谷。

灯心草 *J. effusus* **Linn.**

各地均见；生于海拔 480～1600 m 的河谷。

多花灯心草 *J. modicus* **N. E. Brown**

各地均见；生于海拔 500～1300 m 的河谷。

长柱灯心草 *J. przewalskii* **Buchen**

各地均见；生于海拔 500～1700 m 的河谷。

地杨梅 *Luzula campestris* **(Linn.) DC.**

各地均见；生于海拔 500～1600 m 的河谷。

散序地杨梅 *L. effusa* **Buchenau**

各地均见；生于海拔 500～1900 m 的河谷。

羽毛地杨梅 *L. plumosa* **E. Mey.**

各地均见；生于海拔 500～1400 m 的河谷。

13. 石蒜科 Amaryllidaceae

黑河湿地保护区有 1 属、1 种。

忽地笑 *Lycoris aurea* **(L'Her.) Herb.**

见于柳叶河等地；生于灌丛或草地。

14. 百合科 Liliaceae

黑河湿地保护区有 10 属、20 种、2 变种，栽培 1 属、1 种。

玉簪叶韭 *Allium funckiaefolium* **Hand.-Mazz.**

保护区常见；生于海拔 1800 m 林下。

天蒜 *A. paepalanthoides* **Airy-Shaw**

保护区常见；生于海拔 550～2000 m 林下。

青甘韭 *A. przewalskianum* **Regel**

见于陈河等地；生于海拔 1200 m 林下。

韭 *A. tuberosum* **Rottl. ex Spreng.**（栽培）

见于柳叶河等地，各地有栽培。

茖韭 *A. victorialis* **Linn.**

保护区常见；生于海拔 1700～2100 m 林下。

羊齿天门冬 *Asparagus filicinus* **Buch.-Ham. ex D. Don**

保护区常见；生于海拔 1200 m 林下。

大百合 *Cardiocrinum giganteum* **(Wall.) Makino**

保护区常见；生于海拔 1200 m 林下。

黄花菜 *Hemerocallis citrina* **Baroni**

保护区常见；生于草地、河滩等处。

百合 *Lilium brownii* **F. E. Brown ex Miellez** var. *viridulum* **Baker**

保护区常见；生于海拔 1500 m。

卷丹 *L. lancifolium* **Thunb.**

保护区常见；生于海拔 1500 m 林缘。

山丹 *L. pumilum* **DC.**

见于山寨沟等地；生于海拔 2000 m 林下。

沿阶草 *Ophiopogon bodinieri* **Levl.**

见于金盆周边等地；生于海拔 2000 m 林缘。

卷叶黄精 *Polygonatum cirrhifolium* **(Wall.) Royle**

保护区常见；生于海拔 500～1600 m 林下。

玉竹 *P. odoratum* **(Mill.) Druce**

保护区常见；生于海拔 2200 m 林下。

黄精 *P. sibiricum* **Delar. ex Redoute**

保护区常见；生于海拔 1700 m 林下。

七叶一枝花 *Paris polyphylla* **Smith.**

保护区常见；生于海拔 1700 m 林下。

托柄菝葜 *Smilax discotis* **Warb.**

见于山寨沟等地；生于海拔 2000 m 林下。

长托菝葜 *S. ferox* **Wall. ex Kunth**

保护区常见；生于海拔 1800 m 林下。

黑果菝葜 *S. glaucochina* **Warb.**

保护区常见；生于海拔 1600 m 林下。

牛尾菜 *S. riparia* **A. DC.**

保护区常见；生于海拔 500～1750 m 林下。

尖叶牛尾菜 *S. riparia* var. *acuminata* **(C. H. Wright) F. T. Wang et Tang**

保护区常见；生于海拔 500～1750 m 林下。

鞘柄菝葜 *S. stans* **Maxim.**

保护区常见；生于海拔 1800 m 林下。

油点草 *Tricyrtis macropoda* **Miq.**

保护区常见；生于海拔 2000 m 林下。

15. 薯蓣科 Dioscoreaceae

黑河湿地保护区有 1 属、2 种。

穿龙薯蓣 *Dioscorea nipponica* **Makino**

保护区常见；生于海拔 1600 m 林下。

盾叶薯蓣 *D. zingiberensis* **C. H. Wright**

见于山寨沟、陈河等地；生于海拔 1500 m 林下。

16. 鸢尾科 Iridaceae

黑河湿地保护区有 2 属、2 种。

射干 *Belamcanda chinensis* **(Linn.) DC.**

保护区常见；生于海拔 1500 m 林下。

鸢尾 *Iris tectorum* **Maxim.**

见于柳叶河；生于河滩。

17. 兰科 Orchidaceae

黑河湿地保护区有 9 属、9 种。

流苏虾脊兰 *Calanthe alpina* **Hook. F. ex Lindl.**
见于保护区山区段；生于海拔 600～1900 m 林下。

银兰 *Cephalanthera erecta* **(Thunb.) Bl.**
见于保护区山区段；生于海拔 700～1800 m 林下。

杜鹃兰 *Cremastra appendiculata* **(D. Don) Makino**
见于保护区山区段；生于海拔 500～1600 m 林下。

角盘兰 *Herminium monorchis* **R. Br.**
见于保护区山区高海拔；生于海拔 800～2000 m 林下。

天麻 *Gastrodia elata* **Bl.**
见于保护区山区段；生于海拔 600～2200 m 林下。

羊耳蒜 *Liparis japonica* **(Miq.) Maxim.**
见于保护区山区段；生于海拔 700～1800 m 林下。

独蒜兰 *Pleione bulbocodioides* **(Franch.) Rolfe**
见于保护区山区段；生于海拔 650～1700 m 林下。

舌唇兰 *Platanthera japonica* **(Thunb.) Lindl.**
见于保护区山区段；生于海拔 500～1800 m 林下。

绶草 *Spiranthes sinensis* **(Pers.) Ames**
保护区黑河入渭河口湿地片区和山区段；生于海拔 500～1500 m 草地。

6.3.2 双子叶植物 Dicotyledoneae

1. 三白草科 Saururaceae

黑河湿地保护区有 2 属、2 种。

蕺菜 *Houttuynia cordata* **Thunb.**
保护区常见；生于海拔 500～1500 m 林下。

三白草 *Saururus chinensis* **(Lour.) Baill**
保护区常见；生于海拔 500～1200 m 林下。

2. 金粟兰科 Chloranthaceae

黑河湿地保护区有 1 属、1 种。

银线草 *Chloranthus japonicus* **Sieb.**
保护区常见；生于海拔 500～1500 m 林下。

3. 杨柳科 Salicaceae

黑河湿地保护区有 2 属、9 种，栽培 1 属、2 种。

青杨 *Populus cathayana* **Rehd.**

保护区常见；生于海拔 650～2200 m 林中。

山杨 *P. davidiana* **Dode**

保护区常见；生于海拔 500～2000 m 林中。

冬瓜杨 *P. purdomii* **Rehd.**

见于柳叶河等地；生于河谷。

小叶杨 *P. simonii* **Carr.**

保护区常见；生于海拔 600～1400 m 林中。

垂柳 *Salix babylonica* **Linn**（栽培）

保护区各处有栽培。

乌柳 *S. cheilophila* **Schneid.**

保护区常见；生于海拔 500～1500 m 林中。

银背柳 *S. ernestii* **Schneid.**

保护区常见；生于海拔 600～1600 m 林中。

紫枝柳 *S. heterochroma* **Seem.**

保护区常见；生于海拔 960～1400 m 林中。

旱柳 *S. matsudana* **Koidz.**（栽培）

各地常见；生于海拔 1300 m 林中。

中国黄花柳 *S. sinica* **(Hao) C. Wang et C. F. Fang**

保护区常见；生于海拔 500～2100 m 林中。

红皮柳 *S. sinopurpurea* **C. Wang et Ch. Y. Yang**

保护区常见；生于海拔 550～1900 m 林中。

4. 胡桃科 Juglandaceae

黑河湿地保护区有 2 属、2 种，栽培 1 属、1 种。

胡桃楸 *Juglans mandshurica* **Maxim.**

见于柳叶河、陈河等地；生于海拔 500～1800 m 林中。

胡桃 *J. regia* **Linn.**（栽培）

见于低海拔各地；生于海拔 2000 m 左右。

湖北枫杨 *Pterocarya hupehensis* **Skan**

保护区常见；生于海拔 500～1600 m 林中。

5. 桦木科 Betulaceae

黑河湿地保护区有 3 属、5 种。

白桦 *Betula platyphylla* **Suk**

保护区常见；生于海拔 500～1600 m 林中。

千金榆 *Carpinus cordata* **Bl.**

保护区常见；生于海拔 750～2000 m 林中。

鹅耳枥 *C. turczaninowii* **Hance**

保护区常见；生于海拔 500～1800 m 林中。

披针叶榛 *Corylus fargesii* **Schneid.**

保护区常见；生于海拔 500～2000 m 林下。

榛 *C. heterophylla* **Fisch.**

见于山寨沟等地；生于海拔 500～2100 m 林下。

6. 壳斗科（山毛榉科）Fagaceae

黑河湿地保护区有 2 属、8 种，1 变种。

栗 *Castanea mollissima* **Bl.**

见于保护区低海拔各地；生于海拔 1000 m 左右。

岩栎 *Quercus acrodonta* **Seem.**

见于桃李坪、陈河等地；生于海拔 900 m 左右。

槲栎 *Q. aliena* **Blume**

见于桃李坪等地；生于海拔 500～1800 m 林中。

锐齿槲栎 *Q. aliena* var. *acuteserrata* **Maxim.**

保护区常见；生于海拔 500～2000 m 林中。

橿子栎 *Q. baronii* **Skan**

见于低海拔等地；生于海拔 500～2000 m 林中。

槲树 *Q. dentata* **Thunb.**

见于桃李坪等地；生于海拔 500～1500 m 林中。

枹栎 *Q. serrata* **Thunb.**

保护区常见；生于海拔 1300 m 以下。

刺叶高山栎 *Q. spinosa* **Daivd ex Franch.**

保护区常见；生于海拔 650～2200 m 林中。

栓皮栎 *Q. variabilis* **Bl.**

见于低海拔各地；生于海拔 500～1700 m 林中。

7. 榆科 Ulmaceae

黑河湿地保护区有 4 属、10 种。

黑弹树 *Celtis bungeana* **Bl.**

保护区常见；生于海拔 500～1500 m 林中。

珊瑚朴 *C. julianae* **Schneid.**

保护区常见；生于海拔 500～1300 m 林中。

大叶朴 *C. koraiensis* **Nakai**

保护区常见；生于海拔 500～1500 m 林中。

朴树 *C. sinensis* **Pers.**

见于桃李坪及低海拔地；生于海拔 500～1100 m 林中。

青檀 *Pteroceltis tatarinowii* **Maxim.**
见于低海拔各地；生于海拔 500～1500 m 林中。

兴山榆 *Ulmus bergmanniana* **Schneid.**
保护区常见；生于海拔 500～1800 m 林中。

旱榆 *U. glaucescens* **Franch.**
见于黑河下游、桃李坪等地；生于海拔 500～1300 m 林中。

大果榆 *U. macrocarpa* **Hance**
保护区常见；生于海拔 500～1300 m 林中。

榆树 *U. pumila* **Linn.**
见于金盆等地；生于海拔 500～1200 m 林中。

榉树 *Zelkova serrata* **(Thunb.) Makino**
见于低海拔各地；生于海拔 900～1500 m 林中。

8. 桑科 Moraceae

黑河湿地保护区有 5 属、8 种，栽培 1 属、1 种。

构树 *Broussonetia papyrifera* **(Linn.) L'Herit. ex Vent.**
见于黑河下游、仙游寺、桃李坪等地；生于海拔 500～1600 m 林中。

大麻 *Cannabis sativa* **Linn.**（栽培）
保护区常见；生于海拔 500～1250 m。

柘树 *Cudrania tricuspidata* **(Carr.) Bur. ex Lavallee**
见于金盆、山寨沟及低海拔各地；生于海拔 500～1500 m 林中。

异叶榕 *Ficus heteromorpha* **Hemsl.**
保护区常见；生于海拔 500～1800 m 林中。

葎草 *Humulus scandens* **(Lour.) Merr.**
见于仙游寺各地；生于海拔 500～1500 m 林下。

桑 *Morus alba* **Linn.**
见于黑河下游、山寨沟、柳叶河等地；生于海拔 1000 m 左右。

鸡桑 *M. australis* **Poir.**
保护区常见；生于海拔 500～1700 m 林中。

华桑 *M. cathayana* **Hemsl.**
保护区常见；生于海拔 500～1500 m 林中。

蒙桑 *M. mongolica* **Schneid.**
保护区常见；生于海拔 500～1500 m 林中。

9. 荨麻科 Urticaceae

黑河湿地保护区有 7 属、8 种。

悬铃叶苎麻 *Boehmeria tricuspis* **(Hance) Makino**
见于柳叶河等地；生于海拔 500～1500 m 林下。

钝叶楼梯草 *Elatostema obtusum* **Wedd.**

保护区常见；生于海拔 550～2200 m 林下。

艾麻 *Laportea cuspidata* **(Wedd.) Friis**

保护区常见；生于海拔 500～1500 m 林下。

花点草 *Nanocnide japonica* **Bl.**

保护区常见；生于海拔 550～1600 m 林下。

墙草 *Parietaria micrantha* **Ledeb.**

保护区常见；生于海拔 600～2100 m 林下。

山冷水花 *Pilea japonica* **(Maxim.) Hand.-Mazz.**

保护区常见；生于海拔 500～1600 m 林下。

透茎冷水花 *P. pumila* **(L.) A. Gray**

保护区常见；生于海拔 500～2000 m 林下。

宽叶荨麻 *Urtica laetevirens* **Maxim.**

保护区常见；生于海拔 600～2200 m 林下。

10. 檀香科 Santalaceae

黑河湿地保护区有 1 属、1 种。

米面蓊 *Buckleya lanceolate* **(Sieb. et Zucc.) Miq.**

见于山寨沟等地；生于海拔 550～2000 m 林下。

11. 马兜铃科 Aristolochiaceae

黑河湿地保护区有 3 属、2 种、1 变型。

异叶马兜铃 *Aristolochia kaempferi* **Willd. form.** *heterophylla* **(Hemsl.) S. M. Hwang**

见于陈河等地；生于海拔 500～1500 m 林下。

马蹄香 *Saruma henryi* **Oliv.**

保护区常见；生于海拔 500～1600 m 林下。

单叶细辛 *Asarum himalaicum* **Hook. f. et Thomson ex Klotzsch.**

见于保护区山区；生于林下。

12. 蓼科 Polygonaceae

黑河湿地保护区有 6 属、16 种、1 变种，栽培 1 属、1 种。

短毛金线草 *Antenoron filiforme* **(Thunb.) Rob. et Vaut. var.** *neofiliforme*（**Nakai**）**A. J. Li**

保护区常见；生于海拔 500～2000 m 林下。

细柄野荞麦 *Fagopyrum gracilipes* **Damm. ex Diels (Hemsl.) Dammer**

保护区常见；生于海拔 500～2200 m 林下。

荞麦 *F. esculentum* **Moench**（栽培）

见于山寨沟等地；生于海拔 600～1700 m 农田。

木藤蓼 *Fallopia aubertii* **(L. Henry) Holub**
见于山区各地；生于灌丛。

何首乌 *F. multiflora* **(Thunb.) Harald.**
保护区常见；生于海拔 500～2100 m 林下。

两栖蓼 *Polygonum amphibium* **Linn.**
保护区常见；生于海拔 500～1900 m 林下。

抱茎蓼 *P. amplexicaule* **D. Don**
保护区常见；生于海拔 650～1500 m 林下。

萹蓄 *P. aviculare* **Linn.**
见于入渭口等地；生于海拔 600～1700 m 林下。

酸模叶蓼 *P. lapathifolium* **Linn.**
保护区常见；生于海拔 600～1700 m 林下。

长鬃蓼 *P. longisetum* **De Bruyn**
保护区常见；生于海拔 500～1500 m 林下。

红蓼 *P. orientale* **Linn.**
见于黑河入渭河口湿地片区；生于河滩。

春蓼 *P. persicaria* **Linn.**
保护区常见；生于海拔 1000 m 以下的林下。

习见蓼 *P. plebeium* **R. Br.**
见于黑河下游各地；生于海拔 500～1300 m 林下。

翼蓼 *Pteroxygonum giraldii* **Dammer et Diels**
保护区常见；生于海拔 500～1800 m 林下。

水生酸模 *Rumex aquaticus* **Linn.**
各地常见；生于海拔 2000～2100 m 林下。

齿果酸模 *R. dentatus* **Linn.**
见于入渭口等地；生于海拔 500～1100 m 林中。

羊蹄 *R. japonicus* **Houtt.**
保护区常见；生于海拔 500～2000 m 林下。

尼泊尔酸模 *R. nepalensis* **Spreng.**
见于柳叶河等地；生于海拔 500～2100 m 河滩。

13. 藜科 Chenopodiaceae

黑河湿地保护区有 6 属、8 种。

千针苋 *Acroglochin persicarioides* **(Poir.) Moq.**
见于黑河下游等地；生于海拔 500～2100 m 林下。

藜 *Chenopodium album* **Linn.**
保护区常见；生于海拔 600～1700 m 林下。

灰绿藜 *C. glaucum* Linn.

见于入渭口、金盆等地；生于海拔 500～1600 m 林缘。

杂配藜 *C. hybridum* Linn.

保护区常见；生于海拔 500～2200 m 林下。

绳虫实 *Corispermum declinatum* Steph. ex Stev.

见于黑河入渭河口湿地片区；生于河滩。

地肤 *Kochia scoparia* (Linn.) Schrad.

见于入渭口等地；生于海拔 500～1300 m 林下的河滩。

猪毛菜 *Salsola collina* Pall.

见于黑河入渭河口湿地片区；生于河滩河堤等处。

碱蓬 *Suaeda glauca* (Bge.) Bge.

见于黑河入渭河口湿地片区；生于河滩。

14. 苋科 Amaranthaceae

黑河湿地保护区有 3 属、5 种，栽培 1 属、1 种。

牛膝 *Achyranthes bidentata* Bl.

见于桃李坪、山寨沟等地；生于海拔 500～1300 m 林下。

莲子草 *Alternanthera sessilis* (L.) DC.（入侵种）

见于黑河下游；生于河滩或静水处。

繁穗苋 *Amaranthus paniculatus* Linn.（外来种）

保护区常见；生于海拔 650～2000 m 林缘。

反枝苋 *A. retroflexus* Linn.（外来种）

保护区各地常见；生于河滩、路旁。

苋 *A. tricolor* Linn.（外来种）

见于入渭口、陈河等地；生于海拔 900 m 河滩。

鸡冠花 *Celosia cristata* Linn.（栽培）

各地有栽培。

15. 商陆科 Phytolaccaceae

黑河湿地保护区有 1 属、2 种。

商陆 *Phytolacca acinosa* Roxb.

保护区常见；生于海拔 380～2100 m 林缘。

垂序商陆 *P. americana* Linn.（外来种）

见于保护区各地；生于河滩、草地。

16. 马齿苋科 Portulacaceae

黑河湿地保护区有 1 属、1 种。

马齿苋 *Portulaca oleracea* **Linn.**

见于入渭口、黑河下游、陈河等地；生于海拔 750～1000 m 河滩、路旁。

17. 石竹科 Caryophyllaceae

黑河湿地保护区有 9 属、16 种。

无心菜 *Arenaria serpyllifolia* **Linn.**

保护区常见；生于海拔 550～1830 m 林下。

狗筋蔓 *Cucubalus baccifer* **Linn.**

保护区常见；生于海拔 500～2100 m 林下。

石竹 *Dianthus chinensis* **Linn.**

保护区常见；生于海拔 650～1600 m 林下。

瞿麦 *D. superbus* **Linn.**

见于金盆等地；生于海拔 500～2100 m 林下。

剪红纱花 *Lychnis senno* **Sieb. et Zucc.**

保护区常见；生于海拔 500～1300 m 林下。

鹅肠菜 *Malachium aquaticum* **(Linn.) Fries**

保护区常见；生于海拔 500～2100 m 林下。

漆姑草 *Sagina japonica* **(Sw.) Ohwi.**

保护区常见；生于海拔 500～1900 m 林下。

女娄菜 *Silene aprica* **(Turcz.) Rohrb.**

保护区常见；生于海拔 500～2200 m 林下。

麦瓶草 *S. conoidea* **Linn.**

保护区各处常见；生于草地、麦田等处。

鹤草 *S. fortunei* **Vis.**

保护区常见；生于海拔 500～1800 m 林下。

蝇子草 *S. gallica* **Linn.**

见于山区各地；生于草地、岩石等处。

石生蝇子草 *S. tatarinowii* **(Regel) Y. W. Tsui**

保护区常见；生于海拔 600～2100 m 林下。

中国繁缕 *Stellaria chinensis* **Regel**

保护区常见；生于海拔 500～2100 m 林下。

繁缕 *S. media* **(Linn.) Cyrill.**

保护区各处常见；生于林下、草地等处。

箐姑草 *S. vestita* **Kurz**

见于保护区各地；生于草地、岩石上。

麦蓝菜 *Vaccaria segetalis* **(Neck.) Garcke**（外来种）

见于保护区各地；生于草地、路旁。

18. 领春木科 Eupteleaceae

　　黑河湿地保护区有 1 属、1 种。

　　领春木 *Euptelea pleiospermum* Hook. f. et Thoms.

　　保护区常见；生于海拔 720～2100 m 林下。

19. 蒺藜科 Zygophyllaceae

　　黑河湿地保护区有 1 属、1 种。

　　蒺藜 *Tribulus terrester* Linn.

　　见于黑河入渭河口湿地片区黑河下游各地。

20. 金鱼藻科 Ceratophyllaceae

　　黑河湿地植物 1 属、1 种。

　　金鱼藻 *Ceratophyllum demersum* Linn.

　　见于黑河入渭口附近；生于静水中。

21. 毛茛科 Ranunculaceae

　　黑河湿地保护区有 11 属、24 种、4 变种，栽培 2 属、2 种。

　　乌头 *Aconitum carmichaelii* Debx.（栽培）

　　各地常见有栽培；生于海拔 500～1800 m 林下。

　　瓜叶乌头 *A. hemsleyanum* Pritz.

　　保护区常见；生于海拔 500～2000 m 林下。

　　松潘乌头 *A. sungpanense* Hand.-Mazz.

　　见于山区各地；生于林下、灌丛或草地。

　　类叶升麻 *Actaea asiatica* Hara

　　保护区常见；生于海拔 650～2100 m 林下。

　　阿尔泰银莲花 *Anemone altaica* Fisch. ex C. A. Mey.

　　见于山区中海拔；生于林下。

　　小花草玉梅 *A. rivularis* Buch.-Ham. ex DC. var. *flore-minore* Maxim.

　　保护区常见；生于海拔 600～2100 m 林下。

　　大火草 *A. tomentosa* (Maxim.) Pei

　　保护区见于山区段各地；生于草地、林下等处。

　　华北耧斗菜 *Aquilegia yabeana* Kitag.

　　保护区常见；生于海拔 500～2000 m 林下。

　　小升麻 *Cimicifuga acerina* (Sieb. et Zucc.) C. Tanaka

　　保护区常见；生于海拔 550～2100 m 林下。

　　升麻 *C. foetida* Linn.

　　保护区常见；生于海拔 600～2100 m 林下。

粗齿铁线莲 *Clematis argentilucida* (Levl. et Vant.) **W. T. Wang**

保护区常见；生于海拔 500～2100 m 林下。

短尾铁线莲 *C. brevicaudata* **DC.**

保护区常见；生于海拔 500～1200 m 林下。

大叶铁线莲 *C. heracleifolia* **De Cand.**

保护区常见；生于海拔 500～1800 m 林下。

绣球藤 *C. montana* **Buchn.-Ham. ex Decandolle**

保护区常见；生于海拔 500～1800 m 林下。

秦岭铁线莲 *C. obscura* **Maxim.**

保护区常见；生于海拔 500～2100 m 林下。

钝萼铁线莲 *C. peterae* **Hand.-Mazz.**

保护区常见；生于海拔 500～2000 m 林下。

毛果铁线莲 *C. peterae* var. *trichocarpa* **W. T. Wang**

保护区常见；生于海拔 500～1300 m 林下。

须蕊铁线莲 *C. pogonandra* **Maxim.**

见于金盆等地；生于海拔 500～2100 m 林下。

陕西铁线莲 *C. shensiensis* **W. T. Wang**

见于柳叶河口等地；生于海拔 1200 m 林下。

卵瓣还亮草 *Delphinium anthriscifolium* **Hance** var. *calleryi* (**Franch.**) **Fin. et Gagnep**

保护区常见；生于海拔 500～1200 m 林下。

腺毛翠雀 *D. grandiflorum* **Linn.** var. *glandulosum* **W. T. Wang**

保护区常见；生于海拔 500～1600 m 林下。

纵肋人字果 *Dichocarpum fargesii* (**Franch.**) **W. T. Wang & P. K. Hsiao**

保护区常见；生于海拔 650～1800 m 林下。

牡丹 *Paeonia suffruticosa* **Andr.**（栽培）

见于山寨沟等地；生于海拔 550～1500 m 林下。

白头翁 *Pulsatilla chinensis*（**Bge.**）**Regel.**

保护区常见；生于海拔 500～1500 m 林下。

茴茴蒜 *Ranunculus chinensis* **Bge.**

保护区常见；生于海拔 500～1700 m 河滩。

毛茛 *R. japonicus* **Thunb.**

保护区常见；生于海拔 500～2000 m 林下。

石龙芮 *R. sceleratus* **Linn.**

保护区常见；生于海拔 500～1200 m 林下。

贝加尔唐松草 *Thalictrum baicalense* **Turcz.**

见于山区各地；生于林下或灌丛。

西南唐松草 *T. fargesii* **Franch. ex Fin. et Gagnep.**

保护区常见；生于海拔 600～2000 m 林下。

瓣蕊唐松草 *T. petaloideum* **Linn.**

见于陈河等地；生于林缘灌丛。

22. 木通科 Lardizabalaceae

黑河湿地保护区有 4 属、4 种。

三叶木通 *Akebia trifoliata* **(Thunb.) Koidz.**

见于陈河等地；生于海拔 500～2000 m 林下。

猫儿屎 *Decaisnea insignis* **(Griff.) Hook. f. et Thoms.**

保护区常见；生于海拔 500～2200 m 林下。

牛姆瓜 *Holboellia grandiflora* **Reaub.**

保护区常见；生于海拔 700～2100 m 林下。

串果藤 *Sinofranchetia chinensis* **(Franch.) Hemsl.**

保护区常见；生于海拔 500～2000 m 林缘。

23. 小檗科 Berberidaceae

黑河湿地保护区有 3 属、8 种。

黄芦木 *Berberis amurensis* **Rupr.**

保护区常见；生于海拔 1250～2100 m 林下。

直穗小檗 *B. dasystachya* **Maxim.**

保护区常见；生于海拔 1700～2100 m 林下。

异长穗小檗 *B. feddeana* **Schneid.**

保护区常见；生于海拔 500～1800 m 林下。

川鄂小檗 *B. henryana* **Schneid.**

保护区常见；生于海拔 650～2100 m 林下。

网脉小檗 *B. reticulata* **Byhouw.**

保护区常见；生于海拔 700～2100 m 林下。

假豪猪刺 *B. soulieana* **Schneid.**

见于柳叶河等地；生于海拔 500～1800 m 林下。

淫羊藿 *Epimedium brevicornu* **Maxim.**

保护区常见；生于海拔 500～2100 m 林下。

阔叶十大功劳 *Mahonia bealei* **(Fort.) Carr.**

见于柳叶河等地；生于海拔 500～1800 m 林下。

24. 防己科 Menispermaceae

黑河湿地保护区有 3 属、3 种。

木防己 *Cocculus orbiculatus* (Linn.) DC.

见于陈河等地；生于海拔 500～1300 m 林下。

蝙蝠葛 *Menispermum dauricum* DC.

见于低海拔各地；生于林缘、灌丛。

风龙 *Sinomenium acutum* (Thunb.) Rehd. et Wils.

保护区常见；生于海拔 500～1500 m 林下。

25. 木兰科 Magnoliaceae

黑河湿地保护区有 2 属、3 种，栽培 1 属、2 种。

玉兰 *Magnolia denudata* Desr.（栽培）

保护区各处有栽培。

荷花玉兰 *M. grandiflora* Linn.（栽培）

保护区各处有栽培。

武当木兰 *M. sprengeri* Pamp.

见于陈河等地；生于海拔 600～1800 m 林中。

狭叶五味子 *Schisandra lancifolia* (Rehd. et Wils.) A. C. Smith

保护区常见；生于海拔 600～1700 m 林中。

华中五味子 *S. sphenanthera* Rehd. et Wils.

见于山寨沟、陈河等地；生于海拔 500～2100 m 林下。

26. 樟科 Lauraceae

黑河湿地保护区有 2 属、4 种。

山胡椒 *Lindera glauca* (Sieb. et Zucc.) Bl.

保护区常见；生于海拔 500～1700 m 林中。

三桠乌药 *L. obtusiloba* Bl.

保护区常见；生于海拔 500～2200 m 林中。

木姜子 *Litsea pungens* Hemsl.

见于山寨沟等地；生于海拔 500～1800 m 林中。

秦岭木姜子 *L. tsinlingensis* Yang et P. H. Huang

见于陈河等地；生于海拔 500～1700 m 林下。

27. 罂粟科 Papaveraceae

黑河湿地保护区有 6 属、8 种。

白屈菜 *Chelidonium majus* Linn.

保护区常见；生于海拔 500～2000 m 林下。

紫堇 *Corydalis edulis* Maxim.

保护区常见；生于海拔 500～1300 m 林下。

蛇果黄堇 *C. ophiocarpa* **Hook. f. et Thoms.**
保护区常见；生于海拔 500～1900 m 林下。

黄堇 *C. pallida* **(Thunb.) Pers.**
见于山区各地；生于林下或草地。

秃疮花 *Dicranostigma leptopodum* **(Maxim.) Fedde**
保护区常见；生于海拔 500～1300 m 林下。

小果博落回 *Macleaya microcarpa* **Fedde**
见于低海拔各地；生于海拔 1800 m 以下林下。

柱果绿绒蒿 *Meconopsis oliverana* **Franch. et Prain.**
见于山寨沟等地；生于海拔 1500 m 的山坡。

四川金罂粟 *Stylophorum sutchuense* **(Franch.) Fedde**
保护区常见；生于海拔 550～1700 m 林下。

28. 十字花科 Cruciferae

黑河湿地保护区有 13 属、17 种、1 变种，栽培 2 属、4 种。

硬毛南芥 *Arabis hirsuta* **(Linn.) Scop.**
保护区常见；生于海拔 500～2000 m 林下。

垂果南芥 *A. pendula* **Hinn**
保护区常见；生于海拔 500～2000 m 林下。

芸苔 *Brassica campestris* **Linn.**（栽培）
保护区各处常见栽培。

青菜 *B. chinensis* **Linn.**（栽培）
保护区各处有栽培。

白菜 *B. pekinensis* **Rupr.**（栽培）
保护区各处常见栽培。

荠 *Capsella bursa-pastoris* **(Linn.) Medic**
保护区常见；生于海拔 500～2200 m 林下。

碎米荠 *Cardamine hirsuta* **Linn.**
保护区常见；生于海拔 500～1300 m 林下。

大叶碎米荠 *C. macrophylla* **Willd.**
保护区常见；生于海拔 500～2100 m 林下。

白花碎米荠 *C. leucantha* **(Tausch) O. E. Schulz**
保护区常见；生于海拔 500～2000 m 林下。

水田碎米荠 *C. lyrata* **Bge.**
见于黑河入渭河口湿地片区；生于浅水中。

离子芥 *Chorispora tenella* **(Pall.) DC.**
保护区常见；生于海拔 500～1200 m 林下。

播娘蒿 *Descurainia sophia* (Linn.) **Schur.**

保护区常见；生于海拔 500～1200 m 林下。

葶苈 *Draba nemorosa* **Linn.**

保护区常见；生于海拔 500～2000 m 林下。

独行菜 *Lepidium apetalum* **Willd.**

保护区常见；生于海拔 500～1800 m 林下。

宽叶独行菜 *L. latifolium* **Linn.**

保护区常见；生于海拔 500～1300 m 林下。

涩荠 *Malcolmia africana* (Linn.) **R. Br.**

保护区常见；生于海拔 500～2100 m 林下。

湖北诸葛菜 *Orychophragmus violaceus* (Linn.) **O. E. Schulz** var. *hupehensis* (Pamp.) **O. E. Schulz.**

保护区山区段常见；生于海拔 500～1500 m 林下、路旁。

萝卜 *Raphanus sativus* **Linn.**（栽培）

保护区各处有栽培。

蔊菜 *Rorippa indica* (Linn.) **Hiern**

见于黑河下游等地；生于海拔 500～2100 m 林下。

垂果大蒜芥 *Sisymbrium heteromallum* **C. A. Mey.**

保护区常见；生于海拔 500～1200 m 林下。

菥蓂 *Thlaspi arvense* **Linn.**

保护区常见；生于海拔 500～2100 m 林下。

蚓果芥 *Torularia humilis* (C. A. Mey.) **O. E. Schulz**

保护区常见；生于海拔 550～2100 m 林下。

29. 景天科 Crassulaceae

黑河湿地保护区有 4 属、9 种，2 变种。

瓦松 *Orostachys fimbriatus* (Turcz.) **Berger**

保护区常见；生于海拔 500～2000 m 林下。

扯根菜 *Penthorum chinense* **Pursh.**

保护区常见；生于海拔 500～1700 m 林下。

菱叶红景天 *Rhodiola henryi* (Diels) **S. H. Fu**

保护区常见；生于海拔 600～2100 m 林下。

费菜 *Sedum aizoon* **Linn.**

见于金盆及低海拔等地；生于海拔 500～2200 m 林下。

乳毛费菜 *S. aizoon* var. *scabrum* **Maxim.**

保护区常见；生于海拔 500～2100 m 林下。

轮叶景天 *S. chauveaudii* **Hamet**

保护区常见；生于海拔 700～1800 m 林下。

乳瓣景天 *S. dielsii* **Hamer**

保护区常见；生于海拔 500～1850 m 林下。

细叶景天 *S. elatinoides* **Franch.**

保护区常见；生于海拔 500～1800 m 林下。

小山飘风 *S. filipes* **Hemsl. var.** *major* **Hemsl.**

保护区常见；生于海拔 500～1400 m 林下。

佛甲草 *S. lineare* **Thunb.**

保护区常见；生于海拔 500～2000 m 林下。

繁缕景天 *S. stellariifolium* **Franch.**

保护区常见；生于海拔 500～1900 m 林下。

30. 虎耳草科 Saxifragaceae

黑河湿地保护区有 9 属、20 种、2 变种。

落新妇 *Astilbe chinensis* **(Maxim.) Franch. et Savat.**

保护区常见；生于海拔 600～2100 m 林下。

秦岭金腰 *Chrysosplenium biondianum* **Engl.**

保护区常见；生于海拔 500～2000 m 林下。

纤细金腰 *C. giraldianum* **Engl.**

保护区常见；生于海拔 700～2000 m 林下。

异色溲疏 *Deutzia discolor* **Hemsl.**

保护区常见；生于海拔 600～2000 m 林下。

大花溲疏 *D. grandiflora* **Bge.**

保护区常见；生于海拔 500～1500 m 林下。

小花溲疏 *D. parviflora* **Bge.**

保护区常见；生于海拔 500～1500 m 林下。

碎花溲疏 *D. parviflora* **var.** *micrantha* **(Engl.) Rehd.**

保护区常见；生于海拔 550～1800 m 林下。

冠盖绣球 *Hydrangea anomala* **D. Don.**

保护区常见；生于海拔 600～2100 m 林下。

东陵绣球 *H. bretschneideri* **Dipp.**

见于山寨沟、陈河等地；生于海拔 750～2000 m 林下。

莼兰绣球 *H. longipes* **Franch.**

保护区常见；生于海拔 650～2000 m 林下。

圆锥绣球 *H. paniculata* **Sieb.**

保护区常见；生于海拔 500～1600 m 林下。

挂苦绣球 *H. xanthoneura* **Diels**

保护区常见；生于海拔 750～2100 m 林下。

突隔梅花草 *Parnassia delavayi* Franch.

保护区常见；生于海拔 700～2100 m 林下。

梅花草 *P. palustris* Linn.

保护区常见；生于海拔 500～2100 m 林下。

山梅花 *Philadelphus incanus* Koehne

见于陈河、山寨沟等地；生于海拔 600～1750 m 林下。

太平花 *P. pekinensis* Rupr.

见于山区各地；生于灌丛或林缘。

绢毛山梅花 *P. sericanthus* Koehne

保护区常见；生于海拔 650～1850 m 林下。

华蔓茶藨子 *Ribes fasciculatum* Sieb. et Zucc. var. *chinense* Maxim.

保护区常见；生于海拔 500～1300 m 林下。

陕西茶藨子 *R. giraldii* Jancz.

保护区常见；生于海拔 1400 m 以下林下。

细枝茶藨子 *R. tenue* Jancz.

保护区常见；生于海拔 650～2100 m 林下。

七叶鬼灯檠 *Rodgersia aesculifolia* Batal.

保护区常见；生于海拔 600～2100 m 林下。

虎耳草 *Saxifraga stolonifera* Curt.

保护区常见；生于海拔 750～2100 m 林下。

31. 金缕梅科 Hamamelidaceae

黑河湿地保护区有 1 属、1 种。

山白树 *Sinowilsonia henryi* Hemsl.

保护区常见；生于海拔 650～1600 m 林下。

32. 杜仲科 Eucommiaceae

黑河湿地保护区栽培 1 属、1 种。

杜仲 *Eucommia ulmoides* Oliv.（栽培）

见于山寨沟、桃李坪等地；生于山坡和房前屋后。

33. 蔷薇科 Rosaceae

黑河湿地保护区有 24 属、68 种、4 变种，栽培 6 属、7 种。

龙芽草 *Agrimonia pilosa* Ledeb.

见于金盆、山寨沟等地；生于海拔 500～2100 m 林下。

唐棣 *Amelanchier sinica* (Schneid.) Chun

保护区常见；生于海拔 500～2000 m 林下。

山桃 *Amygdalus davidiana* (**Carrière**) **de Vos ex Henry**

见于低海拔各地；生于海拔 500～1400 m 林下。

甘肃桃 *A. kansuensis* **Rehd.**

保护区常见；生于海拔 500～2200 m 林下。

桃树 *A. persica* (**Linn.**) **Batsch**（栽培）

见于桃李坪、金盆、山寨沟；生于海拔 800～1000 m 的山坡。

榆叶梅 *A. triloba* (**Lindl.**) **Ricker**（栽培）

保护区各处有栽培。

杏 *Armeniaca vulgaris* **Linn.**（栽培）

保护区各处有栽培。

山杏 *A. sibirica* (**Linn.**) **Lam.**

保护区常见；生于海拔 500～1400 m 林下。

欧李 *Cerasus humilis* (**Bge.**) **Sok.**

保护区常见；生于海拔 500～1500 m 林下。

麦李 *C. glandulosa* (**Thunb.**) **Lois.**

保护区常见；生于海拔 500～1300 m 林下。

多毛樱桃 *C. polytricha* (**Koehne**) **Yu et Li**

保护区常见；生于海拔 500～2100 m 林下。

托叶樱桃 *C. stipulacea* (**Maxim.**) **Yu et Li**

保护区常见；生于海拔 600～1900 m 林下。

毛樱桃 *C. tomentosa* (**Thunb.**) **Wall.**

保护区常见；生于海拔 500～2000 m 林下。

灰栒子 *Cotoneaster acutifolius* **Turcz.**

保护区常见；生于海拔 500～2100 m 林下。

密毛灰栒子 *C. acutifolius* **var.** *villosulus* **Rehd. et Wils.**

保护区常见；生于海拔 500～2100 m 林下。

麻核栒子 *C. foveolatus* **Rehd. et Wils.**

保护区常见；生于海拔 1700～1850 m 林下。

细弱栒子 *C. gracilis* **Rehd. et Wils.**

保护区常见；生于海拔 500～2100 m 林下。

水栒子 *C. multiflorus* **Bge.**

保护区常见；生于海拔 500～2100 m 林下。

西北栒子 *C. zabelii* **Schneid.**

保护区常见；生于海拔 500～2100 m 林下。

湖北山楂 *Crataegus hupehensis* **Sarg.**

保护区常见；生于海拔 500～1800 m 林下。

山楂 *C. pinnatifida* Bge.（栽培）

保护区各处有栽培。

蛇莓 *Duchesnea indica* (Andr.) Focke

保护区常见；生于海拔 500～2000 m 林下。

东方草莓 *Fragaria orientalis* Lozinsk.

保护区常见；生于海拔 800～2100 m 林下。

黄毛草莓 *F. nilgerrensis* Schlecht. ex Gay

保护区常见；生于海拔 750～2000 m 林下。

路边青 *Geum aleppicum* Jacq.

保护区常见；生于海拔 500～2100 m 林下。

棣棠花 *Kerria japonica* (Linn.) DC.

保护区常见；生于海拔 500～2200 m 林下。

山荆子 *Malus baccata* (Linn.) Borkh.

见于保护区山区段；生于疏林、灌丛等处。

毛山荆子 *M. mandshurica* (Maxim.) Komar.

见于山寨沟等地；生于海拔 500～2000 m 林下。

河南海棠 *M. honanensis* Rehd.

保护区常见；生于海拔 500～2200 m 林下。

湖北海棠 *M. hupehensis* Rehd.

保护区常见；生于海拔 500～2000 m 林下。

苹果 *M. pumila* Mill.（栽培）

保护区各处常见栽培。

三叶海棠 *M. sieboldii* (Regel.) Rehd.

保护区常见；生于海拔 500～1800 m 林中。

滇池海棠 *M. yunnanensis* (Franch.) Schneid.

保护区常见；生于海拔 950～2100 m 林下。

毛叶绣线梅 *Neillia ribesioides* Rehd.

保护区常见；生于海拔 500～2100 m 林下。

中华绣线梅 *N. sinensis* Oliv.

保护区常见；生于海拔 500～2100 m 林下。

稠李 *Padus racemosa* (Lam.) Gilib.

保护区常见；生于海拔 500～1900 m 林下。

皱叶委陵菜 *Potentilla ancistrifolia* Bge.

保护区常见；生于海拔 500～2100 m 林下。

蕨麻 *P. anserina* Linn.

保护区常见；生于海拔 500～1700 m 林中。

二裂委陵菜 *P. bifurca* **Linn.**

保护区常见；生于海拔 500～1600 m 林下。

蛇莓委陵菜 *P. centigrana* **Maxim.**

保护区常见；生于海拔 500～2100 m 林下。

委陵菜 *P. chinensis* **Ser.**

见于入渭口等地；生于海拔 500～2100 m 林缘。

狼牙委陵菜 *P. cryptotaeniae* **Maxim.**

保护区常见；生于海拔 500～1800 m 林下。

翻白草 *P. discolor* **Bge.**

见于金盆等地；生于草地、疏林地。

蛇含委陵菜 *P. kleiniana* **Wight et Arn.**

保护区常见；生于海拔 500～1800 m 林下。

多茎委陵菜 *P. multicaulis* **Bge.**

保护区常见；生于海拔 500～2100 m 林下。

匍匐委陵菜 *P. reptans* **Linn.**

保护区常见；生于海拔 500～2100 m 林下。

西山委陵菜 *P. sischanensis* **Bge. et Lehm.**

保护区常见；生于海拔 500～1800 m 林下。

朝天委陵菜 *P. supina* **var.** *supina* **L.**

保护区常见；生于海拔 500～2100 m 林下。

李 *Prunus salicina* **Lindl.**（栽培）

保护区各处有栽培。

火棘 *Pyracantha fortuneana* **(Maxim.) H. L. Li**

见于低海拔等地；生于海拔 500～1500 m 林下。

杜梨 *Pyrus betulifolia* **Bunge**

保护区常见；生于海拔 500～1300 m 林下。

鸡麻 *Rhodotypos scandens* **(Thunb.) Makino**

保护区常见；生于海拔 1400 m 林下。

木香花 *Rosa banksiae* **Aiton**

见于保护区山区段；生于灌丛、路旁。

尾萼蔷薇 *R. caudata* **Baker**

保护区常见；生于海拔 500～1500 m 林下。

伞房蔷薇 *R. corymbulosa* **Rolf.**

保护区常见；生于海拔 600～2000 m 林下。

陕西蔷薇 *R. giraldii* **Crep.**

保护区常见；生于海拔 500～2000 m 林下。

软条七蔷薇 *R. henryi* Bouleng.

保护区常见；生于海拔 500～1300 m 林下。

野蔷薇 *R. multiflora* Thunb. var. *cathayensis* Rehd. et Wils.

保护区常见；生于海拔 500～1900 m 林下。

玫瑰 *R. rugosa* Thunb.（栽培）

保护区各处有栽培。

秀丽莓 *Rubus amabilis* Focke

保护区常见；生于海拔 650～2100 m 林下。

插田泡 *R. coreanus* Miq.

见于山寨沟等地；生于海拔 500～1500 m 林下。

弓茎悬钩子 *R. flosculosus* Focke

保护区常见；生于海拔 500～1300 m 林下。

白叶莓 *R. innominatus* S. Moore

保护区常见；生于海拔 500～2100 m 林下。

高粱泡 *R. lambertianus* Ser.

保护区常见；生于海拔 500～1800 m 林下。

绵果悬钩子 *R. lasiostylus* Focke

保护区常见；生于海拔 600～2000 m 林下。

喜阴悬钩子 *R. mesogaeus* Focke

保护区常见；生于海拔 500～2100 m 林下。

红泡刺藤 *R. niveus* Thunb.

保护区常见；生于海拔 500～2100 m 林下。

茅莓 *R. parvifolius* Linn.

见于低海拔各地；生于海拔 500～2100 m 林下。

多腺悬钩子 *R. phoenicolasius* Maxim.

保护区常见；生于海拔 500～2000 m 林下。

地榆 *Sanguisorba officinalis* Linn.

保护区常见；生于海拔 500～2100 m 林下。

水榆花楸 *Sorbus alnifolia* K. Koch.

保护区常见；生于海拔 600～2000 m 林下。

石灰花楸 *S. folgneri* (Schneid.) Rehd.

保护区常见；生于海拔 500～2000 m 林下。

华北珍珠梅 *Sorbaria kirilowii* (Regel) Maxim.

保护区常见；生于海拔 500～2100 m 林下。

绣球绣线菊 *Spiraea blumei* G. Don

保护区常见；生于海拔 500～2000 m 林下。

华北绣线菊 *S. fritschiana* **Schneid.**

保护区常见；生于海拔 500～2000 m 林下。

大叶华北绣线菊 *S. fritschiana* **var.** *angulata* **(Fritsch ex Schneid.) Rehd.**

保护区常见；生于海拔 500～2200 m 林下。

疏毛绣线菊 *S. hirsuta* **(Hemsl.) Schneid.**

保护区常见；生于海拔 600～1800 m 林下。

细枝绣线菊 *S. myrtilloides* **Rehd.**

保护区常见；生于海拔 600～2200 m 林下。

土庄绣线菊 *S. pubescens* **Turcz.**

见于桃李坪等地；生于海拔 500～2000 m 林下。

34. 豆科 Fabaceae (Leguminosae)

黑河湿地保护区有 24 属、39 种，栽培 5 属、6 种、1 变型。

紫穗槐 *Amorpha fruticosa* **Linn.**（栽培）

各地有栽培。

合欢 *Albizia julibrissin* **Durazz.**

见于金盆、山寨沟等地；生于海拔 500～1700 m 林中。

两型豆 *Amphicarpaea edgeworthii* **Benth.**

见于柳叶河、陈河等地；生于海拔 500～2100 m 林下。

糙叶黄耆 *Astragalus scaberrimus* **Bge.**

保护区常见；生于海拔 500～2000 m 林下。

杭子梢 *Campylotropis macrocarpa* **(Bge.) Rehd.**

见于山寨沟等地。

柄荚锦鸡儿 *Caragana stipitata* **Kom.**

保护区常见；生于海拔 550～2100 m 林下。

紫荆 *Cercis chinensis* **Bge.**

保护区常见；生于海拔 500～1300 m 林中。

香槐 *Cladrastis wilsonii* **Taked.**

保护区常见；生于海拔 550～1600 m 林中。

黄檀 *Dalbergia hupeana* **Hance**

保护区常见；生于海拔 500～1300 m 林中。

长柄山蚂蝗 *Hylodesmum podocarpum* **(DC.) H. Ohashi & R. R. Mill**

保护区常见；生于海拔 500～1700 m 林下。

锥蚂蝗 *Sunhangia elegans* **(DC.) H. Ohashi & K. Ohashi**

保护区常见；生于海拔 500～1900 m 林下。

皂荚 *Gleditsia sinensis* **Lam.**

保护区常见；生于海拔 500～1300 m 林中。

野大豆 *Glycine soja* Sieb. et Zucc.

见于黑河下游及渭河等地；生于海拔 1300 m 河滩。

少花米口袋 *Gueldenstaedtia verna* (Georgi) Boriss.

见于黑河下游及渭河；生于河滩。

多花木蓝 *Indigofera amblyantha* Craib

各地都有分布；生于河滩、山坡等处。

花木蓝 *I. kirilowii* Maxim. ex Palibin

见于山寨沟等地；生于海拔 500～1800 m 林下。

鸡眼草 *Kummerowia striata* (Thunb.) Schindl.

各地常见；生于河滩、草地等处。

大山黧豆 *Lathyrus davidii* Hance

保护区常见；生于海拔 600～1600 m 林下。

绿叶胡枝子 *Lespedeza buergeri* Miq.

保护区常见；生于海拔 500～1800 m 林下。

短梗胡枝子 *L. cyrtobotrya* Miq.

见于保护区各地；生于河滩、灌丛或草地。

美丽胡枝子 *L. formosa* (Vog.) Koehne

见于山寨沟、桃李坪等地；生于山坡灌丛等处。

牛枝子 *L. potaninii* Vass.

见于下游等地；生于海拔 500～1400 m 林中。

马鞍树 *Maackia hupehensis* Takeda

见于山寨沟等地；生于海拔 1500 m 林中。

天蓝苜蓿 *Medicago lupulina* Linn.

见于保护区各地；生于海拔 500～1400 m 林下。

小苜蓿 *M. minima* (Linn.) Lam.

保护区常见；生于海拔 500～1400 m 林下。

苜蓿 *M. sativa* Linn.（栽培）

保护区各地有栽培。

白花草木樨 *Melilotus albus* Medik.

见于保护区各地；生于河滩、草地等处。

草木樨 *M. suaveolens* Ledeb.

见于黑河入渭河口湿地片区和山区段；生于海拔 500～2100 m 林下。

黄花木 *Piptanthus concolor* Harrow

保护区常见；生于海拔 550～2000 m 林缘。

葛 *Pueraria lobata* (Willd) Ohwi

见于低海拔各地；生于海拔 500～1500 m 林下。

刺槐 *Robinia pseudoacacia* **Linn.**（外来种、栽培）

保护区各地都有分布。

白刺花 *Sophora davidii* **(Franch.) Skeels**

见于各地；生于山坡。

苦参 *S. flavescens* **Ait.**

见于金盆等地；生于海拔 500～1600 m 林下。

槐 *S. japonica* **Linn.**（栽培）

见于桃李坪、山寨沟、陈河。

龙爪槐 *S. japonica* **form.** *pendula* **Lond.**（栽培）

保护区各处有栽培。

山野豌豆 *Vicia amoena* **Fisch.**

保护区常见；生于海拔 500～2100 m 林下。

大花野豌豆 *V. bungei* **Ohwi**

保护区常见；生于海拔 1400 m 林下。

广布野豌豆 *V. cracca* **Linn.**

保护区常见；生于海拔 500～1800 m 林下。

小巢菜 *V. hirsuta* **(Linn.) S. F. Gray**

保护区常见；生于海拔 1300 m 林下。

大叶野豌豆 *V. pseudo-orobus* **Fisch.**

保护区常见；生于海拔 500～2000 m 林下。

救荒野豌豆 *V. sativa* **Linn.**

保护区常见；生于海拔 500～1600 m 林下。

四籽野豌豆 *V. tetrasperma* **(Linn.) Moench.**

保护区常见；生于海拔 1300 m 林缘。

歪头菜 *V. unijuga* **A. Br.**

保护区常见；生于海拔 500～2100 m 林下。

长柔毛野豌豆 *V. villosa* **Roth**（外来种）

见于各地；生于多种环境。

绿豆 *Vigna radiatus* **(L.) R. Wilczek**（栽培）

保护区各地常见栽培。

豇豆 *V. sinensis* **(Linn.) Endl. ex Hassk.**（栽培）

保护区各地常见栽培。

35. 酢浆草科 Oxalidaceae

黑河湿地保护区有 1 属、1 种、1 亚种。

酢浆草 *Oxalis corniculata* **Linn.**

见于入渭口、金盆等地；生于海拔 500～1400 m 林缘。

山酢浆草 *O. acetosella* **Linn. subsp.** *griffithii* **(Edgew. et HK. f.) Hara**
保护区常见；生于海拔 600～2100 m 林下。

36. 牻牛儿苗科 Geraniaceae

黑河湿地保护区有 2 属、4 种。
芹叶牻牛儿苗 *Erodium cicutarium* **(Linn.) L' Herit.**
保护区常见；生于海拔 1200 m 林下。
毛蕊老鹳草 *Geranium platyanthum* **Duthie**
保护区常见；生于海拔 500～2100 m 林缘。
鼠掌老鹳草 *G. sibiricum* **Linn.**
保护区常见；生于海拔 500～2100 m 林下。
老鹳草 *G. wilfordii* **Maxim.**
见于黑河下游等地；生于海拔 500～1800 m 林下。

37. 芸香科 Rutaceae

黑河湿地保护区有 3 属、4 种。
白鲜 *Dictamnus dasycarpus* **Turcz.**
见于山区各地；生于林下。
臭檀吴萸 *Evodia daniellii* **(Benn.) Hemsl.**
见于柳叶河等地；生于海拔 500～2200 m 林中。
竹叶花椒 *Zanthoxylum armatum* **DC.**
见于共兴、柳叶河等地；生于海拔 2000 m 林下。
花椒 *Z. bungeanum* **Maxim.**
见于桃李坪、山寨沟等地；生于海拔 500～1600 m 林中。

38. 苦木科 Simaroubaceae

黑河湿地保护区有 2 属、2 种。
臭椿 *Ailanthus altissima* **(Mill.) Swingle**
见于入渭口、共兴等地；生于海拔 1200 m 林中。
苦树 *Picrasma quassioides* **(D. Don) Benn.**
见于低海拔各地；生于海拔 1500 m 林中。

39. 楝科 Meliaceae

黑河湿地保护区有 2 属、2 种。
楝 *Melia azedarach* **Linn.**
见于黑河下游等地；生于海拔 1200 m 林中。
香椿 *Toona sinensis* **(A. Juss.) Roem.**
见于山寨沟、桃李坪、陈河等地；生于海拔 650～1500 m 林中。

40. 远志科 Polygalaceae

黑河湿地保护区有 1 属、2 种。

瓜子金 *Polygala japonica* **Houtt.**
保护区常见；生于海拔 1200 m 以下林下。

远志 *P. tenuifolia* **Willd.**
保护区常见；生于海拔 1100 m 以下林下。

41. 大戟科 Euphorbiaceae

黑河湿地保护区有 5 属、9 种。

铁苋菜 *Acalypha australis* **Linn.**
保护区常见；生于海拔 1500 m 林下。

假奓包叶 *Discocleidion rufescens* **(Franch.) Pax**
见于陈河各地；生于海拔 1500 m 林下。

乳浆大戟 *Euphorbia esula* **Linn.**
保护区常见；生于海拔 1400 m 林下。

泽漆 *E. helioscopia* **Linn.**
保护区常见；生于海拔 1500 m 林下。

地锦草 *E. humifusa* **Willd. ex Schltdl.**
见于陈河等地；生于海拔 1600 m 林下。

湖北大戟 *E. hylonoma* **Hand.-Mazz.**
见于山区各地；生于草地、林缘。

大戟 *E. pekinensis* **Rupr.**
见于陈河等地；生于海拔 500~1800 m 林下。

雀儿舌头 *Leptopus chinensis* **(Bge.) Pojark.**
保护区常见；生于海拔 1800 m 林下。

一叶萩 *Flueggea suffruticosa* **(Pall.) Baill.**
见于共兴等地；生于海拔 500~2000 m 林下。

42. 透骨草科

黑河湿地保护区有 1 属、1 亚种。

透骨草 *Phryma leptostachya* **Linn.** subsp. *asiatica* **(Hara) Kitamura**
保护区常见；生于海拔 1400 m 林下。

43. 黄杨科 Buxaceae

黑河湿地保护区有 2 属、2 种。

黄杨 *Buxus sinica* **(Rehd. et Wils.) Cheng**
见于陈河等地；生于山坡林下。

顶花板凳果 *Pachysandra terminalis* **Sieb. et Zucc.**
保护区常见；生于海拔 1700～2100 m 林下。

44. 马桑科 Coriariaceae

黑河湿地保护区有 1 属、1 种。
马桑 *Coriaria nepalensis* **Wall.**
见于低海拔各地；生于海拔 1400 m 林下。

45. 漆树科 Anacardiaceae

黑河湿地保护区有 4 属、4 种、2 变种，栽培 1 属、1 种。
粉背黄栌 *Cotinus coggygria* **Scop.** var. *glaucophylla* **C. Y. Wu**
见于低海拔各地；生于海拔 600～1600 m 林下。
毛黄栌 *C. coggygria* **Scop.** var. *pubescens* **Engl.**
见于山区各地；生于灌丛或林下。
黄连木 *Pistacia chinensis* **Bge.**
见于低海拔各地；生于海拔 1500 m 林中。
盐肤木 *Rhus chinensis* **Mill.**
见于低海拔各地；生于海拔 1600 m 林中。
青麸杨 *R. potaninii* **Maxim.**
见于金盆、桃李坪等地；生于海拔 500～1600 m 林中。
火炬树 *R. typhina* **Nutt**（栽培）
108 国道沿线有栽培。
漆 *Toxicodendron vernicifluum* **(Stokes) F. A. Borkl.**
见于保护区各地；生于海拔 500～1600 m 林中。

46. 冬青科 Aquifoliaceae

黑河湿地保护区有 1 属、1 种。
猫儿刺 *Ilex pernyi* **Franch.**
保护区常见；生于海拔 500～1700 m 林下。

47. 卫矛科 Celastraceae

黑河湿地保护区有 2 属、11 种。
卫矛 *Euonymus alatus* **(Thunb.) Sieb.**
见于保护区山区段；生于林下或灌丛。
扶芳藤 *E. fortunei* **(Turcz.) Hand.-Mazz.**
见于山区各地；生于灌丛、林下。
纤齿卫矛 *E. giraldii* **Loes.**
保护区常见；生于海拔 500～2100 m 林下。

冬青卫矛 *E. japonica* **Thunb.**

见于桃李坪、山寨沟等地；生于石崖或山坡。

小果卫矛 *E. microcarpus* **(Oliv.) Sprag.**

保护区常见；生于海拔 1100 m 林下。

栓翅卫矛 *E. phellomanus* **Loes.**

保护区常见；生于海拔 650～2100 m 林下。

陕西卫矛 *E. schensianus* **Maxim.**

见于山区各地；生于林下。

苦皮藤 *Celastrus angulatus* **Maxim.**

见于桃李坪等地；生于海拔 1500 m 林下。

灰叶南蛇藤 *C. glaucophyllus* **Rehd. et Wils.**

见于山寨沟、陈河等地；生于海拔 700～1900 m 林下。

粉背南蛇藤 *C. hypoleucus* **(Oliv.) Warb ex Loes.**

保护区常见；生于海拔 500～1800 m 林下。

南蛇藤 *C. orbiculatus* **Thunb.**

保护区常见；生于海拔 600～1700 m 林下。

48. 省沽油科 Staphyleaceae

黑河湿地保护区有 1 属、1 种。

膀胱果 *Staphylea holocarpa* **Hemsl.**

保护区常见；生于海拔 500～2100 m 林中。

49. 槭树科 Aceraceae

黑河湿地保护区有 2 属、8 种。

青皮槭 *Acer cappadocicum* **Gled.**

见于山区各地；生于阔叶林。

青榨槭 *A. davidii* **Franch.**

见于陈河等地；生于海拔 500～2100 m 林下。

茶条槭 *A. ginnala* **Maxim.**

保护区常见；生于海拔 500～2100 m 林中。

葛萝槭 *A. grosseri* **Pax**

保护区常见；生于海拔 500～2100 m 林中。

色木槭 *A. mono* **Maxim.**

保护区常见；生于海拔 500～2100 m 林中。

五裂槭 *A. oliverianum* **Pax**

保护区常见；生于海拔 500～2000 m 林中。

杈叶槭 *A. robustum* **Pax**

保护区常见；生于海拔 550～2100 m 林中。

金钱槭 *Dipteronia sinensis* **Oliv.**

见于陈河等地；生于河谷。

50. 七叶树科 Hippocastanaceae

黑河湿地保护区有 1 属、1 种。

七叶树 *Aesculus chinensis* **Bge.**

保护区见于陈河；生于海拔 1500 m 林中。

51. 无患子科 Sapindaceae

黑河湿地保护区有 2 属、2 种，栽培 1 属、1 种。

全缘叶栾树 *Koelreuteria bipinnata* **Franch. var.** *integrifoliola* **(Merr.) T. Chen**（栽培）

见于低海拔各地。

栾树 *K. paniculata* **Laxm.**

见于低海拔各地；生于海拔 1100 m 林中。

文冠果 *Xanthoceras sorbifolium* **Bge.**

见于桃李坪；生于灌丛。

52. 清风藤科 Sabiaceae

黑河湿地保护区有 2 属、1 种、1 亚种。

泡花树 *Meliosma cuneifolia* **Franch.**

保护区常见；生于海拔 650~2100 m 林中。

多花清风藤 *Sabia schumanniana* **Diels subsp.** *pluriflora* **(Rehder & E. H. Wilson) Y. F. Wu**

保护区常见；生于海拔 600~1450 m 林中。

53. 凤仙花科 Balsaminaceae

黑河湿地保护区有 1 属、3 种。

裂距凤仙花 *Impatiens fissicornis* **Maxim.**

保护区常见；生于海拔 500~2200 m 林中。

水金凤 *I. noli-tangere* **Linn.**

见于山区各地；生于林下。

窄萼凤仙花 *I. stenosepala* **Pritz.**

保护区常见；生于海拔 500~1800 m 林下。

54. 鼠李科 Rhamnaceae

黑河湿地保护区有 6 属、8 种、1 变种。

多叶勾儿茶 *Berchemia polyphylla* **Wall. ex Laws**

保护区常见；生于海拔 1100 m 林下。

勾儿茶 *B. sinica* **Schneid.**

见于柳叶河等地；生于海拔 650～2100 m 林下。

枳椇 *Hovenia acerba* **Lindl.**

保护区常见；生于海拔 1000 m 以下。

铜钱树 *Paliurus hemsleyanus* **Rehd.**

见于陈河、柳叶河等地；生于海拔 1000 m 林中。

小叶鼠李 *Rhamnus parvifolia* **Bge.**

保护区常见；生于海拔 1500 m 林下。

甘青鼠李 *R. tangutica* **J. Vass.**

保护区常见；生于海拔 1000 m 林下。

冻绿 *R. utilis* **Decnw.**

保护区常见；生于海拔 2000 m 林下。

酸枣 *Ziziphus jujuba* **Mill. var.** *spinosa* **(Bge.) Hu ex H. F. Chow**

见于低海拔各地；生于海拔 1000 m 左右林下。

对节刺 *Sageretia pycnophylla* **Schneid.**

见于低海拔各地；生于海拔 1800 m 林下。

55. 葡萄科 Vitaceae

黑河湿地保护区有 4 属、7 种，栽培 1 属、1 种。

蓝果蛇葡萄 *Ampelopsis bodinieri* **(Levl. et Vant.) Rehd.**

见于陈河等地；生于海拔 550～1700 m 林下。

葎叶蛇葡萄 *A. humulifolia* **Bge.**

保护区常见；生于海拔 500～1600 m 林下。

乌蔹莓 *Cayratia japonica* **(Thunb.) Gagnep**

见于黑河入渭河口湿地片区、山寨沟等地；生于河堤、灌丛等处。

地锦 *Parthenocissus tricuspidata* **(Sieb. et Zucc.) Planch**

见于桃李坪等地；生于海拔 600～1800 m 林下。

毛葡萄 *Vitis heyneana* **Roem. et Schult.**

见于山寨沟等地；生于海拔 500～1500 m 林下。

秋葡萄 *V. romanetii* **Roman. Du Caill. ex Planch.**

保护区常见；生于海拔 1200 m 林下。

葡萄 *V. vinifera* **Linn.**（栽培）

低海拔常见栽培。

网脉葡萄 *V. wilsonae* **Veitch.**

保护区常见；生于海拔 550～1600 m 林下。

56. 椴树科 Tiliaceae

黑河湿地保护区有 2 属、4 种。

扁担杆 *Grewia biloba* **G. Don**
见于金盆及低海拔等地；生于海拔 500～1900 m 林下。

华椴 *Tilia chinensis* **Maxim.**
见于山区；生于阔叶林。

粉椴 *T. oliveri* **Szyszyl.**
保护区常见；生于海拔 500～1600 m 林中。

少脉椴 *T. paucicostata* **Maxim.**
保护区常见；生于海拔 550～2000 m 林中。

57. 锦葵科 Malvaceae

黑河湿地保护区有 4 属、6 种，栽培 2 属、2 种。

磨盘草 *Abutilon indicum* **(Linn.) Sweet**
见于黑河入渭河口湿地片区；生于河滩。

蜀葵 *Althaea rosea* **(Linn.) Cavan.**（栽培）
各地有栽培。

田麻 *Corchoropsis tomentosa* **(Thunb.) Makino**
见于山区各地；生于林下、草地。

野西瓜苗 *Hibiscus trionum* **Linn.**（外来种）
见于保护区各地；生于海拔 500～2000 m 林下。

木槿 *H. syriacus* **Linn.**（栽培）
见于金盆、桃李坪等地；生于海拔 620～1800 m 路旁。

圆叶锦葵 *Malva rotundifolia* **Linn.**
保护区常见；生于海拔 1000 m 林下。

锦葵 *M. sinensis* **Cavan.**
保护区常见；生于海拔 500～1400 m 林下。

野葵 *M. verticillata* **Linn.**
见于保护区各地；生于路旁。

58. 梧桐科

黑河湿地保护区栽培 1 属、1 种。

梧桐 *Firmiana platanifolia* **(L. f.) Marsili**（栽培）
见于山寨沟；生于房前屋后。

59. 猕猴桃科 Actinidiaceae

黑河湿地保护区有 2 属、7 种、2 变种。

软枣猕猴桃 *Actinidia arguta* **Planch. ex Miq.**
保护区常见；生于海拔 500～2000 m 林下。

紫果猕猴桃 *A. arguta* var. *purpurea* (Rehd.) **C. F. Liang**

保护区常见；生于海拔 500～1500 m 林下。

中华猕猴桃 *A. chinensis* **Planch.**

保护区常见；生于海拔 500～2200 m 林下。

硬毛猕猴桃 *A. chinensis* var. *hispida* **C. F. Ling**

保护区常见；生于海拔 500～2200 m 林下。

狗枣猕猴桃 *A. kolomikta* (Maxim. et Rupr.) **Maxim.**

保护区常见；生于海拔 500～1600 m 林下。

黑蕊猕猴桃 *A. melanandra* **Franch.**

保护区常见；生于海拔 1500 m 林下。

葛枣猕猴桃 *A. polygama* (Sieb. et Zucc.) **Maxim.**

保护区常见；生于海拔 500～1600 m 林下。

绵毛藤山柳 *Clematoclethra lanosa* **Rehd.**

保护区常见；生于海拔 600～1700 m 林下。

藤山柳 *C. lasioclada* **Maxim.**

保护区常见；生于海拔 1350～2200 m 林下。

60. 藤黄科 Guttiferae

黑河湿地保护区有 1 属、4 种。

黄海棠 *Hypericum ascyron* **Linn.**

保护区常见；生于海拔 500～2100 m 林下。

金丝桃 *H. monogynum* **Linn.**

保护区常见；生于海拔 500～1500 m 林下或灌丛。

贯叶连翘 *H. perforatum* **Linn.**

保护区常见；生于海拔 500～2100 m 林下或草地。

突脉金丝桃 *H. przewalskii* **Maxim.**

保护区常见；生于海拔 500～2100 m 林下。

61. 柽柳科 Tamaricaceae

黑河湿地保护区有 2 属、2 种。

宽苞水柏枝 *Myricaria bracteata* **Royle**

见于黑河入渭河口湿地片区；生于海拔 500～1500 m 河滩。

多枝柽柳 *Tamarix ramosissima* **Ledeb.**

见于黑河入渭口；生于河滩。

62. 堇菜科 Violaceae

黑河湿地保护区有 1 属、8 种。

鸡腿堇菜 *Viola acuminata* **Ledeb.**

保护区常见；生于海拔 500～2200 m 林下。

球果堇菜 *V. collina* **Catal.**

保护区常见；生于海拔 500～1400 m 林下。

长萼堇菜 *V. inconspicua* **Bl.**

保护区常见；生于海拔 500～1700 m 林下。

萱 *V. moupinensis* **Franch.**

见于山区低海拔；生于林下或草地。

茜堇菜 *V. phalacrocarpa* **Maxim.**

保护区常见；生于海拔 500～1800 m 林下。

紫花地丁 *V. philippica* **Cav.**

见于桃李坪、马召、山寨沟等地；生于草地、路旁。

深山堇菜 *V. selkirkii* **Purch**

保护区常见；生于海拔 500～1700 m 林下。

阴地堇菜 *V. yezoensis* **Makino**

保护区常见；生于海拔 500～1700 m 林下。

63. 旌节花科 Stachyuraceae

黑河湿地保护区有 1 属、1 种。

中国旌节花 *Stachyurus chinensis* **Franch.**

见于山寨沟；生于海拔 500～2000 m 林下。

64. 秋海棠科 Begoniaceae

黑河湿地保护区有 1 属、1 种。

中华秋海棠 *Begonia grandis* **Dry** subsp. *sinensis* **(A. DC.) Irmsch.**

见于陈河等地；生于海拔 500～1600 m 林下。

65. 瑞香科 Thymelaeaceae

黑河湿地保护区有 1 属、1 种。

芫花 *Daphne genkwa* **Sieb. et Zucc.**

见于陈河等地；生于海拔 500～2200 m 林下。

66. 胡颓子科 Elaeagnaceae

黑河湿地保护区有 1 属、3 种。

披针叶胡颓子 *Elaeagnus lanceolata* **Warb.**

保护区常见；生于海拔 500～2000 m 林下。

胡颓子 *E. pungens* **Thunb.**

保护区常见；生于海拔 500～1400 m 林下。

牛奶子 *E. umbellata* **Thunb.**
见于保护区山区段；生于灌丛等处。

67. 石榴科 Punicaceae

黑河湿地保护区栽培 1 属、1 种。
石榴 *Punica granatum* **Linn.**（栽培）
马召一带有栽培。

68. 千屈菜科 Lythraceae

黑河湿地保护区有 1 属、1 种，栽培 1 属、1 种。
紫薇 *Lagerstroemia indica* **Linn.**（栽培）
桃李坪 108 国道有栽培。
千屈菜 *Lythrum salicaria* **Linn.**
见于黑河入渭河口湿地片区等地；生于海拔 500～1600 m 河滩。

69. 八角枫科 Alangiaceae

黑河湿地保护区有 1 属、2 种。
八角枫 *Alangium chinense* **(Lout.) Harms**
保护区常见；生于海拔 500～1200 m 林下。
瓜木 *A. platanifolium* **(Sieb. et Zucc.) Harms**
保护区常见；生于海拔 500～800 m 林下。

70. 柳叶菜科 Onagraceae

黑河湿地保护区有 3 属、6 种、1 亚种
露珠草 *Circaea cordata* **Royle**
保护区常见；生于海拔 500～1700 m 林下。
南方露珠草 *C. mollis* **S. et Z.**
见于山区各地；生于林下。
柳兰 *Epilobium angustifolium* **Linn.**
见于陈河等地附近；生于河滩。
光滑柳叶菜 *E. amurense* **Hausskn. subsp.** *cephalostigma* **(Hausskn.) C. J. Chen**
保护区常见；生于海拔 500～2000 m 林下。
柳叶菜 *E. hirsutum* **Linn.**
见于保护区各地；生于河滩或积水处。
沼生柳叶菜 *E. palustre* **Linn.**
见于保护区各地；生于河滩或积水处。
月见草 *Oenothera biennis* **Linn.**（外来种）
见于渭河段，有逸生。

71. 菱科 Trapaceae

黑河湿地保护区有 1 属、1 种。

菱 *Trapa bispinosa* Roxb.
见于黑河下游；生于静水中。

72. 五加科 Araliaceae

黑河湿地保护区有 4 属、3 种、1 变种。

柔毛五加 *Acanthopanax gracilistylus* W. W. Smith. var. *villosulus* (Harms) Li
保护区常见；生于海拔 500～1500 m 林下。

楤木 *Aralia chinensis* Linn.
保护区常见；生于海拔 500～1400 m 林下。

常春藤 *Hedera nepalensis* K. Koch. var. *sinensis* (Tobl.) Rehd.
保护区常见；生于海拔 500～1800 m 林下。

刺楸 *Kalopanax septemlobus* (Thunb.) Koidz.
保护区常见；生于海拔 500～1600 m 林中。

73. 杉叶藻科 Hippuridaceae

黑河湿地保护区有 1 属、1 种。

杉叶藻 *Hippuris vulgaris* Linn.
见于黑河入渭河口湿地片区；生于池塘、水库浅水区。

74. 小二仙草科 Haloragidaceae

黑河湿地保护区有 1 属、1 种。

穗状狐尾藻 *Myriophyllum spicatum* Linn.
见于黑河下游；生于浅水或静水中。

75. 伞形科 Umbelliferae

黑河湿地保护区有 13 属、17 种、1 变种。

疏叶当归 *Angelica laxifoliata* Diels
保护区常见；生于海拔 700～2100 m 林下。

北柴胡 *Bupleurum chinense* DC.
见于低海拔各地；生于海拔 500～2200 m 林下。

紫花大叶柴胡 *B. longiradiatum* Turcz. var. *porphyranthum* Shan et Li
保护区常见；生于海拔 550～2100 m 林下。

田葛缕子 *Carum buriaticum* Turcz.
保护区常见；生于海拔 500～2100 m 林下。

葛缕子 *C. carvi* Linn.
保护区常见；生于海拔 500～2100 m 林下。

鸭儿芹 *Cryptotaenia japonica* **Hassk.**
保护区常见；生于海拔 500～2100 m 林下。

野胡萝卜 *Daucus carota* **Linn.**（外来种）
见于入渭口、山寨沟等地；生于海拔 500～1600 m。

短毛独活 *Heracleum moellendorffii* **Hance**
保护区常见；生于海拔 600～2100 m 林下。

灰毛岩风 *Libanotis spodotrichoma* **K. T. Fu**
见于桃李坪、陈河等地；生于海拔 550～1800 m 石崖。

水芹 *Oenanthe javanica* **(Bl.) DC.**
见于黑河入渭河口湿地片区等地；生于海拔 500～1600 m 积水处。

香根芹 *Osmorhiza aristata* **(Thunb.) Makino et Yabe**
保护区常见；生于海拔 800～2100 m 林下。

前胡 *Peucedanum praeruptorum* **Dunn**
保护区常见；生于海拔 500～2100 m 林下。

异叶茴芹 *Pimpinella diversifolia* **(Wall.) DC.**
保护区常见；生于海拔 500～1800 m 林下。

直立茴芹 *P. smithii* **Wolff**
保护区常见；生于海拔 500～2100 m 林下。

变豆菜 *Sanicula chinensis* **Bge.**
保护区常见；生于海拔 500～2100 m 林下。

长序变豆菜 *S. elongata* **K. T. Fu**
保护区常见；生于海拔 650～2100 m 林下。

小窃衣 *Torilis japonica* **(Houtt.) DC.**
保护区常见；生于海拔 500～2100 m 林下。

窃衣 *T. scabra* **(Thunb.) DC.**
各地常见；生于海拔 500～1300 m 林下。

76. 山茱萸科 Cornaceae

黑河湿地保护区有 4 属、5 种、1 变种，栽培 1 属、1 种。

灯台树 *Bothrocaryum controversum* **(Hemsl.) Pojark**
保护区常见；生于海拔 500～2100 m 林中。

梾木 *Cornus macrophylla* **Wall.**
保护区常见；生于海拔 500～2200 m 林中。

山茱萸 *C. officinalis* **Sieb. et Zucc.**（栽培）
低海拔山区有栽培。

毛梾 *C. walteri* **Wanger**
见于桃李坪等地；生于海拔 500～1700 m 林中。

四照花 *Dendrobenthamia japonica* (DC.) Fang var. *chinensis* (Osborn.) Fang
保护区常见；生于海拔 950～2100 m 林中。

中华青荚叶 *Helwingia chinensis* **Bara**
保护区常见；生于海拔 500～2100 m 林下。

青荚叶 *H. japonica* (Thunb.) **Dietr.**
保护区常见；生于海拔 650～2100 m 林下。

77. 鹿蹄草科 Pyrolaceae

黑河湿地保护区有 2 属、2 种。

鹿蹄草 *Pyrola calliantha* **H. Andres**
保护区常见；生于海拔 500～2100 m 林下。

水晶兰 *Monotropa uniflora* **Linn.**
见于陈河；生于林下。

78. 杜鹃花科 Ericaceae

黑河湿地保护区有 1 属、1 种。

照山白 *Rhododendron micranthum* **Turcz.**
见于陈河等地；生于海拔 1300～1700 m 林下。

79. 紫金牛科 Myrsinaceae

黑河湿地保护区有 1 属、1 种。

铁仔 *Myrsine africana* **Linn.**
见于柳叶河口等地；生于海拔 500～1400 m 林下。

80. 报春花科 Primulaceae

黑河湿地保护区有 1 属、7 种。

耳叶珍珠菜 *Lysimachia auriculata* **Hemsl.**
保护区常见；生于海拔 500～1600 m 林下。

虎尾草 *L. barystachys* **Bge.**
保护区常见；生于海拔 500～2100 m 林下。

泽珍珠菜 *L. candida* **Lindl.**
保护区常见；生于海拔 500～1100 m 林下。

过路黄 *L. christinae* **Hance**
保护区常见；生于海拔 500～2200 m 林下。

矮桃 *L. clethroides* **Duby**
保护区常见；生于海拔 500～2100 m 林下。

北延叶珍珠菜 *L. silvestrii* (Pamp.) **Hand.-Mazz.**
保护区常见；生于海拔 500～2100 m 林下。

腺药珍珠菜 *L. stenosepala* **Hemsl.**
保护区常见；生于海拔 500～2100 m 林下。

81. 白花丹科 Plumbaginaceae

黑河湿地保护区有 1 属、1 种。
二色补血草 *Limonium bicolor* **(Bge.) O. Kuntze**
保护区常见；生于海拔 500～1200 m 林下。

82. 柿树科 Ebenaceae

黑河湿地保护区有 1 属、1 种，栽培 1 属、1 种。
柿 *Diospyros kaki* **Thunb.**（栽培）
见于山寨沟等地；生于海拔 1160 m。
君迁子 *D. lotus* **Linn.**
见于桃李坪、山寨沟等地；生于海拔 500～1400 m 林中。

83. 山矾科 Symplocaceae

黑河湿地保护区有 1 属、1 种。
白檀 *Symplocos paniculata* **(Thunb.) Miq.**
保护区常见；生于海拔 500～2100 m 林下。

84. 安息香科（野茉莉科）Styracaceae

黑河湿地保护区有 1 属、1 种。
老鸹铃 *Styrax hemsleyanus* **Diels**
见于陈河等地；生于海拔 500～1700 m 林中。

85. 木犀科 Oleaceae

黑河湿地保护区有 6 属、8 种、2 亚种、1 变种，栽培 2 属、2 种。
流苏树 *Chionanthus retusus* **Lindl. et Pext.**
保护区常见；生于海拔 500～1500 m 林中。
秦连翘 *Forsythia giraldiana* **Lingelsh.**
见于金盆等地；生于海拔 550～1900 m 林中。
金钟花 *F. viridissima* **Lindl.**（栽培）
保护区常见；生于海拔 500～1800 m 林中。
白蜡树 *Fraxinus chinensis* **Roxb.**
保护区常见；生于海拔 500～1600 m 林中。
水曲柳 *F. mandschurica* **Rupr.**
保护区常见；生于海拔 650～2100 m 林中。
苦枥木 *F. insularis* **Hemsl.**
见于陈河等地；生于海拔 600～1600 m 林中。

黄素馨 *Jasminum floridum* Bge. subsp. *giraldii* (Diels) Miao

见于柳叶河等地；生于海拔 500～2000 m 林中。

蜡子树 *Ligustrum molliculum* Hance

保护区常见；生于海拔 500～1850 m 林下。

女贞 *L. lucidum* Ait. f.（栽培）

见于金盆等地。

小叶女贞 *L. quihoui* Carr.

见于金盆等地；生于海拔 500～1300 m 林中。

小叶巧玲花 *Syringa pubescens* Turcz. subsp. *microphylla* (Diels) M. C. Chang & X. L. Chen

保护区常见；生于海拔 500～2000 m 林中。

白丁香 *S. oblata* Lindl. var. *alba* Hort. et Rehd.

保护区常见；生于海拔 600～1700 m 林中。

红丁香 *S. villosa* Vahl.

保护区常见；生于海拔 750～2100 m 林中。

86. 马钱科 Loganiaceae

黑河湿地保护区有 1 属、2 种。

巴东醉鱼草 *Buddleja albiflora* Hemsl.

见于陈河等地；生于海拔 500～2000 m 林中。

大叶醉鱼草 *B. davidii* Franch.

见于山区各地；生于灌丛、路旁。

87. 龙胆科 Gentianaceae

黑河湿地保护区有 4 属、4 种。

红花龙胆 *Gentiana rhodantha* Franch. ex Hemsl.

保护区常见；生于海拔 500～1600 m 林下。

椭圆叶花锚 *Halenia elliptica* D. Don

保护区常见；生于海拔 500～2100 m 林下。

莕菜 *Nymphoides peltatum* (Gmel.) O. Kumze

见于黑河下游等地；生于海拔 350～450 m 的河流静水处。

翼萼蔓 *Pterygocalyx volubilis* Maxim.

保护区常见；生于海拔 500～2100 m 林下。

88. 夹竹桃科 Apocynaceae

黑河湿地保护区有 1 属、1 种。

络石 *Trachelospermum jasminoides* (Lindl.) Lem.

保护区常见；生于海拔 500～1100 m 林下。

89. 萝摩科 Asclepiadaceae

　　黑河湿地保护区有 4 属、9 种。

秦岭藤 *Biondia chinensis* Schltr.

保护区常见；生于海拔 500～2100 m 林下。

白薇 *Cynanchum atratum* Bge.

保护区常见；生于海拔 500～1800 m 林下。

白首乌 *C. bungei* Decne.

保护区常见；生于海拔 1800 m 林下。

鹅绒藤 *C. chinense* R. Br.

保护区常见；生于海拔 1500 m 林下。

大理白前 *C. forrestii* Schltr.

保护区常见；生于海拔 500～2100 m 林下。

徐长卿 *C. paniculatum* (Bge.) Kitagawa

见于渭河湿地；生于河滩。

地梢瓜 *C. thesioides* (Freyn) K. Schum.

见于低海拔各地；生于海拔 500～1100 m 林下。

萝藦 *Metaplexis japonica* (Thunb.) Makino

见于山寨沟等地；生于河滩。

杠柳 *Periploca sepium* Bge.

保护区常见；生于海拔 500～1500 m 林下。

90. 旋花科 Convolvulaceae

　　黑河湿地保护区有 2 属、5 种。

打碗花 *Calystegia hederacea* Wall. ex Roxb.

见于保护区各地；生于海拔 500～2000 m 草地或林缘。

藤长苗 *C. pellita* (Ldb.) G. Don

保护区常见；生于海拔 500～1800 m 林下。

旋花 *C. sepium* (Linn.) R. Br.

见于金盆等地；生于海拔 500～1500 m 林下。

菟丝子 *Cuscuta chinensis* Lam.

见于黑河下游等地；生于海拔 500～2100 m 林缘。

金灯藤 *C. japonica* Choisy

见于陈河等地；生于灌丛。

91. 紫草科 Boraginaceae

　　黑河湿地保护区有 7 属、10 种。

狭苞斑种草 *Bothriospermum kusnezowii* **Bge.**

保护区常见；生于海拔 500～1100 m 林下。

倒提壶 *Cynoglossum amabile* **Stapf et Drumm.**

保护区常见；生于海拔 500～2100 m 林下。

琉璃草 *C. zeylanicum* **(Vanl) Thunb.**

保护区常见；生于海拔 500～1500 m 林下。

田紫草 *Lithospermum arvense* **Linn.**

保护区常见；生于海拔 500～1300 m 林缘。

梓木草 *L. zollingeri* **DC.**

保护区常见；生于海拔 500～1400 m 林下。

狼紫草 *Lycopsis orientalis* **Linn.**

保护区常见；生于海拔 500～1500 m 林下。

勿忘草 *Myosotis silvatica* **Ehrh. ex Hoffm.**

见于山区各地；生于草地或林下。

弯齿盾果草 *Thyrocarpus glochidiatus* **Maxim.**

保护区常见；生于海拔 500～1800 m 林下。

湖北附地菜 *Trigonotis mollis* **Hemsl.**

保护区常见；生于海拔 1100 m 林下。

附地菜 *T. peduncularis* **(Trev.) Benth.**

保护区常见；生于海拔 500～1700 m 林下。

92. 马鞭草科 Verbenaceae

黑河湿地保护区有 5 属、5 种、2 变种。

老鸦糊 *Callicarpa giraldii* **Hesse ex Rehd.**

见于陈河等地；生于海拔 500～1600 m 林下。

窄叶紫珠 *C. japonica* **Thunb. var.** *angustata* **Rehd.**

见于陈河等地；生于海拔 500～1300 m 林下。

三花莸 *Caryopteris terniflora* **Maxim**

见于低海拔各地；生于海拔 500～2100 m 林缘。

臭牡丹 *Clerodendrum bungei* **Steud.**

见于柳叶河等地；生于河谷。

海州常山 *C. trichotomum* **Thunb.**

见于陈河等地；生于海拔 500～1500 m 林下。

马鞭草 *Verbena officinalis* **Linn.**

见于入渭口等地；生于海拔 500～1500 m 林下。

荆条 *Vitex negundo* **Linn. var.** *heterophylla* **(Franch.) Rehd.**

见于桃李坪等地；生于海拔 500～1500 m 林下。

93. 唇形科 Labiatae

黑河湿地保护区有 16 属、27 种、1 变种。

水棘针 *Amethystea caerulea* Linn.
保护区常见；生于海拔 500～1800 m 林下。

风车草 *Clinopodium urticifolium* (Hance) C. Y. Wu et Hsuan ex H. W. Li
保护区常见；生于海拔 500～2100 m 林下。

香薷 *Elsholtzia ciliata* (Thunb.) Hyland
保护区常见；生于海拔 500～1800 m 林下。

穗状香薷 *E. stachyodes* (Link) C. Y. Wu
保护区常见；生于海拔 500～1100 m 林下。

木香薷 *E. stauntoni* Benth.
见于柳叶河等地；生于海拔 500～1400 m 林下。

白透骨消 *Glechoma biondiana* (Diels) C. Y. Wu et C. Chen
保护区常见；生于海拔 500～1500 m 林下。

日本活血丹 *G. grandis* (A. Gray) Kupr.
保护区常见；生于海拔 500～1500 m 林下。

活血丹 *G. longituba* (Nakai) Kupr.
保护区常见；生于海拔 500～1600 m 林下。

夏至草 *Lagopsis supina* (Steph.) Ik.-Gal. ex Knorr.
保护区常见；生于海拔 500～2000 m 林下。

野芝麻 *Lamium barbatum* Sieb. et Zucc.
保护区常见；生于海拔 500～2100 m 林下。

益母草 *Leonurus artemisia* (Lour.) S. Y. Hu
各地常见；生于海拔 500～1500 m 林下。

斜萼草 *Loxocalyx urticifolius* Hemsl.
保护区常见；生于海拔 600～2100 m 林下。

牛至 *Origanum vulgare* Linn.
保护区常见；生于海拔 500～2100 m 林下。

串铃草 *Phlomis mongolica* Turcz.
保护区常见；生于海拔 500～1200 m 林下。

柴续断 *P. szechuanensis* C. Y. Wu
保护区常见；生于海拔 500～2130 m 林下。

糙苏 *P. umbrosa* Turcz.
保护区常见；生于海拔 500～2100 m 林下。

南方糙苏 *P. umbrosa* var. *australis* Hemsl.
保护区常见；生于海拔 750～2100 m 林下。

夏枯草 *Prunella vulgaris* **Linn.**

保护区常见；生于海拔 500～2100 m 林下。

拟缺香茶菜 *Rabdosia excisoides* **C. Y. Wu et H. W. Li**

见于陈河等地；生于海拔 550～2000 m 林下。

鄂西香茶菜 *R. henryi* **(Hemsl.) Hara**

保护区常见；生于海拔 650～2100 m 林下。

毛叶香茶菜 *R. japonica* **(Burm.) Hara**

保护区常见；生于海拔 500～1900 m 林下。

显脉香茶菜 *R. nervosa* **(Hemsl.) C. Y. Wu et H. W. Li**

见于山寨沟等地；生于海拔 500～1500 m 林下。

碎米桠 *R. rubescens* **(Hemsl.) Hara**

保护区常见；生于海拔 500～2100 m 林下。

溪黄草 *R. serra* **(Maxim.) Hara**

见于保护区低山区各处；生于林下。

鄂西鼠尾草 *Salvia maximowicziana* **Hemsl.**

保护区常见；生于海拔 750～2100 m 林下。

多裂叶荆芥 *Schizonepeta multifida* **(L.) Briq.**

保护区常见；生于海拔 650～2000 m 林下。

甘露子 *Stachys sieboldii* **Miq.**

保护区常见；生于海拔 500～2100 m 林下。

秦岭香科科 *Teucrium tsinlingense* **C. Y. Wu et S. Chew.**

保护区常见；生于海拔 500～1500 m 林下。

94. 茄科 Solanaceae

黑河湿地保护区有 5 属、6 种、1 变种，栽培 3 属、4 种。

辣椒 *Capsicum annuum* **Linn.**（栽培）

保护区各地有栽培。

曼陀罗 *Datura stramonium* **Linn.**（外来种）

见于黑河下游等地；生于海拔 500 m 河滩。

紫花曼陀罗 *D. tatula* **Linn.**（外来种）

见于黑河下游等地；生于海拔 500 m 河滩。

枸杞 *Lycium chinense* **Mill.**

保护区常见；生于海拔 500～1500 m 林下。

番茄 *Lycopersicon esculentum* **Mill.**（栽培）

保护区各地有栽培。

假酸浆 *Nicandra physalodes* **(Linn.) Gaertn.**（外来种）

见于黑河下游等地；生于海拔 350 m 左右的河岸。

挂金灯 *Alkekengi officinarum* var. *franchetii* (Mast.) R. J. Wang

保护区常见；生于海拔 500～1500 m 林下。

白英 *Solanum lyratum* Thunb.

保护区常见；生于海拔 1000 m 林缘。

茄 *S. melongena* Linn.（栽培）

保护区各地有栽培。

龙葵 *S. nigrum* Linn.

见于黑河下游等地；生于海拔 500～1400 m 林下。

马铃薯 *S. tuberosum* Linn.（栽培）

保护区各地有栽培。

95. 玄参科 Scrophulariaceae

黑河湿地保护区有 9 属、17 种、1 亚种。

短腺小米草 *Euphrasia regelii* Wettst.

保护区常见；生于海拔 600～2100 m 林下。

柳穿鱼 *Linaria vulgaris* Mill. subsp. *sinensis* (Bebeaux) Hong

保护区常见；生于海拔 1900 m 林下。

通泉草 *Mazus japonicus* (Thunb.) O. Kuntze

保护区常见；生于海拔 1800 m 林下。

山罗花 *Melampyrum roseum* Maxim.

保护区常见；生于海拔 500～2000 m 林下。

毛泡桐 *Paulownia tomentosa* (Thunb.) Steud.

见于保护区各地；生于海拔 1500 m 林中。

全裂马先蒿 *Pedicularis dissecta* (Bonati) Ponnell et Li

保护区常见；生于海拔 2100 m 林下。

奇氏马先蒿 *P. giraldiana* Diels ex Bonati

保护区常见；生于海拔 2100 m 林下。

藓生马先蒿 *P. muscicola* Maxim.

保护区常见；生于海拔 550～2100 m 林下。

返顾马先蒿 *P. resupinata* Linn.

保护区常见；生于海拔 500～2100 m 林下。

山西马先蒿 *P. shansiensis* Tsoong

保护区常见；生于海拔 550～2100 m 林下。

穗花马先蒿 *P. spicata* Pall.

保护区常见；生于海拔 700～2100 m 林下。

毛地黄 *Digitalis purpurea* Linn.

见于黑河河谷等地；生于海拔 1300 m 河滩。

草本威灵仙 *Veronicastrum sibiricum* (Linn.) **Pennell**
保护区常见；生于海拔 600～1800 m 林下。

北水苦荬 *Veronica anagallis-aquatica* **Linn.**
见于渭河段等地；生于海拔 1700 m 林下。

婆婆纳 *V. didyma* **Tenore**
保护区常见；生于海拔 1500 m 林下。

疏花婆婆纳 *V. laxa* **Benth.**
保护区常见；生于海拔 1800 m 林下。

小婆婆纳 *V. serpyllifolia* **Linn.**
保护区常见；生于海拔 700～2000 m 林下。

四川婆婆纳 *V. szechuanica* **Batal.**
保护区常见；生于海拔 600～2100 m 林下。

96. 紫葳科 Bignoniaceae

黑河湿地保护区有 1 属、2 种。

灰楸 *Catalpa fargesii* **Bur.**
见于金盆、陈河等地；生于海拔 500 m 山坡。

梓 *C. ovata* **G. Don**
见于金盆等地；生于海拔 600 m 山坡。

97. 苦苣苔科 Gesneriaceae

黑河湿地保护区有 2 属、2 种。

大花旋蒴苣苔 *Boea clarkeana* **Hemsl.**
见于山寨沟等地；生于背阴的石崖上。

金盏苣苔 *Isometrum farreri* **Craib**
见于低海拔各地；生于岩石上。

98. 列当科 Orobanchaceae

黑河湿地保护区有 1 属、1 种。

列当 *Orobanche coerulescens* **Steph.**
见于陈河等地；生于海拔 600～1700 m 的林下。

99. 透骨草科 Phrymaceae

黑河湿地保护区有 1 属、1 亚种。

透骨草 *Phryma leptostachya* **Linn.** subsp. *asiatica* (Hara) **Kitamura**
见于陈河等地；生于海拔 500～1000 m 的林缘。

100. 车前科 Plantaginaceae

黑河湿地保护区有 1 属、3 种。

车前 *Plantago asiatica* **Linn.**

各地常见；生于海拔 500～2100 m 林缘。

平车前 *P. depressa* **Willd.**

见于柳叶河等地；生于海拔 600～800 m 的路旁或林缘。

大车前 *P. major* **Linn.**

各地常见；生于海拔 500～1500 m 路旁、林缘。

101. 茜草科 Rubiaceae

黑河湿地保护区有 3 属、10 种、1 亚种、1 变种。

原拉拉藤 *Galium aparine* **Linn.**

保护区常见；生于海拔 500～2100 m 林下。

车叶葎 *G. asperuloides* **Edgew. subsp.** *hoffmeisteri* **(Klotzsch) Hara**

保护区常见；生于海拔 750～2100 m 林下。

四叶葎 *G. bungei* **Steud.**

见于陈河等地；生于海拔 500～2200 m 林下。

狭叶四叶葎 *G. bungei* **var.** *angustifolium* **(Loesen.) Cuf**

保护区常见；生于海拔 1100 m 林下。

显脉拉拉藤 *G. kinuta* **Nakai et Hara**

保护区常见；生于海拔 500～2000 m 林下。

林猪殃殃 *G. paradoxum* **Maxim.**

保护区常见；生于海拔 1700～2100 m 林下。

麦仁珠 *G. tricorne* **Stokes**

保护区常见；生于海拔 500～1500 m 林下。

蓬子菜 *G. verum* **Linn.**

保护区常见；生于海拔 500～1700 m 林缘。

鸡矢藤 *Paederia scandens* **(Lour.) Merr.**

见于桃李坪、山寨沟、陈河等地；生于海拔 500～1700 m 灌丛。

茜草 *Rubia cordifolia* **Linn.**

见于桃李坪、山寨沟等地；生于海拔 500～1800 m 林下。

金钱草 *R. membranacea* **Diels**

见于陈河、山寨沟等地；生于海拔 650～1800 m 林下。

卵叶茜草 *R. ovatifolia* **Z. Y. Zhang**

见于柳叶河等地；生于海拔 800～1200 m 林下。

102. 忍冬科 Caprifoliaceae

黑河湿地保护区有 5 属、11 种、1 亚种。

南方六道木 *Abelia dielsii* **(Gaebn.) Rehd.**

保护区常见；生于海拔 500～2100 m 林中。

金花忍冬 *Lonicera chrysantha* **Turcz.**
保护区常见；生于海拔 500～2100 m 林中。

苦糖果 *L. fragrantissima* **Lindl. et Paxt. subsp.** *standishii* **(Carr.) Hsu et H. J. Wang**
保护区常见；生于海拔 1000 m 林下。

金银忍冬 *L. maackii* **(Rupr.) Maxim.**
保护区常见；生于海拔 600～1800 m 林下。

袋花忍冬 *L. saccata* **Rehd.**
保护区常见；生于海拔 750～2100 m 林下。

唐古特忍冬 *L. tangutica* **Maxim.**
保护区常见；生于海拔 2000～2100 m 林下。

盘叶忍冬 *L. tragophylla* **Hemsl.**
保护区常见；生于海拔 500～1800 m 林下。

接骨木 *Sambucus williamsii* **Hance**
保护区常见；生于海拔 500～1500 m 林中。

莛子藨 *Triosteum pinnatifidum* **Maxim.**
保护区常见；生于海拔 500～2100 m 林下。

桦叶荚蒾 *Viburnum betulifolium* **Batal.**
见于山区低海拔各处；生于灌丛、林下。

蒙古荚蒾 *V. mongolicum* **(Pall.) Rehd**
保护区常见；生于海拔 600～2100 m 林中。

陕西荚蒾 *V. schensianum* **Maxim.**
见于柳叶河等地；生于海拔 500～1800 m 林中。

103. 海桐花科 Pittosporaceae

黑河湿地保护区有 1 属、1 种。

柄果海桐 *Pittosporum podocarpum* **Gagnep.**
见于陈河等地；生于山坡或灌丛。

104. 败酱科 Valerianaceae

黑河湿地保护区有 2 属、5 种。

墓回头 *Patrinia heterophylla* **Bge.**
保护区常见；生于海拔 500～2100 m 林下。

岩败酱 *P. rupestris* **(Pall.) Juss.**
见于山区低海拔各地；生于山坡、岩石等处。

败酱 *P. scabiosaefolia* **Fisch. ex Tink.**
见于柳叶河等地；生于海拔 500～2000 m 林下。

柔垂缬草 *Valeriana flaccidissima* **Maxim.**
保护区常见；生于海拔 500～2100 m 林下。

缬草 *V. officinalis* **Linn.**
见于柳叶河等地；生于海拔 500～2100 m 林下。

105. 川续断科 Dipsacaceae

黑河湿地保护区有 1 属、1 种。
日本续断 *Dipsacus japonicus* **Miq.**
保护区常见；生于海拔 500～2000 m 林下。

106. 葫芦科 Cucurbitaceae

黑河湿地保护区有 4 属、5 种，栽培 2 属、2 种。
南瓜 *Cucurbita moschata* **(Duch.) Duch. ex Poir.**（栽培）
保护区各地有栽培。
绞股蓝 *Gynostemma pentaphyllum* **(Thunb.) Makino**
保护区常见；生于海拔 500～1900 m 林下。
葫芦 *Lagenaria siceraria* **(Molina) Standl.**（栽培）
保护区各地有栽培。
湖北裂瓜 *Schizopepon dioicus* **Cogn.**
保护区常见；生于海拔 600～2100 m 林下。
赤瓟 *Thladiantha dubia* **Bge.**
见于山区各地；生于灌丛、疏林。
鄂赤瓟 *T. oliveri* **Cogn. ex Mottet**
见于桃李坪等地；生于海拔 500～2050 m 林下。
栝楼 *Trichosanthes kirilowii* **Maxim.**
见于山寨沟等地；生于海拔 500～2100 m 林下。

107. 桔梗科 Campanulaceae

黑河湿地保护区有 3 属、5 种。
细叶沙参 *Adenophora paniculata* **Nannf.**
见于低海拔等地；生于海拔 800～2100 m 林下。
多毛沙参 *A. rupincola* **Hemsl.**
保护区常见；生于海拔 500～2100 m 林中。
多歧沙参 *A. wawreana* **A. Zahlbr**
保护区常见；生于海拔 500～2000 m 林下。
紫斑风铃草 *Campanula punctata* **Lam.**
保护区常见；生于海拔 500～2100 m 林下。
党参 *Codonopsis pilosula* **(Franch.) Nannf.**
保护区常见；生于海拔 500～1600 m 林下。

108. 菊科 Compositae

黑河湿地保护区有 42 属、68 种，栽培 2 属、3 种。

蓍 *Achillea millefolium* **Linn.**
保护区常见；生于海拔 550～1800 m 林下。

和尚菜 *Adenocaulon himalaicum* **Edgew.**
保护区常见；生于海拔 500～2000 m 林下。

黄腺香青 *Anaphalis aureopunctata* **Lingelsh et Borza**
保护区常见；生于海拔 500～2100 m 林下。

珠光香青 *A. margaritacea* **(Linn.) Benth. et Hook. f.**
见于柳叶河等地；生于海拔 500～2100 m 林缘。

香青 *A. sinica* **Hance.**
保护区常见；生于海拔 500～2000 m 林下。

牛蒡 *Arctium lappa* **Linn.**
保护区常见；生于海拔 1750 m 林下。

莳萝蒿 *Artemisia anethoides* **Mattf.**
保护区各地均有分布；生于草地、河滩、灌丛等处。

黄花蒿 *A. annua* **Linn.**
保护区常见；生于海拔 1000 m 林下。

艾 *A. argyi* **Levl. et Vant.**
见于入渭口等地；生于海拔 1300 m 林下。

茵陈蒿 *A. capillaris* **Thunb.**
保护区各地均有分布；生于草地、河滩、灌丛等处。

青蒿 *A. carvifolia* **Buch.-Ham. ex Roxb.**
见于保护区各地；生于荒地。

侧蒿 *A. deversa* **Diels**
保护区常见；生于海拔 500～2100 m 林下。

牛尾蒿 *A. dubia* **Wall. ex Bess.**
保护区各地均有分布；生于草地、河滩、灌丛等处。

野艾蒿 *A. lavandulaefolia* **DC.**
见于保护区各地；生于草地或灌丛。

猪毛蒿 *A. scoparia* **Waldst. et Kit.**
保护区各地均有分布；生于河滩、草地。

三脉紫菀 *Aster ageratoides* **Turcz.**
见于保护区各地；生于草地或路旁。

小舌紫菀 *A. albescens* **(DC.) Hand.-Mazz.**
保护区常见；生于海拔 1200 m 林下。

紫菀 *A. tataricus* **Linn.**

保护区常见；生于海拔 2000 m 林下。

婆婆针 *Bidens bipinnata* **Linn.**

见于黑河下游及渭河等地；生于海拔 500～1800 m 林下。

小花鬼针草 *B. parviflora* **Willd.**

见于黑河下游及渭河等地；生于海拔 500～1800 m 林下。

两似蟹甲草 *Parasenecio ambiguus* **(Y. Ling) Y. L. Chen**

保护区常见；生于海拔 750～2200 m 林下。

长穗蟹甲草 *P. longispicus* **(Hand.-Mazz.) Y. L. Chen**

保护区常见；生于海拔 750～2100 m 林下。

蛛毛蟹甲草 *P. roborowskii* **(Maxim.) Y. L. Chen**

保护区常见；生于海拔 750～2100 m 林下。

中华蟹甲草 *P. sinicus* **(Y. Ling) Y. L. Chen**

保护区常见；生于海拔 500～2000 m 林下。

飞廉 *Carduus nutans* **Linn.**

保护区常见；生于海拔 960～2200 m 林下。

天名精 *Carpesium abrotanoides* **Linn.**

见于山寨沟、陈河、柳叶河等地；生于海拔 750～2100 m 林下。

烟管头草 *C. cernuum* **Linn.**

保护区常见；生于海拔 2200 m 林下。

大花金挖耳 *C. macrocephalum* **Franch. et Say.**

保护区常见；生于海拔 2000 m 林下。

湖北蓟 *Cirsium hupehense* **Pamp.**

保护区常见；生于海拔 500～2100 m 林下。

魁蓟 *C. leo* **Nakai et Kitag.**

保护区常见；生于海拔 500～2200 m 林下。

刺儿菜 *C. setosum* **(Willd.) MB.**

见于保护区各地；生于海拔 1800 m 林下。

小蓬草 *Conyza canadensis* **(Linn.) Cronq.** （外来种）

保护区常见；生于海拔 500～2100 m 林下。

拟亚菊 *Dendranthema glabriusculum* **(W. W. Smith) Shih**

保护区常见；生于海拔 500～2000 m 林下。

东风菜 *Doellingeria scaber* **(Thunb.) Nees**

保护区常见；生于海拔 2000 m 林下。

鳢肠 *Eclipta prostrata* **(Linn.) Linn.**

保护区常见；生于海拔 1100 m 林下。

一年蓬 *Erigeron annuus* (Linn.) Pers.（外来种）

各地常见；生于海拔 600～2200 m 林中。

白头婆 *Eupatorium japonicum* Thunb.

保护区常见；生于海拔 2200 m 林下。

林泽兰 *E. lindleyanum* DC.

保护区常见；生于海拔 1800 m 林下。

丝棉草 *Gnaphalium luteoalbum* Linn.

保护区常见；生于海拔 2000 m 林下。

向日葵 *Helianthus annuus* Linn.（栽培）

保护区各地有栽培。

菊芋 *H. tuberosus* Linn.（栽培）

保护区各地有栽培。

泥胡菜 *Hemistepta lyrata* (Bge.) Bge.

保护区常见；生于海拔 500～2000 m 林下。

阿尔泰狗娃花 *Heteropappus altaicus* (Willd.) Novopokr.

保护区常见；生于海拔 2100 m 林中。

旋覆花 *Inula japonica* Thunb.

见于黑河入渭河口湿地片区；生于海拔 400 m 的河滩。

中华小苦荬 *Ixeridium chinense* (Thunb.) Tzvel.

见于金盆等地；生于海拔 2000 m 林下。

马兰 *Kalimeris indica* (Linn.) Sah.-Bip

保护区常见；生于海拔 1800 m 林下。

大丁草 *Leibnitzia anandria* (Linn.) Nakai

保护区常见；生于海拔 500～1800 m 林下。

薄雪火绒草 *Leontopodium japonicum* Miq.

保护区常见；生于海拔 500～2000 m 林下。

蹄叶橐吾 *Ligularia fischeri* (Ledeb.) Turcz.

保护区常见；生于海拔 1800～2000 m 林下。

华帚菊 *Pertya sinensis* Oliv.

保护区常见；生于海拔 1800～2100 m 林下。

毛裂蜂斗菜 *Petasites tricholobus* Franch.

保护区常见；生于海拔 1200 m 林下。

毛连菜 *Picris hieracioides* Linn.

见于黑河下游、金盆等地；生于海拔 500～2000 m 林下的河滩灌丛。

漏芦 *Stemmacantha uniflorum* (Linn.) DC.

见于金盆等地；生于海拔 1600 m 林缘。

长梗风毛菊 *S. dolichopoda* **Diels**

保护区常见；生于海拔 700～2750 m 林下。

变叶风毛菊 *S. mutabilis* **Diels**

保护区常见；生于海拔 650～1800 m 林下。

昂头风毛菊 *S. sobarocephala* **Diels**

保护区常见；生于海拔 2100 m 林下。

狗舌草 *Senecio kirilowii* **Turcz. ex DC.**

保护区常见；生于海拔 1500 m 林下。

千里光 *S. scandens* **Buch.-Ham. ex D. Don**

各地常见；生于海拔 1000 m 林下、灌丛。

伪泥胡菜 *Serratula coronata* **Linn.**

保护区常见；生于海拔 500～2000 m 林下。

豨莶 *Siegesbeckia orientalis* **Linn.**

保护区常见；生于海拔 500～1800 m 林下。

华蟹甲 *Sinacalia tangutica* **(Maxim.) B. Nord.**

保护区常见；生于海拔 500～2100 m 林下。

蒲儿根 *Sinosenecio oldhamianu*s **(Maxim.) B. Nord.**

保护区常见；生于海拔 2200 m 林下。

苦苣菜 *Sonchus oleraceus* **Linn.**

见于黑河下游及渭河等地；生于海拔 1700 m 林下。

兔儿伞 *Syneilesis aconitifolia* **(Bge.) Maxim.**

保护区常见；生于海拔 500～1800 m 林下。

山牛蒡 *Synurus deltoides* **(Ait.) Nakai**

保护区常见；生于海拔 1800 m 林下。

万寿菊 *Tagetes erecta* **Linn.**（栽培）

保护区各地有栽培。

蒲公英 *Taraxacum mongolicum* **Hand.-Mazz.**

保护区常见；生于海拔 1500 m 林下。

华蒲公英 *T. sinicum* **Kitag.**

保护区常见；生于海拔 500～2100 m 林下。

款冬 *Tussilago farfara* **Linn.**

保护区常见；生于海拔 1200 m 林下。

苍耳 *Xanthium sibiricum* **Patrin ex Widder**

见于黑河下游及渭河等地；生于海拔 500～1700 m 林下。

黄鹌菜 *Youngia japonica* **(Linn.) DC.**

见于柳叶河等地；生于海拔 500～2150 m 林下。

6.4 小 结

本章调查研究得出，陕西周至黑河湿地省级自然保护区共有维管植物 949 种，包括栽培植物 57 种，并对每个种在保护区的分布位置海拔及生态进行了说明。

总体来说，黑河湿地保护区的生境复杂，具有湿地、山岳等多种环境，所以植物多样性相对丰富。

参 考 文 献

牛春山. 1990. 陕西树木志[M]. 北京: 中国林业出版社.

秦仁昌. 1978a. 中国蕨类植物科属的系统排列和历史来源[J]. 植物分类学报, 16(3): 1-19.

秦仁昌. 1978b. 中国蕨类植物科属的系统排列和历史来源(续)[J]. 植物分类学报, 16(4): 16-37.

中国科学院西北植物研究所. 1974. 秦岭植物志. 第一卷. 种子植物. 第二册[M]. 北京: 科学出版社.

中国科学院西北植物研究所. 1976. 秦岭植物志. 第一卷. 种子植物. 第一册[M]. 北京: 科学出版社.

中国科学院西北植物研究所. 1981. 秦岭植物志. 第一卷. 种子植物. 第三册[M]. 北京: 科学出版社.

中国科学院西北植物研究所. 1983. 秦岭植物志. 第一卷. 种子植物. 第四册[M]. 北京: 科学出版社.

中国科学院西北植物研究所. 1985. 秦岭植物志. 第一卷. 种子植物. 第五册[M]. 北京: 科学出版社.

中国科学院中国植物志编辑委员. 1959-2004. 中国植物志(1-80 卷)[M]. 北京: 科学出版社.

Flora of China Editorial Committee. 1989-2013. Flora of China[M]. Beijing and St. Louis: Science Press & Missouri Botanical Garden Press.

第7章 种子植物区系的组成与基本特征

7.1 种子植物区系组成

经调查，陕西周至黑河湿地省级自然保护区（以下简称黑河湿地保护区）有野生种子植物823种，隶属于125科477属。其中裸子植物3科4属5种，分别占陕西省裸子植物科（9）、属（23）和种（42）总数的33.33%、17.39%和11.90%，占全国裸子植物科（10）、属（34）和种（250）总数的30.00%、11.76%和2.00%；被子植物122科473属818种，分别占陕西省被子植物科（162）、属（1098）和种（3559）总数的75.31%、43.08%和22.98%，占全国被子植物科（328）、属（3166）和种（27000）总数的37.20%、14.94%和3.03%。由此可见，黑河湿地保护区种子植物物种的丰富度比较高（表7-1）。

表 7-1　黑河湿地保护区种子植物科属种统计

类群	科数	占总科数（%）	属数	占总属数（%）	种数	占总种数（%）
裸子植物	3	2.40	4	0.84	5	0.61
单子叶植物	17	13.60	79	16.56	133	16.16
双子叶植物	105	84.00	394	82.60	685	83.23
合计	125	100.00	477	100.00	823	100.00

7.2 种子植物区系成分数量统计

7.2.1 科的组成数量统计

（1）科内属的组成

统计结果表明，黑河湿地保护区种子植物各科所含的属数差异很大，在全部125科中，含有10属及以上的科有菊科（42）、禾本科（36）、豆科（24）、蔷薇科（24）、唇形科（16）、伞形科（13）、十字花科（13）、毛茛科（11）和百合科（10）等9科，含9属的科有兰科、石竹科、玄参科和虎耳草科4科，含7属的科有荨麻科和紫草科2科，含6属的科有藜科、罂粟科、鼠李科、木犀科和蓼科5科，含5属的科有莎草科、桑科、大戟科、马鞭草科、茄科和忍冬科6科，含4属的科有榆科、木通科、景天科、漆树科、葡萄科、锦葵科、五加科、山茱萸科、龙胆科、萝摩科和葫芦科11科，含3属的科有桦木科、马兜铃科、苋科、小檗科、防己科、芸香科、桔梗科、柳叶菜科和茜草科9科，含2属的科有三白草科、杨柳科、胡桃科、壳斗科、木兰科、樟科、牻牛儿苗科、苦木科、楝科、黄杨科、卫矛科、槭树科、无患子科、清风藤科、椴树科、猕猴桃科、柽柳科、鹿蹄草科、旋花科、苦苣苔科和败酱科 21 科双子叶植物，泽泻科、天南星科、浮萍科、鸭跖草科、灯心草科、鸢尾科 6 科单子叶植物，松科 1 科裸子植物。每科仅含 1 属的有柏科、三尖杉科、香蒲科、黑三棱科、眼子菜科、茨藻科、水鳖科、石蒜科、薯蓣科、金粟兰科、檀香科、商陆科、马齿苋科、领春木科、藜科、金鱼藻科、金缕梅科、酢浆草科、远志科、透骨草科、马桑科、冬青科、省沽油科、七叶树科、凤仙花科、藤黄科、堇菜科、旌节花科、秋海棠科、瑞香科、胡颓子科、千屈菜科、八角枫科、菱科、杉叶藻科、小二仙草科、杜鹃花科、紫金牛科、报春花科、白花丹科、柿树科、山矾科、安息香科、马钱科、夹竹桃科、紫葳科、列当科、透骨草科、车前科、海桐花科和川续断科 51 科，其中包括单种科领春木科。

结果还表明大科属数占总属数比重较高。含 10 属及以上的科虽然仅有 9 个，只占总科数的 7.20%，但其所含属数达 189 属，占总属数的 39.62%，在黑河湿地保护区种子植物区系中占主导地位；而含 1 属的科尽管有 51 科，占到总科数的 40.80%，但仅占总属数的 10.69%，在黑河湿地保护区地位不是很重要（表 7-2）。

表 7-2　黑河湿地保护区种子植物科内属的数量统计

科内属的数量	科数	占总科数（%）	属数	占总属数（%）
含 10 属及以上	9	7.20	189	39.62
含 5~9 属	17	13.60	110	23.06
含 2~4 属	48	38.40	127	26.62
含 1 属	51	40.80	51	10.70
合计	125	100.00	477	100.00

（2）科内种的组成

科内种的组成与科内属的组成基本相似，含种数较多的科有菊科（68 种）、蔷薇科（68 种）和禾本科（55 种）3 科，仅占该地总科数的 2.40%，包含 191 种，占该地总种数的 23.21%；含 20~40 种的有豆科（39 种）、唇形科（27 种）、毛茛科（24 种）、百合科（20 种）、虎耳草科（20 种），占总科数的 4.00%，共包含 130 种，占总种数的 15.80%；含 10~19 种的有玄参科（17 种）、伞形科（17 种）、十字花科（17 种）、蓼科（16 种）、石竹科（16 种）、莎草科（16 种）、忍冬科（11 种）、卫矛科（11 种）、茜草科（10 种）、榆科（10 种）、紫草科（10 种）11 科，包含 151 种，占总科数的 8.80%，占总种数的 18.35%；含 5~9 种的有灯心草科、兰科、杨柳科、景天科、大戟科、萝藦科 6 科各含 9 种，壳斗科、桑科、荨麻科、藜科、小檗科、罂粟科、槭树科、鼠李科、堇菜科、木犀科 10 科各含 8 种，葡萄科、猕猴桃科、报春花科 3 科各含 7 种，锦葵科、柳叶菜科、茄科 3 科各含 6 种，桦木科、苋科、山茱萸科、旋花科、马鞭草科、败酱科、葫芦科、桔梗科 8 科各含 5 种，计 30 科，包含 213 种，占总科数的 24.00%、总种数的 25.88%；包含 2~4 种的有眼子菜科、木通科、樟科、牻牛儿苗科、芸香科、漆树科、椴树科、藤黄科、龙胆科 9 科各含 4 种，松科、泽泻科、天南星科、浮萍科、防己科、木兰科、凤仙花科、胡颓子科、五加科、车前科 10 科各含 3 种，鸭跖草科、薯蓣科、鸢尾科、三白草科、胡桃科、马兜铃科、商陆科、苦木科、楝科、远志科、黄杨科、无患子科、柽柳科、八角枫科、鹿蹄草科、马钱科、紫葳科、苦苣苔科 18 科各含 2 种，计 37 科，包含 102 种，占总科数的 29.60%，总种数的 12.39%；每科仅有 1 种的有柏科、三尖杉科、香蒲科、黑三棱科、茨藻科、水鳖科、石蒜科、金粟兰科、檀香科、马齿苋科、领春木科、蒺藜科、金鱼藻科、金缕梅科、酢浆草科、马桑科、冬青科、省沽油科、七叶树科、清风藤科、旌节花科、瑞香科、千屈菜科、菱科、杉叶藻科、小二仙草科、杜鹃花科、紫金牛科、白花丹科、柿树科、山矾科、安息香科、夹竹桃科、列当科、海桐花科、川续断科，36 科，占总科数的 28.80%，总种数的 4.37%（表 7-3）。

表 7-3　黑河湿地保护区种子植物科内种的组成统计

科内包含种数	科数	占总科数比例（%）	种数	占总种数比例（%）
50 以上	3	2.40	191	23.21
20～40	5	4.00	130	15.80
10～19	11	8.80	151	18.35
5～9	30	24.00	213	25.88
2～4	37	29.60	102	12.39
仅 1 种	36	28.80	36	4.37
仅含种下单元	3	2.40	0	0.00
合计	125	100.00	823	100.00

7.2.2　属内种的组成

黑河湿地保护区种子植物中，相对来说，大属所占比例较少。与科内种的组成相似，较少的属包含较多的种类，绝大部分的属所包含的种类较少，其中仅包含 1 种的属多达 307 属，占总属数的 64.36%，而包含的种数仅占总种数的 37.30%。包含种数较多的属有 7 个，即：委陵菜属（11）、悬钩子属（10）、野豌豆属（9）、蒿属（9）、堇菜属（8）、萹蓄属（8）和铁线莲属（8），占总属数的 1.47%，共含有 63 种，占总种数的 7.65%。包含 6～7 种的共有 13 属，82 种，占总属数的 2.73%，占总种数的 9.96%；包含 3～5 种的有 63 属，229 种，占总属数的 13.21%，占总种数的 27.83%。包含 1～2 种及仅含种下单元的有 394 属、449 种，占总属数的 82.60%，占总种数的 54.56%（表 7-4）。

表 7-4　黑河湿地保护区种子植物属内种数量统计表

属内种数范围	属数	占总属数比例（%）	包含总种数	占总种数比例（%）
9～11 种	4	0.84	39	4.74
6～8 种	16	3.35	106	12.88
3～5 种	63	13.21	229	27.83
1～2 种	378	79.25	449	54.56
仅含种下单元	16	3.35	0	0.00
合计	477	100.00	823	100.00

由表 7-4 可以看出，种子植物属内种数中小属所占比例较高，属内种数以 1～2 种为主。

7.2.3　种子植物区系特征分析

1. 科的地理成分分析

以世界分布类型、温带分布类型为主。

在世界分布类型的科都带有明显的温带性质，如菊科、蔷薇科、禾本科、莎草科、百合科等。典型的温带分布或北温带-南温带间断分布的科在保护区也有很好的发育，除毛茛科、虎耳草科、伞形科、十字花科、忍冬科、蓼科、杨柳科、槭树科等外，常见的如松科、柏科、罂粟科、桦木科、桔梗科等。豆科、兰科、大戟科、卫矛科虽为热带分布为主的科，但在保护区分布的大多是温带的属。由此可见，温带性质的科在黑河流域的植物区系和植被组成中明显占有主导地位。这也证明了黑河流域作为秦岭地区的重要组成，具有显著的温带性质。

热带、亚热带性质的科也很多，如天南星科、薯蓣科、葡萄科、椴树科、卫矛科、大戟科、樟科等，表明保护区植物区系的交汇性或过渡性特征显著。

保护区还分布有许多较古老的科，如白垩纪晚期出现的桦木科、木兰科、樟科、防己科、槭树科、冬青科，以及第三纪早期出现的金缕梅科、榆科、五加科、山矾科等也都有较好的发育。说明保护区的科还有一定的古老性特性。

2. 属的分布区类型

植物分布区类型是指植物类群的分布图式始终一致地再现。划分该地区植物的分布区类型并加以分析，有助于了解这一地区植物区系各种成分的特征与性质。

按照吴征镒（1991）对中国种子植物属分布区类型的划分，黑河湿地保护区本土已知的 477 属（胡萝卜属、假酸浆属等 4 个外来属除外）种子植物的属可以划分为 15 个分布区类型（表 7-5）。

（1）世界分布

共有 63 个属。基本都是较小的属，大属较少，它们所包含的种类很少。主要的有剪股颖属、金鱼藻属、马唐属、龙胆属、鼠曲草属、水莎草属、补血草属、羊耳蒜属、千屈菜属、茨藻属、苔菜属、芦苇属、酸浆属、蓂菜属、猪毛菜属、鼠尾草属、紫萍属、水苏属、繁缕属、碱蓬属、香科科属、香蒲属、苍耳属、大叶藻属、紫云英属、铁苋菜属、牛膝属、马兜铃属、秋海棠属、苎麻属、黄杨属、虾脊兰属、金粟兰属、木防己属、鸭跖草属、苋属、银莲花属、柿属、鳢肠属、蟋蟀草属、榕属、算盘子属、牛鞭草属、冬青属、白茅属、艾麻属、雀稗属、棒头草属、马齿苋属、豨莶属、山蚂蝗属、山矾属、蒺藜属、马鞭草属、花椒属和枣属等。

表 7-5　黑河湿地保护区种子植物属的分布区类型

分布区类型	全国		黑河湿地保护区	
	属数	占总属数比例（%）	属数	占总属数比例（%）
1. 世界分布	104		63	
2. 泛热带分布	362	12.16	58	14.01
3. 热带亚洲和热带美洲间断分布	62	2.08	3	0.72
4. 旧世界热带分布	177	5.95	10	2.42
5. 热带亚洲至热带大洋洲分布	102	3.43	6	1.45
6. 热带亚洲至热带非洲分布	164	5.51	9	2.17
7. 热带亚洲（印度—马来西亚）分布	611	20.53	9	2.17
8. 北温带分布	302	10.15	141	34.06
9. 东亚和北美洲间断分布	124	4.17	37	8.94
10. 旧世界温带分布	164	5.51	50	12.08
11. 温带亚洲分布	55	1.85	11	2.66
12. 地中海区、西亚至中亚分布	171	5.75	7	1.69
13. 中亚分布	126	4.23	5	1.21
14. 东亚分布	299	10.05	57	13.77
15. 中国特有分布	257	8.64	11	2.66
合计	3080	100	477	100

注：世界分布不参与各类型占总属数比例计算。

（2）泛热带分布

共有 58 个属，占总属数的 14.01%。主要的有苘麻属、狗牙根属、牡荆属、虾钳菜属、木槿属、薯蓣属、泽兰属、狼尾草属、扁莎草属、狗尾草属、虱子草属、冷水花属、紫珠属、醉鱼草属、木兰属、凤仙花属、芽属、南蛇藤属、大戟属、菝葜属和卫矛属等。泛热带分布不乏大属，包含种数较多的有凤仙花属、南蛇藤属、大戟属、菝葜属和卫矛属等；其中的 40 个属在黑河保护区各包含 1 种；包含 2 种的有 12 属。

（3）热带亚洲和热带美洲间断分布

该分布区类型在黑河湿地保护区仅有 3 个，占总属数的 0.72%。该分布区类型有泡花树属（1 种）、苦木属（1 种）和木姜子属（2 种）。

（4）旧世界热带分布

该分布区类型在黑河湿地保护区有 10 属，占总属数的 2.42%。有合欢属、天门冬属、乌蔹莓属、楼梯草属、扁担杆属、楝属、海桐花属、八角枫属、香茶菜属和白前属，其中香茶菜属和白前属各含 6 种，包含的种数较多。

（5）热带亚洲至热带大洋洲分布

该分布区类型在黑河湿地保护区有 6 属，占总属数的 1.45%。有臭椿属、天麻属、香椿属、黑钩叶属、通泉草属和旋蒴苣苔属，所包含的种数均较少，各属仅有 1 种。

（6）热带亚洲至热带非洲分布

该分布区类型在黑河湿地保护区有 9 属，占总属数的 2.17%。主要的有大丁草属、大豆属、常春藤属、虎耳草属、苦苣菜属、杠柳属、铁仔属和荩草属等。各属所包含的种数均在 2 种或 2 种以下。

（7）热带亚洲（印度—马来西亚）分布

该分布区类型在黑河湿地保护区也有 9 属，占总属数的 2.17%。主要的有蛇莓属、柳穿鱼属、葛属、对节刺属、鸡矢藤属、清风藤属、苦荬菜属和独蒜兰属等。各属均包含 1 种。

（8）北温带分布

该分布区类型是黑河湿地保护区最多、最复杂的分布区类型，包括环极分布、北极-高山分布、北温带和南温带分布、欧亚和南美洲间断分布以及地中海区-东亚-新西兰和墨西哥到智利间断分布等几个亚类，共有 141 属，占总属数的 34.06%。其中每属仅有 1 种的有 71 个，主要有薹属、类叶升麻属、七叶树属、龙牙草属、泽泻属、楼斗菜属、接骨木属、细辛属、大蒜芥属、桦木属、风铃草属、栗属、紫荆属、柳兰属、虫实属、黄栌属、山楂属、鸭儿芹属、播娘蒿属、葶苈属、独活属、鸢尾属、胡桃属、绿绒蒿属、粟草、水晶兰属、列当属、蜂斗菜属、络石属、夏枯草属、白头翁属、鹿蹄草属、杜鹃花属、漆姑草属、地榆属、虎耳草属、苦苣菜属、绶草属、省沽油属、山萝花属、小米草属、柳穿鱼属、墙草属、红景天属、当归属、蚤缀属、路边青属、花锚属、领春木属、地肤属、香豌豆属、枸杞属、勿忘草属、稠李属、棣棠属、接骨木属、黑三棱属、荨麻属、大蒜芥属和腺梗菜属等；每属 2 种的有 26 个，主要有雀麦属、柴胡属、泡桐属、慈姑属、缬草属、猫眼草属、乌头属、南芥属、鹅耳枥属、葛缕子属、升麻属、露珠草属、榛属、翠雀属、稗属、何首乌属、草莓属、紫草属、梅花草属、漆树属、花楸属、蒲公英属、倒提壶属和紫草属等；每属 3 种的有 23 个，有香青属、紫菀属、蓟属、紫堇属、野青茅属、胡颓子属、画眉草属、白蜡树属、活血丹属、百合属、锦葵属、山梅花属、松属、黄精属、醋栗属、风毛菊属、椴属、荚蒾属、葡萄属、山茱萸属、茜草属、唐松草属和柳叶菜属；每属 4 种和 5 种的属分别为 4 个和 6 个，有蝇子草属、婆婆纳属、葱属、桑属、杨属、榆属、樱属、栒子属、柳属和绣线菊属；每属 6～10 种的属有 11 个，有小檗属、忍冬属、苹果属、马先蒿属、蔷薇属、槭属、栎属、蒿属、委陵菜属、景天属和野豌豆属。

（9）东亚和北美洲间断分布

该分布区类型在黑河湿地保护区有 37 属，占总属数的 8.94%，包括东亚和墨西哥间断分布一个亚型。主要有唐棣属、两型豆属、楤木属、红升麻属、米面蓊属、流苏树属、香槐属、皂荚属、大丁草属、串果藤属、十大功劳属、蝙蝠葛属、香根芹属、爬山虎属、透骨草属、三白草属、珍珠梅属、漆属、络石属、莲子藨属、铁杉属、扯根菜属、灯台树、南星属、金线草属、板凳果属、腹水草属、勾儿茶属、梓属、山蚂蝗属、五味子属、胡枝子属、绣球属和六道木属等；除绣球属、胡枝子属外，各属包含的种数均为1、2 种。

（10）旧世界温带分布

该分布区类型在黑河湿地保护区共有 50 属，占总属数的 12.08%。包括地中海区、西亚和东亚间断分布，欧亚和南非洲（有时也在大洋洲）间断分布 2 个亚型。主要有水棘针属、牛蒡属、飞廉属、白屈菜属、狗筋蔓属、淫羊藿属、荞麦属、萱属、八角枫属、旋覆花属、金盏苣苔属、夏至草属、野芝麻属、益母草属、岩风属、橐吾属、剪秋罗属、鹅肠菜属、水柏枝属、荆芥属、水芹属、重楼属、毛连菜属、梨属、柽柳属、菱属、款冬属、王不留行属、菊属、白鲜属、石竹属、草木樨属、沙参属、香薷属、糙苏属、鹅观草属、丁香属、天名精属、连翘属、牛至属、火棘属、漏芦属、榉属、马甲子属、鸦葱属、苜蓿属、女贞属、窃衣属、前胡属和苜蓿属等。其中沙参属、香薷属、糙苏属、鹅观草属、丁香属、天名精属等 6 属包含 3 种，其他各属均包含 1～2 种。

（11）温带亚洲分布

该分布区类型在黑河湿地保护区共有 11 属，占总属数的 2.66%。主要有槐属、锦鸡儿属、龙胆属、瓦松属、马兰属、米口袋属、山牛蒡属和附地菜属等。除附地菜属包含2 种外，其余各属均仅有 1 种。

（12）地中海区、西亚至中亚分布

该分布区类型在黑河湿地保护区共有 7 属，占总属数的 1.69%。包括地中海区至温带、热带亚洲，大洋洲和南美洲间断分布一个亚型。有狼紫草属、离子芥属、涩荠属、蚓果芥属、獐毛属、黄连木属和牻牛儿苗属。除獐毛属包含 2 种外，其余各属均有 1 种。

（13）中亚分布

该分布区类型在黑河湿地保护区共有 5 属，占总属数的 1.21%。有早熟禾属、诸葛菜属、华蟹甲草属、假贝母叶属和风车草属。各属均包含 1 种。

（14）东亚分布

该分布区类型在黑河湿地保护区共有 57 属，占总属数的 13.77%。主要有五加属、千针苋属、木通属、射干属、斑种草属、大百合属、茺属、三尖杉属、党参属、田麻属、黄精属、四照花属、人字果属、秃疮花属、东风菜属、领春木属、泥胡菜属、狗娃花属、唐松草属、柳叶菜属、刺楸属、棣棠属、栾树属、鸡眼草属、石蒜属、博落回属、萝藦属、碎米荠属、沿阶草属、泡桐属、帚菊属、黄花木属、朴属、枫杨属、地黄属、鸡麻属、鬼灯檠属、榆属、风龙属、蒲儿根属、旌节花属、灯心草属、早熟禾属、黄鹌菜属、刚竹属、马鞍树属、猫儿屎属、枳属、败酱属、溲疏属、蟹甲草属和猕猴桃属等。其中败酱属（3 种）、溲疏属（4 种）、蟹甲草属（4 种）和猕猴桃属（5 种）包含种数较多，青荚叶属、绣线梅属、臭常山属和槐属各包含 2 种，其余各属均各含 1 种。

（15）中国特有分布

该分布区类型在黑河湿地保护区共有 11 属，占总属数的 2.66%。主要有秦岭藤属、金钱槭属、文冠果属、串果藤属、盾果草属、青檀属、山白树属、斜萼草属、茴芹属、藤山柳属等，除茴芹属和藤山柳属各包含 2 种外，其余基本都是单种属。

7.3　种子植物区系特点

（1）物种多样性和丰富度较高

根据本调查结果，黑河湿地保护区有野生种子植物 823 种，隶属于 125 科 477 属。与相近生境、相近面积的周边保护区相比，种子植物物种的丰富度较高，这也与其有丰富的生境（特别是湿地环境）密切相关。

（2）植物区系成分具有明显的温带性质

黑河湿地保护区地处暖温带南部的秦岭北麓，从种子植物属的分布区类型来看，各种温带区系成分所占比例极高，显示了该保护区植物区系成分具有明显的温带性质。

（3）植物区系成分复杂

黑河湿地保护区拥有中国种子植物属的 15 个分布区类型的全部，并且又有许多亚类型和间断分布类型，与秦岭植物区系极为相似，显示了黑河湿地保护区与秦岭植物区系的渊源。植物区系起源古老，区系成分极为复杂。

（4）特有成分较多

中国特有分布类型在黑河湿地保护区种子植物中有 11 属，显示出保护区植物区系的独特性与不可替代性。

7.4　小　　结

黑河湿地保护区的种子植物种类丰富，有 125 科 477 属 823 种。与相近生境、相近面积的周边保护区相比，种子植物物种的丰富度较高，这也与其有丰富的生境（特别是湿地环境）密切相关。

黑河湿地保护区地处暖温带南部的秦岭北麓，从种子植物属的分布区类型来看，各种温带区系成分所占比例极高，显示了该保护区植物区系成分具有明显的温带性质。

黑河湿地保护区拥有中国种子植物属的 15 个分布区类型的全部，并且又有许多亚类型和间断分布类型，与秦岭植物区系极为相似，显示了黑河湿地保护区与秦岭植物区系的渊源。植物区系起源古老，区系成分极为复杂。

中国特有属在黑河湿地保护区种子植物中有 11 属，显示出保护区植物区系的独特性与不可替代性。

参 考 文 献

吴征镒. 1991. 中国种子植物属的分布区类型[J]. 云南植物研究, (增刊Ⅳ): 1-139.

吴征镒. 2003.《世界种子植物科的分布区类型系统》的修订[J]. 云南植物研究, 25(5): 535-538.

第8章 脊椎动物区系

脊椎动物是生物多样性的重要组成部分,也是生态系统中最活跃的因素,对维持自然生态平衡至关重要。为了掌握陕西周至黑河湿地省级自然保护区脊椎动物的区系组成、分布、丰度等情况,综合科学考察队于 2016 年 5 月 5~17 日、8 月 31 日~9 月 10日,2017 年 1 月,2018 年 7~8 月,分春、夏、秋、冬四季对保护区进行了野外调查。分析结果显示,陕西周至黑河湿地省级自然保护区已知有野生脊椎动物 307 种(亚种),隶属于 5 纲 32 目 92 科 213 属,其中鱼类 4 目 7 科 19 属 19 种,两栖类 2 目 6 科 8 属 9种,爬行类 3 目 10 科 19 属 24 种,鸟类 17 目 50 科 116 属 187 种(亚种),兽类 6 目19 科 51 属 68 种(亚种)。在这些脊椎动物中,有国家 I 级重点保护物种 3 种,国家 II级重点保护物种 37 种;有陕西省重点保护物种 26 种;被列入"有重要生态、科学、社会价值的陆生野生动物"名录的物种有 200 种;被列入《濒危野生动植物种国际贸易公约》(CITES)(2019)附录 I 的物种有 5 种,被列入附录 II 的物种有 21 种;被列入《中国物种红色名录》(汪松和解焱,2004,2009)的物种有 46 种;有 44 种动物属于我国特有物种。因此,陕西周至黑河湿地省级自然保护区脊椎动物物种多样性比较丰富,珍稀濒危性高,地域代表性强,具有很高的生态、科研、经济等保护价值。

8.1 鱼 类

8.1.1 保护区及毗邻地区鱼类研究概况

鱼类是水生生态系统的重要组成部分,鱼类物种多样性能较好地反映区域水环境质量(刘焕章等,2016)。秦岭作为重要的水源涵养地,由于具有独特的地理位置,不仅孕育了众多的陆生动物,而且孕育了种类丰富的野生鱼类,但近年来由于不合理捕捞、水工程建设、环境污染等诸多原因,秦岭野生鱼类的物种多样性正面临多方面的生态破坏压力。陕西周至黑河湿地省级自然保护区位于秦岭北坡,是秦岭保护区群的重要构成部分,保护区涉及的黑河流域是过去鱼类资源调查的重要区域。1996~1997 年王开锋等(2001)对黑河流域的鱼类进行了新的调查,记载黑河流域共有鱼类 34 种,隶属 5 目7 科,其中陕西周至国家级自然保护区有鱼类 5 种。周小愿等根据 1999 年以来所获得的实地鱼类样本数据,于 2010 年发表《秦岭生态保护区野生鱼类的物种多样性及其保护对策》,文中记载区内现有野生鱼类共 7 目 16 科 75 属 141 种(亚种),其中渭河流域鱼类 71 种,分属 12 科 51 属。武玮等(2014)在《渭河流域鱼类群落结构特征及其受环境因子的影响分析》中报道,共鉴定出鱼类 36 种,其中鲤科和鳅科是构成渭河流域鱼类群落的主要类群;鱼类聚类结果显示,在渭河源头及上游支流,鱼类以陕西高原鳅(*Triplophysa shaanxiensis*)、岷县高原鳅(*Triplophysa minxianensis*)为优势种,包括拉氏大吻鱥（*Rhynchocypris lagowskii*）、北方花鳅（*Cobitis granoei*）等敏感物种，耐受物种分布极少；在渭河上游及泾河、洛河上游，鱼类以达里湖高原鳅（*Triplophysa dalaica*）、背斑高原鳅（*Triplophysa stoliczkaedorsonotata*）、棒花鱼（*Abbottina rivularis*）为优势种，包括少数拉氏大吻鱥等敏感种；在渭河中下游，鱼类以泥鳅（*Misgurnus anguillicaudatus*）、马口鱼（*Opsariichthys bidens*）、麦穗鱼（*Pseudorasbora parva*）、棒花鱼和鲫（*Carassius auratus auratus*）等江河平原鱼类为主。张建禄等（2016）对秦岭黑河流域鱼类资源现状进行了调查，共发现鱼类 3 目 5 科 14 属 15 种。其中鲤形目 2 科 11 属 12 种，占总种数的 80%；鲇形目 2 科 2 属 2 种，占总种数的 13.3%；鲑形目 1 科 1 属 1 种，占总种数的 6.7%。流域内优势种鱼类有拉氏大吻鱥（*Rhynchocypris lagowskii*）和秦岭细鳞鲑（*Brachymystax tsinlingensis*），稀有种有中华鳑鲏（*Rhodeus sinensis*）、高体鳑鲏（*Rhodeus ocellatus*）和黄颡鱼（*Pelteobagrus fulvidraco*）。黑河水库库区鱼类物种多样性高，群落结构稳定，而上游鱼类物种多样性急剧降低，群落结构脆弱。

8.1.2　研究方法

1. 野外调查

2018 年 7～8 月，对保护区内水域采用样方法进行了调查，原则上海拔每升高 100 m选择一个样区，每个样区选择 3 个样方。每个样方长 100 m，样方之间相隔 50～100 m；样方沿河段的一侧边缘（约为河流宽度的一半）设置。依据水域水系和选择样地的原则共设置 14 个样方，捕鱼主要采用捕尽法。水深 1 m 以下的浅水区，捕鱼时，用电子赶鱼器捕鱼；1 m 以上的深水区，采用地笼或刺网作为工具进行捕捞，刺网采用 1.2～4.5 cm不同规格网目的单层和三层刺网，地笼诱捕采用 1.5～2.5 m 长的密眼虾笼，放入诱饵进行诱捕。最后统计渔获物的种类、数量、体长、重量等样本数据。记录渔获物采样点的经纬度、流速、水深、水温、溶氧量、河床底质等生境因子。现场完成大部分种类鉴定并取得图像资料，疑难种类用 10%福尔马林保存并带回实验室，根据文献（陕西省动物研究所等，1987；陕西省水产研究所和陕西师范大学生物系，1992；朱松泉，1995）进行种类鉴定。

2. 数据统计

所有数据利用 SPSS19.0 和 Excel 进行统计。

（1）物种多度测度

在统计渔获物重量百分比和数量百分比进行分析的基础上，采用相对重要性指数（IRI）判断物种的群落成员型，优势种（dominant species）：IRI≥1000；亚优势种（subdominant species）：1000＞IRI≥100；伴生种（companion species）：100＞IRI≥10；稀有种（rare species）：IRI＜10。IRI 计算依据以下公式：IRI = $(N+W)F×10^6$，$F=C/Y$，其中，N 为渔获物中物种的数量百分比；W 为物种的重量百分比；F 为物种在采样中出现的频率；Y 为调查总样方数；C 为该物种出现的样方数。

（2）生物多样性指数

在上述调查样区内的样方，统计鱼类物种、数量并进行以下指标的统计计算：

1）物种多样性指数采用 Shannon-Wiener 指数（H'）进行计算：

$$H'=\sum_{i=1}^{n} P_i \log_2 P_i$$

式中，P_i 为物种 i 的个体数量与所有物种总数之比（孙儒泳，2001；Wilhm，1968；覃林，2009）。

2）均匀度指数采用 Pielou 指数（J）进行计算：

$$J=H'/H_{max}$$

式中，H_{max} 为 $\log_2 S$，S 为物种数（孙儒泳，2001；Wilhm，1968；覃林，2009）。

3）Simpson 指数（D）计算公式：

$$D=1-\sum P_i^2$$

式中，P_i 为物种 i 的个体数与所有物种总数之比（孙儒泳，2001；Wilhm，1968；覃林，2009）。

8.1.3 样地选择

保护区范围涉及渭河及其支流黑河，样区选择上，黑河流域选择了陈河、黄草坡、黑河水库作为调查样区，渭河流域选择了富兴村和建兴村，在黑河汇入渭河的交叉口梁家村设置一个样区（表 8-1）。

表 8-1 保护区各样区水域环境指标简表

地点	河流底质	海拔（m）	温度（℃）	酸碱度（pH）	溶解氧（mg/L）	电导率（mS/cm）	盐度（ppt）	总溶解固体（g/L）	浊度（NTU）
陈河	鹅卵石80%，砂砾10%，淤泥10%	612	18.68	8.21	14.76	0.109	0.1	0.073	16.4
黄草坡	鹅卵石70%，砂砾20%，淤泥10%	837	19.33	6.94	11	0.215	0.1	0.139	1.1
黑河水库	鹅卵石10%，砂砾10%，淤泥80%	580	24.78	8.08	15.2	0.145	0.1	0.04	4.8
梁家村	鹅卵石30%，砂砾10%，淤泥60%	401	29.88	6.71	13.96	0.414	0.2	0.296	72.5
富兴村	鹅卵石10%，砂砾25%，淤泥65%	394	28.28	6.51	10.67	0.828	0.4	0.53	284
建兴村	鹅卵石10%，砂砾15%，淤泥75%	396	28.54	6.8	10.61	0.803	0.4	0.542	292

注：本表中盐度单位 ppt（part per thousand）表示每千份溶液中含有多少份溶质。

8.1.4 鱼类物种分布

野外调查的数据统计结果显示：共计发现鱼类 4 目 7 科 19 属 19 种，其中鲤形目（Cypriniformes）15 种，占总种数的 78.9%；鲇型目（Siluriformes）2 种，占 10.5%；鲈形目（Perciformes）和鲑形目（Salmoniformes）各 1 种，占 5.3%。鲤形目有 3 科，其中鲤科（Cyprinidae）共 12 种，占总种数的 63.2%，鲤形目的 80.0%，条鳅科（Nemacheilidae）2 种，占总种数的 10.5%，占鲤形目的 13.3%，花鳅科（Cobitidae）1 种，占总种数的 5.3%，占鲤形目的 6.6%；鲇形目 2 科，分别为鲇科（Siluridae）的鲇（*Silurus asotus*）和鲿科（Bagridae）的黄颡鱼（*Pelteobagrus fulvidraco*）；鲈形目 1 科，虾虎鱼科（Gobiidae）的子陵吻虾虎鱼（*Rhinogobius giurinus*）；鲑形目有 1 科，鲑科（Salmonidae）的秦岭细鳞鲑（*Brachymystax tsinlingensis*）。另外，在梁家村样区发现一种银鱼科（Salangidae）鱼类，疑似长江间银鱼（*Hemisalanx brachyrostralis*），因为不能完全准确确定种且仅发现一尾，未列入本研究名录中。鱼类名录按张春光等（2015）系统排列（表 8-2）。

8.1.5 鱼类区系分析

该保护区在地理区划上属于华东区（江河平原区），鱼类区系的组成成分有：中国江河平原区系复合体 6 种（马口鱼 *Opsariichthys bidens*、短须颌须鮈 *Gnathopogon imberbis*、清徐小鳔鮈 *Microphysogobio chinssuensis*、棒花鱼 *Abbottina rivularis*、宽鳍鱲 *Zacco platypus*、鳘 *Hemiculter leucisculus*），宁蒙区 3 种（鲤 *Cyprinus carpio*、鲫 *Carassius auratus auratus*、麦穗鱼 *Pseudorasbora parva*），华西区 3 种（岷县高原鳅 *Triplophysa minxianensis*、红尾副鳅 *Homatula variegatus*、中华花鳅 *Cobitis sinensis*），北方区 2 种（拉氏大吻鳄 *Rhynchocypris lagowskii*、秦岭细鳞鲑 *Brachymystax tsinlingensis*），华南区 5 种（子陵吻虾虎鱼 *Rhinogobius giurinus*、多鳞白甲鱼 *Onychostoma macrolepis*、鲇 *Silurus asotus*、中华鳑鲏 *Rhodeus sinensis*、黄颡鱼 *Pelteobagrus fulvidraco*）。鱼类分布地理区划与保护区所处的地理位置基本相吻合。

保护区分布鱼类以华东区鱼类物种为主体（6 种），占保护区鱼类分布的 31.6%；华南区（5 种）占保护区鱼类分布的 26.3%；宁蒙区（3 种）以及华西区（3 种）各占保护区分布的 15.8%；北方区（2 种）占保护区分布的 10.5%。

保护区 19 种鱼分属 5 种区系成分，说明该区鱼类具有较复杂的地理成分，这与该区地处秦岭生态保护区，位于秦岭北坡（秦岭—古北界与东洋界的分界线），体现了南、北方过渡性的古北界动物区系特点是一致的。鲤科鱼类占保护区鱼类总物种数的 63.2%，这与保护区从地理区划上属于华东区（江河平原区），而鲤科鱼类主要分布于江河平原区是相符合的。

表8-2　保护区鱼类名录、分布及生态型

目科种	黄草坡			陈河			黑河水库	梁家村			富兴村			建兴村			物种多度级	生态型
	1	2	3	1	2	3		1	2	3	1	2	3	1	2	3		
I. 鲤形目 CYPRINIFORMES																		
(1) 鲤科 Cyprinidae																		
i 鲌亚科 Danioninae																		
1. 马口鱼 *Opsariichthys bidens* Günther, 1873								+							+	+	II	华东区
2. 宽鳍鱲 *Zacco platypus* (Temminck et Schlegel, 1846)								+							+		IV	华东区
ii 雅罗鱼亚科 Leuciscinae																		
3. 拉氏大吻鱥 *Rhynchocypris lagowskii* (Dybowski, 1869)	+	+	+	+													II	北方区
iii 鲌亚科 Cultrinae																		
4. 鳘 *Hemiculter leucisculus* (Basilewsky, 1855)				+			+	+	+	+	+			+			II	华东区
iv 鱊亚科 Acheilognathinae																		
5. 中华鳑鲏 *Rhodeus sinensis* Günther, 1868							+					+			+		IV	华南区
v 鮈亚科 Gobioninae																		
6. 棒花鱼 *Abbottina rivularis* (Basilewsky, 1855)					+	+		+	+	+							III	华东区
7. 短须颌须鮈 *Gnathopogon imberbis* (Sauvage et Dabry, 1874)				+	+	+	+		+	+					+		II	华东区
8. 清徐小鳔鮈 *Microphysogobio chinssuensis* (Nichols, 1926)					+	+		+	+								III	华东区
9. 麦穗鱼 *Pseudorasbora parva* (Temminck et Schlegel, 1846)						+	+			+			+			+	I	宁蒙区
vi 鲤亚科 Cyprininae																		
10. 鲫 *Carassius auratus auratus* (Linnaeus, 1758)				+	+	+	+	+	+	+	+	+	+	+	+	+	I	宁蒙区
11. 鲤 *Cyprinus carpio* Linnaeus, 1758						+	+			+	+	+	+	+	+	+	I	宁蒙区
vii 鲃亚科 Barbinae																		
12. 多鳞白甲鱼 *Onychostoma macrolepis* (Bleeker, 1871)				+													III	华南区

续表

目科种	黄草坡 1	黄草坡 2	黄草坡 3	陈河	黑河水库	梁家村 1	梁家村 2	梁家村 3	富兴村 1	富兴村 2	富兴村 3	建兴村 1	建兴村 2	建兴村 3	物种多度级	生态型
(2) 条鳅科 Nemacheilidae																
13. 红尾副鳅 Homatula variegatus (Sauvage et Dabry de Thiersant, 1874)		+	+	+											III	华西区
14. 岷县高原鳅 Triplophysa minxianensis (Wang et Zhu, 1979)	+			+											III	华西区
(3) 花鳅科 Cobitidae																
i 花鳅亚科																
15. 中华花鳅 Cobitis sinensis Sauvage et Dabry de Thiersant, 1874							+								IV	华西区
II. 鲇形目 SILURIFORMES																
(4) 鲇科 Siluridae																
16. 鲇 Silurus asotus Linnaeus, 1758					+				+		+				III	华南区
(5) 鲿科 Bagridae																
17. 黄颡鱼 Pelteobagrus fulvidraco (Richardson, 1846)					+		+								IV	华南区
III. 鲑形目 SALMONIFORMES																
(6) 鲑科 Salmonidae																
18. 秦岭细鳞鲑 Brachymystax tsinlingensis Li, 1966				+											IV	北方区
IV. 鲈形目 PERCIFORMES																
(7) 虾虎鱼科 Gobiidae																
19. 子陵吻虾虎鱼 Rhinogobius giurinus (Rutter, 1897)						+						+			III	华南区

注：物种多度级 I 为优势种，II 为亚优势种，III 为伴生种，IV 为稀有种；"+"表示发现或采集到标本。

8.1.6 物种多度格局及资源分布

保护区内资源量最丰富的为黑河水库样区和梁家村样区,其中黑河水库样区捕获数量占保护区总捕获量的 58.59%,梁家村样区为 14.43%,陈河样区和富兴村样区比较少,分别为 5.40% 和 5.14%(表 8-3)。但陈河样区由于地理状况限制,仅选择了一个样点,综合考虑陈河样区的资源数量并不低,并且陈河样区捕获鱼类物种 7 种,占保护区物种数的 36.84%;保护区物种最丰富的为梁家村样区,共发现鱼类物种 12 种,为各样区中分布物种最多的样区,占保护区物种数的 63.2%。采集到最多种类的样方为梁家村 2 样方,共采集到 8 种,占保护区物种数的 42.1%,梁家村样区位于黑河和渭河交汇的地方,一方面鱼类资源相互交汇导致鱼类物种数量丰富;另一方面,两河交汇处产生上升补偿流,带着河底淤泥及一些养料上升,导致鱼类获得食物来源更趋丰富,从而使鱼类资源量增加;保护区物种数量最少的为黄草坡样区,共采集到 3 种鱼类,仅占保护区物种数的 15.8%。黄草坡样区采集到的种类数量较少,可能的原因有两个:一是黄草坡相较于别的样区海拔较高,鱼类物种数随着海拔的升高有所下降,并且随着海拔的增高,河流的水流量减少,水面面积减小,成为山间溪流;二是工程建设也可能是导致该样区的资源量减少的重要原因,调查期间周边正在开挖隧道,导致河水异常浑浊。

表 8-3 不同样区鱼类资源量

样区	陈河	黄草坡			黑河水库	梁家村			富兴村			建兴村		
		1	2	3		1	2	3	1	2	3	1	2	3
占比(%)	5.40	1.63	1.38	3.76	58.59	6.02	5.27	3.14	2.89	1.00	1.25	2.26	5.52	1.88

基于相对重要性指数(IRI)判断物种的群落成员型,保护区的优势种为鲤、鲫、麦穗鱼;亚优势种为鳘、马口鱼、拉氏大吻鳂、短须颌须鮈;伴生种有清徐小鳔鮈、棒花鱼、多鳞白甲鱼、红尾副鳅、岷县高原鳅、子陵吻虾虎鱼、鲇;稀有种为宽鳍鱲、黄颡鱼、中华鳑鲏、中华花鳅、秦岭细鳞鲑。保护区鱼类资源分布不均衡,优势种 3 种,占全部种类的 15.8%;亚优势种 4 种,占全部种类的 21.1%;伴生种 7 种,占全部种类的 36.8%;稀有种 5 种,占全部种类的 26.3%。稀有种的宽鳍鱲、中华鳑鲏、中华花鳅在保护区内都仅发现 1 尾,秦岭细鳞鲑发现 2 尾,而优势种麦穗鱼数量占到保护区鱼类资源的 40.55%(主要分布于库区),鲤和鲫分别占保护区鱼类资源量的 9.32% 和 9.95%(表 8-4)。

表 8-4 不同物种资源分布

物种	鲤	鲫	宽鳍鱲	马口鱼	拉氏大吻鳂	麦穗鱼	短须颌须鮈	清徐小鳔鮈	棒花鱼	鳘	多鳞白甲鱼	中华鳑鲏	红尾副鳅	岷县高原鳅	中华花鳅	子陵吻虾虎鱼	鲇	黄颡鱼	秦岭细鳞鲑
占比(%)	9.32	9.95	0.13	4.41	5.29	40.55	6.68	1.13	3.40	13.22	1.13	0.13	0.76	1.26	0.13	1.39	0.63	0.25	0.25

表 8-5 是不同样区中鱼类平均体重的统计结果。从表中可见,马口鱼在梁家村样

区中的平均个体最大；短须颌须鮈在黑河水库平均体重最大；红尾副鳅和岷县高原鳅均表现为在黄草坡样区的平均体重最大；拉氏大吻鲅平均最大体重出现在黄草坡样区。

从上述结果看，拉氏大吻鲅、红尾副鳅和岷县高原鳅的环境评价作用较为明显，其均出现在保护区上游，鱼类平均个体大小的顺序基本与人为干扰大小的顺序呈负相关，原因可能为保护区上游人为活动干扰较小，水质较好，周边生态环境优越。因此用鱼类个体大小评价环境是可行的。当然如拉氏大吻鲅等主要分布于山涧溪流的物种，可能位于保护区上游的黄草坡水环境多为山涧溪流，更适合其生长，也是其平均分布个体最大的原因之一。

表 8-5 不同样区鱼类的平均体重

种类	黄草坡 （g/尾）			陈河（g/尾）	黑河水库（g/尾）	梁家村 （g/尾）			富兴村 （g/尾）			建兴村 （g/尾）		
	1	2	3			1	2	3	1	2	3	1	2	3
1. 马口鱼						12.8	4.2	23.8					2.2	2.6
2. 宽鳍鱲						26.20								
3. 拉氏大吻鲅	5	3.06	7.46	4.9										
4. 鳌				2.4	10.69	2.8	2.28		9.8			7.38		
5. 中华鳑鲏													3.78	
6. 棒花鱼						11.5	9.2	11.47						
7. 短须颌须鮈				4.15	5.78		2.13	3.85					4.16	
8. 清徐小鳔鮈						5.13	5.13							
9. 麦穗鱼					7.12			3.3					3.45	1.8
10. 鲫					88.33	4.9		14.7	61.15	63.53	63.42	49.17	73.75	147
11. 鲤					91.82			23.5	102.81	88.02	89.10	666.67	661.67	500.2
12. 多鳞白甲鱼				14.48										
13. 红尾副鳅		6.1	8.2	3										
14. 岷县高原鳅	9.62			8.1										
15. 中华花鳅							3.6							
16. 鲇					460.2				256.3		228.20			
17. 黄颡鱼					40.5		1.7							
18. 秦岭细鳞鲑				29.5										
19. 子陵吻虾虎鱼						0.3	0.4					0.40		

从表 8-6 可见，保护区的最大鱼类个体出现在富兴村样区，为鲤，体重超过 250 g，其次为鲫，再次为多鳞白甲鱼。拉氏大吻鲅、红尾副鳅和岷县高原鳅的保护区最大个体均出现在黄草坡样区，体重都达到或超过 14 g，岷县高原鳅达到了 15.8 g。保护区主要保护鱼种秦岭细鳞鲑出现在陈河，最大体重仅 28.5 g，这与之前调查过的与之相邻的陕西周至国家级自然保护区体重相差较多，但都表现为体重下降，低龄化严重。

表8-6 保护区不同样区中鱼类的最大个体量度

种类	黄草坡 体重(g)	黄草坡 全长(mm)	黄草坡 体长(mm)	陈河 体重(g)	陈河 全长(mm)	陈河 体长(mm)	黑河水库 体重(g)	黑河水库 全长(mm)	黑河水库 体长(mm)	粱家村 体重(g)	粱家村 全长(mm)	粱家村 体长(mm)	富兴村 体重(g)	富兴村 全长(mm)	富兴村 体长(mm)	建兴村 体重(g)	建兴村 全长(mm)	建兴村 体长(mm)
1. 马口鱼	14	110								23.8	130	110				4.2	83	68
2. 宽鳍鱲										26.2	135	115						
3. 拉氏大吻鱥			95	4.9	85	70				5.2	85	70						
4. 鲭				2.4	65	52	11.0	117	95	5.2	85	70	9.80	110	90			
5. 中华鳑鲏																3.78	68	59
6. 棒花鱼										24.5	140	120				4.9	79	64
7. 短须颌须鮈				10	98	81.00	12.1	110	91	4.6	78	63				5.5	78	65
8. 清徐小鳈鮈										5.7	79	65						
9. 麦穗鱼																		
10. 鲫										23.3	120	87	68.30	140	110			
11. 鲤										23.5	125	100	251.50	245	205			
12. 多鳞白甲鱼				46.9	168	136												
13. 红尾副鳅	14	134	120	3	70	60												
14. 岷县高原鳅	15.8	140	120	8.1	113	94												
15. 中华花鳅																		
16. 鲇																		
17. 黄颡鱼																		
18. 秦岭细鳞鲑				28.5	145	119												
19. 子陵吻虾虎鱼										0.4	42	38				0.4	42	38

陕西周至黑河湿地省级自然保护区地处秦岭北坡，境内河流主要涉及渭河及其中游支流黑河，本次调查共计发现 19 种鱼类，与周小愿等 20 世纪 90 年代末调查渭河流域共有 71 种鱼类资源相比，仅占其鱼类物种数的约 27%，鱼类资源相对贫乏，鱼类物种区域分布不平衡，当然这和本次调查范围较小也有一定关系。由于受到不同水体底质、流速、流量等水文因素影响，秦岭地区一些鱼类水平分布通常是不平衡的、具有一定的局限性。作为保护区的重点保护鱼类物种，秦岭细鳞鲑仅发现 2 尾，也与村民描述 20 世纪 80 年代那种秦岭细鳞鲑随处可见的情况相去甚远。任剑和梁刚（2004）报道，秦岭细鳞鲑种群发生了 3 个明显的变化：①分布海拔上升，分布范围缩小；②个体小型化；③种群数量减少。黑河流域比降大，随海拔升高水温下降明显，原来在下游也有分布的冷水鱼类秦岭细鳞鲑由于环境发生改变退缩至上游河段更加适宜的低温环境，可能是导致这类鱼资源量下降的原因之一。其次，受经济利益驱动的滥捕滥捞也是另一重要原因。此外，黑河上游的水电站阻隔了鱼类洄游，也可能导致其种群数量减少。水利工程的建设使上游生境破碎化，对特有鱼类的洄游产生了显著负面影响，造成其栖息地大范围萎缩。

8.1.7　鱼类垂直分布

鱼类由于其各自的生态习性不同而呈现出垂直分布上的差异（表 8-7），保护区鱼类分布以海拔 600 m 为分界线，主要分布于海拔 600 m 以下，600 m 以上鱼类物种分布急剧减少。海拔 600 m 以上，河面较窄，多为山间溪流，河流地质以鹅卵石和砂砾为主，因此拉氏大吻鳄和红尾副鳅等适合山涧溪流的物种在此分布比较广泛。短须颌须鮈在保护区分布比较广泛，为保护区的常见种，在海拔 700 m 以下均有分布，这也同以前秦岭地区的调查基本吻合，拉氏大吻鳄由于其本身的高度适应性，常为本地区的优势种和常见种。在各海拔梯度中，海拔 401～500 m 分布物种最为丰富，共调查到 12 种，也在一定程度上符合中等海拔物种数量比较丰富的"中度膨胀假说"，在海拔 400 m 的样区分布鱼类 9 种；在海拔 501～600 m 的样区分布鱼类 8 种，保护区的优势种麦穗鱼和鳘等均在此大量分布；在海拔 601～700 m 和高于 700 m 的样区分别分布鱼类 6 种和 5 种。中华鳑鲏仅分布于海拔低于 400 m 的地区，并且仅发现一次一尾，为保护区的稀有种。

8.1.8　鱼类多样性

鱼类多样性反映一定区域鱼类群落的生存状态。研究鱼类多样性，可指导鱼类资源的保护利用。Shannon-Wiener 指数（H'）和 Pielou 指数（J）是反映群落结构稳定性的重要指标，群落物种越丰富，种类分布越均匀，则多样性指数越高，群落越稳定。

由表 8-8 可知，梁家村样区的鱼类物种多样性最丰富，梁家村 2 样方的多样性指数最高，并且分布的物种数最多；黑河水库的 Shannon-Wiener 指数仅次于梁家村样区、建兴村样区，但均匀度指数不高；黄草坡样区的鱼类多样性指数较低，尤以黄草坡 3 样方多样性指数最低。建兴村的物种多样性指数和均匀度指数较高。Simpson 指数反映群落的物种优势度水平，D 值对应样区与其他多样性指标相反。

表 8-7　保护区垂直梯度分布

物种	<400 m	401~500 m	501~600 m	601~700 m	>700 m
鲤 *Cyprinus carpio*	+	+	+		
鲫 *Carassius auratus auratus*	+	+	+		
宽鳍鱲 *Zacco platypus*		+			
马口鱼 *Opsariichthys bidens*	+	+			
拉氏大吻鲅 *Rhynchocypris lagowskii*				+	+
麦穗鱼 *Pseudorasbora parva*	+	+	+		
短须颌须鮈 *Gnathopogon imberbis*	+	+	+	+	
清徐小鳔鮈 *Microphysogobio chinssuensis*		+			
棒花鱼 *Abbottina rivularis*		+			
鳘 *Hemiculter leucisculus*	+	+	+		
多鳞白甲鱼 *Onychostoma macrolepis*			+	+	+
中华鳑鲏 *Rhodeus sinensis*	+				
红尾副鳅 *Homatula variegatus*				+	+
岷县高原鳅 *Triplophysa minxianensis*				+	+
中华花鳅 *Cobitis sinensis*		+			
子陵吻虾虎鱼 *Rhinogobius giurinus*	+	+			
鲇 *Silurus asotus*	+		+		
黄颡鱼 *Pelteobagrus fulvidraco*		+	+		
秦岭细鳞鲑 *Brachymystax tsinlingensis*				+	+

表 8-8　保护区鱼类多样性指数

	多样性指数（H'）	均匀度指数（J）	Simpson 指数（D）	种类数（种）
陈河	1.027	0.573	0.486	7
黄草坡 1	0.617	0.890	0.574	2
黄草坡 2	0.474	0.684	0.702	2
黄草坡 3	0.245	0.353	0.876	2
黑河水库	1.130	0.544	0.452	7
梁家村 1	1.373	0.706	0.325	7
梁家村 2	1.693	0.814	0.223	9
梁家村 3	1.415	0.790	0.290	6
富兴村 1	0.643	0.464	0.694	4
富兴村 2	0.562	0.811	0.625	2
富兴村 3	0.898	0.817	0.460	3
建兴村 1	1.292	0.932	0.302	4
建兴村 2	1.288	0.719	0.376	6
建兴村 3	1.265	0.913	0.298	4

物种多样性越高，生物完整性越好，则生态系统的稳定性越强。鱼类的物种多样性是鱼类可持续发展的关键，只有以鱼类物种多样性为基础，才能在基因层次不断丰富鱼类遗传多样性，进而提高淡水生生态系统的稳定性。保护区鱼类多样性分布不平衡，其中稀有种 5 种，占全部种类的 26.3%，并且许多稀有种仅捕到 1 尾，反映保护区生物多样性较低，生态系统比较脆弱。这与谢文君等（2017）认为渭河流域近年来鱼类资源有所下降，丰富程度不高，低龄化严重等特征趋同。保护区在不同样区的多样性分布上，梁家村的多样性指数较高，表明该样区各鱼种分布丰富且相对均匀，即该区域多样性丰富，生态系统趋于稳定。保护区的物种多度分布上，梁家村样区占保护区物种数的 63.2%，鱼类物种分布最为丰富。梁家村样区位于黑河和渭河交汇的地方，一方面，鱼类资源相互交汇导致鱼类物种数量更趋丰富；另一方面，两河交汇处所产生的上升补偿流，带着河底淤泥及一些养料上升，可能导致鱼类获得食物来源更加丰富，从而使鱼类资源量增加。另外，该样区海拔位于保护区的中间梯度，一般而言，中等海拔拥有更多的物种也符合"中度膨胀假说"。黑河水库鱼类也较丰富，这与其独特的库区环境有关，该库区为西安市饮用水源地，水质优良，为各种鱼类的栖息提供了优良的环境，因而物种多样性高。黄草坡样区鱼类多样性程度较低，物种分布单一，其生境为山涧溪流型，水面较窄且流速快，并且易受到人为干扰。黄草坡样区采集到的鱼类物种最少，可能是因为黄草坡海拔相对较高，鱼类物种数量随着海拔的升高有所下降，并且随着海拔的增高，河流的水流量减少，水面面积减小，成为山间溪流。保护区从高海拔的河流底质以鹅卵石和粗砂砾为主，变为低海拔以黏土和细砂砾构成的淤泥为主，代表样区分别为黄草坡样区和黑河水库样区，而底质类型对于鱼类产卵和繁殖具有重要作用，是影响鱼类群落结构的重要环境因子。砂/淤泥/黏土所占比例也是渭河流域主要的环境影响因子，鳅科鱼类常见于水流较急的浅滩砂砾多的小河中，如黄草坡和陈河样区，而麦穗鱼、鳘、鲤、鲫多生活在淤泥底的静水或缓流水体中，如水库样区。

8.1.9　珍稀濒危、重点保护及经济鱼类

保护区分布的国家重点保护野生动物是秦岭细鳞鲑、多鳞白甲鱼，均属于国家 II 级重点保护野生动物。属于陕西省重点保护野生动物 1 种：岷县高原鳅。

《中国物种红色名录》：秦岭细鳞鲑为易危（VU）。

属于中国特有种的鱼类 6 种：多鳞白甲鱼、短须颌须鮈、清徐小鳔鮈、红尾副鳅、岷县高原鳅、秦岭细鳞鲑。

值得一提的是，保护区涉及一小段渭河主河道，由于北方铜鱼（*Coreius septentrionalis*）曾分布于渭河主河道，因此，保护区也可能有北方铜鱼的分布。但近年来多次调查均未发现，故未列入保护区名录中。

下面详细介绍 2 种国家重点保护野生鱼类和 1 种经济鱼类。

1. 秦岭细鳞鲑 *Brachymystax tsinlingensis* Li, 1966

别名：细鳞鲑、闾鱼、闾花鱼、金板鱼、梅花鱼、花鱼

分类地位：鲑形目 Salmoniformes，鲑科 Salmonidae

识别特征：背鳍后方具有脂鳍、口小、上颌后伸仅达眼中央下方；体侧有圆形黑斑。背鳍 iv～vi-11～12；臀鳍 iii～vi-9～11；胸鳍 i -14～16；腹鳍 i -8～9。侧线鳞 $115\frac{28～33}{23～29-V}156$。鳃耙 17～23。幽门盲囊 63～95。脊椎骨 55。体长为体高的 3.9～4.7 倍，为头长的 4.0～4.7 倍，为尾柄长的 6.0～8.9 倍，为尾柄高的 9.2～12.9 倍。头长为吻长的 3.1～4.0 倍，为眼径的 3.8～4.8 倍，为眼间距的 2.8～4.2 倍。尾柄长为尾柄高的 1.1～1.5 倍。体长，侧扁。吻钝。口亚下位，上颌骨后伸达眼中央下方，下颌较上颌短，上下颌齿排列成弧形，上颌齿约 46 枚，下颌齿约 28 枚。犁骨齿和腭骨齿约 32 枚，排列呈马蹄形。舌厚、游离，舌齿约 10 枚，大致排列呈"∧"形。眼大，距吻端较近，眼间较宽。鳃孔大，侧位，向前达眼中央下方。鳃膜不和峡部相连。鳞小；侧线完全。背鳍前距为体长的 44.5%～47%。背鳍外缘倾斜，微凹，第 1、2 根分枝鳍条最长；脂鳍与臀鳍相对；腹鳍位于背鳍下方，其末端还达肛门。尾鳍叉形。鳔 1 室，长圆锥形，很薄。体长为肠管的 1.3～1.8 倍。胃呈"∪"形，胃壁较厚。幽门盲囊呈指状，壁薄，内壁光滑，无褶皱。体背深紫色，两侧绛红色或浅紫色，腹侧灰白色。体两侧有 7～8 个较宽的暗色垂直斑带，鱼龄越小，则越清楚，大鱼不甚显著。头、体侧有数目不等圆形黑斑，其边缘为淡白色的环纹状。沿背鳍基部有 4～7 个黑斑点，脂鳍上有 2～7 个黑斑。背鳍、脂鳍和尾鳍为紫褐色。腹鳍棕色。

在秦岭地区一般生活在海拔 700～2300 m 的山涧深潭中，水底多为大型砾石。秋末，在深水潭或河道的深槽中越冬。为肉食性鱼类。摄食时间多集中于早晚前后，阴天摄食活动频繁，全天均可见到。最小性成熟年龄 3～5 周龄。成熟雄鱼精巢为淡红色，雌鱼卵巢为淡黄色，绝对怀卵量为 2670～4510 粒。5～6 月产卵，卵沉性，一次排完。

秦岭细鳞鲑为名贵经济鱼类，其体型较大，肉质白嫩细腻，营养价值高。早在 20 世纪 90 年代陕西省动物研究所就开始了人工养殖试验研究，21 世纪 10 年代以来陕西省水产研究所、西北农林科技大学等继续相关研究，但因开口饲料等因素的限制至今亦未形成规模化生产。在科研方面，秦岭细鳞鲑为陆封型鱼类，在地史研究等方面有重要价值。秦岭细鳞鲑为国家Ⅱ级重点保护野生动物。

秦岭细鳞鲑在陕西省分布于渭河支流，如千河（陇县）、石头河（太白）、汤峪河（眉县）、黑河（周至）等和汉水北侧支流湑水河（太白）、子午河（佛坪）。陕西省外分布于甘肃省渭河上游。呈点状的不连续分布。

20 世纪六七十年代秦岭细鳞鲑在秦岭分布有相当数量，但进入 80 年代由于人为捕捞，加之水资源的逐渐减少，野生资源量锐减。作者之一 1993 年在眉县汤峪采集，该河段还有一定数量秦岭细鳞鲑。1996 年基于在周至县厚畛子乡清水河的采样结果，初步估算该河段约有秦岭细鳞鲑 2500 尾，生物量为 200～300 kg，且采到的标本一般为 100～200 g，没有超过 300 g 的。杨德国等 1997 年 6～7 月在牛尾河保护区采捕秦岭细鳞鲑样本 88 尾，体长 96～303 mm，平均体长 176.4 mm；体重 14～500 g，平均体重 105.8 g。本次调查秦岭细鳞鲑仅发现 2 尾，说明秦岭细鳞鲑的生存状况不容乐观。

2. 多鳞白甲鱼 *Onychostoma macrolepis*（Bleeker，1871）

别名：泉鱼、多鳞铲颌鱼

分类位置：鲤形目 Cypriniformes，鲤科 Cyprinidae，鲃亚科 Barbinae

识别特征：口下位，下唇在左右侧瓣之间，没有附属结构，下唇瓣仅限于口角处；口成一横裂，口裂的宽度几乎占此处吻宽的全部；下颌前缘平直，具角质鞘。背鳍末根不分枝鳍条柔软分节，不成为硬刺。侧线鳞 48 以上，背鳍前鳞 18 以上。

背鳍 iv-8；臀鳍 iii-3；腹鳍 i-8～9；胸鳍 i-15～16。鳃耙 24～26。下咽齿 3 行，2•3•5-5•3•2。侧线鳞 $49 \frac{9.5 \sim 10}{6 - V} 51$；背鳍前鳞 19～21；围尾柄鳞 20。体长为体高的 3.8～4.6 倍，为头长的 4.4～4.5 倍，为尾柄长的 7.3～10.4 倍，为尾柄高的 8.9～11.1 倍。头长为吻长的 2.9～3.1 倍，为眼径的 4.7～5.7 倍，为眼间距的 2.7～3.0 倍。尾柄长为尾柄高的 1.2～1.6 倍。体长，稍侧扁。头短。吻钝，吻长等于眼后头长。口下位，横裂，口角伸至头腹面的侧缘。下颌边缘具锐利角质。须 2 对，上颌须极细小，口角须也很短，不超过眼径的 1/4。背鳍前距为体长的 44%～48%。背鳍无硬刺；腹鳍起点位于背鳍第 2 根分枝鳍条下方，末端不达肛门。侧线完全。胸部的鳞片较小，埋于皮下。鳃耙排列紧密。鳔后室细长，约为前室的 2.5 倍。体背青灰色，腹部灰白。体侧各鳞片的基部具有新月形黑斑；背鳍和尾鳍灰黑色，其他各鳍浅灰色。

在多鳞白甲鱼分布区内地下水丰富，有大量岩溶泉发育，水温年变化在 4～15℃，溶氧量呈饱和或近于饱和状态。多鳞白甲鱼具有入泉穴蛰伏越冬的特性。越冬期从 10 月下旬（霜降以后）至 4 月 20 日左右（农历谷雨前后），入泉时水温 9.4～11℃，出泉时水温 14℃。秦岭山区人们把每年出鱼的洞穴称之"鱼洞"，有的已流传为地名。多鳞白甲鱼是一种杂食性鱼类，摄食强度较大，主食着生藻类，特别是硅藻类，兼食部分底栖无脊椎动物，摄食场一般在水流平缓、河水较浅、砾石底质的水域。此环境透光条件好，利于着生藻类生长，同时亦聚集大量无脊椎动物。多鳞白甲鱼是一种分批产卵的鱼类，卵沉性，落于石间孵化。产卵期为 5 月下旬至 7 月下旬之间，其中 6 月上旬至 7 月中旬为产卵盛期。产卵最低水温为 16℃，产卵场一般在水流平缓、底质为砂或细小砾石、水深 20～30 cm 的水域。产卵时正值各水系的平水期。这段时间水文条件相对稳定，水生生物大量繁殖，为孵化后的幼鱼、成鱼的摄食提供了较好的条件。同时在雨季来临之前，幼鱼可得到充分生长，并具备了一定的溯游能力，可避免被洪水冲入不适于生存的环境。

多鳞白甲鱼是我国鲃亚科（Barbinae）现生鱼类中分布最北的一种，对探讨秦岭的形成等地史问题有重要科学价值。它个体较大，生长快，为陕西省重要经济鱼类，也是陕西省重点保护水生野生动物（2004 年 3 月～2022 年 6 月），2021 年 2 月升级为国家 II 级重点保护野生动物。

本次调查多鳞白甲鱼数量占总渔获量的 1.13%，基于相对重要性指数判定其在保护区内为伴生种。

3. 拉氏大吻鱥 *Rhynchocypris lagowskii*（Dybowski，1869）

别名：拉氏鱥、土鱼子（陕西）、沙骨胆（甘肃）

分类位置：鲤形目 Cypriniformes，鲤科 Cyprinidae，雅罗鱼亚科 Leuciscinae

识别特征：背鳍 iii-6～7；臀鳍 iii-7～8；腹鳍 i-7～8；胸鳍 i-14～17。下咽齿 2 行，2·5-5·2。侧线鳞 $72 \frac{21\sim23}{12\sim13-V} 88$。体长为体高的 4.4～6.4 倍，为头长的 3.5～4.3 倍，为尾柄长的 3.0～6.2 倍，为尾柄高的 7.8～10.7 倍。头长为吻长的 2.5～3.9 倍，为眼径的 3.5～3.8 倍，为眼间距的 2.4～3.4 倍。尾柄长为尾柄高的 1.7～2.8 倍。体长，略侧扁，腹部较圆。头长，呈锥形，口亚下位，口裂较深，以马蹄形向上稍倾斜。眼较大，侧位。下颌正中无一显著突起，下咽齿 2 行，齿面不呈梳形，末端弯曲稍呈钩状。鳞小，排列不整齐。背鳍正中和体侧各有一条灰黑色的纵列条纹，尾鳍基部有一不明显的黑斑。腹部白色。

生态习性：喜居于流速缓慢的山溪清冷水域。杂食性，主要以水生昆虫、浮游动物、枝角类及水生植物为食。每年 4～6 月产卵繁殖。

分布：拉氏大吻鱥是冰期从北方移入的一种雅罗鱼亚科鱼类，从黑龙江至秦岭以南的清江、沅江、汉江上源都有分布。它们在黄河和长江水系呈"点状"分布。在秦岭中一般生活在海拔 600～2300 m 的溪流之中，在 1200 m 以上的山溪中其个体数占 50% 以上，在一些小溪流竟达 100%，是保护区山溪内的优势种群。个体虽小但数量较多，是当地民众捕食的主要对象，是一些中型鱼类秦岭细鳞鲑及中国大鲵等的主要食物。

本次调查，拉氏大吻鱥保护区分布较广，数量上占总捕获量的 5.29%，为保护区分布的亚优势种。

8.1.10　鱼类资源保护、增殖及合理开发利用

在保护区野外调查时，了解到当地和附近地区的群众生产经营活动较频繁，人口较稠密。其结果是河流流量比 20 世纪 50 年代明显减少，一些小支沟断流，从而导致水生生物资源量的减少，导致鱼类资源的贫乏及一些鱼类的濒危；同时黑河大坝的修建使下游的黑河的生境发生了较大的改变。因此，本次调查在保护区仅采集到 19 种鱼类，明显少于 1997 年调查时采集到的 34 种，物种多样性较低。鉴于此，特提出以下建议。

1）进行鱼类资源现状的全面调查，充分认识水体鱼类资源中各类群的生物学特性。

2）设置合理的渔业区和建立休渔期制度。落实电站大坝修筑时环评要求的设施措施。

3）进一步加强管理，加大政策执行力度，严防非法采矿、挖沙及非法捕捞。加大保护水资源和水生动物的力度，制止有毒废物排入河流。

4）加强基础研究，加强保护区及周边水土保持和生态治理工作，有的放矢开展资源恢复及资源保护活动，防止生态环境恶化，为保护区内鱼类创造良好的生存环境，保护野生鱼类，保护鱼类的繁殖群体和产卵场。进一步加强植被的保护和恢复，防止水土流失，维持水环境的稳定，促进各支流鱼类的增殖。

5）加大科普宣传力度，促使当地民众树立"保护环境就是保护自己""鱼也是野生动物"等生态保护观念。

6）开展对黑河库区秦岭细鳞鲑的分布的监测，并积极拓展冷水性珍贵鱼类的繁衍与开发利用。黑河是秦岭细鳞鲑的产地，在加强保护区的管理促进珍稀水禽保护的同时，促进这种珍贵鱼类种群的复壮，以至于开发利用，其意义亦十分重大。

8.2　两栖、爬行类

8.2.1　调查研究概况

两栖类是一类对环境比较敏感的野生动物，其资源状况和分布格局能够直接反映所处地区生态环境的基本情况，反过来，固有的自然环境背景也直接决定着一定区域内两栖类的资源状况。相对而言，爬行类是一类真正陆栖的脊椎动物，虽然其对陆地生态环境适应性较强，但从其物种的丰富度和均匀度方面也能直接折射出分布区域的环境背景情况。从营养水平看，两栖、爬行类多处于生态系统营养级的中间层，是生态系统物质循环和能量流动过程中的重要环节，因此，它们的种类和生态状况，往往反映着该生态系统生物量水平和食物网链的状况，是评价生态系统完整性和健康状况的重要依据。

陕西周至黑河湿地省级自然保护区地理位置除山区部分比较偏僻，交通、通信等条件比较差外，渭河区域的交通等条件较好。已知的研究工作主要在保护区毗邻地区进行，如胡淑琴等（1966）在 20 世纪 60 年代的研究，以及其后宋鸣涛等（宋鸣涛，1987a，1987b，2002；宋鸣涛和陈服官，1985）、梁刚和方荣盛（1992）等的研究工作或有部分涉及保护区。为此，综合科学考察队于 2016～2017 年 5 月、9 月的上旬和下旬，对保护区的两栖、爬行类进行了专项调查。

陆栖脊椎动物调查主要采用样线调查法。根据保护区地形、地貌、植被、土地利用、居民点分布等情况以及调查的便利情况，共布设了 10 条调查样线：孙家滩—黑河入渭口、黑河入渭口—永安滩、武家庄—蔺家湾、陈河—钟家塬、关房—四家岭—柏树底—桃园子、金井村—沟西—药山、西湾—山寨—三星村、陈河—阴坡—后老庄—沙窝子、上囤子沟—下囤子沟—构沟、黄草坡村—黑沟等。在样线上记录观察到的动物种类、数量、生境、经纬度等信息，有条件的进行拍照。针对两栖、爬行动物，在进行鱼类调查时，对记录或采集到的两栖、爬行类，也一并纳入到内业统计分析中。

8.2.2　区系分析

1. 物种组成

经过野外识别和室内标本鉴定，并参考相关调查研究资料，确认保护区已知有两栖动物 9 种，隶属于 2 目 6 科 8 属；有爬行动物 24 种，隶属于 3 目 10 科 19 属（表 8-9）。两栖、爬行动物的种数分别占陕西省两栖动物总种数（26 种）和爬行动物总种数（53 种）（宋鸣涛，2002）的 34.62%、45.28%。

表 8-9 陕西周至黑河湿地省级自然保护区两栖、爬行类区系组成及分布

目科种	分布范围					分布海拔（m）	分布型	区系成分	保护级别
	青岗砭	陈河	黑河水库	富兴村	黑河入渭口	永安滩			
两栖纲 AMPHIBIA									
I．有尾目 CAUDATA									
1．小鲵科 Hynobiidae									
山溪鲵 *Batrachuperus pinchonii* (David, 1872)*	+					1500~1900	H	东洋	II
2．隐鳃鲵科 Cryptobranchidae									
中国大鲵 *Andrias davidianus* (Blanchard, 1871)*	+	+	+			900~1200	E	广布	II
II．无尾目 ANURA									
3．蟾蜍科 Bufonidae									
中华大蟾蜍 *Bufo gargarizans* Cantor, 1842**	+	+	+	+	+	650~1900	E	广布	V
华西蟾蜍 *B. andrewsi* Schmidt, 1925*	+	+	+			650~1500	S	东洋	V
4．雨蛙科 Hylidae									
秦岭雨蛙 *Hyla tsinlingensis* Liu *et* Hu, 1966*	+	+				900~1700	L	东洋	S
5．蛙科 Ranidae									
中国林蛙 *Rana chensinensis* David, 1875*	+	+	+	+		500~1900	X	广布	S
黑斑侧褶蛙 *Pelophylax nigromaculata* (Hallowell, 1860)**			+	+	+	500~1200	E	广布	S
崇安湍蛙 *Amolops chunganensis* (Pope, 1929)**	+	+				1200	S	东洋	S
6．叉舌蛙科 Dicroglossidae									
隆肛蛙 *Feirana quadramus* Lin, Hu *et* Rang, 1960*	+	+				700~1900	S	东洋	S

续表

目科种	分布范围						分布海拔 (m)	分布型	区系成分	保护级别
	青岗砭	陈河	黑河水库	富兴村	黑河入渭口	永安滩				
爬行纲 REPTILIA										
I. 龟鳖目 TESTVDINATA										
1. 鳖科 Trionychidae										
中华鳖 Pelodiscus sinensis Wiegmann, 1835				+		+	500~800	E	广布	S
II. 蜥蜴目 LACERTIFORMES										
2. 壁虎科 Gekkonidae										
无蹼壁虎 Gekko swinhonis Günther, 1864*		+	+	+		+	500~1500	B	古北	V
3. 石龙子科 Scincidae										
黄纹石龙子 Plestiodon capito Bocourt, 1879*		+	+	+		+	650~1200	B	古北	V
蓝尾石龙子 P. elegans (Boulenger, 1887)**		+	+	+		+	650~1200	S	东洋	V
铜蜓蜥 Sphenomorphus indicus (Gray, 1853)			+				650~1900	W	东洋	V
秦岭滑蜥 Scincella tsinlingensis (Hu et Zhao, 1966)*	+	+	+				700~1600	D	古北	S, V
4. 蜥蜴科 Lacertidae										
北草蜥 Takydromus septentrionalis Günther, 1864*	+	+	+				500~1200	E	广布	V
丽斑麻蜥 Eremias argus Peters, 1869				+		+	500~1100	X	古北	V
III. 蛇目 SERPENTIFORMES										
5. 闪皮蛇科 Xenodermidae										
黑脊蛇 Achalinus spinalis Peters, 1869**	+	+	+				700~1500	S	东洋	V
6. 游蛇科 Colubridae										
黄脊游蛇 Orientocoluber spinalis (Peters, 1866)				+		+	500~1000	U	古北	V
乌梢蛇 Ptyas dhumnades (Cantor, 1842)**						+	650~1300	W	东洋	S, V

续表

目科种	分布范围						分布海拔 (m)	分布型	区系成分	保护级别
	青岗砭	陈河	黑河水库	富兴村	黑河入渭口	永安滩				
赤链蛇 *Lycodon rufozonatus* Cantor, 1842**		+					650~1800	E	广布	V
王锦蛇 *Elaphe carinata* Günther, 1864**	+	+					850~1200	S	东洋	S, V
白条锦蛇 *E. dione* (Pallas, 1773)				+	+		500~700	U	古北	V
黑眉锦蛇 *E. taeniura* Cope, 1861	+	+				+	650~800	W	广布	V
玉斑锦蛇 *Euprepiophis mandarina* (Cantor, 1842)**	+	+	+		+		800	S	东洋	V
双全白环蛇 *Lycodon fasciatus* (Anderson, 1879)	+	+					700~1500	W	东洋	V
7. 水游蛇科 Natricidae										
颈槽蛇 *Rhabdophis nuchalis* (Boulenger, 1891)**	+	+	+		+		800~1700	S	东洋	V
虎斑颈槽蛇 *R. tigrinus* (Boie, 1826)**				+	+	+	800	E	广布	V
8. 斜鳞蛇科 Pseudoxenodontidae										
大眼斜鳞蛇 *Pseudoxenodon macrops* (Blyth, 1855)	+	+					800~1600	W	东洋	V
9. 蝰科 Viperidae										
中介蝮 *Gloydius intermedius* (Strauch, 1868)	+						1000~2400	D	古北	V
秦岭蝮 *G. qinlingensis* (Song et Chen, 1985)*	+	+					900~1500	L	特有	S, V
菜花原矛头蝮 *Protobothrops jerdonii* (Günther, 1875)**	+	+					800~1900	S	东洋	V
10. 剑蛇科 Sibynophiidae										
黑头剑蛇 *Sibynophis chinensis* (Günther, 1889)**		+	+				800	S	东洋	V

注: "*" 表示中国特有种; "**" 表示主要分布于中国。"分布范围" 栏, "+" 表示采集到。"分布型" 栏, "B" 代表华北型; "D" 表示中亚型; "E" 表示季风型; "H" 表示喜马拉雅-横断山区型; "L" 表示局地型; "S" 表示南中国型; "U" 表示古北型; "W" 表示东洋型; "X" 表示东北-华北型。"区系成分" 栏, "古北" "东洋" "广布" "特有" 分别表示古北种、东洋种、广布种、特有种。"保护级别" 栏: "II" 表示国家II级重点保护野生动物; "S" 表示陕西省重点保护野生动物; "V" 表示有重要生态、科学、社会价值的陆生野生动物。

从表 8-9 可见，在两栖类中，以无尾目的种类最多，有 4 科 6 属 7 种，占两栖类总种数的 77.78%；有尾目 2 科 2 属 2 种。从科内种的组成看，以蛙科的种类最多，有 3 种；蟾蜍科 2 种；其余 4 科均为 1 种。从属内种的组成看，以蟾蜍属的种类最多，有 2 种，其余 7 属皆为 1 种。依所获标本数量及野外遇见频次来看，中华大蟾蜍、隆肛蛙、山溪鲵等为该地区的常见种。中国大鲵、山溪鲵是保护区及其周边地区分布的国家 II 级重点保护两栖爬行动物。而黑河流域是秦岭北坡中国大鲵集中分布区。中国大鲵在保护区主要分布在黑河主河道。

在爬行类中，以蛇目的种类最多，有 6 科 12 属 16 种，占爬行类总种数的 66.67%；蜥蜴目为 3 科 6 属 7 种，占 29.17%；龟鳖目 1 科 1 属 1 种，占 4.17%。从科内种的组成看，以游蛇科的种类最多，有 8 种；石龙子科 4 种；蝰科 3 种；蜥蜴科、水游蛇科各 2 种；其余 5 科各 1 种。从属内种的组成看，以锦蛇属的种类最多，有 3 种；石龙子属、颈槽蛇属、亚洲蝮属各 2 种，其余 15 属皆为 1 种。依所获标本数量及野外遇见频次来看，铜蜒蜥、赤链蛇、中介蝮、菜花原矛头蝮等为本地区的常见种。

2. 区系分析

（1）两栖类区系分析

从表 8-9 可见，在保护区 9 种两栖动物中，东洋种有 5 种，占 55.56%；广布种有 4 种，占 44.44%，缺少古北种（表 8-10）。在东洋界成分中，华中区有 3 种，分别为秦岭雨蛙、崇安湍蛙、隆肛蛙；西南区有 2 种，分别为山溪鲵和华西蟾蜍；华中-华南区有 1 种，为黑斑侧褶蛙。因此，黑河湿地保护区两栖动物的区系成分以东洋种为主体。

表 8-10　陕西周至黑河湿地省级自然保护区与陕西省两栖类区系成分的比较

地点	总种数	区系成分			地理成分					
		东洋界	古北界	广布种	华中区	华中-华南区	华南区	西南区	华北区	东北区
黑河湿地保护区	9	5	0	4	3	1	0	2	0	0
陕西省	26	16	4	5	7	3	1	5	3	1
所占比例（%）	34.62	31.25	0.00	80.00	42.86	33.33	0.00	40.00	0.00	0.00

从各物种的分布型来看，东北-华北型（X）有 1 种，季风型（E）有 3 种，喜马拉雅-横断山区型（H）有 1 种，南中国型（S）有 3 种，局地型（L）有 1 种（表 8-9）。以季风型和南中国型的种类最多，均为 3 种，其余均为 1 种。

（2）爬行类区系分析

从表 8-9 可见，在保护区 24 种爬行动物中，东洋种有 11 种，占 45.83%；古北种有 7 种，占 29.17%；广布种有 5 种，占 20.83%；特有种 1 种，占 4.17%（表 8-11）。在东洋界成分中，西南区有 2 种，华中-华南区有 7 种，华中区有 2 种。在古北界成分中，有华北区 5 种，蒙新区、东北区各 1 种。保护区爬行动物区系组成以东洋界的华中-华南区、西南区以及广布种成分为主，古北界种以华北区为主。

表 8-11　陕西周至黑河湿地省级自然保护区与陕西省爬行类区系成分的比较

地点	总种数	区系成分				地理成分						
		东洋界	古北界	广布种	特有种	华中区	华中-华南区	华南区	西南区	华北区	蒙新区	东北区
黑河湿地保护区	24	11	7	5	1	2	7	0	2	5	1	1
陕西省	53	28	13	6	6	8	9	4	7	9	3	1
所占比例（%）	45.28	39.29	53.85	83.33	16.67	25.00	77.78	0.00	28.57	55.56	33.33	100.00

从各物种的分布型来看，华北型（B）有 2 种，中亚型（D）有 2 种，季风型（E）有 4 种，局地型（L）有 1 种，南中国型（S）有 7 种，古北型（U）有 2 种，东洋型（W）有 5 种，东北-华北型（X）有 1 种（表 8-9）。所以，保护区爬行动物以南中国型的种类最多，其次是东洋型和季风型。

综上所述，可以看出，保护区的两栖、爬行动物区系具有以下几个特征：①物种组成较为丰富，共有 5 目 16 科 27 属 33 种。②以东洋界区系成分占优势，有少量古北界种类渗透。③地理成分比较复杂多样。科的地理成分以世界分布类型为主。北方代表性科有主要分布于全北界的科——隐鳃鲵科，以及主要分布于古北界的科——小鲵科。④种的地理成分多样，达 9 种，以南中国型的种类最多，10 种，季风型次之，7 种，东洋型 5 种，其余 1~2 种。

3. 与邻近保护区的比较

表 8-12 是陕西周至黑河湿地省级自然保护区与邻近保护区两栖、爬行类区系组成情况的比较结果。从中可以看出，黑河湿地保护区的两栖、爬行类种类比较丰富，具有较高的物种多样性和研究、保护等价值。

表 8-12　陕西周至黑河湿地省级自然保护区与邻近保护区两栖、爬行类区系组成情况的比较

类别		黑河湿地保护区	周至保护区	桑园保护区	长青保护区	佛坪保护区	太白山保护区	青木川保护区
两栖类	目数	2	2	2	2	2	2	2
	科数	6	5	6	5	6	5	8
	属数	8	6	7	6	6	8	12
	种数	9	8	12	8	12	10	17
爬行类	目数	3	2	2	2	3	3	3
	科数	10	5	6	6	7	6	9
	属数	19	17	19	17	21	18	17
	种数	24	20	26	20	26	26	22

8.2.3　生态分布

受海拔和生境异质性等因素的影响，陕西周至黑河湿地省级自然保护区的两栖、爬行类在水平和垂直分布上表现出一定的差异。两栖类对生境的选择性更强，主要分布于中、低海拔的河流、山间溪流、沼泽湿地、水田等附近，在高海拔地区和石崖、断壁等湿度小、缺少食物和隐蔽条件的地区分布较少。爬行类对各种生境的适应性要高一些，

在不同海拔都有分布。但不论是两栖类还是爬行类，随着海拔的升高，其物种数都呈减少的趋势（表 8-13）。

表 8-13　陕西周至黑河湿地省级自然保护区两栖、爬行类的垂直分布

类群	区系成分	垂直分布		
		1800 m 以下	1800～2200 m	2200 m 以上
两栖类	东洋界	5	3	0
	古北界	0	0	0
	广布种	4	2	0
爬行类	东洋界	11	3	1
	古北界	7	0	0
	广布种	5	0	0
	特有种	1	0	0

8.2.4　珍稀濒危两栖、爬行动物

在陕西周至黑河湿地省级自然保护区的两栖、爬行动物中，有国家 II 级重点保护动物 2 种，即中国大鲵、山溪鲵，占保护区两栖、爬行动物总种数的 6.06%；属于陕西省重点保护野生动物的有秦岭雨蛙、中国林蛙、隆肛蛙、中华鳖、秦岭滑蜥、乌梢蛇、王锦蛇、秦岭蝮等 8 种，占陕西省重点保护两栖、爬行动物总种数（20 种）的 40.00%；列入"有重要生态、科学、社会价值的陆生野生动物"（简称"三有动物"）名录的有中华大蟾蜍、华西蟾蜍、无蹼壁虎、王锦蛇等 25 种（两栖类 2 种，爬行类 23 种），占陕西省分布的"三有"两栖、爬行动物总种数（57 种）的 43.86%。

列入《濒危野生动植物种国际贸易公约》（CITES）（2019）附录 I 的物种有 1 种，即中国大鲵；列入世界自然保护联盟（IUCN）红色名录的有中华鳖（易危 VU）；列入《中国濒危动物红皮书》的有中国大鲵（极危 CR）、中国林蛙（易危 VU）、中华鳖（易危 VU）、王锦蛇（易危 VU）、玉斑锦蛇（易危 VU）、黑眉锦蛇（易危 VU）、乌梢蛇（需予关注 LC）、中介蝮（需予关注 LC）；列入《中国物种红色名录》的有中国大鲵（极危 CR）、山溪鲵（易危 VU）、隆肛蛙（近危 NT）、黑斑侧褶蛙（近危 NT）、中华鳖（易危 VU）、王锦蛇（易危 VU）、玉斑锦蛇（易危 VU）、黑眉锦蛇（易危 VU）、乌梢蛇（易危 VU）、中介蝮（易危 VU）。

属于中国特有的物种有 11 种（其中两栖类 6 种，爬行类 5 种），占中国特有两栖、爬行动物总种数（289 种）（张荣祖，1999）的 3.81%；属于主要分布于我国的物种有中华大蟾蜍、崇安湍蛙等 13 种。由此可见，陕西周至黑河湿地省级自然保护区的两栖、爬行动物在秦岭北坡和陕西省两栖、爬行动物总资源中占有相当重要的地位，具有很高的生态、科研、经济等保护价值。

8.2.5　经济两栖、爬行动物

陕西周至黑河湿地省级自然保护区的两栖、爬行动物有很高的经济价值，可以用于

药用、食用、保健等多个方面。其中有保健价值的有中国大鲵、中国林蛙、王锦蛇、黑眉锦蛇、玉斑锦蛇、乌梢蛇等；可药用的有中介蝮、菜花原矛头蝮、山溪鲵、华西蟾蜍和中华大蟾蜍等。

两栖动物是有益动物，能捕食农林害虫，有些种类可作药用或营养食品，故与人类关系密切。其中有些物种药用历史十分悠久，如《神农本草经》《本草纲目》《本草纲目拾遗》等中，均列入多种两栖动物的药用性能，至今在民间仍流行甚广。蟾蜍耳后腺的分泌物，即蟾酥，有解毒、消肿、止痛功效，是配制中成药六神丸、蟾酥丸、梅花点舌丹等的主要原料。蛤士蟆为中国林蛙产卵前的输卵管制品，有退热、补肾益精等功效，用于体虚气弱、神经衰弱、病后失调、精神不振、心悸失眠、盗汗不止、痨嗽咳血等症，同时亦有滋补强身作用。干蟾为蟾蜍除去内脏的干燥全体，有除湿热、散肿毒的功效，主治无名肿毒、痈疽、小儿疳积、皮肤瘙痒等。山溪鲵的整体干制品有续断接骨、行气止痛功能，主治跌打损伤、骨折、肝胃气痛、血虚脾弱、面色萎黄等症。山溪鲵亦可食用，味道鲜美又有滋补作用。

两栖动物中体型较大的种类都可食用，蛋白质含量高，肉味鲜美，是极好的营养品。

两栖动物特别是蛙类，每年能捕食大量害虫，对农林业发展十分有利。如黑斑侧褶蛙胃内食物中，昆虫占82%。蛙类食虫量大，一般每天能捕食50～60只昆虫，是农林害虫的主要天敌，"以蛙治虫"是一种很好的生物防治农林病虫害的方法。另外，蛙、蟾蜍等取材方便，在生物学、医学上常用于教学和科研实验。珍稀两栖动物如中国大鲵等还具有重要的观赏价值，可供动物园、博物馆展出，并向人们普及生物学知识，丰富人们的精神文化生活。

爬行动物的经济价值体现在食物、药材、工业原料、教学、科研和观赏等方面。例如，可以食用的蛇类有黑眉锦蛇、王锦蛇、虎斑颈槽蛇、乌梢蛇等。在《神农本草经》中，列有鳖甲等8种爬行动物药。李时珍所著《本草纲目》载有爬行动物37种。《中国药用动物志》中爬行动物药达80多种。以蛇类制成的中药多用于疏风通络、攻毒定惊，能外达皮肤，内通经络，透骨疏风力强，祛风，镇静，还能缓和神经病变引起的痉挛、抽搐、麻木等症。蛇全身均有药物活性作用，故民间常用活全蛇泡酒或焙干研粉药用，治疗神经痛、结核病及癌肿。

蛇蜕俗称"青龙衣"，各种蛇蜕均可入药，有祛风、止痒、退翳、定惊之功效。中医常用于疥疮、癣、肿毒与带状疱疹等皮肤病，亦用于小儿惊风、喉痹、目翳、腰痛、痔瘘、急性乳腺炎、绒毛膜上皮细胞癌等症。蛇胆可以入药，具有清热解毒、化痰镇痉的功效，常用于小儿肺炎、支气管炎、痰热惊厥、急性风湿性关节炎等。蛇毒是一种新药源。用蛇毒制造各种抗蛇毒血清，在治疗毒蛇咬伤中起主要作用。另外，蛇毒制剂也多用于临床，如从蝮蛇毒中提取的精氨酸酯酶，可以治疗脑血栓、胃癌，疗效显著。蝮蛇毒清栓酶注射液用于治疗脑血栓、脉管炎、大动脉炎、静脉炎等血管病，也用作断肢再植中的抗凝药物。蛇毒的医药用途广阔，已引起医疗卫生部门的重视。

蛇体富含脂肪，经过加工可制成蛇油，民间用于治疗冻伤、烫伤、皮肤皲裂、慢性湿疹等皮肤病，亦以蛇油为主要原料制成蛇油护肤化妆品。

在工业用途方面，蛇皮具有各种美观别致的花纹，又较坚韧，是制革的原料。可以加工成皮包、表带、钱袋、书签、皮带、皮鞋等制品，颇受人们喜爱；亦用于制作乐器中的琴膜、鼓膜，其音质优美动听。

8.2.6 重要物种描述

1. 中国大鲵 *Andrias davidianus*

中国大鲵是中国特有物种，分类上隶属于两栖纲，有尾目，隐鳃鲵科，大鲵属。《中国濒危动物红皮书》将其列为极危等级，世界自然保护联盟（IUCN）将其濒危等级确定为数据缺乏（DD），CITES 中将其列为附录 I 物种；为国家 II 级重点保护野生动物。秦岭北坡是中国大鲵在陕西的主要分布区之一，中国大鲵多生活于海拔 600 m 以上，水流湍急、清澈的溪河中，以海拔 600～800 m 地段分布最多。中国大鲵成体常栖息于深潭的岩洞、石穴之中，以滩口上下的洞穴内较为常见。洞穴深浅不一，洞内通常宽敞平坦，水温一般 3～23℃。山溪附近植被繁茂，多灌木丛，间杂草和乔木。

20 世纪 60～70 年代，在秦巴山地山溪中可随处捕获到中国大鲵，野外具有相当大的资源量。80～90 年代以来，由于忽视了对中国大鲵的保护，人为捕猎日益严重，加上分布区的生产经营活动改变了中国大鲵适宜栖息繁衍的环境，致使中国大鲵野生资源量严重衰减，无论个体数量还是个体大小，均呈下降趋势，甚至在某些原产地已无中国大鲵活动的踪迹。

周至县属于我国的中国大鲵产区，而黑河流域是周至中国大鲵集中分布区。黑河在沙梁子附近有中国大鲵出苗点。

本次调查虽未开展中国大鲵的专项调查，但在整个调查过程中，特别是水域生物调查过程中均未发现中国大鲵个体，说明大鲵资源量减少的事实。

2. 山溪鲵 *Batrachuperus pinchonii*

山溪鲵在分类上隶属于两栖纲，有尾目，小鲵科，山溪鲵属。成体全长 120～160 mm。头部较扁平，吻端圆；躯干浑圆而略扁，肋沟显著。尾长一般不超过头体长。生活时背面黄褐色，有不规则的深色斑纹。腹部浅灰色。栖息于山间溪流中，日伏夜出，以多种小型昆虫和虾类为食。山溪鲵是我国特有物种，世界自然保护联盟（IUCN）和《中国物种红色名录》均将其列为"易危（VU）"等级，曾列入陕西省重点保护水生野生动物（2004 年 3 月～2022 年 6 月），2021 年 2 月，升级为国家 II 级重点保护野生动物，因此具有较高的学术价值与保护价值。另外，山溪鲵也具有一定的经济和药用价值。

3. 中国林蛙 *Rana chensinensis*

中国林蛙在分类上隶属于两栖纲，无尾目，蛙科，蛙属。在外形上，冬眠期典型体色为黑褐色，少数为土黄色，夹杂黑斑，背部有倒"V"形，四肢有环形黑斑。雌性腹部黄色，并有云状淡红色斑纹，或浅灰色斑纹。雄性腹部白色，夹杂黑斑。夏季体色为浅灰色或土黄色，腹面为白色。体侧及体背皮肤有疣突。

中国林蛙分布于我国东北、华北、华中、西南等地的 16 个省区，在陕西广泛分布于秦岭和巴山。通常栖息于阔叶林和针阔叶混交林里，是典型的森林蛙种。虽然其分布较广，但由于经济价值大，尤其雌蛙输卵管可干制成名贵的"蛤士蟆"油，导致人们过度猎捕利用。《中国濒危动物红皮书》已将其列为易危种。另一个重要的威胁因素是天然林面积的不断减少，破坏了林蛙的适生生境，导致其分布区日趋缩小。已被列入陕西省重点保护野生动物。

4. 王锦蛇 *Elaphe carinata*

王锦蛇在分类上隶属于爬行纲，蛇目，游蛇科。成体粗壮。背面黑色，混杂黄色花斑；头背棕黄色，因鳞缘和鳞沟黑色而形成呈"王"字的斑纹；腹面黄色，腹鳞后缘有黑斑。幼体背面灰橄榄色，枕后有一段短黑色纵纹，腹面肉红色。成体和幼体在体色、斑纹方面很不相同，易误认为它种。

王锦蛇栖息于山区、丘陵地带，垂直分布范围为海拔 600～2300 m，在我国华北区、华中区、华南区和青藏区都有分布。在秦岭、巴山地区，王锦蛇常于山地灌丛、田野沟边、山溪旁、草丛中活动，以夜间更为活跃。

王锦蛇目前是主要的开发利用对象，具有极大的经济价值。已被列入陕西省重点保护野生动物。

5. 乌梢蛇 *Ptyas dhumnades*

乌梢蛇的分类地位与王锦蛇相同，分布区也与王锦蛇重叠。乌梢蛇主要分布在我国东部、中部、东南和西南的平原、丘陵或低山。是主要的药用动物资源，存在过度利用问题，应加强资源保护工作。2022 年 6 月列入陕西省重点保护野生动物。

6. 秦岭蝮 *Gloydius qinlingensis*

秦岭蝮在分类地位上隶属于爬行纲，蛇目，蝰科，是一种有毒蛇，分布有限，仅分布于秦岭区域；捕食鼠、蜥蜴、蛙类等。可入药或提取蛇毒。已被列入陕西省重点保护野生动物，应加强资源保护工作。

8.3 鸟 类

8.3.1 调查研究概况

陕西周至黑河湿地省级自然保护区迄今为止，还没有开展过鸟类专题调查。但以往有关的研究较多。郑作新等（1962）《秦岭、大巴山地区的鸟类区系调查研究》记载太白山鸟类 51 种、佛坪 52 种、洋县 97 种、留坝 60 种。郑光美（1962）记载佛坪鸟类 54 种、洋县 99 种。姚建初和郑永烈（1986）记载太白山鸟类 192 种，其中记载南坡鸟类 163 种。郑作新等（1973）《秦岭鸟类志》记述了秦岭地区鸟类 338 种（亚种）。李晓晨等记述太白山自然保护区鸟类 14 目 40 科 218 种（任毅等，2006）。杨兴中等记述长青自然保护区鸟类 15 目 36 科 123 属 202 种（任毅等，2002）。杨兴中等记述佛坪自然保护区鸟类 15 目 39 科 131 属 217 种（刘诗峰和张坚，2003）。王开锋等记述桑园自然保护区鸟类 11 目 32 科 88 属 146 种（温战强和杨玉柱，2007）。李忠秋等记述老县城自然保护区鸟类 13 目 36 科 107 属 190 种（蒋志刚等，2006）。党坤良等（2009）记述黄柏塬自然保护区鸟类 10 目 31 科 217 种。李保国等（2007）记述周至自然保护区鸟类 12 目 35 科 95 属 164 种。

为了全面、系统地掌握陕西周至黑河湿地省级自然保护区鸟类的区系组成、分布等情况，综合科学考察队于 2016 年、2017 年 5 月上、中旬，以及 9 月上旬，按春秋季对保护区进行了鸟类调查。调查主要采用样线法进行，同时采用网捕法进行定点调查。

8.3.2 区系分析

1. 物种组成

根据野外调查和室内标本的鉴定结果，并参考以往的相关资料，确认保护区已知有鸟类 187 种（亚种），隶属于 17 目 50 科 116 属，按郑光美（2017）分类系统排列（表 8-14），分别占秦岭鸟类总种数（郑作新等，1973）的 53.33%和陕西省鸟类总种数（许涛清和曹永汉，1996）的 50.82%。

（1）目的组成

保护区的鸟类共有 17 目，各目包括的科、属、种数统计结果见表 8-15。从表中可见，非雀形目鸟类共有 22 科 57 属 81 种（亚种），分别占保护区鸟类总科数、总属数和总种数的 44.00%、49.14%、43.32%；雀形目鸟类为 28 科 59 属 106 种（亚种），分别占保护区鸟类总科数、总属数和总种数的 56.00%、50.86%、56.68%。雀形目鸟类构成了保护区鸟类的主体。从各目内科的组成看，雀形目包括的科数超过了非雀形目科数的总和；非雀形目中，鸻形目有 6 科，佛法僧目有 2 科，其余各目均为 1 科。从各目内属的组成情况看，雀形目包括的属数最多，达 59 属；非雀形目各目包括的属数，鸻形目 11 属，雁形目、鹈形目、啄木鸟目各 6 属，其余目均在 6 属以下。从各目内种的组成情况看，雀形目包含的种类最多，达 106 种（亚种）；其次，鸻形目 16 种（亚种）；雁形目 11 种（亚种）；其余各目包含的种数均为个位数。这说明，黑河湿地保护区的鸟类组成以小型鸟类为主。

（2）科内属的组成

从表 8-14 可见，保护区鸟类各科所含属数，最多的是鹟科，含 8 属，其次是鸭科、鹭科、啄木鸟科各含 6 属，鹰科、鸦科、噪鹛科各含 5 属，鸥鹬科、燕科各含 4 属，雉科、鹬科、鸥科、翠鸟科、山雀科、百灵科、莺鹛科、椋鸟科、鹡鸰科、燕雀科各含 3 属，鸊鷉科、鸠鸽科、杜鹃科、秧鸡科、鸻科、鸫科各含 2 属，其余的 25 科均只含 1 属。科、属占的比例情况见表 8-16。

表 8-14 陕西周至黑河湿地省级自然保护区鸟类区系组成及分布

目科种	分布范围			分布海拔			居留型	分布型	区系成分	保护级别
	黑河湿地	陈河	青岗垭	1	2	3				
I. 鸡形目 GALLIFORMES										
1. 雉科 Phasianidae										
(1) 勺鸡 Pucrasia macrolopha ruficollis David et Oustalet, 1877		+	+		√	√	留	S	古北	II
(2) 环颈雉 Phasianus colchicus strauchi Przevalski, 1876	++	++		√	√		留	O	古北	V
(3) 红腹锦鸡 Chrysolophus pictus (Linnaeus, 1758)*		++	++		√	√	留	W	古北	II
II. 雁形目 ANSERIFORMES										
2. 鸭科 Anatidae										
(4) 短嘴豆雁 Anser serrirostris serrirostris Swinhoe, 1871	++			√			旅	U	广布	S, V
(5) 斑头雁 A. indicus (Latham, 1790)	++			√			冬	P	广布	S, V
(6) 赤麻鸭 Tadorna ferruginea (Pallas, 1764)	++			√			冬	U	广布	V
(7) 绿头鸭 Anas platyrhynchos platyrhynchos Linnaeus, 1758	++			√			冬	C	广布	S, V
(8) 斑嘴鸭 A. zonorhyncha Swinhoe, 1866	++			√			冬	W	广布	S, V
(9) 绿翅鸭 A. crecca crecca Linnaeus, 1758	++			√			冬	C	广布	V
(10) 红头潜鸭 Aythya ferina (Linnaeus, 1758)	++			√			冬	C	广布	V
(11) 白眼潜鸭 A. nyroca (Güldenstädt, 1769)	++			√			冬	O	广布	S, V
(12) 凤头潜鸭 A. fuligula (Linnaeus, 1758)	++			√			冬	M	广布	V
(13) 斑头秋沙鸭 Mergellus albellus (Linnaeus, 1758)	++			√			冬	U	广布	II
(14) 普通秋沙鸭 Mergus merganser merganser Linnaeus, 1758	++			√			冬	C	广布	V
III. 䴙䴘目 PODICIPEDIFORMES										
3. 䴙䴘科 Podicipedidae										
(15) 小䴙䴘 Tachybaptus ruficollis poggei (Reichenow, 1902)	++			√			留	W	广布	V
(16) 凤头䴙䴘 Podiceps cristatus (Linnaeus, 1758)	+			√			冬	U	广布	V
IV. 鸽形目 COLUMBIFORMES										
4. 鸠鸽科 Columbidae										

续表

目科种	分布范围			分布海拔			居留型	分布型	区系成分	保护级别
	黑河湿地	陈河	菁岗砭	1	2	3				
（17）岩鸽 Columba rupestris rupestris Pallas, 1811	+			√			留	O	广布	V
（18）山斑鸠 Streptopelia orientalis orientalis (Latham, 1790)	+	+	+	√	√	√	留	E	广布	V
（19）灰斑鸠 S. decaocto decaocto (Frivaldszky, 1838)	+	+	+	√	√	√	留	W	广布	V
（20）火斑鸠 S. tranquebarica humilis (Temmink, 1824)	+	+		√	√		留	W	东洋	V
（21）珠颈斑鸠 S. chinensis (Scopoli, 1786)	++	+		√	√		留	W	东洋	V
V. 夜鹰目 CAPRIMULGIFORMES										
5. 雨燕科 Apodidae										
（22）普通雨燕 Apus apus pekinensis (Swinhoe, 1870)	+	+			√		夏	M	古北	V
（23）白腰雨燕 A. pacificus kanoi (Yamashina, 1942)		+	+		√	√	夏	M	古北	V
VI. 鹃形目 CUCULIFORMES										
6. 杜鹃科 Cuculidae										
（24）大鹰鹃 Hierococcyx sparverioides sparverioides (Vigors, 1832)	+	+		√	√		夏	W	东洋	V
（25）四声杜鹃 Cuculus micropterus micropterus Gould, 1837	+	+	+	√	√	√	夏	W	广布	V
（26）大杜鹃 C. canorus bakeri Hartert, 1912	+	+		√	√		夏	O	广布	V
（27）小杜鹃 C. poliocephalus Latham, 1790	+	+	+	√	√	√	夏	W	广布	V
VII. 鹤形目 GRUIFORMES										
7. 秧鸡科 Rallidae										
（28）白胸苦恶鸟 Amaurornis phoenicurus phoenicurus (Pennant, 1769)	+	+		√			夏	W	东洋	V
（29）白骨顶 Fulica atra Linnaeus, 1758	++			√			冬	O	广布	V
VIII. 鸻形目 CHARADRIIFORMES										
8. 鹮嘴鹬科 Ibidorhynchidae										
（30）鹮嘴鹬 Ibidorhyncha struthersii Vigors, 1832	+	+			√		留	P	古北	II
9. 鸻科 Charadriidae										
（31）凤头麦鸡 Vanellus vanellus (Linnaeus, 1758)	+			√			冬	U	广布	V

续表

目科种	分布范围			分布海拔			居留型	分布型	区系成分	保护级别
	黑河湿地	陈河	青岗区	1	2	3				
(32) 灰头麦鸡 *V. cinereus* (Blyth, 1842)	+			√			旅	M	广布	V
(33) 长嘴剑鸻 *Charadrius placidus* J. E. G. R. Gray, 1863	+			√			旅	C	广布	V
(34) 金眶鸻 *C. dubius curonicus* Gmelin, 1788	+			√			夏	O	广布	V
10. 彩鹬科 Rostratulidae										
(35) 彩鹬 *Rostratula benghalensis* (Linnaeus, 1758)	+			√			夏	W	广布	S, V
11. 鹬科 Scolopacidae										
(36) 孤沙锥 *Gallinago solitaria japonica* (Bonaparte, 1856)	+			√			旅	U	广布	V
(37) 针尾沙锥 *G. stenura* (Bonaparte, 1830)	+			√			旅	U	广布	V
(38) 扇尾沙锥 *G. gallinago gallinago* (Linnaeus, 1758)	+			√			旅	U	广布	V
(39) 白腰草鹬 *Tringa ochropus* Linnaeus, 1758	+			√			冬	U	广布	V
(40) 林鹬 *T. glareola* Linnaeus, 1758	+			√			旅	U	广布	V
(41) 矶鹬 *Actitis hypoleucos* (Linnaeus, 1758)	+			√			旅	C	广布	V
12. 燕鸻科 Glareolidae										
(42) 普通燕鸻 *Glareola maldivarum* Forster, 1795	+			√			旅	W	广布	V
13. 鸥科 Laridae										
(43) 红嘴鸥 *Chroicocephalus ridibundus* (Linnaeus, 1766)	+			√			冬	U	广布	V
(44) 普通燕鸥 *Sterna hirundo longipennis* Nordmann, 1835	+			√			夏	C	古北	V
(45) 白额燕鸥 *Sternula albifrons sinensis* Gmelin, 1788	+			√			夏	O	广布	V
IX. 鹳形目 CICONIIFORMES										
14. 鹳科 Ciconiidae										
(46) 黑鹳 *Ciconia nigra* (Linnaeus, 1758)	+	+		√			冬	U	广布	I
X. 鹈形目 PELECANIFORMES										
15. 鹭科 Ardeidae										
(47) 黄斑苇鳽 *Ixobrychus sinensis* (Gmelin, 1766)	+			√			夏	W	东洋	V

续表

目科种	分布范围 黑河湿地	陈河	菁岗区	分布海拔 1	2	3	居留型	分布型	区系成分	保护级别
(48) 夜鹭 *Nycticorax nycticorax nycticorax* (Linnaeus, 1758)	+			✓			夏	O	广布	V
(49) 池鹭 *Ardeola bacchus* (Bonaparte, 1855)	+			✓			夏	W	东洋	V
(50) 牛背鹭 *Bubulcus coromandus* (Boddaert, 1733)	+			✓			夏	W	东洋	V
(51) 苍鹭 *Ardea cinerea jouyi* Clark, 1907	++			✓			留	U	广布	V
(52) 大白鹭 *A. alba alba* Linnaeus, 1758	++			✓			冬	O	广布	V
(53) 白鹭 *Egretta garzetta garzetta* (Linnaeus, 1766)	++			✓			夏	W	东洋	V
XI. 鹰形目 ACCIPITRIFORMES										
16. 鹰科 Accipitridae										
(54) 金雕 *Aquila chrysaetos daphanea* Menzbier, 1888	+	+		✓	✓		留	C	古北	I
(55) 赤腹鹰 *Accipiter soloensis* (Horsfield, 1821)	+	+		✓	✓		留	W	广布	II
(56) 雀鹰 *A. nisus nisosimilis* (Tickell, 1833-34)			+			✓	留	U	古北	II
(57) 松雀鹰 *A. virgatus affinis* Hodgson, 1836		+	+		✓	✓	旅	W	广布	II
(58) 白尾鹞 *Circus cyaneus* (Linnaeus, 1766)	+			✓			旅	C	广布	II
(59) 黑鸢 *Milvus migrans lineatus* (J. E. Gray, 1831)	+	+	+	✓	✓	✓	留	U	广布	II
(60) 毛脚鵟 *Buteo lagopus kamtschatkensis* Dementiev, 1875	+	+		✓	✓		冬	C	广布	II
(61) 普通鵟 *B. japonicus japonicus* Temmink et Schlegel, 1845	+	+		✓	✓		旅	U	古北	II
XII. 鸮形目 STRIGIFORMES										
17. 鸱鸮科 Strigidae										
(62) 雕鸮 *Bubo bubo kiautschensis* Reichenow, 1903	+			✓			留	U	古北	II
(63) 黄腿渔鸮 *Ketupa flavipes* (Hodgson, 1836)	+	+		✓	✓		留	W	东洋	II
(64) 领鸺鹠 *Glaucidium brodiei brodiei* (Burton, 1835)	+	+		✓	✓		留	W	东洋	II
(65) 斑头鸺鹠 *G. cuculoides whitelyi* (Blyth, 1867)	+	+	+	✓	✓	✓	留	W	东洋	II
(66) 纵纹腹小鸮 *Athene noctua plumipes* Swinhoe, 1870			+	✓	✓		留	U	古北	II
XIII. 犀鸟目 BUCEROTIFORMES										

续表

目科种	分布范围			分布海拔			居留型	分布型	区系成分	保护级别
	黑河湿地	陈河	菁岗区	1	2	3				
18. 戴胜科 Upupidae										
(67) 戴胜 *Upupa epops epops* Linnaeus, 1758	+	+	+	√	√	√	夏	O	广布	V
XIV. 佛法僧目 CORACIIFORMES										
19. 佛法僧科 Coraciidae										
(68) 三宝鸟 *Eurystomus orientalis calonyx* Sharpe, 1844	+	+	+	√	√	√	夏	W	东洋	S, V
20. 翠鸟科 Alcedinidae										
(69) 蓝翡翠 *Halcyon pileata* (Boddart, 1783)	+	+	+	√	√	√	夏	W	东洋	V
(70) 普通翠鸟 *Alcedo atthis bengalensis* Gmelin, 1788	+	+		√	√		留	O	广布	V
(71) 冠鱼狗 *Megaceryle lugubris guttulata* Stejneger, 1892	+	+	+	√	√	√	留	O	东洋	V
XV. 啄木鸟目 PICIFORMES										
21. 啄木鸟科 Picidae										
(72) 蚁䴕 *Jynx torquilla torquilla* Linnaeus, 1758	+	+		√	√		旅	U	古北	V
(73) 斑姬啄木鸟 *Picumnus innominatus chinensis* (Hagitt, 1881)		+	+		√	√	留	W	东洋	V
(74) 星头啄木鸟 *Picoides canicapillus szetschuanensis* (Rensch, 1924)	+	+		√	√		留	W	东洋	V
(75) 赤胸啄木鸟 *Dryobates cathpharius imixus* Bangs et Peter, 1928		+		√	√		留	H	东洋	V
(76) 大斑啄木鸟 *Dendrocopos major beicki* (Stresemann, 1927)		+	+		√	√	留	U	古北	V
(77) 灰头绿啄木鸟 *Picus canus guerini* (Malherbe, 1849)	+	+	+	√	√		留	U	广布	V
XVI. 隼形目 FALCONIFORMES										
22. 隼科 Falconidae										
(78) 红隼 *Falco tinnunculus interstinctus* McClelland, 1839	+	+		√	√		留	O	广布	II
(79) 红脚隼 *F. amurensis* Radde, 1863	+			√			夏	U	古北	II
(80) 灰背隼 *F. columbarius insignis* (Clark, 1907)	+			√			旅	C	古北	II
(81) 燕隼 *F. subbuteo subbuteo* Linnaeus, 1758	+			√			留	U	古北	II
XVIII. 雀形目 PASSERIFORMES										

续表

目科种	分布范围			分布海拔			居留型	分布型	区系成分	保护级别
	黑河湿地	陈河	青岗砭	1	2	3				
23. 黄鹂科 Oriolidea										
（82）黑枕黄鹂 Oriolus chinensis diffusus Sharpe, 1877	++	++	++	√	√	√	夏	W	古北	V
24. 山椒鸟科 Campephagidae										
（83）小灰山椒鸟 Pericrocotus cantonensis Swinhoe, 1861	+	+		√	√		夏	W	东洋	V
（84）长尾山椒鸟 P. ethologus ethologus Bangs et Phillips, 1914		+	+	√	√	√	夏	H	东洋	V
25. 卷尾科 Dicruridae										
（85）黑卷尾 Dicrurus macrocercus cathoecus Swinhoe, 1871	+	+		√	√		夏	W	东洋	V
（86）灰卷尾 D. leucophaeus leucogenis (Walden, 1870)	+	+	+	√	√	√	夏	W	东洋	V
26. 王鹟科 Monarchidae										
（87）寿带 Terpsiphone incei (Gould, 1852)		+		√	√	√	夏	W	东洋	S, V
27. 伯劳科 Laniidae										
（88）虎纹伯劳 Lanius tigrinus Drapiez, 1828	+	+	+	√	√	√	夏	X	古北	V
（89）红尾伯劳 L. cristatus lucionensis Linnaeus, 1766	+	++		√	√	√	夏	X	古北	V
（90）棕背伯劳 L. schach schach Linnaeus, 1758	+			√	√		夏	W	东洋	V
（91）灰背伯劳 L. tephronotus (Vogors, 1830-31)	+	+		√	√		夏	H	古北	V
（92）楔尾伯劳 L. sphenocercus sphenocercus Cabanis, 1873		+		√	√		留	M	广布	V
28. 鸦科 Corvidae										
（93）松鸦 Garrulus glandarius sinensis Swinhoe, 1863			+			√	留	U	古北	V
（94）灰喜鹊 Cyanopica cyanus interposita Hartert, 1917	++	++	+			√	留	U	古北	V
（95）红嘴蓝鹊 Urocissa erythrorhyncha erythrorhyncha (Boddaert, 1783)	++	++		√	√		留	W	东洋	V
（96）喜鹊 Pica pica serica Gould, 1845	+	+	+	√	√		留	C	古北	V
（97）达乌里寒鸦 Corvus dauuricus Pallas, 1776	+	+	+	√		√	留	U	古北	V
（98）秃鼻乌鸦 C. frugilegus pastinator Gould, 1845		+	+	√	√	√	留	U	古北	V
（99）小嘴乌鸦 C. corone orientalis Eversmann, 1841	+			√			旅	C	广布	V

续表

目科种	分布范围			分布海拔			居留型	分布型	区系成分	保护级别
	黑河湿地	陈河	菁岗畦	1	2	3				
(100) 大嘴乌鸦 *C. macrorhynchos colonorum* Swinhoe, 1864	+	+	+	√	√	√	留	E	广布	V
29. 山雀科 Paridae										
(101) 黄腹山雀 *Pardaliparus venustulus* (Swinhoe, 1870)*		++	+	√	√		留	S	东洋	V
(102) 沼泽山雀 *Poecile palustris hypermelaenus* Berezovski *et* Bianchi, 1891		++	+	√	√		留	U	古北	V
(103) 大山雀 *Parus cinereus minor* Delacour *et* Vaurie, 1950	+++	+++	++	√	√	√	留	U	广布	V
(104) 绿背山雀 *P. monticolus yunnanensis* La Touche, 1921		+++	+++	√	√	√	留	W	东洋	V
30. 百灵科 Alaudidae										
(105) 短趾百灵 *Alaudala cheleensis cheleensis* Swinhoe, 1871	+			√			冬	O	古北	V
(106) 凤头百灵 *Galerida cristata leautungensis* (Swinhoe, 1861)	+	+		√			留	O	古北	V
(107) 云雀 *Alauda arvensis intermedia* Swinhoe, 1863	+			√			冬	U	广布	II
31. 苇莺科 Acrocephalidae										
(108) 东方大苇莺 *Acrocephalus orientalis* (Temminck *et* Schlegel)	++	++		√	√		夏	O	广布	V
(109) 黑眉苇莺 *A. bistrigiceps* Swinhoe, 1860	+	+		√	√		夏	M	古北	V
32. 燕科 Hirundinidae										
(110) 崖沙燕 *Riparia riparia ijimae* (Lönnberg, 1908)		+	+		√	√	留	C	古北	V
(111) 家燕 *Hirundo rustica gutturalis* Scopli, 1786	++	++		√	√		夏	C	古北	V
(112) 烟腹毛脚燕 *Delichon dasypus cashmeriensis* (Gould, 1858)	+	+	+	√	√	√	夏	U	古北	V
(113) 金腰燕 *Cecropis daurica japonica* (Temminck *et* Schlegel, 1847)	++	+	+	√	√	√	夏	O	广布	V
33. 鹎科 Pycnonotidae										
(114) 黄臀鹎 *Pycnonotus xanthorrhous andersoni* (Swinhoe, 1870)	++	++		√	√	√	留	W	东洋	V
(115) 白头鹎 *P. sinensis sinensis* (Gmelin, 1789)	+	+		√	√		留	S	东洋	V
34. 柳莺科 Phylloscopidae										
(116) 黄腰柳莺 *Phylloscopus proregulus* (Pallas, 1811)			+			√	夏	U	古北	V
(117) 棕眉柳莺 *P. armandii armandii* (Milne-Edwards, 1865)	+	+		√	√		留	H	古北	V

续表

目科种	分布范围			分布海拔			居留型	分布型	区系成分	保护级别
	黑河湿地	陈河	青岗区	1	2	3				
(118) 棕腹柳莺 *P. subaffinis* Ogilvie-Grant, 1900	+	+		✓	✓		留	U	广布	V
(119) 冕柳莺 *P. coronatus* (Temminck *et* Schlegel, 1850)		+	+		✓	✓	夏	M	古北	V
(120) 暗绿柳莺 *P. trochiloides trochiloides* (Sundevall, 1837-38)	+	+	+	✓	✓	✓	夏	U	古北	V
(121) 极北柳莺 *P. borealis* (Blasius, 1858)		+			✓		旅	U	广布	V
(122) 冠纹柳莺 *P. claudiae* (La Touche, 1922)	+	+		✓	✓		夏	W	东洋	V
(123) 淡尾鹟莺 *P. soror* (Alström & Olsson, 1999)		+	+		✓	✓	夏	S	东洋	V
(124) 栗头鹟莺 *P. castaniceps sinensis* (Rickett, 1898)	+			✓	✓		夏	W	东洋	V
35. 树莺科 Cettiidae										
(125) 强脚树莺 *Horornis fortipes davidianus* (Verreaux, 1870)	+++	+++	+++	✓	✓		留	W	东洋	V
(126) 黄腹树莺 *H. acanthizoides* (Verreaux, 1870)	+	+	+		✓	✓	留	S	古北	V
36. 长尾山雀科 Aegithalidae										
(127) 红头长尾山雀 *Aegithalos concinnus concinnus* (Gould, 1855)	++	++	+	✓	✓		留	W	东洋	V
(128) 银喉长尾山雀 *A. glaucogularis glaucogularis* (Moore, 1854)	++	++	++	✓	✓		留	U	古北	V
(129) 银脸长尾山雀 *A. fuliginosus* (Verreaux, 1869)*		+	+	✓	✓		留	P	古北	V
37. 莺鹛科 Sylviidae										
(130) 棕头雀鹛 *Fulvetta ruficapilla ruficapilla* (Verreaux, 1870)		+		✓	✓		留	H	东洋	V
(131) 山鹛 *Rhopophilus pekinensis leptorhynchus* Meise, 1933*		+	+	✓	✓	✓	留	D	古北	V
(132) 棕头鸦雀 *Sinosuthora webbiana suffusa* (Swinhoe, 1871)*	++	++	++	✓	✓		留	S	广布	V
38. 林鹛科 Timaliidae										
(133) 斑翅鹩鹛 *Spelaeornis troglodytoides halsueti* (David, 1877)		+			✓	✓	留	H	古北	V
39. 噪鹛科 Leiothrichidae										
(134) 画眉 *Garrulax canorus* (Linnaeus, 1758)	++	++	++	✓	✓		留	S	东洋	II
(135) 灰翅噪鹛 *Ianthocincla cineracea cinereiceps* (Styan, 1887)		+	+	✓	✓	✓	留	S	东洋	V
(136) 斑背噪鹛 *I. lunulata lunulata* Verreaux, 1870*		+	+	✓	✓	✓	留	H	广布	II

续表

目科种	分布范围			分布海拔			居留型	分布型	区系成分	保护级别
	黑河湿地	陈河	菁岗砭	1	2	3				
(137) 矛纹草鹛 Pterorhinus lanceolatus lanceolatus Verreaux, 1870		+			√		留	S	东洋	V
(138) 山噪鹛 P. davidi davidi Swinhoe, 1868*	+	+	+	√	√		留	B	古北	V
(139) 白颊噪鹛 P. sannio oblectans (Deignan, 1952)	++	++	++	√	√		留	S	东洋	V
(140) 橙翅噪鹛 Trochalopteron elliotii elliotii Verreaux, 1870		+	++		√	√	留	H	古北	II
(141) 红嘴相思鸟 Leiothrix lutea lutea (Scopoli, 1786)		+		√			留	W	东洋	II
40. 鹪鹩科 Troglodytidae										
(142) 鹪鹩 Troglodytes troglodytes szetschuanus Hartert, 1910	+	+	++	√		√	留	C	古北	
41. 河乌科 Cinclidae										
(143) 褐河乌 Cinclus pallasii pallasii Temminck, 1820		+	+	√		√	留	W	广布	
42. 椋鸟科 Sturnidae										
(144) 八哥 Acridotheres cristatellus cristatellus (Linnaeus, 1766)		+		√			留	W	东洋	V
(145) 灰椋鸟 Spodiopsar cineraceus (Temminck, 1832)	+	+		√	√		留	X	古北	V
(146) 北椋鸟 Agropsar sturninus (Pallas, 1776)	+			√	√		旅	X	广布	V
43. 鸫科 Turdidae										
(147) 虎斑地鸫 Zoothera aurea aurea (Holandre, 1811)		+		√	√		旅	U	广布	V
(148) 乌鸫 Turdus mandarinus mandarinus Bonaparte, 1850	++	+		√	√		留	O	古北	V
(149) 灰头鸫 T. rubrocanus gouldii (Verreaux, 1870)			+			√	留	H	古北	V
(150) 斑鸫 T. eunomus Temminck, 1831		+		√	√		旅	M	古北	V
44. 鹟科 Muscicapidae										
(151) 蓝眉林鸲 Tarsiger rufilatus (Hodgson, 1845)	+	+			√	√	留	M	古北	V
(152) 蓝额红尾鸲 Phoenicuropsis frontalis Vigors, 1830-31		+	+		√	√	留	H	古北	V
(153) 赭红尾鸲 Ph. ochruros rufiventris (Vieillot, 1818)		+	+		√	√	留	O	古北	V
(154) 黑喉红尾鸲 Ph. hodgsoni (Moore, 1854)	+	+	+	√	√		留	H	广布	V
(155) 北红尾鸲 Ph. auroreus leucopterus Blyth, 1843	+	+	+	√	√		夏	M	古北	V

续表

目科种	分布范围			分布海拔			居留型	分布型	区系成分	保护级别
	黑河湿地	陈河	菁岗岔	1	2	3				
(156) 红尾水鸲 *Ph. fuliginosus fuliginosus* (Vigors, 1830-31)	++	++	+	√	√	√	留	W	广布	V
(157) 白顶溪鸲 *Ph. leucocephalus* (Vigors, 1830-31)		+	+		√	√	留	H	广布	V
(158) 紫啸鸫 *Myophonus caeruleus caeruleus* (Scopoli, 1786)		+	+	√	√	√	夏	W	东洋	V
(159) 白额燕尾 *Enicurus leschenaulti sinensis* Gould, 1865		+	+	√	√	√	留	W	东洋	V
(160) 灰林䳭 *Saxicola ferreus haringtoni* (Hartert, 1910)		+	+	√	√	√	留	W	东洋	V
(161) 黑喉石䳭 *S. maurus przewalskii* (Pleske, 1889)	+	+	+		√	√	夏	O	古北	V
(162) 灰蓝姬鹟 *Ficedula tricolor diversa* Vaurie, 1953		+	+		√		夏	H	广布	V
(163) 白腹暗蓝鹟 *Cyanoptila cumatilis* Thayer et Bangs, 1909		+			√		旅	M	古北	V
(164) 棕腹仙鹟 *Niltava sundara denotata* Bangs et Phillips, 1914		+			√		夏	U	东洋	V
45. 岩鹨科 Prunellidae										
(165) 棕胸岩鹨 *Prunella strophiata strophiata* (Blyth, 1843)			++			√	留	H	古北	V
46. 梅花雀科 Estrildidae										
(166) 白腰文鸟 *Lonchura striata swinhoei* (Cabanis, 1882)	+		+	√			留	W	东洋	V
47. 雀科 Passeridae										
(167) 山麻雀 *Passer cinnamomeus rutilans* (Temminck, 1892)		+	+	√	√		留	S	东洋	V
(168) 麻雀 *P. montanus saturatus* Stejneger, 1885	+	+		√	√		留	U	广布	V
48. 鹡鸰科 Motacillidae										
(169) 山鹡鸰 *Dendronanthus indicus* (Gmelin, 1788)	++	++		√	√		夏	M	古北	V
(170) 白鹡鸰 *Motacilla alba ocularis* Swinhoe, 1860	++	++	++	√	√	√	留	O	广布	V
(171) 灰鹡鸰 *M. cinerea robusta* (Brehm, 1857)	++	+	+	√	√	√	夏	O	古北	V
(172) 黄鹡鸰 *M. tschutschensis taivana* (Swinhoe, 1863)	+	+		√			旅	U	广布	V
(173) 田鹨 *Anthus richardi richardi* Vieillot, 1818	+			√			旅	M	广布	V
(174) 树鹨 *A. hodgsoni hodgsoni* Richmond, 1907		+			√		留	M	古北	V
(175) 粉红胸鹨 *A. roseatus* Blyth, 1847	+		+	√	√	√	夏	P	古北	V

续表

目科种	分布范围			分布海拔			居留型	分布型	区系成分	保护级别
	黑河湿地	陈河	菁岗岉	1	2	3				
(176) 水鹨 *A. spinoletta blakistoni* Swinhoe, 1863	+			√			旅	P	古北	V
49. 燕雀科 Fringillidae										
(177) 燕雀 *Fringila montifringilla* Linnaeus, 1758	+	+		√	√		冬	U	广布	V
(178) 普通朱雀 *Carpodacus erythrinus roseatus* (Blyth, 1842)			+			√	夏	U	古北	V
(179) 酒红朱雀 *C. vinaceus* Verreaux, 1870			+			√	留	H	古北	S, V
(180) 金翅雀 *Chloris sinica sinica* (Linnaeus, 1766)	+	++	++	√			留	M	广布	V
50. 鹀科 Emberizidae										
(181) 蓝鹀 *Emberiza siemsseni* (Martens, 1906)*			+		√	√	夏	H	广布	II
(182) 西南灰眉岩鹀 *E. yunnanensis omissa* Rothschild, 1921		+	+	√	√	√	留	O	古北	V
(183) 三道眉草鹀 *E. cioides castaneiceps* Moore, 1855	++	++	+	√	√	√	留	M	古北	V
(184) 小鹀 *E. pusilla* Pallas, 1776	+	+	+	√	√		冬	U	古北	V
(185) 黄胸鹀 *E. aureola aureola* Pallas, 1773	+	+		√			旅	U	古北	I
(186) 黄喉鹀 *E. elegans elegantula* Swinhoe, 1870	++	+		√			留	M	古北	S, V
(187) 灰头鹀 *E. spodocephala sordida* Blyth, 1844	+	+		√	√		留	M	古北	V

注："*"表示中国特有种。"分布范围"栏，"+"表示少见，"++"表示常见，"+++"表示多见；"1"表示海拔 700 m 以下；"2"表示海拔 700～1800 m；"3"表示海拔 1800 m 以上。"居留型"栏，冬、夏、留、旅分别表示冬候鸟，夏候鸟，留鸟和旅鸟。"分布型"栏，"U"表示古北型；"W"表示东北型；"M"表示东洋型；"P"表示高地型；"H"表示喜马拉雅-横断山区型；"E"表示季风型；"C"表示全北型；"X"表示东北-华北型；"D"表示中亚型；"O"表示不易归类。"区系成分"栏，"古北""东洋""广布"分别表示古北种，东洋种和广布种。"保护级别"栏，"I""II"分别表示国家 I 级和 II 级重点保护野生动物；"S"表示陕西省重点保护野生动物；"V"表示有重要生态、科学、社会价值的陆生野生动物。

表 8-15　陕西周至黑河湿地省级自然保护区鸟类各类群的组成

目	科	属	种（亚种）	目	科	属	种（亚种）
鸡形目	1	3	3	鹲形目	1	6	7
雁形目	1	6	11	鹰形目	1	5	8
鹛鹛目	1	2	2	鸮形目	1	4	5
鸽形目	1	2	5	犀鸟目	1	1	1
夜鹰目	1	1	2	佛法僧目	2	4	4
鹃形目	1	2	4	啄木鸟目	1	6	6
鹤形目	1	2	2	隼形目	1	1	4
鸻形目	6	11	16	雀形目	28	59	106
鹲形目	1	1	1	合计	50	116	187

表 8-16　陕西周至黑河湿地省级自然保护区鸟类科内属的组成

科内含属数	科数	占总科数比例（%）	属数	占总属数比例（%）
含 8 属	1	2.00	8	6.90
含 6 属	3	6.00	18	15.52
含 5 属	3	6.00	15	12.93
含 4 属	2	4.00	8	6.90
含 3 属	10	20.00	30	25.86
含 2 属	6	12.00	12	10.34
含 1 属	25	50.00	25	21.55
总计	50	100.00	116	100.00

（3）科内种的组成

保护区鸟类各科内种的数目差异不是很大，包含种数最多的科是鹟科，达 14 种（亚种），鸭科次之，含 11 种（亚种），柳莺科含 9 种（亚种），鹰科、鸦科、噪鹛科、鹟鸲科各含 8 种（亚种），鹭科、鹎科各含 7 种（亚种），啄木鸟科、鹬科各含 6 种（亚种），鸥鸦科、鸠鸽科、伯劳科均含 5 种（亚种），其他的科含 5 种（亚种）以下（表 8-17）。

表 8-17　陕西周至黑河湿地省级自然保护区鸟类科内种的组成

科内含种数	科数	占总科数比例（%）	种数	占总种数比例（%）
含 10 种（亚种）以上	2	4.00	25	13.37
含 8~9 种（亚种）	5	10.00	41	21.93
含 5~7 种（亚种）	7	14.00	41	21.93
含 4 种（亚种）	7	14.00	28	14.97
含 3 种（亚种）	7	14.00	21	11.23
含 2 种（亚种）	9	18.00	18	9.63
含 1 种（亚种）	13	26.00	13	6.95
总计	50	100.00	187	100.00

（4）属内种的组成

从表 8-14 可见，保护区鸟类属内含种数最多的属是柳莺属，含 9 种（亚种）；鸫属含 7 种（亚种）；红尾鸲属含 6 种（亚种）；伯劳属含 5 种（亚种）；斑鸠属、隼属、乌鸦属、鹀属等 4 属各含 4 种（亚种）；其余各属包含的种数均在 3 种（亚种）或 3 种（亚种）以下。属内种的组成情况见表 8-18。从表中可见，保护区绝大多数（将近 7 成）属含 1 种（亚种）。

表 8-18　陕西周至黑河湿地省级自然保护区鸟类属内种的组成

属内含种数	属数	占总属数比例（%）	种数	占总种数比例（%）
含 9 种（亚种）	1	0.86	9	4.81
含 7 种（亚种）	1	0.86	7	3.74
含 6 种（亚种）	1	0.86	6	3.21
含 5 种（亚种）	1	0.86	5	2.67
含 4 种（亚种）	4	3.45	16	8.56
含 3 种（亚种）	9	7.76	27	14.44
含 2 种（亚种）	18	15.52	36	19.25
含 1 种（亚种）	81	69.83	81	43.32
总计	116	100.00	187	100.00

（5）与邻近保护区的比较

表 8-19 是陕西周至黑河湿地省级自然保护区与邻近保护区鸟类区系组成情况的比较结果。从表中可见，黑河湿地保护区的鸟类种类较丰富，比较接近太白山、佛坪、长青保护区，高于桑园保护区等。另外，本次野外考察仅在春季和秋季进行了调查，夏季和冬季没有开展调查，因此观察、采集的种类很可能有些缺失。随着今后调查研究工作的进一步深入，相信还会有一些种类补充进来。

表 8-19　陕西周至黑河湿地省级自然保护区与邻近保护区鸟类区系组成情况的比较

类别	黑河湿地保护区	周至保护区	长青保护区	佛坪保护区	太白山保护区	桑园保护区	老县城保护区
目	17	12	15	15	14	11	13
科	50	35	36	39	40	32	36
属	116	95	123	131	116	88	107
种（亚种）	187	164	202	217	217	146	190

2. 区系分析

（1）区系成分

从表 8-14 可见，保护区记录的 187 种（亚种）鸟类，按其自然地理分布情况可分为三种类型：一是广布种，即繁殖范围跨古北与东洋两界，甚至超出两界，或者现知分布范围极有限，很难从其分布范围分析出区系从属关系的鸟类；二是东洋种，即完全或主要分布于东洋界的鸟类；三是古北种，即完全或主要分布于古北界的鸟类。

从表 8-14 可见，黑河湿地保护区东洋种、古北种、广布种的种类数分别为 46 种（亚种）、69 种（亚种）、72 种（亚种），分别占保护区鸟类总种数的 24.60%、36.90%、38.50%。古北种与东洋种相比占的比例较大，这与保护区处于秦岭——古北界与东洋界的过渡区，且位于秦岭北坡，为古北界，是相一致的。

陕西周至黑河湿地省级自然保护区与邻近保护区鸟类区系成分的比较结果见表 8-20。从表中可见，与秦岭南坡的长青、佛坪、天华山、老县城保护区及秦岭北坡的周至保护区相比，黑河湿地保护区的东洋型成分比例相对较低，这与保护区处于秦岭更北，位于浅山区和平原相一致；黑河湿地保护区的古北型成分比例仅较青木川和桑园自然保护区较高，是由于长青、佛坪、天华山、老县城保护区虽位于秦岭南坡，但处于秦岭主嵴，与同样处于北坡，也位于秦岭主嵴的周至保护区一致，其海拔较高，与古北型种类比例较高一致。但与秦岭南坡腹地的桑园保护区，以及更南部的秦岭西段与巴山西段交界区域的青木川保护区相比，古北界与东洋界的成分则相反，即南坡的桑园、青木川，东洋界成分高于古北界。从广布种成分看，秦岭南坡腹地的桑园，种类最少，秦岭主嵴附近的佛坪、长青、老县城、天华山次之，而远离秦岭腹地的青木川和黑河湿地，种类较多。产生这种差异的原因除了本底调查是否全面、彻底之外，更主要的是与它们各自所处的地理区位及地形地貌等自然环境密切相关。

表 8-20　陕西周至黑河湿地省级自然保护区与邻近保护区鸟类区系成分的比较

区系成分	黑河湿地	青木川	长青	佛坪	天华山	桑园	老县城	周至
东洋型（%）	24.60	37.31	39.60	40.09	37.68	56.85	37.37	32.90
古北型（%）	36.90	26.87	45.54	45.62	39.13	35.62	45.26	43.90
广布型（%）	38.50	35.82	14.85	14.29	23.19	7.53	17.37	23.20

在中国动物地理区划上，秦岭—伏牛山—淮河一线是我国中、东部地区古北界与东洋界的分界线，也是许多主要分布于热带、亚热带的种类分布的北限。黑河湿地保护区地处秦岭的北坡，与周至保护区相似，古北界的种类多于东亚界的种类。但由于其更北、海拔相对较低，有利于北方成分向南渗透，因此，黑河湿地保护区的古北界成分比例比东洋界成分多的部分（36.90%–24.60%），较周至保护区相应部分（43.9%–32.9%）高，不利于由南方向北方扩散，因此，东洋界成分比例更低。与位于秦岭南坡的长青、天华山、佛坪、老县城等保护区相较，其情形更是如此，即这些保护区的东洋界种类比例更高，而古北界成分比例较东洋界成分比例之差更小。与位于更南的青木川、桑园保护区相较，这两个保护区的东洋界种类比例高于古北界，黑河湿地保护区的东洋成分相对比例则更低。

就广布种成分论，黑河湿地保护区与青木川相比较，其广布成分相近，均较高，可能与这二者均远离秦岭主体有关。而黑河湿地保护区的东洋界成分比例低于古北界成分，青木川的东洋界成分比例高于古北界成分，与它们所处的地理位置一致。

（2）地理成分

保护区鸟类各科除了广泛分布的之外，北方代表性科有主要分布于古北界的科，岩鹨科；南方代表性科有主要分布于东洋界的科，包括卷尾科、黄鹂科、椋鸟科和噪鹛科；主要分布于旧大陆热带-亚热带的科，鸭科；主要分布于环球热带-亚热带的科，彩鹬科。可以看出，科的地理成分以南方成分占优势。

保护区鸟类种的地理成分共有12型，其中北方分布的有古北型（U）、东北型（M）、全北型（C）、东北-华北型（X）等8型，南方分布的有东洋型（W）、喜马拉雅-横断山区型（H）、南中国型（S）等3型，以及不易归类的类型，统计结果见表8-21。由此可见，鸟类的地理成分以东洋型、古北型、东北型、全北型、喜马拉雅-横断山区型为主，其中包含有南方成分的渗透。

表8-21　陕西周至黑河湿地省级自然保护区鸟类的分布型组成

	分布型	种数	比例（%）
北方	全北型（C）	16	8.56
	古北型（U）	44	23.53
	东北型（我国东北地区或再包括附近地区）（M）	18	9.63
	华北型（B）	1	0.53
	季风型（E）	2	1.07
	东北-华北型（X）	4	2.14
	中亚型（D）	1	0.53
	高地型（P）	5	2.67
	不易归类的分布（O）	23	12.30
南方	喜马拉雅-横断山区型（H）	16	8.56
	南中国型（S）	11	5.88
	东洋型（W）	46	24.60

1）东洋型（W）。保护区分布的东洋型鸟类其分布北限主要是北亚热带，包括红腹锦鸡、牛背鹭、白鹭、赤腹鹰、灰斑鸠、火斑鸠、珠颈斑鸠、大鹰鹃、黄腿渔鸮、领鸺鹠、斑头鸺鹠、斑姬啄木鸟、小灰山椒鸟、黄臀鹎、棕背伯劳（分布区还包括喜马拉雅南部地区，均为留鸟）、白额燕尾、灰林鹏、强脚树莺、冠纹柳莺、栗头鹟莺、八哥、绿背山雀（主要分布在我国西部）、白腰文鸟等。

保护区分布的东洋型鸟类分布北限是暖温带的种类：斑嘴鸭繁殖区北限可至中温带北界，在长江中下游留居，在青藏高原东南部越冬；四声杜鹃向北可分布至中温带；小杜鹃向北分布至暖温带；白胸苦恶鸟可沿季风区东部分布至暖温带的北缘；彩鹬在我国分布于季风区暖温带以南；池鹭、黄斑苇鳽向北进入温带；松雀鹰向北进入暖温带；三宝鸟广泛分布于东洋界，夏季可分布至季风区温带，还在大洋洲为繁殖鸟；蓝翡翠最北见于暖温带北缘；星头啄木鸟分布至热带-中温带；黑卷尾、灰卷尾夏季广泛分布于我国东洋界，还稍超此界至暖温带（华北东部）；寿带广布季风区，北限可达中温带南部；红嘴蓝鹊、红尾水鸲、紫啸鸫北限至暖温带；小鸊鷉主要居留在欧洲、非洲、东南亚及大洋洲，沿我国季风区包括喜马拉雅山南麓，向北伸至中温带。

此外，普通燕鸻在我国分布于季风区。黑枕黄鹂在我国季风区为夏候鸟，还分布于云南、台湾、海南。红头长尾山雀是广泛分布于我国东洋界的种类，向西伸展至喜马拉雅南翼。

褐河乌分布于季风区，在喜马拉雅山南麓还沿青藏高原西缘山地分布至天山。

2）古北型（U）。繁殖区向南延伸涵盖保护区的古北型种类有：苍鹭、黑鸢、雀鹰、雕鸮、纵纹腹小鸮、大斑啄木鸟、灰头绿啄木鸟、红脚隼、燕隼、松鸦、灰喜鹊、达乌里寒鸦、秃鼻乌鸦、沼泽山雀、大山雀、烟腹毛脚燕、棕腹柳莺、黄腰柳莺、暗绿柳莺、银喉长尾山雀、棕腹仙鹟、麻雀、普通朱雀等。凤头鹀鹀在欧亚大陆属温带居留鸟，包括我国北方和青藏高原南部；其越冬区主要在长江以南和雅鲁藏布江一带。蚁䴕在北方主要分布区以南出现孤立的间断分布区，位于青藏高原的东北及其邻近地区。

3）东北型（M）。一些种类经过华北区向西南延伸至此，并在保护区繁殖。它们是：普通雨燕、白腰雨燕、楔尾伯劳、黑眉苇莺、冕柳莺、蓝眉林鸲、北红尾鸲、山鹛鸲、树鹨、金翅雀、三道眉草鹀、黄喉鹀、灰头鹀等。

4）全北型（C）。繁殖区向南延伸涵盖保护区的全北型种类有：普通燕鸥、金雕、喜鹊、崖沙燕、家燕、鹪鹩等。夏季在保护区繁殖的种类有家燕。在保护区越冬的种类有绿头鸭、绿翅鸭、红头潜鸭、普通秋沙鸭、毛脚鵟等。

5）喜马拉雅-横断山区型（H）。喜马拉雅-横断山区型鸟类属东洋界，是"西南区"的主要成分，主要为山地森林栖居鸟类。代表性种类有：赤胸啄木鸟、长尾山椒鸟、灰背伯劳、冠纹柳莺、棕头雀鹛、斑翅鹩鹛、斑背噪鹛、橙翅噪鹛、灰头鸫、蓝额红尾鸲、黑喉红尾鸲、白顶溪鸲、灰蓝姬鹟、棕胸岩鹨、酒红朱雀、蓝鹀等。棕眉柳莺的繁殖区向北可远至华北地区，止于暖温带北界。

6）南中国型（S）。南中国型鸟类为我国东洋界所特有或主要分布种，是"华中区"的主要成分。分布于保护区的种类的分布特点是：勺鸡主要分布于我国南方，但还分布于华北地区。黄腹山雀分布于热带至亚热带东部。白头鹎 20 世纪 70 年代前基本分布于秦岭以南，但近数十年北扩较强，现已经广泛分布于渭河谷地；在华北已经分布于北京等地。淡尾鹟莺、黄腹树莺广泛分布于我国东洋界，分布北限与北亚热带北界相当，并向西至喜马拉雅山南翼分布。棕头鸦雀分布区伸至中温带南缘。画眉、白颊噪鹛主要分布于我国季风区亚热带以南。灰翅噪鹛向北向暖温带伸展。山麻雀分布向北可伸至暖温带南缘。

此外，保护区还分布有一些特有的种类，或主要分布于我国，跨越古北、东洋两大界的种类，如勺鸡、环颈雉、红腹锦鸡等。

（3）居留型

在保护区已知的 187 种（亚种）鸟类中，有留鸟 90 种（亚种），夏候鸟 51 种（亚种），冬候鸟 22 种（亚种），旅鸟 24 种（亚种）。其中在当地繁殖的鸟类共有 141 种（亚种）（包括留鸟和夏候鸟），占保护区鸟类总种数的 75.40%；非繁殖鸟类 46 种（亚种），仅占 24.60%（表 8-22），繁殖鸟类构成了保护区鸟类的主体部分。在繁殖鸟类中，留鸟占 63.83%，夏候鸟占 36.17%，说明繁殖鸟的主体成分是留鸟。在繁殖鸟类中，以古北型种类最多，其次是东洋型种类，广布种的比例最小。保护区的东洋型繁殖鸟比例超过 32%，充分说明了它处于东洋界与古北界的过渡区以及与秦岭鸟类区系的相似性。

表 8-22　陕西周至黑河湿地省级自然保护区鸟类居留型构成

区系成分	繁殖鸟				非繁殖鸟种数	
	种数	比例（%）	留鸟	夏候鸟	冬候鸟	旅鸟
东洋型	46	32.62	27	19	0	0
古北型	60	42.55	40	20	2	7
广布型	35	24.82	23	12	20	17
总计	141	100.00	90	51	22	24

3. 区系特征

在中国动物地理区划中，陕西周至黑河湿地省级自然保护区处于古北界，东北亚界，华北区，黄土高原亚区，晋南-渭河-伏牛省（张荣祖，1999），生态地理动物群类型属于林灌、农田动物群。根据上述分析可以看出，陕西周至黑河湿地省级自然保护区鸟类区系具有以下几个主要特征。

（1）种类比较丰富，以雀形目鸟类为主体

保护区鸟类已知有 17 目 50 科 116 属 187 种（亚种），与邻近保护区相比，也是物种比较丰富的地区之一。从种类组成看，雀形目鸟类占到了一半以上（56.68%），构成了保护区鸟类的主体部分。

（2）以东洋种和南方成分占相当比例，具有过渡区的特征

保护区的繁殖鸟中，东洋种、古北种、广布种鸟类分别占保护区繁殖鸟类总种数的 32.62%、42.55%、24.82%，东洋种的比例占到近 1/3。科的地理成分以南方成分占优势；种的地理成分以东洋型、古北型、东北型、全北型、喜马拉雅-横断山区型为主，其中包含有南方成分的渗透。这些都说明，保护区鸟类物种组成以北方成分占优势，具有较明显的过渡区特点。

（3）以留鸟和夏候鸟为主体

在保护区已知的 187 种（亚种）鸟类中，繁殖鸟类占 75.40%，非繁殖鸟类仅占 24.60%。在繁殖鸟类中，留鸟占 63.83%，夏候鸟占 36.17%。繁殖鸟类以古北型的种类最多，其次是东洋型种类，广布种的比例最低，但也近 1/4（表 8-22），这也说明了保护区处于东洋界与古北界的过渡区。

（4）地理成分复杂多样，是多种区系成分的汇集地

保护区鸟类科的地理成分除了广泛分布的之外，既有北方代表性科，又有南方代表性科；种的地理成分有 12 种，以东洋型、古北型、东北型、全北型、喜马拉雅-横断山区型为主，这反映了保护区鸟类地理成分的复杂多样。

8.3.3 生态分布

从生态地理学的观点看，保护区位于黄土高原亚区的南缘，由于耐湿动物于东南部季风区向秦岭北翼渗入，因而鸟类具有典型森林喜湿类型特点，并吸纳少量耐寒性种类。其生态分布特征如下。

1. 水平分布

保护区各区域生境存在一定的差异，这使得鸟类分布也呈现出一定的差异，但总的来看，水平分布差异主要是黑河库区湿地片区和黑河入渭口湿地片区的差异，其次是黑河库区湿地片区中不同区域的差异。下面以黑河库区湿地片区的青岗砭区域、陈河区域、黑河水库周边区域，以及黑河入渭口区域四个区域为代表，简要介绍各区域的常见鸟类。

青岗砭区域的常见鸟类有：鹪鹩、山鹏、山斑鸠、大嘴乌鸦、斑翅鹩鹛、斑背噪鹛、橙翅噪鹛、黑喉红尾鸲、白顶溪鸲、棕胸岩鹨、酒红朱雀、蓝眉林鸲、白鹡鸰、西南灰眉岩鹀、银脸长尾山雀、黄腹山雀、棕头鸦雀、灰翅噪鹛、大斑啄木鸟、达乌里寒鸦、秃鼻乌鸦、大山雀、斑姬啄木鸟、绿背山雀、黄臀鹎、强脚树莺等。

陈河区域的常见鸟类有：白鹡鸰、灰鹡鸰、黄臀鹎、红尾水鸲、白颊噪鹛、橙翅噪鹛、红嘴相思鸟、棕头鸦雀、强脚树莺、红头长尾山雀、银脸长尾山雀、大山雀、绿背山雀、黄喉鹀、灰头鹀等。

黑河水库周边区域的常见鸟类有：小白鹭、绿翅鸭、赤麻鸭、红脚隼、环颈雉、金腰燕、长尾山椒鸟、黄臀鹎、大嘴乌鸦、红尾水鸲、画眉、白颊噪鹛、红嘴相思鸟、棕头鸦雀、强脚树莺、栗头鹟莺、红头长尾山雀、黄腹山雀、大山雀、绿背山雀、金翅雀等。

黑河入渭口区域的常见鸟类有：豆雁、斑头雁、小䴙䴘、小白鹭、赤麻鸭、斑嘴鸭、绿头鸭、红头潜鸭等诸多水禽，以及环颈雉、白鹡鸰、黄臀鹎、乌鸫、白颊噪鹛、棕头鸦雀、大山雀、绿背山雀、麻雀、金翅雀等。

2. 垂直分布

表 8-23、表 8-24 是保护区鸟类垂直分布的分析结果。从表中可见，随着海拔的升高，鸟类种类及数量逐渐减少。从区系组成来看，随着海拔的升高，东洋种所占比例虽在 700～1800 m 有所增加，但 1800 m 以上则减少，古北种所占比例逐渐增大，广布种比例则逐渐减少；从居留型来看，留鸟的比例随着海拔的升高而增大，夏候鸟的比例略有增加，冬候鸟和旅鸟的比例则逐渐减少，这些均与秦岭南坡周至保护区（李保国等，2007）、秦岭南坡鸟类的垂直分布情况基本类似（任毅等，2002；刘诗峰和张坚，2003；李战刚等，2005）。

表 8-23 陕西周至黑河湿地省级自然保护区鸟类的垂直分布

海拔区间	总种数	东洋种		古北种		广布种	
		种数	比例（%）	种数	比例（%）	种数	比例（%）
700 m 以下	149	38	25.50	47	31.54	64	42.95
700～1800 m	123	39	31.71	50	40.65	34	27.64
1800 m 以上	66	16	24.24	33	50.00	17	25.76

表 8-24 陕西周至黑河湿地省级自然保护区各留居型鸟类的垂直分布

海拔区间	总种数	留鸟		夏候鸟		冬候鸟		旅鸟	
		种数	比例（%）	种数	比例（%）	种数	比例（%）	种数	比例（%）
700 m 以下	149	65	43.62	41	27.52	22	14.77	21	14.09
700～1800 m	123	76	61.79	37	30.08	3	2.44	7	5.69
1800 m 以上	66	41	62.12	24	36.36	0	0.00	1	1.52

8.3.4 珍稀濒危及特有鸟类

1. 珍稀、保护鸟类

保护区分布有国家重点保护鸟类 29 种，隶属于 8 目 10 科 20 属，占保护区鸟类总数的 15.51%。其中，国家Ⅰ级重点保护鸟类 3 种，为黑鹳、金雕、黄胸鹀；国家Ⅱ级重点保护鸟类 26 种，包括勺鸡、红腹锦鸡、斑头秋沙鸭、鹮嘴鹬、赤腹鹰、雀鹰、松雀鹰、白尾鹞、黑鸢、毛脚鵟、普通鵟、雕鸮、黄腿渔鸮、领鸺鹠、斑头鸺鹠、纵纹腹小鸮、红隼、红脚隼、灰背隼、燕隼、云雀、画眉、斑背噪鹛、橙翅噪鹛、红嘴相思鸟、蓝鹀（表 8-14）。

在保护区分布的鸟类中，属于有重要生态、科学、社会价值的陆生野生动物（"三有动物"）有 156 种，占保护区鸟类总种数的 83.42%，占陕西省分布的"三有动物"总数（435 种）的 35.86%；包括环颈雉、山斑鸠、四声杜鹃、普通翠鸟、戴胜、灰头绿啄木鸟、红嘴蓝鹊、虎纹伯劳、东方大苇莺、大山雀等。

在保护区分布的鸟类中，有 10 种属于陕西省重点保护动物，占保护区鸟类总种数的 5.35%，占陕西省重点保护鸟类（21 种）的 47.62%，它们是短嘴豆雁、斑头雁、绿头鸭、斑嘴鸭、白眼潜鸭、彩鹬、三宝鸟、寿带、酒红朱雀、黄喉鹀。

在保护区分布的鸟类中，列入《中国濒危动物红皮书·鸟类》的种类有 5 种，其中，濒危（E）1 种，易危（V）2 种，稀有（R）2 种。列入《中国物种红色名录》的种类有 11 种，其中濒危（EN）2 种，近危（NT）9 种。列入《濒危野生动植物种国际贸易公约》（CITES）（2019）的种类有 20 种，均列入附录Ⅱ（表 8-25）。

1981 年 3 月 3 日在北京，中国和日本两国政府签订了《中华人民共和国政府和日本国政府保护候鸟及其栖息环境的协定》，规定了 227 种两国共同保护的鸟类。在黑河湿地保护区鸟类中，属于该协定确定的受保护鸟类的一共有 61 种，分别是：短嘴豆雁、赤麻鸭、绿头鸭、绿翅鸭、红头潜鸭、凤头潜鸭、斑头秋沙鸭、普通秋沙鸭、凤头鹛鹛、白腰雨燕、大杜鹃、小杜鹃、凤头麦鸡、彩鹬、孤沙锥、扇尾沙锥、白腰草鹬、林鹬、矶鹬、普通燕鸻、红嘴鸥、普通燕鸥、白额燕鸥、黑鹳、黄斑苇鳽、夜鹭、牛背鹭、大白鹭、松雀鹰、白尾鹞、毛脚鵟、三宝鸟、灰背隼、燕隼、黑枕黄鹂、虎纹伯劳、红尾伯劳、秃鼻乌鸦、黑眉苇莺、家燕、金腰燕、极北柳莺、冕柳莺、虎斑地鸫、斑鸫、蓝眉林鸲、北红尾鸲、黑喉石鵖、山麻雀、山鹡鸰、白鹡鸰、黄鹡鸰、田鹨、树鹨、水鹨、燕雀、普通朱雀、小鹀、黄胸鹀、黄喉鹀、灰头鹀。

表 8-25　陕西周至黑河湿地省级自然保护区列入《中国濒危动物红皮书》和 CITES 等的鸟类

种名	中国濒危动物红皮书（鸟类）	中国物种红色名录	CITES		
			附录Ⅰ	附录Ⅱ	附录Ⅲ
黑鹳 *Ciconia nigra*	濒危（E）			√	
金雕 *Aquila chrysaetos*	易危（V）			√	
赤腹鹰 *Accipiter soloensis*				√	
雀鹰 *A. nisus*				√	
松雀鹰 *A. virgatus*				√	
白尾鹞 *Circus cyaneus*				√	
黑鸢 *Milvus migrans*				√	
毛脚鵟 *Buteo lagopus*				√	
普通鵟 *B. japonicus*				√	
红隼 *Falco tinnunculus*				√	
红脚隼 *F. amurensis*				√	
灰背隼 *F. columbarius*				√	
燕隼 *F. subbuteo*				√	
雕鸮 *Bubo bubo*	稀有（R）			√	
黄腿渔鸮 *Ketupa flavipes*	稀有（R）			√	
领鸺鹠 *Glaucidium brodiei*				√	
斑头鸺鹠 *G. cuculoides*				√	
纵纹腹小鸮 *Athene noctua*				√	
勺鸡 *Pucrasia macrolopha*		近危（NT）			
红腹锦鸡 *Chrysolophus pictus*	易危（V）				
白眼潜鸭 *Aythya nyroca*		近危（NT）			
黑枕黄鹂 *Oriolus chinensis*		濒危（EN）			
喜鹊 *Pica pica*		近危（NT）			
银脸长尾山雀 *Aegithalos fuliginosus*		近危（NT）			
山鹛 *Rhopophilus pekinensis*		近危（NT）			
画眉 *Garrulax canorus*		近危（NT）		√	
红嘴相思鸟 *Leiothrix lutea*		近危（NT）		√	
山麻雀 *Passer cinnamomeus*		濒危（EN）			
麻雀 *Passer montanus*		近危（NT）			
黄胸鹀 *Emberiza aureola*		近危（NT）			

　　1986 年 10 月 20 日在堪培拉，中国和澳大利亚两国政府签订了《中华人民共和国政府和澳大利亚政府保护候鸟及其栖息环境的协定》，规定了 81 种两国共同保护的鸟类。在黑河湿地保护区鸟类中，属于该协定确定的受保护鸟类的一共有17 种，分别是：白腰雨燕、金眶鸻、彩鹬、针尾沙锥、林鹬、矶鹬、普通燕鸻、普通燕鸥、白额燕鸥、黄斑苇鳽、牛背鹭、大白鹭、家燕、极北柳莺、白鹡鸰、灰鹡鸰、黄鹡鸰。

　　2007 年 4 月 10 日在首尔，中国和韩国两国政府签订了《中华人民共和国政府和大韩民国政府关于候鸟保护的协定》，规定了 337 种两国共同保护的鸟类。在黑河湿地保护区鸟类中，属于该协定确定的受保护鸟类的一共有 95 种，分别是：短嘴豆雁、赤麻鸭、绿头鸭、斑嘴鸭、绿翅鸭、红头潜鸭、凤头潜鸭、斑头秋沙鸭、普通秋沙鸭、小鸊鷉、凤头鸊鷉、白腰雨燕、四声杜鹃、大杜鹃、小杜鹃、白骨顶、凤头麦鸡、灰头麦鸡、长嘴剑鸻、金眶鸻、彩鹬、孤沙锥、针尾沙锥、扇尾沙锥、白腰草鹬、林鹬、矶鹬、普通燕鸻、红嘴鸥、普通燕鸥、白额燕鸥、黑鹳、黄斑苇鳽、夜鹭、池鹭、牛背鹭、苍鹭、大白鹭、小白鹭、金雕、赤腹鹰、白尾鹞、黑鸢、毛脚鵟、普通鵟、纵纹腹小鸮、戴胜、三宝鸟、蓝翡翠、普通翠鸟、蚁䴕、红隼、红脚隼、灰背隼、燕隼、黑枕黄鹂、黑卷尾、虎纹伯劳、红尾伯劳、楔尾伯劳、达乌里寒鸦、秃鼻乌鸦、短趾百灵、东方大苇莺、黑眉苇莺、崖沙燕、家燕、金腰燕、黄腰柳莺、极北柳莺、暗绿柳莺、冕柳莺、山鹛、褐河乌、灰椋鸟、北椋鸟、虎斑地鸫、斑鸫、蓝眉林鸲、灰林䳭、黑喉石䳭、白腹暗蓝鹟、山鹡鸰、白鹡鸰、灰鹡鸰、黄鹡鸰、田鹨、树鹨、粉红胸鹨、水鹨、燕雀、普通朱雀、小鹀、黄胸鹀、灰头鹀。

2013 年 3 月 22 日在莫斯科，中国和俄罗斯两国政府签订了《中华人民共和国政府和俄罗斯联邦政府关于保护候鸟及其栖息环境的协定》，规定了 435 种两国共同保护的鸟类。在黑河湿地保护区鸟类中，属于该协定确定的受保护鸟类的一共有 100 种，分别是：短嘴豆雁、斑头雁、赤麻鸭、绿头鸭、斑嘴鸭、绿翅鸭、红头潜鸭、白眼潜鸭、凤头潜鸭、斑头秋沙鸭、普通秋沙鸭、小鸊鷉、凤头鸊鷉、山斑鸠、普通雨燕、白腰雨燕、白骨顶、凤头麦鸡、灰头麦鸡、长嘴剑鸻、金眶鸻、孤沙锥、针尾沙锥、扇尾沙锥、白腰草鹬、林鹬、矶鹬、普通燕鸻、红嘴鸥、普通燕鸥、白额燕鸥、黑鹳、黄斑苇鳽、夜鹭、池鹭、牛背鹭、苍鹭、小白鹭、金雕、雀鹰、白尾鹞、黑鸢、毛脚鵟、普通鵟、纵纹腹小鸮、戴胜、三宝鸟、普通翠鸟、冠鱼狗、蚁䴕、灰头绿啄木鸟、红隼、红脚隼、灰背隼、燕隼、黑枕黄鹂、寿带、虎纹伯劳、红尾伯劳、楔尾伯劳、达乌里寒鸦、秃鼻乌鸦、小嘴乌鸦、短趾百灵、凤头百灵、云雀、黑眉苇莺、崖沙燕、家燕、金腰燕、棕眉柳莺、极北柳莺、暗绿柳莺、冕柳莺、银喉长尾山雀、鹪鹩、灰椋鸟、北椋鸟、虎斑地鸫、乌鸫、斑鸫、蓝眉林鸲、赭红尾鸲、北红尾鸲、黑喉石䳭、白腹暗蓝鹟、山鹡鸰、白鹡鸰、灰鹡鸰、黄鹡鸰、田鹨、树鹨、水鹨、燕雀、普通朱雀、西南灰眉岩鹀、三道眉草鹀、小鹀、黄胸鹀、黄喉鹀。

2. 特有鸟类

保护区内分布的中国特有鸟类共有 2 目 6 科 7 属 8 种（表 8-26），占中国鸟类特有种 105 种（雷富民和卢汰春，2006）或 109 种（郑光美，2023）的 7.62% 或 7.34%，这说明陕西周至黑河湿地省级自然保护区是我国特有种分布较为丰富的地区之一。值得一提的是，蓝鹀属是单型属，也是中国鸟类特有属；黄腹山雀和银脸长尾山雀仅在秦巴山区极小的区域内分布，属于狭域分布物种，这类物种更容易灭绝，应特别予以保护。另外，目前许多特有鸟类都缺乏翔实的生态生物学、生理生态学、分子生态学、分子遗传学、种群生存状况等基础资料，因此，为了更好地保护这些特有鸟类资源，应在大力加强野外保护工作的同时，积极开展相关研究工作。

表 8-26 陕西周至黑河湿地省级自然保护区分布的中国特有鸟类

种类	居留型	资源状况
红腹锦鸡 Chrysolophus pictus	留鸟	+++
黄腹山雀 Pardaliparus venustulus	留鸟	++
银脸长尾山雀 Aegithalos fuliginosus	留鸟	+++
山鹛 Rhopophilus pekinensis	留鸟	++
棕头鸦雀 Sinosuthora webbianus	留鸟	+++
斑背噪鹛 Ianthocincla lunulatus	留鸟	+
山噪鹛 Pterorhinus davidi	留鸟	+++
蓝鹀 Emberiza siemsseni	留鸟	++

注：资源状况分为数量稀少（+）、数量较多（++）、数量多（+++）三个等级。

8.3.5 经济鸟类

保护区经济鸟类物种丰富，大体可分为以下几类。

食虫鸟和猛禽资源：保护区食虫鸟类丰富，有多种猛禽，这些鸟类对于防治森林及农田病虫害、鼠害，维持自然生态平衡具有重要作用。

肉用鸟类：保护区的大部分鸟类都可食用，其中较典型的肉用鸟类主要是雉类、鸭类和鸠鸽类（表 8-27）。

观赏鸟类：保护区的许多鸟类都有很高的观赏价值，据初步统计，深受人们喜爱的观赏鸟类约有 21 种（表 8-27）。如羽色艳丽、形态美观的红腹锦鸡、红嘴相思鸟等；或者如叫声婉转动听、清脆高昂的画眉类、莺类、山雀类、文鸟类、鸦类等，都常常作为观赏鸟饲养。

药用鸟类：依照《中国药用动物志》的记述，在陕西周至黑河湿地省级自然保护区分布的常见药用鸟类约 20 种（表 8-27）。

表 8-27 陕西周至黑河湿地省级自然保护区主要资源鸟类及其用途

种类	肉用			装饰用	药用	绒填充用	观赏用
	珍品	佳品	一般				
勺鸡 Pucrasia macrolopha		+					
环颈雉 Phasianus colchicus	+			+			
红腹锦鸡 Chrysolophus pictus				+			+
赤麻鸭 Tadorna ferruginea		+				+	
绿头鸭 Anas platyrhynchos		+		+		+	+
绿翅鸭 A. crecca		+			+	+	
斑嘴鸭 A. zonorhyncha		+			+	+	
普通秋沙鸭 Mergus merganser		+			+	+	
岩鸽 Columba rupestris	+				+	+	
山斑鸠 Streptopelia orientalis	+					+	
灰斑鸠 S. decaocto	+					+	
火斑鸠 S. tranquebarica	+				+	+	

续表

种类	肉用			装饰用	药用	绒填充用	观赏用
	珍品	佳品	一般				
珠颈斑鸠 *S. chinensis*	+				+	+	
红嘴鸥 *Chroicocephalus ridibundus*					+		+
池鹭 *Ardeola bacchus*				+	+		
牛背鹭 *Bubulcus coromandus*					+		
大白鹭 *Ardea alba*					+		+
白鹭 *Egretta garzetta*				+	+		
金雕 *Aquila chrysaetos*				+			+
黑鸢 *Milvus migrans*				+			+
斑头鸺鹠 *Glaucidium cuculoides*					+		
戴胜 *Upupa epops*							+
普通翠鸟 *Alcedo atthis*							+
蚁䴕 *Jynx torquilla*					+		
灰头绿啄木鸟 *Picus canus*					+		
黑枕黄鹂 *Oriolus chinensis*					+		+
长尾山椒鸟 *Pericrocotus ethologus*							+
寿带 *Terpsiphone incei*							+
红嘴蓝鹊 *Urocissa erythrorhyncha*							+
绿背山雀 *Parus monticolus*							+
画眉 *Garrulax canorus*							+
斑背噪鹛 *Ianthocincla lunulata*							+
橙翅噪鹛 *Trochalopteron elliotii*							+
红嘴相思鸟 *Leiothrix lutea*							+
褐河乌 *Cinclus pallasii*					+		
八哥 *Acridotheres cristatellus*					+		
乌鸫 *Turdus mandarinus*					+		
紫啸鸫 *Myophonus caeruleus*					+		
白腰文鸟 *Lonchura striata*							+
金翅雀 *Chloris sinica*							+
蓝鹀 *Emberiza siemsseni*							+
黄胸鹀 *E. aureola*					+		
黄喉鹀 *E. elegans*							+

8.4 兽　　类

8.4.1 调查研究概况

资料显示,以往在陕西周至黑河湿地省级自然保护区及其周边地区开展的兽类调查研究工作主要有:Thomas(1911,1912)的《中国中部陕西南部的兽类》,该文记述兽类29 种;《中国中部秦岭山地小型兽类的采集》在前者 29 种兽类的基础上还记载有林跳鼠、鼠兔等种类。Allen(1939,1940)和 Ellerman 等(1951)的著作内对陕西省兽类及其分布作了总结性介绍。1956～1966 年，陈服官、闵芝兰等对秦岭、巴山兽类分类和区系进行了研究（陈服官等，1980；王廷正等，1981）。王廷正等对秦巴山区的啮齿动物进行了研究（王廷正，1983，1990），并出版了《陕西啮齿动物志》（王廷正和许文贤，1993）。宋世英和邵孟明（1983）及宋世英（1985）对秦巴地区的猬类和食虫类进行了研究。

近年来，对黑河湿地保护区周边的保护区开展的调查研究工作较多。杨兴中等记述佛坪自然保护区兽类 7 目 26 科 55 属 68 种（刘诗峰和张坚，2003）。杨兴中等记述长青自然保护区兽类 7 目 24 科 51 属 63 种（任毅等，2002）。李晓晨等记述太白山自然保护区兽类 7 目 25 科 72 种（任毅等，2006）。李春旺和蒋志刚记述老县城保护区兽类 7 目 26 科 59 属 71 种（蒋志刚等，2006）。肖红等记述桑园自然保护区兽类 7 目 23 科 49 属 61 种（温战强和杨玉柱，2007）。党坤良等（2009）记述黄柏塬自然保护区兽类 7 目 23 科 64 属 81 种。王开锋等记述陕西周至国家级自然保护区兽类 7 目 24 科 58 属 74 种（李保国等，2007）；并且针对陕西周至国家级自然保护区，杨兴中报道了大熊猫和羚牛种群数量及分布，李保国报道了金丝猴的分布及数量，杨斌报道了食虫动物的多样性，裴俊峰报道了翼手目动物的多样性，靳铁治报道了鼠类区系（李保国等，2013）。

然而，陕西周至黑河湿地省级自然保护区迄今为止还没有开展过系统、全面的兽类调查。为此，综合科学考察队于 2016 年、2017 年 5 月上、中旬及 8 月下旬和 9 月上旬，对保护区的兽类资源开展了全面调查。调查主要采用样线法进行。对大型兽类，主要通过访问和野外痕迹识别进行调查；对小型兽类，除进行样线调查外，还设置鼠夹进行定点采捕，并采用夹日法对啮齿动物数量进行了调查。布设鼠夹 2138 夹日，捕获鼠类 39 只。

8.4.2　区系分析

1. 物种组成

根据野外调查和室内标本鉴定的结果，并参考前人的调查研究工作，确认保护区兽类计 6 目 19 科 51 属 68 种（亚种）（表 8-28），占全国兽类 607 种（王应祥，2003）的 11.20%，占陕西省兽类 167 种（郑生武和李保国，1999）的 40.72%。

（1）目的组成

保护区的兽类共有 6 目，各目包含的科、属、种数统计结果见表 8-29。从表中可见，啮齿目的科数、属数和种数均为最多，有 5 科 18 属 27 种（亚种）；其次是劳亚食虫目；翼手目、食肉目、偶蹄目的种数居其后，依次有 11、9、6 种（亚种）。由此可见，保护区的兽类区系组成以啮齿目和劳亚食虫目为主体，其次是翼手目、食肉目、偶蹄目，兔形目最少。

（2）科内属的组成

从表 8-28 可见，保护区兽类各科内所含属数差异较大，其中 7 属的科有 2 科，为蝙蝠科、松鼠科；含 5 属的 1 科，为鼠科；含 4 属的 4 科，为鼹科、鼩鼱科、鼬科、仓鼠科；含 3 属的 1 科，为鹿科；含 2 属的 2 科，为猬科、牛科；其余 9 科均只含 1 属（表 8-30）。

表8-28 陕西周至黑河湿地省级自然保护区兽类区系组成及分布

目科种	分布范围			分布海拔			分布型	区系成分	保护级别
	菁岗垭	陈河	黑河入渭口	1	2	3			
I. 劳亚食虫目 EULIPOTYPHLA									
1. 猬科 Erinaceidae									
(1) 东北刺猬 *Erinaceus amurensis dealbatus* Swinhoe, 1870			+	√			O	古北	V
(2) 侯氏猬 *Hemiechinus hughi* Thomas, 1908*		+		√			O	古北	V
2. 鼹科 Talpidae									
(3) 长吻鼩鼹 *Euroscaptor longirostris* (Milne-Edwards, 1870)*		+		√			S	古北	
(4) 麝鼹 *Scaptochirus moschatus gilliesi* Thomas, 1910*	+	+		√	√	√	H	广布	
(5) 少齿鼩鼹 *Uropsilus soricipes* Milne-Edwards, 1871*		+		√			H	东洋	
(6) 甘肃鼩鼹 *Scapanulus oweni* Thomas, 1912*		+		√			H	东洋	
3. 鼩鼱科 Soricidae									
(7) 灰麝鼩 *Crocidura attenuata* Milne-Edwards, 1872		+		√			S	东洋	
(8) 山东小麝鼩 *C. shantungensis phaeopus* G. Allen, 1923	+					√	O	古北	
(9) 印支小麝鼩 *C. indochinensis* Robinson et Kloss, 1922	+	+			√	√	W	东洋	
(10) 西南中鼩鼱 *C. vorax* G. Allen, 1923	+				√		U	古北	
(11) 四川短尾鼩 *Anourosorex quamipes* Milne-Edwards, 1872	+	+			√		S	广布	
(12) 川西缺齿鼩 *Chodsigoa hypsibia hypsibia* (de Winton, 1899)*	+				√		H	东洋	
(13) 斯氏缺齿鼩 *C. smithii* Thomas, 1911*					√		H	东洋	
(14) 纹背鼩鼱 *Sorex cylindricauda* Milne-Edwards, 1871*	+				√		H	东洋	
II. 翼手目 CHIROPTERA									
4. 菊头蝠科 Rhinolophidae									
(15) 马铁菊头蝠 *Rhinolophus ferrumequinum nippon* Temminck, 1835	+		+		√		O	古北	
(16) 皮氏菊头蝠 *R. pearsoni pearsoni* Horsfield, 1851	+				√		W	东洋	
(17) 中菊头蝠 *R. affinis himalayanus* Anderson, 1905	+		+		√		W	东洋	
(18) 中华菊头蝠 *R. sinicus sinicus* Anderson, 1905	+				√		S	东洋	

续表

目科种	分布范围			分布海拔			分布型	区系成分	保护级别
	青冈区	陈河	黑河入渭口	1	2	3			
5. 蝙蝠科 Vespertilionidae									
(19) 东方棕蝠 Eptesicus pachyomus pallens Miller, 1911		+	+	√			U	古北	
(20) 中华山蝠 Nyctalus plancyi plancyi (Gerbe, 1880)**		+	+	√	√		U	古北	
(21) 东亚伏翼 Pipistrellus abramus (Temminck, 1838)		+	+	√	√		E	古北	
(22) 灰长耳蝠 Plecotus austriacus kozlovi Bobrinskii, 1926			+	√			U	古北	
(23) 亚洲宽耳蝠 Barbastella leucomelas darjelingensis (Hodgson, 1855)			+	√			W	东洋	
(24) 白腹管鼻蝠 Murina leucogaster leucogaster Milne-Edwards, 1872		+	+		√		E	古北	
(25) 华南水鼠耳蝠 Myotis laniger Peters, 1870	+	+			√		W	东洋	
III. 食肉目 CARNIVORA									
6. 犬科 Canidae									
(26) 貉 Nyctereutes procyonoides orestes Thomas, 1923	+	+			√		E	东洋	II
7. 熊科 Ursidae									
(27) 黑熊 Ursus thibetanus mupinensis Heude, 1901	+				√	√	E	广布	II
8. 鼬科 Mustelidae									
(28) 黄鼬 Mustela sibirica frontanierii (Milne-Edwards, 1871)		+	+	√	√		U	广布	V
(29) 黄腹鼬 M. kathiah kathiah Hodgson, 1835		+			√	√	S	东洋	V
(30) 猪獾 Arctonyx collaris albogularis (Blyth, 1853)		+	+	√	√		W	东洋	S，V
(31) 亚洲狗獾 Meles leucurus leucurus (Hodgson, 1847)	+	+			√	√	U	古北	S，V
(32) 欧亚水獭 Lutra lutra chinensis Gray, 1837	+	+			√		U	广布	II
9. 灵猫科 Viverridae									
(33) 花面狸 Paguma larvata larvata (C. E. H. Smith, 1827)	+	+	+	√	√		W	东洋	S，V
10. 猫科 Felidae									
(34) 豹猫 Prionailurus bengalensis euptilura (Elliot, 1871)	+	+	+	√	√		W	广布	II

续表

目科种	分布范围			分布海拔			分布型	区系成分	保护级别
	青岗栎	陈河	黑河入渭口	1	2	3			
IV. 偶蹄目 ARTIODACTYLA									
11. 猪科 Suidae									
（35）野猪 Sus scrofa moupinensis Milne-Edwards, 1871	+++	+++		√			U	广布	
12. 鹿科 Cervidae									
（36）小麂 Muntiacus reevesi (Ogilby, 1839)*	+	+			√	√	S	东洋	S, V
（37）狍 Capreolus pygargus melanotis Miller, 1911	+	+			√		U	古北	S, V
（38）毛冠鹿 Elaphodus cephalophus cephalophus Milne-Edwards, 1872**	+	+			√	√	S	东洋	II
13. 牛科 Bovidae									
（39）中华鬣羚 Capricornis milneedwardsii milneedwardsii David, 1869**	+	+			√	√	W	东洋	II
（40）中华斑羚 Naemorhedus griseus griseus Milne-Edwards, 1871**	+	+			√	√	E	东洋	II
V. 兔形目 LAGOMORPHA									
14. 兔科 Leporidae									
（41）蒙古兔 Lepus tolai filchmeri Matschie, 1908	+	+	+	√	√		O	广布	V
VI. 啮齿目 RODENTIA									
15. 松鼠科 Sciuridae									
（42）赤腹松鼠 Callosciurus erythraeus qinlingensis Xu et Chen, 1989	+					√	W	东洋	V
（43）隐纹花松鼠 Tamiops swinhoei vestitus Miller, 1915	+	+			√		W	东洋	V
（44）珀氏长吻松鼠 Dremomys perrnyi perrnyi (Milne-Edwards, 1867)**	+	+			√		S	东洋	V
（45）岩松鼠 Sciurotamias davidianus davidianus Milne-Edwards, 1867*	++	++			√		O	古北	V
（46）花鼠 Tamias sibiricus senescens Miller, 1898	+	+			√		U	古北	V
（47）复齿鼯鼠 Trogopterus xanthipes (Milne-Edwards, 1867)*	+	+			√		H	东洋	S, V
（48）红白鼯鼠 Petaurista alborufus alborufus Milne-Edwards, 1870*	+				√		W	东洋	S, V
（49）灰头小鼯鼠 P. caniceps (Gray, 1842)	+				√		H	东洋	V
16. 仓鼠科 Cricetidae									

续表

目科种	分布范围			分布海拔			分布型	区系成分	保护级别
	青岗区	陈河	黑河入渭口	1	2	3			
(50) 大仓鼠 *Tscherskia triton* (de Winton, 1899)**	+		+	√			X	古北	
(51) 甘肃仓鼠 *Cansumys canus ningshaanensis* (Song, 1985)*	+					√	O (L)	古北	
(52) 洮州绒鼯 *Caryomys eva eva* Thomas, 1911*	+				√	√	H	东洋	
(53) 司氏绒鼯 *C. inez nux* (Thomas, 1910)*	+				√	√	B	古北	
(54) 根田鼠 *Alexandromys oeconomus flaviventris* (Satunin, 1903)	+				√	√	U	古北	
17. 鼠科 Muridae									
(55) 巢鼠 *Micromys minutus* Pallas, 1771		+			√		U	广布	
(56) 小家鼠 *Mus musculus musculus* (Linnaeus, 1758)		+	+	√	√		U	广布	
(57) 褐家鼠 *Rattus norvegicus soccer* (Miller, 1914)	+	+	+	√	√		U	广布	
(58) 黄胸鼠 *R. tanezumi tanezumi* (Temminck, 1845)		+			√		W	东洋	
(59) 大足鼠 *R. nitidus nitidus* (Hodgson, 1845)		+			√		W	东洋	
(60) 安氏白腹鼠 *Niviventer andersoni* (Thomas, 1911)*	+	+			√	√	W	东洋	
(61) 针毛鼠 *N. fulvescens* (Gray, 1847)	++	+			√		W	东洋	
(62) 北社鼠 *N. confucianus luticolor* (Thomas, 1908)	+	+			√	√	W	东洋	
(63) 中华姬鼠 *Apodemus draco* (Barrett-Hamilton, 1900)*	+	+			√		S	古北	
(64) 大林姬鼠 *A. peninsulae peninsulae* (Thomas, 1906)**	+	+			√	√	X	古北	
(65) 黑线姬鼠 *A. agrarius mantchuicus* (Thomas, 1898)			+	√			U	古北	
(66) 高山姬鼠 *A. chevrieri* Milne-Edwards, 1868*	+					√	S	古北	
18. 鼹形鼠科 Spalacidae									
(67) 秦岭鼢鼠 *Eospalax rufescens* Allen, 1909*	+	+			√	√	B	古北	
19. 豪猪科 Hystricidae									
(68) 马来豪猪 *Hystrix brachyura subcristata* Swinhoe, 1870	+	+			√	√	W	东洋	V

注：“*”表示中国特有种；“**”表示主要分布于中国。“分布范围”栏，“++”表示常见，“+”表示少见，“+”表示多见；“+++”表示常见。“分布海拔”栏，“1”表示海拔 700 m 以下；“2”表示海拔 700~1800 m；“3”表示海拔 1800 m 以上。“分布型”栏，“U”表示古北型；“H”表示喜马拉雅-横断山区型；“S”表示南中国型；“W”表示东洋型；“O”表示不易归类；“L”表示局地型；“B”表示东北-华北型；“E”表示华北型；“X”表示东北-华北型。“区系成分”栏，“古北”“东洋”“广布”分别表示古北种，东洋种和广布种。“保护级别”栏，“II”表示国家 II 级重点保护野生动物；“S”表示陕西省重点保护野生动物；“V”表示有重要生态、科学、社会价值的陆生野生动物。

表 8-29　陕西周至黑河湿地省级自然保护区兽类各类群的组成

目	科数	占总科数比例（%）	属数	占总属数比例（%）	种数	占总种数比例（%）
劳亚食虫目	3	15.79	10	19.61	14	20.59
翼手目	2	10.53	8	15.69	11	16.18
食肉目	5	26.32	8	15.69	9	13.24
偶蹄目	3	15.79	6	11.76	6	8.82
兔形目	1	5.26	1	1.96	1	1.47
啮齿目	5	26.32	18	35.29	27	39.71
总计	19	100.00	51	100.00	68	100.00

表 8-30　陕西周至黑河湿地省级自然保护区兽类科内属的组成

科内含属数	科数	占总科数比例（%）	属数	占总属数比例（%）
7 属	2	10.53	14	27.45
5 属	1	5.26	5	9.80
4 属	4	21.05	16	31.37
3 属	1	5.26	3	5.88
2 属	2	10.53	4	7.84
1 属	9	47.37	9	17.65
总计	19	100.00	51	100.00

（3）科内种的组成

保护区兽类各科内包含的种数差异较大，其中以鼠科（Muridae）的种数最多，有12 种（亚种）；然后依次是鼩鼱科（Soricidae）、松鼠科（Sciuridae）8 种（亚种）；蝙蝠科（Vespertilionidae）7 种（亚种）；鼬科（Mustelidae）和仓鼠科（Cricetidae）各含 5 种（亚种）；鼹科（Talpidae）和菊头蝠科（Rhinolophidae）各含 4 种（亚种）；鹿科（Cervidae）含 3 种（亚种）；猬科（Erinaceidae）和牛科（Bovidae）各含 2 种（亚种）；其余 8 科均只含 1 种（亚种）（表 8-31）。

表 8-31　陕西周至黑河湿地省级自然保护区兽类科内种的组成

科内含种数	科数	占总科数比例（%）	种数	占总种数比例（%）
10 种（亚种）以上	1	5.26	12	17.65
8 种（亚种）	2	10.53	16	23.53
7 种（亚种）	1	5.26	7	10.29
5 种（亚种）	2	10.53	10	14.71
4 种（亚种）	2	10.53	8	11.76
3 种（亚种）	1	5.26	3	4.41
2 种（亚种）	2	10.53	4	5.88
1 种（亚种）	8	42.11	8	11.76
总计	19	100.00	68	100.00

（4）属内种的组成

从表 8-28 和表 8-32 可见，保护区兽类含有较多的种的属较少，而绝大多数属却含有较少的种。麝鼩属（*Crocidura*）、菊头蝠属（*Rhinolophus*）、姬鼠属（*Apodemus*）各含 4 种（亚种）；家鼠属（*Rattus*）、白腹鼠属（*Niviventer*）各含 3 种（亚种）；含 2 种（亚种）的有 4 个属：缺齿鼩属（*Chodsigoa*）、鼬属（*Mustela*）、鼯鼠属（*Petaurista*）、绒鼠属（*Caryomys*）；其余 42 个属均只含 1 种（亚种）。

表 8-32　陕西周至黑河湿地省级自然保护区兽类属内种的组成情况

属内含种数	属数	占总属数比例（%）	种数	占总种数比例（%）
4 种（亚种）	3	5.88	12	17.65
3 种（亚种）	2	3.92	6	8.82
2 种（亚种）	4	7.84	8	11.76
1 种（亚种）	42	82.35	42	61.76
总计	51	100.00	68	100.00

（5）与邻近保护区的比较

表 8-33 是陕西周至黑河湿地省级自然保护区与邻近保护区兽类区系组成情况的比较结果。从表中可见，黑河湿地保护区的兽类种类比较丰富，与秦岭北坡的其他保护区接近。

表 8-33　陕西周至黑河湿地省级自然保护区与邻近保护区兽类区系组成情况的比较

类别	黑河湿地	长青	佛坪	太白山	青木川	桑园	老县城	周至
目	6	7	7	7	7	7	7	7
科	19	24	26	25	26	23	26	24
属	51	51	55		56	49	59	58
种	68	63	68	72	70	61	71	74

2. 区系分析

（1）区系成分

从表 8-28 可见，在保护区 68 种（亚种）兽类中，东洋种有 33 种（亚种），占 48.53%；古北种有 24 种（亚种），占 35.29%；广布种有 11 种（亚种），占 16.18%。区系成分以东洋界占优势。

（2）地理成分

保护区兽类科的地理成分以世界分布类型为主，不但具有暖温带的性质，有北方代表性科，即主要分布于全北界的科——猬科、鼹科；而且具有明显的亚热带性质，有南方代表性科，即主要分布于旧大陆热带-亚热带的科——灵猫科和豪猪科，以及主要分布于环球热带-亚热带的科——菊头蝠科。

保护区兽类种的地理成分共有 8 种分布型（表 8-34），其中北方分布的有 4 种分布型，南方分布型有 3 种，不易归类的分布型有 1 种。在北方型种类中，大多数是广布于我国古北界的种类。另外，东北-华北型（X）和华北型（B）的存在则代表了少数种类沿华北区向南伸展的趋势。

从各分布型包含的种数及占兽类总种数的比例看，东洋型（W）位居第一，其次是古北型（U），南中国型（S）和喜马拉雅-横断山区型（H）分别居第三、第四。

表 8-34　陕西周至黑河湿地省级自然保护区兽类的分布型组成

类型	分布型	种数	所占比例（%）
北方	古北型（U）	15	22.06
	东北-华北型（X）	2	2.94
	华北型（B）	2	2.94
	季风型（E）	5	7.35
南方	东洋型（W）	18	26.47
	南中国型（S）	10	14.71
	喜马拉雅-横断山区型（H）	9	13.24
	不易归类（O）	7	10.29

3. 区系特征

由上述分析可以看出，保护区兽类区系具有以下主要特征。

（1）种类比较丰富，以啮齿类和食虫类、翼手类为主体

保护区兽类已知有 6 目 19 科 52 属 68 种（亚种），与邻近保护区相比，物种多样性较高。从种类组成看，种类数量由多到少，以啮齿目、劳亚食虫目、翼手目、食肉目、偶蹄目的种类为序，反映保护区兽类区系组成以啮齿类和食虫类为主体，其次是翼手类、小型食肉类和有蹄类。

（2）以东洋型成分占优势

在保护区 68 种（亚种）兽类中，东洋种 33 种（亚种），占 48.53%，接近一半；古北种有 24 种（亚种），占 35.29%。区系成分以东洋界占有明显优势。这反映了保护区兽类区系组成明显的亚热带性质。

（3）地理成分复杂多样，是多种区系成分的汇集地

保护区兽类科的地理成分以广泛分布类型为主，北方代表性科有 2 科，南方代表性科有 3 科。种的地理成分有 8 种分布型，以东洋型（W）、古北型（U）、南中国型（S）、喜马拉雅-横断山区型（H）包含的种数较多，但季风型（E）以及华北型（B）、东北-华北型（X）等分布型的存在，又说明了保护区兽类地理成分的复杂多样。

（4）现生动物群具有一定的古老性及孑遗性

在组成保护区众多的兽类地理成分中，不乏典型的南、北方类型，又有丰富的食虫

类物种，这不仅说明本区兽类区系具有西南山地-喜马拉雅动物群的特征，而且也说明其兽类区系组成的原始性。

在第三纪，秦巴地区的动物区系为三趾马动物群，更新世早期为华南巨猿动物群，更新世中期至全新世为大熊猫-剑齿象动物群。更新世早期生存并延续到现代的种类有黑熊、豪猪、猪獾、花面狸和野猪等。更新世中期生存并延续到现代的种类有毛冠鹿、中华鬣羚等。由此可见，保护区现生动物群具有一定的古老性和孑遗性。

8.4.3 生态分布

1. 水平分布

动物的分布状况是水热、土壤、植被、人类活动等多种因素综合作用的结果。陕西周至黑河湿地省级自然保护区位于秦岭浅山及渭河谷地。浅山区山势较陡峭、沟谷纵横，悬崖峭壁亦多处可见，为动物的栖息繁衍提供了独特而多样的环境。但在保护区沿河谷区域，特别是黑河两岸，海拔较低，居民分布多，群众生产生活对自然环境的干扰较大，因此植被以次生灌木和小乔木为主，生境条件相对较差。而越靠近保护区的岭脊，人为干扰越小，植被条件越好。受以上诸因素的影响，在保护区低海拔的河谷地区，动物组成以林灌、草地-农田动物为主，如褐家鼠、黄胸鼠、黑线姬鼠、蒙古兔等，并且动物在各栖息地之间有频繁的昼夜往返和季节迁移。在保护区的海拔较高区域，原生植被保存较好，林栖兽类种类丰富，区系组成多样，多种大型兽类如中华鬣羚、中华斑羚等有分布。在低海拔河谷地区和保护区纵深区域之间的阔叶林及山谷中上段，主要分布有黑熊、野猪、花面狸和猪獾等。在渭河谷地区域，主要是与人类伴生的动物种类，如褐家鼠、小家鼠，以及主要分布于农田的动物种类，如黑线姬鼠、蒙古兔等。

2. 垂直分布

保护区的植被可以划分为三个垂直带：低山森林、灌丛与农垦带，山地落叶阔叶林带，山地针阔叶混交林带。在这三个垂直植被带，海拔 1200 m 以下具有小范围的常绿阔叶林和常绿落叶阔叶林；在针阔叶混交林带中大量出现温性针叶树种；落叶阔叶林带则主要体现了温带植物群落的性质。以下按此三个带对兽类的垂直分布情况加以大致说明（表 8-35）。

表 8-35　陕西周至黑河湿地省级自然保护区兽类垂直分布情况

动物类群	低山森林、灌丛与农垦带	山地落叶阔叶林带	山地针阔叶混交林带
劳亚食虫目 Eulipotyphla	++	++	+
翼手目 Chiroptera	+	+	+
食肉目 Carnivora	+	+++	++
偶蹄目 Artiodactyla	+	+++	++
啮齿目 Rodentia	+++	++	+
兔形目 Lagomorpha	++	+	+

（1）低山森林、灌丛与农垦带

保护区黑河入渭河口湿地片区所在的位置为河谷阶地，几乎已经全部垦殖，从南北两侧的山地植被看，属于夏绿落叶阔叶林类型。自然栎林已被麦、棉、秋杂类作物、果树和散生农家树种所代替。动物以啮齿目及蒙古兔等动物为主。

（2）山地落叶阔叶林带

垂直分布范围相当广泛，从山麓海拔 780 m 至 2800 m 的大部分山地被落叶阔叶林占据，主要类型是栎林和桦木林，伴存有温性针叶林-侧柏林、油松林和华山松林。

分布于海拔 1200 m 以下，为北亚热带常绿阔叶林被破坏后形成的植被景观，在沟谷等水热条件适宜的地段保留有常绿阔叶林和暖性针叶林，台地与坡度较缓的山坡多被开垦为农田，一些陡峭的地段生长着落叶阔叶灌丛。此带由于受人为活动的影响，植被格局比较破碎。各类群兽类均在此带出现，食虫类和啮齿类是本带的优势类群。有蹄类中的小麂、毛冠鹿、中华鬣羚、中华斑羚等随季节和食物的变化，丰富度亦有变化。黑熊、野猪在此带也比较常见。

分布于海拔 1200～1500 m，为华山松、油松与栓皮栎、锐齿槲栎等落叶阔叶树种组成的针阔叶混交林植被景观，在公路沿线的台地与缓坡地上分布有小面积的农田。这一地段的生境类型多样，植被条件较好，人为干扰较少，为中华斑羚、中华鬣羚等中小型兽类提供了重要的栖息地。

分布于海拔 1500 m 以上，为以落叶阔叶林为主的植被景观，在阳坡的山脊或山顶也分布有华山松林。本植被带由于所处海拔较高，通行条件差，因此受到的人为干扰最小。这里是狍、小麂、中华斑羚、中华鬣羚等大、中型兽类的主要分布地，其他类群的兽类在此带也都有分布。

（3）山地针阔叶混交林带

分布于海拔 2300～2600 m 的桦木-华山松混交林带，红桦占绝对优势，其他树种主要有陕甘花楸、山杨、巴山冷杉、杜鹃以及忍冬属、蔷薇属和箭竹等灌木。中华斑羚、中华鬣羚活动较多，另有小麂、狍等。

8.4.4 珍稀濒危及特有兽类

1. 珍稀濒危兽类

据统计，保护区分布有国家重点保护兽类 7 种，占保护区兽类总种数的 10.29%；均为国家 II 级重点保护兽类，它们是：貉、黑熊、欧亚水獭、豹猫、毛冠鹿、中华鬣羚、中华斑羚（表 8-28）。

保护区有 19 种兽类被列入"有重要生态、科学、社会价值的陆生野生动物"（"三有动物"）名录中，占保护区兽类总种数的 27.94%，占陕西省发布的"三有动物"总数（28 种）的 67.86%，它们是：东北刺猬、侯氏猬、黄鼬、黄腹鼬、猪獾、亚洲狗獾、花面狸、小麂、狍、蒙古兔、赤腹松鼠、隐纹花松鼠、珀氏长吻松鼠、岩松鼠、花鼠、复齿鼯鼠、红白鼯鼠、灰头小鼯鼠、马来豪猪（表 8-28）。

根据陕西省重点保护野生动物名录，保护区分布的省级重点保护兽类有 7 种，占保护区兽类总种数的 10.29%，包括亚洲狗獾、猪獾、花面狸、小麂、狍、复齿鼯鼠、红白鼯鼠（表 8-28）。

保护区有 5 种兽类被列入《濒危野生动植物种国际贸易公约》（CITES）（2019）附录，占保护区兽类总种数的 7.35%。其中附录 I 物种有 4 种，包括黑熊、欧亚水獭、中华斑羚、中华鬣羚；附录 II 物种 1 种，为豹猫。

在保护区 68 种兽类中，有 6 种被列入《中国濒危动物红皮书》，占保护区兽类总种数的 8.82%。其中濒危（E）物种 1 种，中华斑羚；稀有（R）物种 1 种，甘肃鼹；易危（V）物种 4 种，包括黑熊、欧亚水獭、豹猫、马来豪猪。

在保护区 68 种兽类中，有 19 种被列入 IUCN 红色名录（汪松和解焱，2009），占保护区兽类总种数的 27.94%。其中，濒危（EN）2 种：少齿鼩鼹、复齿鼯鼠；易危（VU）4 种：黑熊、欧亚水獭、中华鬣羚、马来豪猪；低危/需予关注（LR/LC）11 种：长吻鼹、麝鼹、甘肃鼹、中菊头蝠、亚洲宽耳蝠、黄鼬、黄腹鼬、猪獾、花面狸、小麂、狍；需予关注（LC）1 种：豹猫；数据缺乏（DD）1 种：毛冠鹿。

列入《中国物种红色名录》（汪松和解焱，2004，2009）24 种，占保护区兽类总种数的 35.29%。其中，极危（CR）1 种：亚洲狗獾；濒危（EN）2 种：欧亚水獭、中华斑羚；易危（VU）16 种：长吻鼹、少齿鼩鼹、甘肃鼹、印支小麝鼩、西南中麝鼩、亚洲宽耳蝠、貉、黑熊、猪獾、豹猫、小麂、狍、毛冠鹿、中华鬣羚、复齿鼯鼠、马来豪猪；近危（NT）5 种：麝鼹、中菊头蝠、黄鼬、黄腹鼬、花面狸。

依据蒋志刚等（2016）《中国脊椎动物红色名录》，受威胁物种 9 种，占保护区兽类总种数的 13.24%。其中：濒危（EN）1 种：欧亚水獭；易危（VU）8 种：亚洲宽耳蝠、黑熊、豹猫、小麂、毛冠鹿、中华鬣羚、中华斑羚、复齿鼯鼠。近危（NT）12 种：侯氏猬、麝鼹、甘肃鼹、印支小麝鼩、纹背鼩鼱、灰长耳蝠、貉、黄腹鼬、猪獾、亚洲狗獾、花面狸、狍；数据缺乏（DD）1 种：秦岭鼢鼠；其余 46 种无危（LC）。

2. 特有兽类

在保护区兽类中，有中国特有种 19 种（张荣祖，1999），占保护区兽类总种数的 27.94%，它们是：侯氏猬、长吻鼹、麝鼹、少齿鼩鼹、甘肃鼹、川西缺齿鼩、斯氏缺齿鼩、纹背鼩鼱、小麂、岩松鼠、复齿鼯鼠、红白鼯鼠、甘肃仓鼠、秦岭鼢鼠、洮州绒鼩、岢岚绒鼩、安氏白腹鼠、中华姬鼠、高山姬鼠（表 8-28）。另外，有 7 种兽类主要分布在我国（谓之"半特有种"），占保护区兽类总种数的 10.29%，包括中华山蝠、毛冠鹿、中华鬣羚、中华斑羚、珀氏长吻松鼠、大仓鼠、大林姬鼠（表 8-28）。

8.4.5　经济兽类

保护区经济兽类包括毛皮、革用兽类，药用兽类，肉用兽类，观赏兽类，以及与人类生产生活关系密切的农林牧业害兽、多种人类疾病病原体传播兽类等（表 8-36）。

毛皮、革用兽类：主要有各种松鼠、蒙古兔、红白鼯鼠、复齿鼯鼠、黄鼬、黄腹鼬、猪獾、花面狸、豹猫、小麂、毛冠鹿、野猪、中华斑羚、中华鬣羚等。这些毛皮、革用兽类多为保护动物，资源量较少，黑河湿地保护区及其周边地区未见有它们的商品交易。

药用兽类：主要有蝙蝠类（夜明沙）、猬、猪獾、黑熊（熊胆）、豹猫、鼯鼠类（五灵脂）等。此外，数十年来鼢鼠的骨骼开发用于治疗风湿、代替虎骨等。

肉用兽类：主要有蒙古兔、野猪、小麂、毛冠鹿、中华斑羚、中华鬣羚、花面狸、猪獾、黑熊（熊掌为八珍之一）等。其他小型兽类，如松鼠类，肉嫩味鲜，是加工肉松和制作香肠的上等原料。

观赏兽类：保护区具有较高观赏价值的兽类有黑熊、猕猴、豹、中华鬣羚、中华斑羚等。

害兽：与人类生产生活关系密切的农林牧业害兽主要有蒙古兔、珀氏长吻松鼠、岩松鼠、秦岭鼢鼠、社鼠、姬鼠、黑熊、猪獾、野猪等。多种人类疾病病原体传播兽类主要是蝙蝠类、鼢鼠类、鼠科及鼹科、鼩鼱科的大部分种类（表8-36）。

表8-36　陕西周至黑河湿地省级自然保护区主要资源兽类的用途

种类	肉用				毛皮用			药用	皮革用	工艺用品		雕刻骨粉	观赏用
	珍品	佳品	一般	油脂	裘	褥	帽领			毛纺织	制毛刷		
东北刺猬 *Erinaceus amurensis*								+					
侯氏猬 *Hemiechinus hughi*								+					
蝙蝠科 Vespertilionidae								+					
黑熊 *Ursus thibetanus*	+		+					+					+
黄鼬 *Mustela sibirica*					+			+					
猪獾 *Arctonyx collaris*		+				+		+					
欧亚水獭 *Lutra lutra*								+					
花面狸 *Paguma larvata*	+				+								
豹猫 *Prionailurus bengalensis*					+			+					
野猪 *Sus scrofa*	+							+	+			+	+
小麂 *Muntiacus reevesi*	+							+	+				+
狍 *Capreolus pygargus*	+							+	+				+
毛冠鹿 *Elaphodus cephalophus*	+								+				
中华鬣羚 *Capricornis milneedwardsii*	+							+	+				+
中华斑羚 *Naemorhedus griseus*	+							+	+				+
蒙古兔 *Lepus tolai*	+						+	+		+			
赤腹松鼠 *Callosciurus erythraeus*		+	+										
隐纹花松鼠 *Tamiops swinhoei*		+	+										
珀氏长吻松鼠 *Dremomys pernyi*		+	+										
岩松鼠 *Sciurotamias davidianus*		+	+										
花鼠 *Tamias sibiricus*		+	+										
复齿鼯鼠 *Trogopterus xanthipes*						+		+					
红白鼯鼠 *Petaurista alborufus*						+		+					
灰头小鼯鼠 *P. caniceps*						+		+					
秦岭鼢鼠 *Eospalax rufescens*						+		+					

8.4.6 主要物种描述

保护区主要兽类物种为有蹄类，包括：中华鬣羚（明鬃羊、苏门羚），中华斑羚（青羊、麻羊），毛冠鹿，小麂（黄麂、麂子），野猪。中华鬣羚分布海拔在 1350～2400 m，大多见于海拔 1700 m；毛冠鹿分布海拔为 1250～2000 m；野猪则多分布在与农田相接的林缘，常见海拔为 1000～1900 m，集中分布在海拔 1300～1600 m，对农田危害较大。除中华斑羚外，其他有蹄类在分布的海拔下限上并无明显差异，大部分在海拔 1200～1400 m 均可见到。这些物种主要分布在锐齿槲栎林、山杨林和红桦林等生境中。

8.5 小 结

陕西周至黑河湿地省级自然保护区地处秦岭北坡及关中平原，在中国动物地理区划上处于古北界，东北亚界，华北区，黄土高原亚区，晋南-渭河-伏牛省，良好的地理位置和优越的森林植被及其水域环境，孕育了丰富的野生动物资源，是我国生物多样性富集地区之一。保护区已知有野生脊椎动物 307 种（亚种），隶属于 32 目 92 科 213 属，占陕西省脊椎动物总种数 739 种的 41.54%。在这些脊椎动物中，珍稀濒危保护动物种类较多，中国特有物种种类比较丰富。这些动物是保护区最为宝贵的自然资源之一，具有很高的生态、经济、科研、文化等保护价值。

保护区脊椎动物区系组成以古北型占优势，但也包含很多东洋界物种，与秦岭北坡的脊椎动物区系组成具有较大的相似性，因此在大的动物地理格局上，保护区仍处于东洋界与古北界的过渡区。

参 考 文 献

陈服官, 闵芝兰, 黄洪富, 等. 1980. 陕西省秦岭大巴山地区兽类分类和区系研究[J]. 西北大学学报(自然科学版), (1): 137-147.

陈服官, 杨兴中, 刘诗峰, 等. 1992. 陕西秦岭西段 3 种雉鸡种群密度变化的研究[J]. 西北大学学报(自然科学版), 22(1): 71-77.

党坤良, 李登武, 张怀科, 等. 2009. 陕西黄柏塬自然保护区综合科学考察[M]. 杨凌: 西北农林科技大学出版社.

方树淼, 许涛清, 宋世良, 等. 1984. 陕西省鱼类区系研究[J]. 兰州大学学报(自然科学版), 20(1): 97-115.

高耀亭, 等. 1987. 中国动物志. 兽纲. 第八卷. 食肉目[M]. 北京: 科学出版社.

龚明昊, 高作锋, 侯盟. 2011. 基于野生动物适宜栖息地的保护区网络规划: 以秦岭大熊猫保护区为例[J]. 林业资源管理, (1): 49-54.

苟妮娜, 靳铁治, 边坤, 等. 2016. 黑河流域(秦岭段)春季底栖动物群落结构研究[J]. 陕西农业科学, 62(5): 24-28.

苟妮娜, 靳铁治, 张建禄, 等. 2018. 黑河国家级自然保护区秦岭细鳞鲑主要饵料生物: 拉氏鱥种群特征及其季节变化[J]. 西北农业学报, 27(9): 1258-1264.

国家环境保护总局自然生态保护司. 2005. 生物多样性相关国际条约汇编[M]. 北京: 中国环境科学出版社: 72-122.

何芳芳. 2010. 海南岛淡水鱼类多样性及其保护[D]. 广州: 华南师范大学硕士学位论文.

胡淑琴, 赵尔宓, 刘承钊. 1966. 秦岭及大巴山地区两栖爬行动物调查报告[J]. 动物学报, 18(1): 57-89.

黄洪富, 罗志腾, 刘美侠. 1964. 细鳞鱼 *Brachymystax lenok* (Pallas)在陕西的发现[J]. 动物学杂志, 6(5): 220.

纪维红, 陈服官. 1990. 翼手目物种密度分布与环境因素的关系[J]. 兽类学报, 10(1): 23-30.

江廷安. 1987. 秦巴地区小麂资源利用现状及经济评价[C]. 秦岭巴山生物科学论文选集: 348-352.

蒋志刚, 江建平, 王跃招, 等. 2016. 中国脊椎动物红色名录[J]. 生物多样性, 24(5): 500-551.

蒋志刚, 李登武, 李春旺, 等. 2006. 陕西老县城自然保护区的生物多样性[M]. 北京: 清华大学出版社: 46-84.

蒋志刚, 覃海宁, 李春旺, 等. 2005. 陕西青木川自然保护区的生物多样性[M]. 北京: 清华大学出版社: 1-148.

靳铁治, 边坤, 候大富, 等. 2015. 陕西米仓山国家级自然保护区鱼类多样性初步调查[J]. 淡水渔业, 45(1): 46-51.

雷富民, 卢汰春. 2006. 中国鸟类特有种[M]. 北京: 科学出版社.

李保国, 高存劳, 王开锋, 等. 2013. 陕西省周至国家级自然保护区生物多样性研究与保护[M]. 西安: 陕西科学技术出版社.

李保国, 何鹏举, 杨平厚, 等. 2007. 陕西周至国家级自然保护区生物多样性[M]. 西安: 陕西科学技术出版社.

李思忠. 1966. 陕西太白山细鳞鲑的一新亚种[J]. 动物分类学报, (1): 92-94.

李思忠. 1981. 中国淡水鱼类的分布区划[M]. 北京: 科学出版社.

李晓晨, 王廷正. 1996. 陕西地区啮齿动物种数分布与生态因子关系的分析[J]. 兽类学报, 16(2): 129-135.

李战刚, 党坤良, 李登. 2005. 陕西天华山自然保护区综合科学考察与研究[M]. 西安: 陕西科学技术出版社.

梁刚, 方荣盛. 1992. 陕西蝮蛇的分类研究[J]. 两栖爬行动物学研究, 第1-2辑: 82-87.

梁刚. 1998. 秦岭地区两栖爬行动物区系组成特点及持续发展对策[J]. 西北大学学报(自然科学版), 28(6): 545-549.

刘焕章, 杨君兴, 刘淑伟, 等. 2016. 鱼类多样性监测的理论方法及中国内陆水体鱼类多样性监测[J]. 生物多样性, 24(11): 1227-1233.

刘诗峰, 张坚. 2003. 佛坪自然保护区生物多样性研究与保护[M]. 西安: 陕西科学技术出版社.

陆承平. 2004. 动物保护概论[M]. 2版. 北京: 高等教育出版社: 233-280.

罗泽旬. 1988. 中国野兔[M]. 北京: 中国林业出版社.

麻友立, 孙彬, 袁朝晖, 等. 2012. 秦岭细鳞鲑分布与保护对策[J]. 现代农业科技, (13): 283, 287.

任剑, 梁刚. 2004. 千河流域秦岭细鳞鲑资源调查报告[J]. 陕西师范大学学报(自然科学版), 32(S2): 165-168.

任毅, 刘明时, 田联会, 等. 2006. 太白山自然保护区生物多样性研究与管理[M]. 北京: 中国林业出版社: 342-354.

任毅, 杨兴中, 王学杰, 等. 2002. 长青国家级自然保护区动植物资源[M]. 西安: 西北大学出版社.

陕西省动物研究所. 1981. 陕西珍贵、经济兽类图志[M]. 西安: 陕西科学技术出版社.

陕西省水产研究所, 陕西师范大学生物系. 1992. 陕西鱼类志[M]. 西安: 陕西科学技术出版社: 10-12.

陕西省动物研究所, 中国科学院水生生物研究所, 兰州大学生物系. 1987. 秦岭鱼类志[M]. 北京: 科学出版社: 1-247.

陕西省动物研究所资源动物组. 1981. 陕西省经济鸟兽资源及评价[Z]. 陕西省农业区划办公室: 1-113.

邵孟明, 禹瀚. 1966. 秦岭发现的鼯鼠[J]. 动物学杂志, 16(2): 129-135.

盛和林, 等. 1992. 中国鹿类动物[M]. 上海: 华东师范大学出版社.

施白南, 何学福, 邓其祥. 1983. 嘉陵江鱼类区系及生态类型与渔业增殖[J]. 大自然探索, (1): 46-52.

寿振黄. 1962. 中国经济动物志·兽类[M]. 北京: 科学出版社.

宋鸣涛. 1987a. 陕西两栖爬行动物区系分析[J]. 两栖爬行动物学报, 6(4): 63-73.

宋鸣涛. 1987b. 陕西南部爬行动物研究[J]. 两栖爬行动物学报, 6(1): 59-64.

宋鸣涛. 2002. 陕西省爬行动物区系及地理区划[J]. 四川动物, 21(3): 146-148.

宋鸣涛, 陈服官. 1985. 秦岭山区蝮蛇一新亚种[J]. 动物世界, 1(2): 99-103.

宋世英. 1985. 陕西省的猬类及其分布[J]. 动物学杂志, 20(1): 6-9.

宋世英, 邵孟明. 1983. 陕西省秦巴地区食虫类区系研究初报[J]. 动物学杂志, 18(2): 11-13.

孙儒泳. 2001. 动物生态学原理[M]. 北京: 北京师范大学出版社.

覃林. 2009. 统计生态学[M]. 北京: 中国林业出版社.

田婉淑, 江耀明. 1986. 中国两栖爬行动物鉴定手册[M]. 北京: 科学出版社.

万方浩, 侯有明, 蒋明星. 2015. 入侵生物学[M]. 北京: 科学出版社.

汪松, 解焱. 2004. 中国物种红色名录. 第一卷. 红色名录[M]. 北京: 高等教育出版社: 222-274.

汪松, 解焱. 2009. 中国物种红色名录. 第二卷. 脊椎动物[M]. 北京: 高等教育出版社.

汪松, 郑昌琳. 1985. 中国翼手目区系的研究及与日本翼手目区系的比较[J]. 兽类学报, 5(2): 119-129.

王开锋, 方树淼, 魏武科, 等. 2001. 黑河鱼类资源调查及保护建议[J]. 西北大学学报(自然科学版), 31(S): 103-107.

王廷正. 1983. 秦岭大巴山地啮齿类的生态分布[J]. 生态学杂志, 2(2): 11-13, 65.

王廷正. 1990. 陕西省啮齿动物区系与区划[J]. 兽类学报, 10(2): 128-136.

王廷正, 方荣盛. 1983. 秦岭大巴山地啮齿动物的研究[J]. 动物学杂志, 18(3): 45-48.

王廷正, 方荣盛, 王德兴. 1981. 陕西大巴山的鸟兽调查研究(二): 兽类区系的研究[J]. 陕西师大学报(自然科学版), 9(S1): 231-241, 243, 245, 247.

王廷正, 许文贤. 1993. 陕西啮齿动物志[M]. 西安: 陕西师范大学出版社.

王绪桢, 何舜平, 张涛. 2000. 秦岭西段鱼类多样性现状初报[J]. 生物多样性, 8(3): 312-313.

王应祥. 2003. 中国哺乳动物种和亚种分类名录与分布大全[M]. 北京: 中国林业出版社.

温战强, 杨玉柱. 2007. 陕西桑园自然保护区科学考察报告[M]. 西安: 陕西科学技术出版社: 115-122, 128-145.

伍献文, 杨干荣, 乐佩琦, 等. 1979. 中国经济动物志. 淡水鱼类[M]. 2 版. 北京: 科学出版社: 45-46.

武玮, 徐宗学, 殷旭旺, 等. 2014. 渭河流域鱼类群落结构特征及其受环境因子的影响分析[J]. 环境科学学报, 34(5): 1298-1308.

谢文君, 靳铁治, 周海欣, 等. 2017. 渭河流域周至段鱼类多样性与栖息环境调查[J]. 水产学杂志, 30(2): 32-41.

熊飞, 刘红艳, 段辛斌, 等. 2014. 长江上游江津江段鱼类群落结构及资源利用[J]. 安徽大学学报(自然科学版), 38(3): 94-102.

许涛清, 曹永汉. 1996. 陕西省脊椎动物名录[M]. 西安: 陕西科学技术出版社: 1-230.

姚建初, 郑永烈. 1986. 太白山鸟类垂直分布的研究[J]. 动物学研究, 7(2): 115-138.

叶昌媛, 费梁, 胡淑琴. 1993. 中国珍稀及经济两栖动物[M]. 成都: 四川科学技术出版社: 7-266.

约翰·马敬能, 卡伦·菲利普斯, 何芬奇. 2000. 中国鸟类野外手册(中文版)[M]. 长沙: 湖南教育出版社.

张春光, 赵亚辉, 等. 2015. 中国内陆鱼类物种与分布[M]. 北京: 科学出版社.

张春霖. 1954. 中国淡水鱼类的分布[J]. 地理学报, 20(3): 279-288.

张建禄, 边坤, 靳铁治, 等. 2016. 秦岭黑河流域鱼类资源现状调查[J]. 淡水渔业, 46(1): 103-108.

张金良, 王万云, 周灵国. 2004. 陕西自然保护区[M]. 西安: 陕西旅游出版社.

张荣祖. 1999. 中国动物地理[M]. 北京: 科学出版社: 1-502.

赵尔宓. 1998. 中国濒危野生动植物物种红皮书·两栖类和爬行类[M]. 北京: 科学出版社.

赵尔宓, 等. 1993. 中国两栖爬行动物学(英)[M]. 蛇蛙研究会与中国蛇蛙研究会出版: 164-316.

赵宏志, 李晓民, 胡亚平. 2016. 陕西周至黑河湿地保护管理探讨[J]. 现代农业科技, (19): 150-163.

郑光美. 1962. 秦岭南麓鸟类的生态分布[J]. 动物学报, (4): 465-473.

郑光美. 2011. 中国鸟类分类与分布名录[M]. 北京: 科学出版社.

郑光美. 2017. 中国鸟类分类与分布名录[M]. 3 版. 北京: 科学出版社.

郑光美. 2023. 中国鸟类分类与分布名录[M]. 4 版. 北京: 科学出版社.

郑光美, 王岐山. 1998. 中国濒危动物红皮书·鸟类[M]. 北京: 科学出版社.

郑生武, 李保国. 1999. 中国西北地区脊椎动物系统检索与分布[M]. 西安: 西北大学出版社.

郑作新, 等. 1973. 秦岭鸟类志[M]. 北京: 科学出版社.

郑作新, 钱燕文, 关贯勋, 等. 1962. 秦岭、大巴山地区的鸟类区系调查研究[J]. 动物学报, 8(3): 361-380.

周小愿, 金卫荣, 韩亚慧, 等. 2010. 秦岭生态保护区野生鱼类的物种多样性及其保护对策[J]. 山地农业生物学报, 29(5): 403-408.

朱松泉. 1995. 中国淡水鱼类检索[M]. 南京: 江苏科学技术出版社.

Allen G M. 1938-1940. The mammals of China and Mongolia. Vols 1&2. New York: Amer. Mus. NAT Hist.

Allen J A. 1909. Mammals from Shanxi Province, China. New York: Bull. Amer. Mus. Not. Hist.

Bhat A. 2004. Patterns in the distribution of freshwater fishes in rivers of Central Western Ghats, India and their associations with environmental gradients[J]. Hydrobiologia, 529(1): 83-97.

Cheng Tso-hsin. 1987. A Synopsis of the Avifauna of China[M]. Beijing: Science Press.

Clark R S, Hill J E. 1980. A world list of mammals species[M]. London and Ithaca: Brit. Mus.(Nat. Hist.).

Colwell R K, Hurtt G C. 1994. Nonbiological gradients in species richness and a spurious *Rapoport* effect[J]. The American Naturalist, 144(4): 570-595.

Cordet G B. 1978. The mammals of the Palaearctic region, a taxonomic review[M]. London and Ithaca: Brit, Mus.(Nat. Hist).

Ellerman J R, Morrison-Scott T C S. 1951. Checklist of Palaearctic and Indian Mammals 1958 to 1946[M]. London: Bri. Mus.(Nat., Hist.): 1-741.

Honack J K, Kinman K E, Keeppleds J W. 1982. Mammals species of the world[M]. Lawrence, Komsas: Allen Press and Assoc. Syst. Coll.

Nerbonne B A, Vondracek B. 2001. Effects of local land use on physical habitat, benthic macroinvertebrate, and fish in the Whitewater River, Minnesota, USA[J]. Environmental Management, 28(1): 87-99.

Park Y S, Chang J B, Lek S, et al. 2003. Conservation strategies for endemic fish species threatened by the Three Gorges Dam[J]. Conservation Biology, 17(6): 1748-1758.

Pinkas L, Oliphant M S, Iverson K. 1971. Food habits of albacore, bluefin tuna and bonito in California waters. California department of fish and game[J]. Fish Bulletin, 152: 5-10.

Pullin A S. 2005. 保护生物学[M]. 贾竞波, 译. 北京: 高等教育出版社: 120-159.

Rahbek C. 1995. The elevational gradient of species richness: a uniform pattern[J]. Ecography, 18(2): 200-205.

Thomas O. 1911. On mammals from southern Shensi, central China[M]. London: Proc. Zool. Soc.

Thomas O. 1912. On a collection of small mammals from the Tsin-ling Mountains, Central China, presented by Mr. G. Fenwick Owen to the National Museum[J]. Annals and Magazine of Natural History, 10(58): 395-403.

Wilhm J L. 1968. Use of biomass units in Shannon's formula[J]. Ecology, 49(1): 153-156.

Xie P. 2003. Three-Gorges Dam: risk to ancient fish[J]. Science, 302: 1149.

第9章 昆虫资源

陕西周至黑河湿地省级自然保护区是以黑河中下游为主的湿地及其区域森林生态系统的内陆湿地和水域生态类型的自然保护区；是大西安生态圈的重要组成部分、城市用水的重要保障及生态旅游地。保护区内既有不同植物结带成层，有色调分明的山区落叶阔叶林带，又有渭河干流及其支流黑河自然湿地及黑河库区人工湿地，还有大面积的农田、交通道路及村庄。保护区涵盖山地、河流、湿地等多种生境类型，区域内昆虫资源丰富，种类繁多，并与生态环境系统密切相关，因而成为保护区生物多样性丰富程度的重要指标之一。

陕西周至黑河湿地省级自然保护区以往没有开展过系统的昆虫调查工作，为了全面了解保护区昆虫的生物多样性现状，2016 年 9 月上中旬，综合科学考察队先后选取了保护区所属的荒草坡［海拔（H）：879 m］、目江河（H：635 m）、柳叶河（H：632 m）、望长沟（H：626 m）、三寨沟（H：717 m）、东韩峪沟（H：677 m）、渭河富仁镇保护区西界（H：412 m）、老堡子（H：455 m）、尚村保护区东界（H：425 m）等 9 条样线，采用网捕、诱捕、陷阱、人工采集等方法，对保护区的昆虫资源进行了调查，采集昆虫标本 8000 余号，经鉴定并参阅有关文献，结果显示，保护区良好的生态环境为众多昆虫提供了理想的栖身之所，已知有各类昆虫共 17 目 131 科 619 属 864 种（亚种）。

9.1 昆虫名录

9.1.1 蜚蠊目 BLATTODEA（2 科 4 种）

9.1.1.1 蜚蠊科 Blattidae（3 种）

东方蜚蠊 *Blatta orientalis* (Linnaeus, 1758) 以动植物残体为食
美洲大蠊 *Periplaneta americana* Linnaeus, 1758 以动植物残体为食
黑大蠊 *P. picea* Shiraki, 1910 以动植物残体为食

9.1.1.2 地鳖科 Polyphagidae（1 种）

中华地鳖 *Polyphaga sinensis* Walker, 1858 以动植物残体为食

9.1.2 蜻蜓目 ODONATA（4 科 12 种）

9.1.2.1 蜻蜓科 Libellulidae（6 种）

赤卒 *Crocothimis servilli* Drury, 1773 水生、捕食

青灰蜻 *Orthetrum trainguiare melania* Selys, 1878 水生、捕食
白尾灰蜻 *O. albistylum* Selys, 1848 水生、捕食
褐肩灰蜻 *O. japonicaum interim* Mclachlan, 1894 水生、捕食
黄衣 *Pantala flavescens* Fabricius, 1798 水生、捕食
大赤蜻 *Sympetrum bacoha* Selys, 1848 水生、捕食

9.1.2.2 蜓科 Aeschnidae（1种）

角斑黑额蜓 *Planaeschna milnei* Selys, 1848 水生、捕食

9.1.2.3 色蟌科 Agriidae（1种）

黑色蟌 *Agrion atratus* Selys, 1853 水生、捕食

9.1.2.4 箭蜻科 Gomphidae（4种）

秦岭台箭蜻 *Davidius qinlingensis* Cao et Zheng, 1988 水生、捕食
七纹箭蜻 *D. bicornutus* Selys, 1848 水生、捕食
独纹台箭蜓 *D. lunatus* Bartenef, 1914 水生、捕食
黑唇箭蜓 *Gomphus pacificus* Chao, 1980 水生、捕食

9.1.3 等翅目 ISOPTERA（2科6种）

9.1.3.1 鼻白蚁科 Rhinotermitidae（5种）

黑胸散白蚁 *Reticulitermes chinensis* Snvder, 1923 木材害虫
栖北散白蚁 *R. speratus* (Kolbe, 1885) 木材害虫
黄胸散白蚁 *R. flaviceps* (Oshima, 1911) 木材害虫
长翅散白蚁 *R. longipensis* Gao et Wang, 1921 木材害虫
尖唇散白蚁 *Heterormes aculabia* Tsai et Huang, 1977 木材害虫

9.1.3.2 白蚁科 Termitidae（1种）

黑翅土白蚁 *Odontotermes formosanus* (Shiraki, 1909) 木材害虫

9.1.4 螳螂目 MANTODEA（2科5种）

9.1.4.1 螳螂科 Mantidae（4种）

薄翅螳螂 *Mantis religiosa* Linnaeus, 1758 天敌昆虫
广腹螳螂 *Hierodula patellifera* Serville, 1839 天敌昆虫
中华螳螂 *Tenodera sinensis* (Saussure, 1871) 天敌昆虫
大刀螳螂 *T. aridifolia* Stoll, 1813 天敌昆虫

9.1.4.2 花螳科 Hymenopoidae（1 种）

中华大齿螳 *Odontomantis foveafrons* Zhang, 1985 天敌昆虫

9.1.5 襀翅目 PLECOPTERA（2 科 4 种）

9.1.5.1 卷襀科 Leuctridae（1 种）

陕西诺襀 *Rhopalopsole shaanxiensis* Yang *et* Yang, 1994 水生昆虫

9.1.5.2 襀科 Perlidae（3 种）

多锥钮襀 *Acroneuria multiconata* Du *et* Chou, 2000 水生昆虫
黄边梵襀 *Brahmana flavomarginata* Wu, 1962 水生昆虫
终南山钩襀 *Kamimuria fulvescens* Klapalek, 1938 水生昆虫

9.1.6 直翅目 ORTHOPTERA（5 科 52 种）

9.1.6.1 蟋蟀科 Gryyllidae（7 种）

黑油葫芦 *Gryllodes mitratus* Burmeisteir, 1951 农业害虫
油葫芦 *Gr. testacyeus* Walker, 1853 农业害虫
灶马 *Gr. sigillatus* Walker, 1869 农业害虫
小扁头蟋 *Loxoblemmus equestris* Saussure, 1877 农业害虫
大扁头蟋 *L. doenitzi* Stein, 1881 农业害虫
黑带斑蟀 *Nemabius nigrofasciatus* Matsumure, 1916 农业害虫
黑斑蟋 *N. yazoensis* Shiraki, 1911 农业害虫

9.1.6.2 蝼蛄科 Gryllotalpidae（3 种）

华北蝼蛄 *Gryllotalpa unispina* Saussure, 1888 农林害虫
东方蝼蛄 *Gr. orientalis* Burmeister, 1838 农林害虫
非洲蝼蛄 *Gr. africana* Palisot *et* Beauvois, 1805 农林害虫

9.1.6.3 螽斯科 Tettigonuridae（6 种）

中华草螽 *Conocephalus chinensis* (Redtenbacher, 1891) 农林害虫
懒螽 *Deracantha onos* Pallas, 1773 农林害虫
杜露螽 *Ducetia thymifolia* Fabricius, 1775 农林害虫
薄翅树螽 *Phaneroptera falcate* Poda, 1761 农林害虫
中华螽斯 *Tettigonia chinensis* Willemse, 1933 农林害虫
绿螽斯 *T. viridissima* Linnaeus, 1758 农业害虫

9.1.6.4　树蟋科 Oecanthidae（1 种）

树蟋 *Oecanthus longicauda* Matsumura, 1904　林业害虫

9.1.6.5　蝗科 Locustidae（35 种）

中华剑角蝗 *Acrida chinensis* Westwood, 1815　农林害虫

柳枝负蝗 *Atractomorpha psittacina* De Haan, 1842 农林害虫

长额负蝗 *A. lata* Motschulsky, 1905 农林害虫

短额负蝗 *A. sinensis* Bolívar, 1905 农林害虫

短星翅蝗 *Callptamus abreviatus* Ikonikov, 1913 农林害虫

二色嘎蝗 *Gonista bicolor* De Haan, 1842 农林害虫

异翅鸣蝗 *Mongolotettix anomopterus* Caud, 1921 农林害虫

日本鸣蝗 *M. japonicus* Bolivar, 1906 农林害虫

中华雏蝗 *Chorthippus chinensis* Tarbinsky, 1927 农林害虫

北方雏蝗 *Ch. hammarstroemi* (Miram, 1906)　农林害虫

楼观雏蝗 *Ch. louguanensis* Cheng *et* Tu, 1964 农林害虫

东方雏蝗 *Ch. intermedius* (B.-Bienko, 1926)　农林害虫

秦岭金色蝗 *Chrysacris qinlingenis* Zheng, 1983 农林害虫

日本黄脊蝗 *Patanga japonica* Bolivar, 1898 农林害虫

突眼小蹦蝗 *Pedopodisma protracula* Zheng, 1980 农林害虫

秦岭小蹦蝗 *P. tsinligensis* (Cheng, 1974)　农林害虫

笨蝗 *Hoplotropis brunneriana* Saussure, 1888 农林害虫

赤翅蝗 *Celas skalozubori* Adelung, 1906 农林害虫

草绿蝗 *Parapleurus allianceus* (Germar, 1817)　农林害虫

红褐斑腿蝗 *Catantops pinguis* Steel, 1860 农林害虫

大垫尖翅蝗 *Epacromius coerulipes* (Ivanov, 1888)　农林害虫

秦岭束颈蝗 *Sphingonotus tsinlingensis* Zheng, Tu *et* Liang, 1963 农林害虫

太白秦岭蝗 *Qinlingacris taibaiensis* Yin *et* Chou, 1979 农林害虫

疣蝗 *Trilophidia annulata* (Thunberg, 1815)　农林害虫

短角外斑腿蝗 *Xenocatantops brachycerus* Willemse, 1932 农林害虫

东亚飞蝗 *Locusta migratoria manilensis* Meyen, 1835 农林害虫

花胫绿纹蝗 *Aiolopus tamulus* (Fabricius, 1798)　农林害虫

异翅鸣蝗 *Monogolotettrix anomopterus* Caud, 1921 农林害虫

黄胫小车蝗 *Oedaleus infernalis* Saussuere, 1884 农林害虫

红胫小车蝗 *O. manjius* Chang, 1939 农林害虫

亚洲小车蝗 *O. asiaticus* B.-Bienko, 1941 农林害虫

大赤翅蝗 *Celas skalozubovi* Shiraki, 1906 农林害虫

中华稻蝗 *Oxya chinensis* Willemse, 1815 农业害虫

日本稻蝗 *O. japonica* (Stall, 1861) 农业害虫

云斑车蝗 *Gastrimargus marmotratus* (Thunberg, 1815) 农业害虫

9.1.7 广翅目 MEGALOPTERA（1 科 3 种）

9.1.7.1 齿蛉科 Corydalidae（3 种）

东方巨齿蛉 *Acanthacorydalis orientalis* (Mclachlan, 1907) 水生、天敌昆虫

普通齿蛉 *Neoneuromus ignobilis* Navas, 1932 水生、天敌昆虫

中华斑鱼蛉 *Neonchauliodes sinensis* Walker, 1858 水生、天敌昆虫

9.1.8 革翅目 DERMAPTERA（3 科 6 种）

9.1.8.1 隐翅虫科 Staohylinidae（1 种）

隐翅虫 *Paederus idea* Lew, 1889 动植物残体

9.1.8.2 蠼螋科 Labiduridae（1 种）

蠼螋 *Labidura riparia* (Pallas, 1773) 动植物残体

9.1.8.3 球螋科 Forficulidae（4 种）

异螋 *Allodahlia scabriuscula* Serville, 1839 动植物残体

达球螋 *Forficula dacidi* Burr, 1905 动植物残体

佳球螋 *F. jayarami* Srivastava, 1826 动植物残体

中华山球螋 *Oreasiobia chinensis* Steinmann, 1974 动植物残体

9.1.9 蜉蝣目 EPHEMERIDA（2 科 5 种）

9.1.9.1 蜉蝣科 Ephemeridae（3 种）

徐氏蜉 *Ephemera hsui* Zhang, Gui *et* You, 1995 水生昆虫

间蜉 *E. media* Ulmer, 1871 水生昆虫

腹色蜉 *E. pictiventris* Mclachlan, 1894 水生昆虫

9.1.9.2 河花蜉科 Potamanthidae（2 种）

大眼拟河花蜉 *Potamanthodes macrophthalmus* You *et* Su, 1984 水生昆虫

尤氏新河花蜉 *Neopotamanthus youi* Wu *et* You, 1986 水生昆虫

9.1.10 缨翅目 THYSANOPTERA（1 科 7 种）

9.1.10.1 蓟马科 Thripidae（7 种）

杏黄蓟马 *Anaphothrips obscureus* (Muller, 1776) 农林害虫

花蓟马 *Frankliniella intonesa* Trybom, 1895 农业害虫

禾蓟马 *F. tenuicornis* Uzel, 1895 农林害虫

黄蓟马 *Thrips fravidurus* Bagnall, 1776 农林害虫

烟蓟马 *Th. tabaci* Lindeman, 1889 农业害虫

大蓟马 *Th. major* Uzel, 1836 农林害虫

塔六点蓟马 *Scolothrips sexmaculatus* (Pergande, 1950) 天敌昆虫

9.1.11 半翅目 HEMIPTERA（11 科 76 种）

9.1.11.1 蝽科 Pentatomidae（26 种）

蠋蝽 *Arma custos* (Fabricius, 1974) 昆虫天敌

薄蝽 *Brachymua tenuis* Stal, 1912 林业害虫

斑须蝽 *Dolycoris baccarum* Linnaeus, 1758 林业害虫

麻皮蝽 *Erthesina full*o Thunberg, 1783 林业害虫

横纹菜蝽 *Eurydema gebleri* Kolenati, 1846 农业害虫

甘蓝菜蝽 *E. ornata* (Linnaeus, 1763) 农业害虫

秦岭菜蝽 *E. qinlingensis* (Zheng, 1982) 林业害虫

厚蝽 *Exithemus assamensis* Distant, 1899 农林害虫

赤条蝽 *Grphosoma rubrolineata* Westwood, 1837 林业害虫

茶翅蝽 *Halyomorpha picus* Fabricius, 1855 林业害虫

金绿曼蝽 *Menida metallica* Hsiao *et* Cheng, 1974 农林害虫

紫兰曼蝽 *M. violacca* Motshulsky, 1860 农林害虫

柳碧蝽 *Palomena amplificata* Distant, 1921 林业害虫

碧蝽 *P. angulosa* Motschulsky, 1866 农业害虫

宽碧蝽 *P. viridissima* Poda, 1761 林业害虫

褐真蝽 *Pentatoma armandi* Fallou, 1860 林业害虫

红足真蝽 *P. rufipes* Linnaeus, 1758 林业害虫

斜纹真蝽 *P. illuminata* (Distant, 1890) 农林害虫

鳖脚蝽 *Placosternum taurus* Fabricicus, 1775 林业害虫

斑莽蝽 *P. urus* Stalin, 1876 林业害虫

大红蝽 *Parastrachia japonensis* Scott, 1874 昆虫天敌

益蝽 *Picromerus lewisi* Scott, 1874 农业害虫

红足并蝽 *Pinthaeus sanguinipes* Fabricius, 1794 林业害虫

黑斑二星蝽 *Stollia fabricii* (Kirkaldy, 1866) 林业害虫

二星蝽 *S. guttiger* (Thunberg, 1783) 农林害虫

蓝蝽 *Zicrona caerulea* Linnaeus, 1758 林业害虫

9.1.11.2　盾蝽科 Scutelleridae（2 种）

扁盾蝽 *Eurygaster testudinarius* Geoffroy, 1785 农业害虫
金绿宽盾蝽 *Poecilocoris lewisi* Distant, 1833　林业害虫

9.1.11.3　网蝽科 Acanthosomatidae（3 种）

杨柳网蝽 *Metasalis populi* Takeya, 1932 林业害虫
长头网蝽 *Catacader lethierryi* Scott, 1874 林业害虫
梨冠网蝽 *Stephanitis nashi* Esaki *et* Takeya, 1931 林业害虫

9.1.11.4　缘蝽科 Coreidae（5 种）

黄伊缘蝽 *Aeschyntelus chinensis* Dalla, 1827 农林害虫
离缘蝽 *Choeosoma brevicolle* Hsiao, 1794 农林害虫
斑背安缘蝽 *Anoplocnemis binotata* Distant, 1918 农业害虫
黑赭缘蝽 *Ochrochira fusca* Hsiao, 1916 农林害虫
茶色赭缘蝽 *O. camelina* Kiritshenko, 1883 农林害虫

9.1.11.5　土蝽科 Cydmidae（3 种）

白边光土蝽 *Sihirus niviemargimatus* Scott, 1874 林业害虫
大鳖土蝽 *Adrisa magna* Uhler, 1861 林业害虫
青草土蝽 *Macroscmus subaeneus* Dallas, 1802 林业害虫

9.1.11.6　同蝽科 Acanthosomatidae（13 种）

细齿同蝽 *Acanthosoma denticauda* Jakovev, 1880 林业害虫
宽铗同蝽 *A. labiduroides* Jalovoev, 1880 林业害虫
铗同蝽 *A. forcipatum* Reuter, 1959 农林害虫
陕西同蝽 *A. shensiensis* Hsiao *et* Liu, 1977 农林害虫
泛刺同蝽 *A. spinicolle* Jakovlev, 1880 农林害虫
宽肩直同蝽 *Elasmostethus humeralis* Jakovlev, 1880 林业害虫
匙同蝽 *Elasmucha ferrugata* (Fieber, 1876)　农林害虫
背匙同蝽 *E. dorsalis* (Jakovlev, 1876)　农林害虫
大眼长蝽 *Geocoris pallidipennis* (Costa, 1843)　农业害虫
横带红长蝽 *Lygaeus equestris* (Linnaeus, 1758)　农业害虫
角红长蝽 *L. hanseni* Jakovlev, 1880 农业害虫
中国束长蝽 *Malcus sinicus* Stys, 1874 农业害虫
小长蝽 *Nysius ericae* (Schilling, 1829)　农业害虫

9.1.11.7　红蝽科 Pyrrhocoeudae（2 种）

小斑红蝽 *Physopelta cincticollis* Stal, 1863 农林害虫

地红蝽 *Pyrrhocoris tibialis* Stal, 1863 林业害虫

9.1.11.8　扁蝽科 Aradidae（3 种）

原扁蝽 *Aradus betulae* (Linnaeus, 1758) 林业害虫
暗扁蝽 *A. lugubris* Fallen, 1807 林业害虫
刺扁蝽 *A. spinicollis* Jakovlrv, 1880 林业害虫

9.1.11.9　姬蝽科 Nbidae（5 种）

北姬蝽 *Nabis reuteri* Jakovlev, 1876 农业害虫
窄姬蝽 *N. capsiformis* Germar, 1758 林业害虫
华姬蝽 *N. sinoferus* Hsiao, 1964 天敌昆虫
暗色姬蝽 *N. stenoferus* Hsiao, 1964 天敌昆虫
长胸花姬蝽 *Prostemma longicolle* Reuter, 1909 天敌昆虫

9.1.11.10　盲蝽科 Miridae（5 种）

苜蓿盲蝽 *Adephocoris lineo latus* Geoze, 1778 农林害虫
三点盲蝽 *A. fasciaticoleis* Reuter, 1903 农林害虫
黑食蚜盲蝽 *Deraeocoris punctualatus* (Fallén, 1807) 天敌昆虫
牧草盲蝽 *Lygus pratensis* (Linnaeus, 1758) 农业害虫
微小跳盲蝽 *Halticus minutus* Reuter, 1885 农业害虫

9.1.11.11　猎蝽科 Reduviidae（9 种）

圆腹猎蝽 *Agriosphodrus dohrni* Signoret, 1862 天敌昆虫
茶褐猎蝽 *Isyndus obscurus* Dallas, 1934 天敌昆虫
乌猎蝽 *Pirates turpis* Walker, 1873 天敌昆虫
大土猎蝽 *Coranus magnus* Hsiao et Ren, 1913 天敌昆虫
双环真猎蝽 *Harpactor dauricus* Kiritschenko, 1926 天敌昆虫
云斑真猎蝽 *H. incertus* (Distant, 1903) 天敌昆虫
环足猎蝽 *Cosmolestes annulipes* Distant, 1890 天敌昆虫
黄足猎蝽 *Sirthenea flavipes* Stal, 1855 天敌昆虫
环斑猛猎蝽 *Sphedanolestes gularis* Hsiae, 1861 天敌昆虫

9.1.12　同翅目 HOMOPTERA（16 科 69 种）

9.1.12.1　蝉科 Cicadidae（11 种）

绿姬蝉 *Cacadetta pellosoma* (Uhler, 1905) 林业害虫
蚱蝉 *Crypto tympana atrata* Fabricius, 1775 林业害虫
太白加藤蝉 *Katoa taibaiensis* Lei et Chiu, 1995 林业害虫

东北蝉 *Leptosalta admirablis* Kato, 1938 林业害虫

松寒蝉 *Meimuna iopalifera* Walkear, 1856 林业害虫

北寒蝉 *M. mongolica* Distant, 1881 林业害虫

绿草蝉 *Mogannia hebes* (Walker, 1858) 林业害虫

鸣蝉 *Oncotympana maculaticollis* Motsch, 1866 林业害虫

蟪蛄 *Platypleura kaempferi* (Fabricius, 1794) 林业害虫

黑瓣宁蝉 *Terpnosia nigricosta* Motschulsky, 1866 林业害虫

小黑宁蝉 *T. obscurea* Kato, 1938 林业害虫

9.1.12.2　叶蝉科 Cicadellidae［10 种（亚种）］

异长柄叶蝉 *Alebroides discretus* Chou *et* Zhang, 1987 林业害虫

陕西长柄叶蝉 *A. discretus shaanxiensis* Chou *et* Zhang, 1987 林业害虫

太白长柄叶蝉 *A. discretus taibaiesis* Chou *et* Zhang, 1987 林业害虫

锥头叶蝉 *Japananus hyaliuns* (Osborn, 1900) 农业害虫

白边大叶蝉 *Kola paulula* (Walker, 1858) 农业害虫

黑尾叶蝉 *Nephotettix cincticeps* (Uhler, 1896) 农业害虫

二点黑尾叶蝉 *N. virecens* (Distant, 1908) 农业害虫

陕西沙小叶蝉 *Shaddai shaaxiensis* Ma, 1981 农林害虫

大青叶蝉 *Tettigoniella viridis* Linnaeus, 1758 林业害虫

黑尾大叶蝉 *T. ferruginea* (Fabricius, 1787) 林业害虫

9.1.12.3　角蝉科 Memberacide（2 种）

黑圆角蝉 *Gargara genistae* (Fabricius, 1775) 林业害虫

秦岭三刺角蝉 *Tricentrus qinlingensis* Yuan *et* Fan, 2002 林业害虫

9.1.12.4　沫蝉科 Cercopidae（6 种）

松沫蝉 *Aphrophora flavipes* Uhler, 1896 林业害虫

柳沫蝉 *A. intermedia* Uhler, 1896 林业害虫

二点尖胸沫蝉 *A. bipunctata* Melichar, 1903 林业害虫

四斑尖胸沫蝉 *A. quadriguttata* Melichar, 1902 林业害虫

四斑象沫蝉 *Philagra quadricmaculata* Schmidt, 1920 林业害虫

陕西华沫蝉 *Sinophora shaanxiensis* Chou *et* Liang, 1986 林业害虫

9.1.12.5　蜡蝉科 Fulgoridae（2 种）

斑衣蜡蝉 *Lycorma delicatula* White, 1845 林业害虫

陕西马颖蜡蝉 *Magadha shaanxiensis* Chou *et* Wang, 1985 农林害虫

9.1.12.6 木虱科 Chermidae（4 种）

桑木虱 *Anomoneara mori* Schwarz, 1896 林业害虫
槐木虱 *Cyamophila willieti* (Wu, 1932) 林业害虫
梨木虱 *Psylla chinensis* Yang *et* Li, 1981 林业害虫
梧桐木虱 *Thysanogyna limbata* End, 1914 林业害虫

9.1.12.7 飞虱科 Delphacidae（3 种）

黑斑竹飞虱 *Bambusiphag anigropunctata* Huang *et* Ding, 1979 农业害虫
灰飞虱 *Laodelphax striatellus* (Fallen, 1926) 农业害虫
白背飞虱 *Sogatella furcifera* Horvath, 1899 农业害虫

9.1.12.8 粉虱科 Aleyrodidae（2 种）

温室白粉虱 *Trialeurodes vaporariorum* Westwood, 1856 农林害虫
烟粉虱 *Bemisia tabaci* (Genadius, 1889) 农业害虫

9.1.12.9 蚜科 Apididat（9 种）

绣线菊蚜 *Aphis citricola* Vand *et* Goot, 1914 农林害虫
豆蚜 *A. craccivora* Kich, 1854 农业害虫
苹果蚜 *A. pomipomi* de Geer, 1773 林业害虫
柳二尾蚜 *Cavariella salicicola* (Matsumura, 1917) 林业害虫
甘蓝蚜 *Brevicoryne brassicae* (Linnaeus, 1758) 农业害虫
萝卜蚜 *Lipaphis erysimi* (Kaltembach, 1843) 农业害虫
桃蚜 *Myxus persicae* (Sulzer, 1776) 农林害虫
玉米蚜 *Rhopalosiphum maidis* (Fitch, 1861) 农业害虫
禾谷缢管蚜 *Rh. padi* (Linnaeus, 1758) 农业害虫

9.1.12.10 大蚜科 Lachnidae（4 种）

松大蚜 *Cinara pinitabulaefomis* Zhang *et* Zhang, 1993 林业害虫
马尾松大蚜 *C. firmksana* (Takahashi, 1924) 林业害虫
柳瘤大蚜 *Tuberolachnus salignus* Gmelin, 1790 林业害虫
桃瘤头蚜 *Tuberocephalus momonis* (Matsumura, 1917) 林业害虫

9.1.12.11 球蚜科 Adelgidae（2 种）

松球蚜 *Pineus laevis* (Maskell, 1885) 林业害虫
落叶松鞘球蚜 *Cholodkovskya viridana* Cholochovsky, 1896 林业害虫

9.1.12.12 斑蚜科 Callaphididae（2 种）

核桃黑斑蚜 *Chromaphis juglandicola* Kaltenbch, 1843 林业害虫

竹纵斑蚜 *Takecallis arundinariae* Essig, 1926 林业害虫

9.1.12.13　瘿绵蚜科 Pemphigidae（2 种）

肚倍蚜 *Kaburagia rhusicoa* Takaki, 1937 林业害虫
苹果绵蚜 *Eriosoma lanigerum* (Hausmann, 1802) 林业害虫

9.1.12.14　蜡蚧科 Coccidae（4 种）

角蜡蚧 *Ceroplastes ceriferus* (Anderson, 1935) 农业害虫
龟蜡蚧 *C. floridensis* Comstock, 1921 林业害虫
白蜡蚧 *Ericerus pela* Chavannes, 1893 林业害虫
圆球蜡蚧 *Sphaerolecanium prunastri* Fonscolombe, 1786 林业害虫

9.1.12.15　粉蚧科 Pseudococcidae（3 种）

松粉蚧 *Crisicoccus pini* (Kuwana, 1893) 林业害虫
糖粉蚧 *Saccharicoccus sacchari* (Cockerell, 1900) 农业害虫
竹白尾粉蚧 *Anotonina erawii* Cockerell, 1900 林业害虫

9.1.12.16　绵蚧科 Margarodidae（3 种）

草履蚧 *Drosicha contrahens* Walker, 1902 林业害虫
吹绵蚧 *Icerya purchasi* Maskell, 1898 农林害虫
中华松针蚧 *Matsucoccus sinensis* Chen, 1928 林业害虫

9.1.13　脉翅目 NEUROPTERA（3 科 11 种）

9.1.13.1　草蛉科 Chrysopidae（4 种）

中华草蛉 *Chrysopa sinica* Tjeder, 1936 天敌昆虫
丽草蛉 *Ch. formosa* Brauer, 1851 天敌昆虫
叶色草蛉 *Ch. phyllochroma* Wesmael, 1841 天敌昆虫
大草蛉 *Ch. septempunctata* Wesmael, 1838 天敌昆虫

9.1.13.2　蝶角蛉科 Ascalaphidae（3 种）

锯角蝶角蛉 *Acheron trux* (Walker, 1853) 天敌昆虫
黄花蝶角蛉 *Ascalaphus sibiricus* Evermann, 1850 天敌昆虫
盾斑蝶角蛉 *Suphalomitus sctellus* Yang, 1964 天敌昆虫

9.1.13.3　蝎蛉科 Hemerobiidae［4 种（亚种）］

全北蝎蛉 *Hemerobius humuli* Linnaeus, 1758 天敌昆虫
角纹脉蝎蛉 *Micromus angulatus* (Stephens, 1836) 天敌昆虫

花斑脉蝎蛉 *M. variegates* Fabricius, 1793 天敌昆虫

秦岭薄叶脉线蛉 *Neuronema laminate qinlingensis* Yang, 1983 天敌昆虫

9.1.14 鞘翅目 COLEOPTERA（24 科 199 种）

9.1.14.1 虎甲科 Cicindelidae（3 种）

中国虎甲 *Cicindela chinensis* Degeer, 1774 天敌昆虫

星斑虎甲 *C. kaleea* Bates, 1866 天敌昆虫

紫铜虎甲 *C. gemmata* Faldermann, 1835 天敌昆虫

9.1.14.2 步甲科 Carabidae（20 种）

中华广肩步甲 *Calosoma maderae chinense* Kirby, 1890 天敌昆虫

青铜广肩步甲 *C. inquisitor* (Linnaeus, 1778) 天敌昆虫

金星步甲 *C. chinense* Kirby, 1890 天敌昆虫

大星步甲 *C. maximowicizi* Morawitz, 1863 天敌昆虫

蝎步甲 *Dolichus halensis* Schaller, 1854 天敌昆虫

红斑细颈步甲 *Agonum impresssum* (Panzer, 1796) 天敌昆虫

普通暗步甲 *Amara plebeja* Gryllenhal, 1862 天敌昆虫

暗短鞘步甲 *Brachinus scotomedes* Redtenbacher, 1934 天敌昆虫

中华曲颈步甲 *Campalita chinense* Kirby, 1890 天敌昆虫

黄缘肩步甲 *Epomis nigricans* Wiedemann, 1775 天敌昆虫

铜绿婪步甲 *Harpalus chacentus* Bates, 1873 天敌昆虫

毛婪步甲 *H. griseus* Panzer, 1796 天敌昆虫

谷婪步甲 *H. caleeatus* (Duftschmidt, 1812) 天敌昆虫

毛青步甲 *Chlaenius pallipes* Gebler, 1792 天敌昆虫

黄边青步甲 *Ch. circumdatus* Brulle, 1876 天敌昆虫

黄斑青步甲 *Ch. micans* Fabricius, 1785 天敌昆虫

黄缘青步甲 *Ch. nigricans* Wiedemann, 1775 天敌昆虫

广屁步甲 *Pheropsophus occipitalis* Macleay, 1825 天敌昆虫

黑角胸步甲 *Peronomerus auripilis* Bates, 1866 天敌昆虫

圆步甲 *Omophron limbatum* Fabricius, 1794 天敌昆虫

9.1.14.3 叩头甲科 Elateriade（2 种）

沟叩头甲 *Pleonomus canaliculatus* Faldermann, 1835 农林害虫

细胸叩头甲 *Agriotes subvittatus* Motschulsky, 1859 农林害虫

9.1.14.4 吉丁甲科 Buprestidae（7 种）

核桃小吉丁 *Agrilus lewisiellus* Kere, 1758 林业害虫

栎扁头吉丁 *A. cyaneoniger* Saunders, 1873 林业害虫

苹果小吉丁 *A. mali* Matsumura, 1917 林业害虫

柳沟胸吉丁 *Nalanda rutilicollis* (Obenberger, 1914) 林业害虫

樟树角吉丁 *Habroloma wagneri* (Gebhardt, 1928) 林业害虫

红缘绿吉丁 *Lampra bellula* Lewis, 1893 林业害虫

六星吉丁虫 *Chrysobothris succedanea* Saunders, 1875 林业害虫

9.1.14.5　芫菁科 Meloidae（6 种）

中华豆芫菁 *Epicauta chinensis* (Laporate, 1840) 药用昆虫

锯角豆芫菁 *E. gorhami* (Marseul, 1873) 药用昆虫

红头豆芫菁 *E. ruficeps* Illiger, 1800 药用昆虫

存疑豆芫菁 *E. dubia* Fabricius, 1785 药用昆虫

小斑芫菁 *Mylabris splendidula* Pallas, 1773 药用昆虫

绿芫菁 *Lytta cacraganae* Pallas, 1773 药用昆虫

9.1.14.6　拟步甲科 Tenebrionidae（8 种）

扁毛土甲 *Mesomorphus villiger* (Blanch, 1853) 农业害虫

类沙土甲 *Opatrum subaratum* Faldermann, 1835 农业害虫

亚刺土甲 *Gonocephalum subspinosum* (Fairmaire, 1894) 农业害虫

小粉盗 *Palorus cerylonoides* (Pascoe, 1863) 农业害虫

姬粉盗 *P. ratzeburgii* (Wissmann, 1848) 农业害虫

黄粉虫 *Tenebiro molitor* Linnaeus, 1758 农业害虫

黑粉虫 *T. obscurus* Fabricius, 1775 农业害虫

杂拟谷盗 *Tribolium confusum* Jacquelin *et* Val, 1861 农业害虫

9.1.14.7　锯谷盗科 Silvanidae（1 种）

锯谷盗 *Oryzaephilus surinamemsis* Linnaeus, 1767 农业害虫

9.1.14.8　长蠹科 Bostrychiade（3 种）

斑翅长蠹 *Lichenophanes carinipennis* Lewis, 1894 木材害虫

竹长蠹 *Dinoderus minutus* Fabricius, 1786 木材害虫

谷蠹 *Rhizopertha dominica* Fabricius, 1780 农业害虫

9.1.14.9　龙虱科 Dytiscidae（1 种）

黄缘龙虱 *Cybister japonicaus* Sharp, 1873 水生昆虫

9.1.14.10　水龟虫科 Hydrophilinidae（1 种）

水龟虫 *Hydrophilus acuminarus* Motschulsky, 1865 水生昆虫

9.1.14.11 蜣螂科 Scarabaeidae（3 种）

臭蜣螂 *Copris ochus* Motschulsky, 1866 动物粪便
北方蜣螂 *Gymnopleurus mopsus* Pallas, 1773 动物粪便
大蜣螂 *Scarabaeus sacer* Linnaeus, 1763 动物粪便

9.1.14.12 金龟科 Melolonthidae（16 种）

黑棕鳃金龟 *Apogonia cupreoviridis* Koble, 1886 农林害虫
棕色鳃金龟 *Holotrichia titanis* Reitter, 1835 农林害虫
暗黑鳃金甲 *H. morose* Waterhouse, 1854 农林害虫
华北大黑鳃金龟 *H. oblita* (Faldermann, 1835) 农林害虫
灰粉鳃金龟 *Hoplosteruus incanus* Motschulsky, 1913 农林害虫
阔胫鳃金龟 *Maladera verticollis* (Fairmaire, 1888) 农林害虫
小阔胫鳃金龟 *M. ovatula* (Fairmaire, 1887) 农林害虫
黄绒鳃金龟 *M. aureola* Murayama, 1938 农林害虫
小黄鳃金龟 *Metabolus impressifrons* Fairmaire, 1887 农林害虫
毛斑绒鳃金龟 *Paraserica grisea* Motschulsky, 1866 农林害虫
毛黄鳃金龟 *Pledina trichophora* Fairmaire, 1912 农林害虫
小云斑鳃金龟 *Polyphylla gradlicornis* Blanchard, 1871 农林害虫
大云斑鳃金龟 *P. laticollis* Lewis, 1888 农林害虫
黑绒鳃金龟 *Serica orientalis* Motschulsky, 1860 农林害虫
褐绒鳃金龟 *S. japonica* Motschulsky, 1854 农林害虫
黑皱鳃金龟 *Trematodes tenebrioides* (Pallas, 1773) 农林害虫

9.1.14.13 丽金龟科 Rutelidae（8 种）

多色丽金龟 *Anomala smaragdina* Ohaus, 1915 观赏昆虫
铜绿丽金龟 *A. corpulenta* Motschulsky, 1854 观赏昆虫
黑斑丽金龟 *Cyriopertha arcuata* Gebler, 1832 农林害虫
草绿彩丽金龟 *Mimela passerinii* Hope, 1842 农林害虫
苹绿丽金龟 *Anomala sieversi* Heyden, 1887 农林害虫
中华弧丽金龟 *Popillia quadriguttata* Fabricius, 1787 观赏昆虫
玻璃弧丽金龟 *P. atrocoerulea* Bates, 1887 观赏昆虫
异色丽金龟 *Phyllopertha diversa* Waterhouse, 1838 农林害虫

9.1.14.14 犀金龟科 Dymastidae（2 种）

双叉犀金龟 *Allomyrina dichotoma* Linnaeus, 1771 观赏昆虫
独角仙金龟 *Xylotrupes dichotomus* Linnaeus, 1765 观赏昆虫

9.1.14.15 花金龟科 Cetoniidae（4 种）

白星花金龟 *Protaetia brevitarsis* Lewis, 1879 农林害虫
绿色花金龟 *P. speculifera* (Swartz, 1817) 农林害虫
小青花金龟 *Oxycetonia jucunda* Faldermann, 1835 农林害虫
褐绣花金龟 *Poeilophilides rusticola* Burmeister, 1842 农林害虫

9.1.14.16 斑金龟科 Trichiidae（1 种）

虎皮斑金龟 *Trichius fasciatus* Linnaeus, 1775 农林害虫

9.1.14.17 天牛科 Cerambycidae（36 种）

小灰长角天牛 *Acanthocinus griseus* Fabricius, 1793 林业害虫
红绒闪光天牛 *Aeolesthes ningshaanensis* Chiang, 1981 林业害虫
中华闪光天牛 *A. sinensis* Gahan, 1890 林业害虫
赤杨缘花天牛 *Stictoleptura dichroa* (Blanchard, 1871) 林业害虫
斑角缘花天牛 *S. variicornis* (Dalman, 1817) 林业害虫
光肩星天牛 *Anoplophora glabripennis* Motsch, 1854 林业害虫
星天牛 *A. chinensis* Forster, 1771 林业害虫
黄斑星天牛 *A. nobilis* Ganglbautr, 1886 林业害虫
中华锯花天牛 *Apatophysis sinica* (Semenov-Tian-Shanskij, 1901) 林业害虫
桃红颈天牛 *Aromia bungli* Faldermann, 1835 林业害虫
杨红颈天牛 *A. moschata* Linnaeus, 1933 林业害虫
云斑天牛 *Batocera hosrtieldi* Hope, 1843 林业害虫
皱胸绿天牛 *Chelidonium implicatum* Pic, 1817 林业害虫
散斑绿虎天牛 *Chlorophorus notabilis cuneatus* Fairmaire, 1787 林业害虫
六斑绿虎天牛 *Ch. sexmaculatus* Motschulsky, 1879 林业害虫
沟翅土天牛 *Dorysthenes fossatus* Pascoe, 1857 林业害虫
曲牙土天牛 *D. hydropicus* Pascoe, 1857 林业害虫
松刺脊天牛 *Dystomorphus notatus* Pic, 1924 林业害虫
薄翅锯天牛 *Megopis sineca* White, 1963 林业害虫
松天牛 *Monochamus alternatus* Hopes, 1842 林业害虫
膜花天牛 *Necydalis major* Linnaeus, 1758 林业害虫
灰翅筒天牛 *Oberea ocularta* Linnaeus, 1758 林业害虫
黄带厚花天牛 *Pachyta mediojasciata* Pic, 1936 林业害虫
麻天牛 *Paraqlenea fortunei* Saunders, 1873 林业害虫
桑黄星天牛 *Psacothea hilaris* Pascoe, 1856 林业害虫
黄钝肩花天牛 *Rhondia placida* (Heller, 1923) 林业害虫
柳角胸天牛 *Rhopaloscelis unifasciatus* Blessig, 1873 林业害虫

青杨楔天牛 *Saperda poprlnta* Linnaeus, 1758 林业害虫

椎天牛 *Spondylis buprestoides* (Linnaeus, 1758) 林业害虫

四星栗天牛 *Stenygrinum quadrinotatum* Bates, 1866 林业害虫

二点瘦花天牛 *Strangalia savioi* Pic, 1924 林业害虫

黄带楔天牛 *Thermistis croceocincta* Sauuders, 1873 林业害虫

麻天牛 *Thyestilla gebleri* (Faldermann, 1835) 林业害虫

黄斑椎天牛 *Thranius signatus* Schwarzer, 1925 林业害虫

巨胸虎天牛 *Xylotrechus magnicollis* Fairmaire, 1888 林业害虫

秦岭脊虎天牛 *X. boreosinicus* Gressitt, 1951 林业害虫

9.1.14.18　瓢虫科 Coccinellidae（29 种）

二星瓢虫 *Adonia bipunctata* Linnaeus, 1758 天敌昆虫

多异瓢虫 *A. variegata* Goeze, 1777 天敌昆虫

四星裸瓢虫 *Calvia muiri* Timberlake, 1943 天敌昆虫

十四星裸瓢虫 *C. quatuordecimguttata* Linnaeus, 1758 天敌昆虫

十五星裸瓢虫 *C. quinquedecimguttata* Fabricius, 1777 天敌昆虫

红斑瓢虫 *Rodolia limbata* Motschulsky, 1866 天敌昆虫

七星瓢虫 *Coccinella septempunctata* Linnaeus, 1758 天敌昆虫

横斑瓢虫 *C. transversoguttata* Faldermann, 1835 天敌昆虫

横带瓢虫 *C. trifasciata* Linnaeus, 1758 天敌昆虫

隐势瓢虫 *Cryptogonus orbiculu*s (Gyllenhal, 1808) 天敌昆虫

中华食植瓢虫 *Epilachna chinensis* Weise, 1912 农业害虫

菱斑食植瓢虫 *E. insignis* Gorhanl, 1892 农业害虫

九斑食植瓢虫 *E. freyana* Bielawski, 1965 农业害虫

异色瓢虫 *Harmonia axyridis* Pallas, 1773 天敌昆虫

红肩瓢虫 *H. dimidiate* Fabricius, 1775 天敌昆虫

隐斑瓢虫 *H. yedoensis* Takizawa, 1917 天敌昆虫

马铃薯瓢虫 *Henosepilanchna vigintioctomaculata* Motschusky, 1857 农业害虫

茄二十八星瓢虫 *H. vigintioctopunctata* Fabricius, 1775 农业害虫

角异瓢虫 *Hippodamia potanini* Weise, 1912 天敌昆虫

红颈瓢虫 *Lemnia melanaria* (Mulsant, 1853) 天敌昆虫

菱斑瓢虫 *Oenopia conglobeata* Linnaeus, 1758 天敌昆虫

黄缘瓢虫 *O. sauzeti* Mulsant, 1866 天敌昆虫

龟纹瓢虫 *Propylea japonica* Thunberg, 1781 天敌昆虫

方斑瓢虫 *P. quaturodecimpunctata* (Linnaeus, 1758)天敌昆虫

大红瓢虫 *Rodolia rufopilosa* Mulsant, 1854 天敌昆虫

黑襟毛瓢虫 *Scymnus hoffmanni* Weise, 1879 天敌昆虫

黑背毛瓢虫 *S. babai* Sasji, 1971 天敌昆虫

深点食螨瓢虫 *Stethorus punctillum* Weise, 1879 天敌昆虫
陕西食螨瓢虫 *S. shaanxiensis* Pang *et* Mao, 2002 天敌昆虫

9.1.14.19　叶甲科 Chrysomelidae（9 种）

杨叶甲 *Chrysomela populi* Linnaeus, 1758 林业害虫
柳二十斑叶甲 *Ch. vigintipunctata* Scopoli, 1763 林业害虫
亮叶甲 *Chrysolampra spleendens* Baly, 1859 林业害虫
铜色山叶甲 *Oreina aeneolucens* Achard, 1901 林业害虫
梨斑叶甲 *Paropsides soriculata* Swartz, 1891 林业害虫
杨佛叶甲 *Phratora laticollis* Suffrian, 1865 林业害虫
柳圆叶甲 *Plagiodera versicolora* Laichartivy, 1781 林业害虫
爪兆叶甲 *Sternoplatys clemetci* Jacabson, 1884 林业害虫
黄足窄翅叶甲 *S. fulvipes* Motschulsky, 1866 林业害虫

9.1.14.20　肖叶甲科 Eumolpidae（4 种）

葡萄肖叶甲 *Bromius obscurus* Linnaeus, 1758 农林害虫
甘薯肖叶甲 *Colasposoma dauricum* Mannerhein, 1833 农业害虫
黑点茶肖叶甲 *Demotina piceonotata* Pic, 1929 林业害虫
棕毛筒胸肖叶甲 *Lypesthes subregularis* Pic, 1929 林业害虫

9.1.14.21　萤叶甲科 Galerucuidae（7 种）

黄守瓜 *Aulacphora femoralis* Motschlsky, 1857 农业害虫
黑条麦叶甲 *Medythia nidrobilineata* Motschlsky, 1857 农业害虫
黑头长跗萤叶甲 *Monolepta capitata* Chen, 1942 农林害虫
薄翅萤叶甲 *Pallasiola absinthii* Pallas, 1773 农林害虫
陕西后脊萤叶甲 *Paragetocera flavipes* Chen, 1942 农林害虫
横带额萤叶甲 *Sermyloides semiornata* Chen, 1942 农林害虫
脊纹萤叶甲 *Theone silphoides* (Dalman, 1823) 农林害虫

9.1.14.22　跳甲科 Halticidae（5 种）

蓝跳甲 *Altica cyane* Weber, 1801 农业害虫
黄条跳甲 *Phyllioaes difficilis* Baly, 1874 农业害虫
黄曲条跳甲 *Ph. striolata* Fabricius, 1775 农业害虫
黄宽条跳甲 *Ph. humilis* Weise, 1879 农业害虫
黄窄条跳甲 *Ph. vittula* Redtenbacher, 1849 农业害虫

9.1.14.23　象虫科 Curculionidae（14 种）

核桃长足象 *Alcidodes juglans* Chao, 1974 林业害虫
隆脊绿象 *Chlorophanus lineolus* Motschulsky, 1854 林业害虫

柞栎象 *Curculio arakawai* Matsumura et Kono, 1887 林业害虫

栗实象 *C. davidi* Farimaire, 1878 林业害虫

麻栎象 *C. robustus* Roelofs, 1875 林业害虫

核桃横沟象 *Dyscerus juglans* Chao, 1980 林业害虫

沟眶象 *Eucryptorrhynchus chinensis* Olivier, 1854 林业害虫

臭椿沟眶象 *E. brandti* Harlod, 1880 林业害虫

斜纹圆筒象 *Msctocorynus obliquesignatus* Reitter, 1937 林业害虫

棉尖象 *Phytoscaphus gossypii* Chao, 1974 林业害虫

樟子松木蠹象 *Pissodes validirostris* Gyllenhyl, 1873 林业害虫

黑木蠹象 *P. cembrae* Motschulky, 1860 林业害虫

大灰象 *Sympiezomias velatus* Chevrolat, 1845 林业害虫

球果角胫象 *Shirahoshizo coniferae* Chao, 1974 林业害虫

9.1.14.24　卷象科 Attelabidae（9 种）

柳卷象 *Apoderus rubidus* Motschlsky, 1861 林业害虫

葡萄金象 *Aspidobyctiscus lacunipennis* Jekel, 1860 林业害虫

杨卷叶象 *Byctiscus omissa* Voss, 1925 林业害虫

梨卷叶象 *B. betulae* (Linnaeus, 1758) 林业害虫

杨小卷象 *B. fausti* Sharp, 1882 林业害虫

红斑金象 *B. princes* Solsky, 1803 林业害虫

大喙象 *Henicolabus gigantens* Faust, 1890 林业害虫

圆斑象 *Paroplapoderus semiamulatus* Jekel, 1860 林业害虫

榆卷叶象 *Tomapoderus ruficollis* Fanricius, 1781 林业害虫

9.1.15　鳞翅目 LEPIDOPTERA（27 科 291 种）

9.1.15.1　透翅蛾科 Aegtriidae（2 种）

白杨透翅蛾 *Parathrene tabaniformis* Rottenberg, 1775　林业害虫

杨干透翅蛾 *Sphecia siningensis* Hsu, 1981　林业害虫

9.1.15.2　木蠹蛾科 Cossidae（4 种）

芳香木蠹蛾 *Cossus cossus* Linnaeus, 1758　林业害虫

黄胸木蠹蛾 *C. chinensis* Rothschild, 1912　林业害虫

榆木蠹蛾 *Holcocerus vicarius* Walker, 1865　林业害虫

秦岭木蠹蛾 *Sinicossus qinlingensis* Hua et Chou, 1990 林业害虫

9.1.15.3　麦蛾科 Gelechiidae（5 种）

甘薯麦蛾 *Brachmia macroscopa* Meyrick, 1935 农业害虫

马铃薯麦蛾 *Phthorimaea operculella* Zeller, 1873 农业害虫

黑星麦蛾 *Telphusa chloriderces* Meyrick, 1935 林业害虫

黑斑麦蛾 *T. nephomicta* Meyrick, 1935 林业害虫

麦蛾 *Sitotroga cerealella* (Olivier, 1789) 农业害虫

9.1.15.4 豹蠹蛾科 Zeuzeridae（2 种）

豹蠹蛾 *Zeuzera multistrigata* Moore, 1881 林业害虫

秦豹蠹蛾 *Z. qinensis* Hua *et* Chou, 1990 林业害虫

9.1.15.5 刺蛾科 Limacodidae（10 种）

黄刺蛾 *Cnidocampa flavescens* Walker, 1855 林业害虫

中国绿刺蛾 *Latoia sinica* Moore, 1877 林业害虫

双齿绿刺蛾 *L. consocia* Walker, 1854 林业害虫

陕绿刺蛾 *L. shaanxiensis* (Cai, 1983) 林业害虫

枯刺蛾 *Mahanta quadriclinea* Moore, 1877 林业害虫

白眉刺蛾 *Narosa edoensis* Kawada, 1893 林业害虫

梨刺蛾 *Narsoideus flavidorsalis* Staudenger, 1887 林业害虫

黑刺蛾 *Thosea sinensis* Walker, 1855 林业害虫

明脉扁刺蛾 *Th. assigna* Vecke, 1881 林业害虫

暗扁刺蛾 *Th. loesa* Moore, 1865 林业害虫

9.1.15.6 斑蛾科 Zygaenidae（2 种）

梨星毛虫 *Illiberis pruni* Dyar, 1900 林业害虫

柞树斑蛾 *I. sinensis* Walker, 1854 林业害虫

9.1.15.7 蛀果蛾科 Carposinidae（1 种）

桃小食心虫 *Carposina niponensis* Walsingham, 1900 林业害虫

9.1.15.8 卷蛾科 Tortricidae（8 种）

榆白长翅卷叶蛾 *Acleris ulmicola* Meyrich, 1930 林业害虫

云杉黄卷蛾 *Archips piceana* Linnaeus, 1758 林业害虫

栎白小卷蛾 *Cydia kurokoi* Amsel, 1960 林业害虫

松叶小卷蛾 *Epinotia rubiginosana* Herrich, 1851 林业害虫

杨柳小卷蛾 *Gypsonoma minutana* Hubner, 1796-1799 林业害虫

松实小卷蛾 *Retinia cristata* Walsingham, 1900 林业害虫

苹果小卷蛾 *Laspeyresia pomonella* (Linnaeus, 1758) 林业害虫

松梢小卷蛾 *Rhyacionia ionicolana* (Doublesy, 1850) 林业害虫

9.1.15.9 螟蛾科 Eyralidae（17 种）

竹织叶野螟 *Algedonia coclesalis* Walker, 1863 林业害虫

杨黄卷叶螟 *Botyodes diniasalis* Walker, 1863 林业害虫

大黄卷叶螟 *B. principalis* Leech, 1897 林业害虫

黑斑草螟 *Crambus atrosignatus* Zeller, 1846 农业害虫

桃蛀螟 *Dichocrocis punctiferales* Guenee, 1854 林业害虫

松梢螟 *Dioryctrira splendidella* Herrich-Schaetfer, 1775 林业害虫

豆荚斑螟 *Etiella zinckenella* Treitschke, 1832 农业害虫

黄杨绢野螟 *Diphania perpectalis* (Walker, 1859) 林业害虫

玉米螟 *Ostrinia furnacalis* (Guenee, 1854) 农业害虫

双斑薄翅野螟 *Evergestis junctalis* Warren, 1892 林业害虫

四斑绢野螟 *Glyphodes quadricmculalis* Bremer *et* Grey, 1853 林业害虫

楸螟 *Omphisa plagialis* Wileman, 1911 林业害虫

黄斑紫翅野螟 *Rehimena phrynealis* Walker, 1863 林业害虫

大白斑野螟 *Polythlipta liquidalis* Leech, 1900 林业害虫

黄边白野螟 *Palpita nigropunctalis* Bremer, 1861 林业害虫

旱柳原野螟 *Proteuclasta stotzntri* Carakja, 1927 林业害虫

葡萄卷叶野螟 *Sylepta luctuosalis* (Linnaeus, 1758) 林业害虫

9.1.15.10 枯叶蛾科 Lasiocampidae（9 种）

白杨枯叶蛾 *Bhima idiofa* Graeser, 1888 林业害虫

秦岭小枯叶蛾 *Cosmotriche chensiensis* Hou, 1987 林业害虫

油松毛虫 *Dendrolimus tabulaeformis* Tsai, 1962 林业害虫

秦岭松毛虫 *D. qinlingensis* Tsai et Hou, 1980 林业害虫

落叶松毛虫 *D. superans* Butler, 1875 林业害虫

脉幕枯叶蛾 *Malacosoma neustria testacyea* Motschulsky, 1861 林业害虫

苹枯叶蛾 *Odonestis pruni* Linnaeus, 1758 林业害虫

竹斑枯叶蛾 *Philudoria albomaculata* Bremer, 1861 林业害虫

栎黄枯叶蛾 *Trabala vishnou* Lefebure, 1855 林业害虫

9.1.15.11 大蚕蛾科 Saturniidae（6 种）

绿尾大蚕蛾 *Actias selene ningpoana* Felder, 1862 林业害虫

红尾大蚕蛾 *A. rhodopneuma* Rober, 1925 林业害虫

柞蚕 *Antheraea pernyi* Guerin, 1855 林业害虫

樟蚕 *Eriogyna pyretorum* Westwood, 1837 林业害虫

樗蚕 *Philosamia cynthia* Walker, 1773 林业害虫

透目大蚕蛾 *Rhodinia fugax* (Butler, 1879) 林业害虫

9.1.15.12　钩蛾科 Drepanidae（4 种）

三刺山钩蛾 *Oreta trispiunligrea* Chen, 1985 林业害虫

曲缘线钩蛾 *Nordostroemia recava* Watson, 1968 林业害虫

太白金钩蛾 *Oreta hoenei hoenei* Watson, 1968 林业害虫

古钩蛾 *Palaeodrepana harpagula* Esper, 1786 林业害虫

9.1.15.13　尺蛾科 Geometridae（30 种）

醋栗尺蛾 *Abraxas grossudariata* Linnaeus, 1758 林业害虫

华金星尺蛾 *A. sinicaria* Leech, 1897 林业害虫

萝摩艳青尺蛾 *Agathia carissima* Butler, 1889 林业害虫

杉霜尺蛾 *Alcis angulifera* Butler, 1889 林业害虫

桦霜尺蛾 *A. repandata* Linnaeus, 1758 林业害虫

针叶霜尺蛾 *A. secondaryia* Esper, 1784 林业害虫

大造桥虫 *Ascotis selenaria* Schifftrmuller *et* Denis, 1775 林业害虫

双云尺蛾 *Biston comitata* Warren, 1899 林业害虫

桦尺蛾 *B. betularia* Linnaeus, 1758 林业害虫

焦边尺蛾 *Bizia aexaeia* Walker, 1861 林业害虫

掌尺蛾 *Buzura recursaria superans* Butler, 1875 林业害虫

四星尺蛾 *Ophthalmitis irrorataria* (Bremer *et* Grey, 1852) 林业害虫

松尺蛾 *Bupalus piniarius* Linnaeus, 1758 林业害虫

葡萄洄纹尺蛾 *Chartographa ludovicaria* (Oberthür, 1894) 林业害虫

双斜线尺蛾 *Megaspilates mundataria* (Stoll, 1782) 林业害虫

木橑尺蛾 *Culcula panterinaria* Bremer *et* Grey, 1863 农林害虫

栓皮栎波尺蛾 *Inurois fletcheri* Inoue, 1954 林业害虫

女贞尺蛾 *Naxa seriaria* Motschulsky, 1866 林业害虫

雪尾尺蛾 *Ourapteryx nivea* Butler, 1875 林业害虫

波尾尺蛾 *O. persica* Menetries, 1861 林业害虫

核桃尺蛾 *Ephoria arenosa* Butler, 1875 林业害虫

树型尺蛾 *Erebomorpha consors* Butler, 1875 林业害虫

白脉青尺蛾 *Geometra albovenaria* Bremer, 1861 林业害虫

细线尺蛾 *G. glancaria* Menetries, 1859 林业害虫

槐尺蠖 *Semiothisa cinerearia* Bremer *et* Grey, 1853 林业害虫

华丽尺蛾 *Iotaphora admirabilis* (Oberthür, 1894) 林业害虫

黄辐射尺蛾 *I. iridicolor* Butlur, 1875 林业害虫

点尺蛾 *Naxa angustaria* Leech, 1897 林业害虫

桑尺蠖 *Phthonandria atrilineata* Butler, 1875 林业害虫

苹果烟尺蛾 *Phthonosema tendinosaria* (Bremer, 1861) 林业害虫

9.1.15.14　天蛾科 Sphingidae（21 种）

鬼脸天蛾 *Acherontia lacheaia* (Fabricius, 1798) 农业害虫

芝麻天蛾 *A. atyx* Westwood, 1847 农业害虫

斜纹天蛾 *Theretra clotho* (Drury, 1773) 农业害虫

黄脉天蛾 *Amorpha amurensis* Staudinger, 1892 林业害虫

葡萄天蛾 *Ampelophaga rubiginosa* Bremer, 1853 林业害虫

眼斑天蛾 *Callambulyx junonia* (Butler, 1881) 林业害虫

榆天蛾 *C. tatarinovi* Bremer *et* Grey, 1853 林业害虫

豆天蛾 *Clanis bilineata tsingtauica* Mell, 1879 农业害虫

洋槐天蛾 *C. deucalion* Walker, 1866 林业害虫

白薯天蛾 *Herse covolvuli* Linnaeus, 1758 农业害虫

松黑天蛾 *Hyloicus caligieus sinicus* Rothscild *et* Jordan, 1903 林业害虫

桃天蛾 *Marumba gaschkewitschi* Bremeretgrey, 1860 林业害虫

栎鹰翅天蛾 *Oxyambulyx liturata* Butler, 1875 林业害虫

核桃鹰翅天蛾 *O. schauffelbergeri* Bremer *et* Grey, 1853 林业害虫

红天蛾 *Pergesa elpenor* Linnaeus, 1758 林业害虫

白肩天蛾 *Rhagastis mongoliana* (Butler, 1875) 农业害虫

条背天蛾 *Cechenena lineosa* Walker, 1856 林业害虫

柳天蛾 *Smerithus planus* Walker, 1856 林业害虫

蓝目天蛾 *S. planus planus* Walker, 1856 林业害虫

松针天蛾 *Sphinx caliqineus* Butler, 1875 林业害虫

芋双线天蛾 *Theretra oldenlandiae* Fabricius, 1775 林业害虫

9.1.15.15　舟蛾科 Notodontidae（19 种）

黑蕊舟蛾 *Dudusa sphingiformis* Moore, 1872 林业害虫

杨二尾舟蛾 *Cerura menciana* Moore, 1877 林业害虫

杨扇舟蛾 *Clostera anachoreta* (Fabricius, 1775) 林业害虫

短扇舟蛾 *C. curtuloides* Erschoff, 1870 林业害虫

钩翅舟蛾 *Gangarides dharma* Moore, 1865 林业害虫

腰带燕尾舟蛾 *Harpyia lanigera* Butle, 1875 林业害虫

栎枝背舟蛾 *H. umbrosa umbrosa* (Staudinger, 1891) 林业害虫

银二星舟蛾 *Rabtala aplendida* (Oberthür, 1880) 林业害虫

黄二星舟蛾 *R. cristata* Butler, 1877 林业害虫

杨小舟蛾 *Micromelalopha troglodytea* (Graeser, 1888) 林业害虫

榆白边舟蛾 *Nericoides davidi* Oberthür, 1877 林业害虫

小白边舟蛾 *N. minor* Cai, 1963 林业害虫

苹掌舟蛾 *Phalera flavescens* Bremer *et* Grey, 1852 林业害虫

榆掌舟蛾 *Ph. takasagoensis* Matsumura, 1919 林业害虫

伞掌舟蛾 *Ph. sangana* Moore, 1877 林业害虫

杨剑舟蛾 *Pheosia fusiformis* Matsumura, 1919 林业害虫

槐羽舟蛾 *Pterostoma sinicum* Moore, 1875 林业害虫

核桃美舟蛾 *Uropyia meticulodina* (Oberthür, 1879) 林业害虫

窦舟蛾 *Zaranga pannosa* Moore, 1877 林业害虫

9.1.15.16　灯蛾科 Arotiidae（8 种）

豹灯蛾 *Arctia caja* (Linnaeus, 1758) 农林害虫

红边灯蛾 *Amsacta lactinea* Cramer, 1912 林业害虫

粉灯蛾 *Alphaea fulvohirta* Walker, 1856 林业害虫

白雪灯蛾 *Chionarctia nivea* Ménétriès, 1859 农业害虫

人纹污灯蛾 *Spilarctia subcarnea* (Walker, 1855) 农业害虫

赭污灯蛾 *S. nehallenia* (Oberthür, 1910) 农业害虫

黑带污灯蛾 *S. quercii* (Oberthür, 1910) 农业害虫

洁雪灯蛾 *Spilosoma pura* Leech, 1899 农业害虫

9.1.15.17　夜蛾科 Noctuidae（26 种）

桃剑纹夜蛾 *Acronicta increatata* Warren, 1909 林业害虫

桑夜蛾 *A. major* Bremer, 1861 林业害虫

枯叶夜蛾 *Adris tyrannus* Guenee, 1852 林业害虫

小地老虎 *Agrotis ipsilon* Hufnagel, 1766 农林害虫

棉铃虫 *Helicoverpa armigera* (Hubner, 1809) 农林害虫

中桥夜蛾 *Anomis mesogona* Walker, 1858 林业害虫

小桥夜蛾 *A. flava* Fabricius, 1775 林业害虫

银纹夜蛾 *Argyrogramma agnate* (Staudinger, 1892) 农业害虫

甘蓝夜蛾 *Barathra brassicae* (Linnaeus, 1758) 农业害虫

钩尾夜蛾 *Calymnia unicolora* Staudinger, 1888 林业害虫

杨裳夜蛾 *Catocala nupta* Linnaeus, 1758 林业害虫

柳裳夜蛾 *C. electa* Borkhausen, 1896 林业害虫

缟裳夜蛾 *C. fraxini* Linnaeus, 1758 林业害虫

白夜蛾 *Chasminodes albonitens* Bremer, 1861 林业害虫

粉缘钻夜蛾 *Earias pudicana* Staudinger, 1887 林业害虫

光裳夜蛾 *Ephesia fulminea* Scopoli, 1933 林业害虫

白边切夜蛾 *Euxoa oberthuri* Leech, 1900 林业害虫

实夜蛾 *Heliothis viriplaca* Hufnagel, 1766 农业害虫

苹梢鹰夜蛾 *Hypocala subsatura* Guenee, 1852 林业害虫

甜菜夜蛾 *Laphygma exigua* Linnaeus, 1758 农林害虫

粘虫 *Leucania separatea* Walker, 1865 农业害虫
白钩粘夜蛾 *L. proxima* Leech, 1900 农业害虫
缤夜蛾 *Moma alpium* Osbeck, 1778 林业害虫
白线灰夜蛾 *Polia pisi* Linnaeus, 1758 农业害虫
白肾灰夜蛾 *P. persicariae* Linnaeus, 1758 林业害虫
斜纹夜蛾 *Prodenia litura* Fabricius, 1775 农业害虫

9.1.15.18　毒蛾科 Lymantriidae（7 种）

松毒蛾 *Dasychira axutha* Collenette, 1881 林业害虫
褐黄毒蛾 *Euproctis magua* Winhoe, 1907 农业害虫
榆黄足毒蛾 *Ivela ochropoda* Eversmann, 1847 林业害虫
栎毒蛾 *Lymantria mathura* Moore, 1879 林业害虫
舞毒蛾 *L. dispar* Linnaeus, 1758 林业害虫
黄斜带毒蛾 *Numenes disparvlisseparate* Leech, 1880 农业害虫
古毒蛾 *Orgyia antiqua* (Linnaeus, 1758) 农林害虫

9.1.15.19　弄蝶科 Hesperiidae（10 种）

白弄蝶 *Abraximorpha davidii* Mabille, 1876 农业害虫
小黄斑弄蝶 *Ampittia nana* Leech, 1890 农业害虫
双色舟弄蝶 *Barca bicolor* Oberthür, 1921 农业害虫
绿弄蝶 *Choaspes benjaminii* (De Niceville, 1843) 农业害虫
黑弄蝶 *Danimio tethys* Menetries, 1857 农业害虫
豹弄蝶 *Thymelicus leonineus* Butler, 1878 农业害虫
花弄蝶 *Pyrgus maculatus* Bremer *et* Grey, 1852 农业害虫
中华谷弄蝶 *Pelopidas sinensis* Mabille, 1877 农业害虫
隐纹谷弄蝶 *P. mathias* Fabricius, 1798 农业害虫
飒弄蝶 *Satarupa gopala* Moore, 1866 农业害虫

9.1.15.20　绢蝶科 Parnassiidae（2 种）

冰清绢蝶 *Parnassius glacialis* Butler, 1866 观赏昆虫
小红珠绢蝶 *P. nomion tsinlingensis* Bryk *et* Eisner, 1823 观赏昆虫

9.1.15.21　眼蝶科 Satyridae（17 种）

粉眼蝶 *Callarge sagitta* Leech, 1890 农林害虫
苔娜黛眼蝶 *Lethe diana* (Butler, 1866) 林业害虫
直带黛眼蝶 *L. lanaris* Fabricius, 1877 林业害虫
黑带黛眼蝶 *L. nigrifascia* Leech, 1890 农业害虫
蛇神黛眼蝶 *L. satyrina* Butler, 1871 农业害虫

黛眼蝶 *L. dura* (Marshall, 1882) 农业害虫

白眼蝶 *Melanargla halimede* (Menetries, 1859) 林业害虫

黑纱白眼蝶 *M. lugens* Honrath, 1888 林业害虫

蛇眼蝶 *Minois dryas* Scopoli, 1763 林业害虫

丝链荫眼蝶 *Neope yama serica* Moore, 1858 农业害虫

黑斑荫眼蝶 *N. pulahoides* Leech, 1891 农业害虫

宁眼蝶 *Ninguta schrenkii* Menetries, 1859 农业害虫

白斑眼蝶 *Penthema adelma* Felder, 1862 林业害虫

古眼蝶 *Palaeonympha opalina* Butler, 1871 林业害虫

幽瞿眼蝶 *Ypthima conjuncta* Leech, 1891 农业害虫

中华瞿眼蝶 *Y. chinensis* Leech, 1892 农业害虫

云斑眼蝶 *Zophoessa armandina* Oberthür, 1910 农业害虫

9.1.15.22　环蝶科 Morphidae（2 种）

箭环蝶 *Stichophthalma howqua* Westwood, 1819 观赏昆虫

双星箭环蝶 *S. neumogeni* Leech, 1892 观赏昆虫

9.1.15.23　蛱蝶科 Nympulidae［32 种（亚种）］

柳紫闪蛱蝶 *Apatura ilia* Denis *et* Schiddermüller, 1775 观赏昆虫

紫闪蛱蝶 *A. iris* Linnaeus, 1758 观赏昆虫

大闪蛱蝶 *A. schrenckii* Menetries, 1861 观赏昆虫

云豹蛱蝶 *Argynnis anadyomene* Felder, 1862 农业害虫

绿豹蛱蝶 *A. paphia* Linnaeus, 1758 农业害虫

老豹蛱蝶 *Argyronome laodice* Pallas, 1771 农业害虫

斐豹蛱蝶 *Argyreus hyperbus* (Linnaeus, 1763) 农业害虫

绢蛱蝶 *Calinaga buddha* Moore, 1857 林业害虫

网蛱蝶西北亚种 *Melitaea diamina protomedia* Menetries, 1859 林业害虫

白斑迷蛱蝶 *Mimathyma schrenckii* Menetries, 1859 林业害虫

黑脉蛱蝶 *Hestina assimilis* Linnaeus, 1758 观赏昆虫

孔雀蛱蝶 *Inachis io* Linnaeus, 1758 观赏昆虫

琉璃蛱蝶 *Kaniska canace* Linnaeus, 1763 观赏昆虫

大紫蛱蝶 *Sasakia charonda* Hewitson, 1863 观赏昆虫

黑紫蛱蝶 *S. funebris* Leech, 1891 观赏昆虫

红线蛱蝶 *Limenitis populi* Linnaeus, 1758 林业害虫

扬眉线蛱蝶 *L. helmanni* Lederer, 1853 林业害虫

愁眉线蛱蝶 *L. disjucta* Leech, 1890 林业害虫

折线蛱蝶 *L. sydyi* Lederer, 1853 林业害虫

中华线蛱蝶 *Patsuia sinensium* Oberthür, 1906 林业害虫

重环蛱蝶 *Neptis alwina* Eremer, 1885 林业害虫
黄环蛱蝶 *N. ananta* Moore, 1857 林业害虫
婆环蛱蝶 *N. soma* Moore, 1858 林业害虫
蛛环蛱蝶 *N. arachne* Leech, 1890 林业害虫
单环蛱蝶 *N. rivularis* Scopoli, 1763 林业害虫
断环蛱蝶 *N. sankara* Kollar, 1844 林业害虫
小环蛱蝶 *N. sappho* Pallas, 1771 林业害虫
中环蛱蝶 *N. hylas* Linnaeus, 1758 林业害虫
朱蛱蝶 *Nympbalis xanthomelas* Denis, 1781 林业害虫
小红蛱蝶 *Vanessa cardui* Linnaeus, 1758 观赏昆虫
黄钩蛱蝶 *Polygonia c-aureum* (Linnaeus, 1758) 观赏昆虫
黄帅蛱蝶 *Sephisa princes* Fixsen, 1887 林业害虫

9.1.15.24　灰蝶科 Lycaenidae（12 种）

蓝灰蝶 *Everes argidaes* Pallas, 1771 林业害虫
尖翅银灰蝶 *Curetis acuta* Moore, 1877 农业害虫
珂灰蝶 *Cordelia comes* Leech, 1890 农林害虫
陕西珂灰蝶 *C. kitawakii* Koiwaya, 1993 农林害虫
琉璃灰蝶 *Celastrina argiolus* Linnaeus, 1758 林业害虫
大紫玻璃灰蝶 *C. oreas* Leech, 1893 林业害虫
艳灰蝶 *Favonius orientalis* Murray, 1875 农业害虫
红灰蝶 *Lycaena phlaeas* Linnaeus, 1761 农业害虫
亮灰蝶 *Lampides boeticus* Linnaeus, 1758 农业害虫
黑灰蝶 *Niphanda fusca* Bremer et Grey, 1853 林业害虫
玄灰蝶 *Tongeia fischery* Eversmann, 1843 农林害虫
珞灰蝶 *Scolitantides orion* Pallas, 1771 农林害虫

9.1.15.25　粉蝶科 Pieridae（18 种）

绢粉蝶 *Aporia crataeg* Linnaeus, 1758 林业害虫
小檗绢粉蝶 *A. hippia* Bremer, 1861 农业害虫
秦岭绢粉蝶 *A. qinlingensis* Verity, 1911 农业害虫
黑脉粉蝶 *Artogeia mallete* Menetries, 1857 农业害虫
斑缘豆粉蝶 *Colias erate* Esper, 1805 农业害虫
橙黄粉蝶 *C. electo* Linnaeus, 1758 农业害虫
豆粉蝶 *C. hyale* Linnaeus, 1758 农业害虫
黑角方粉蝶 *Dercas lycorias* Doubleday, 1842 林业害虫
宽边黄粉蝶 *Eurema hecabe* (Linnaeus, 1758) 农业害虫
钩粉蝶 *Gonepteryx rhamni* Linnaeus1758 林业害虫

尖钩粉蝶 *G. mahaguru* Gistel, 1857 林业害虫

尖角黄粉蝶 *Eurema laeta* Boisduval, 1836 农业害虫

突角小粉蝶 *Leptidea amurensis* Menetries, 1859 林业害虫

菜粉蝶 *Pieris rapae* Linnaeus, 1758 农业害虫

黑纹粉蝶 *P. melete* Menetries, 1857 农业害虫

暗脉粉蝶 *P. napi* Linnaeus, 1758 农业害虫

东方菜粉蝶 *P. canidia* Sparrman, 1768 农业害虫

云斑粉蝶 *Pontia daplidice* Linnaeus, 1758 农业害虫

9.1.15.26　凤蝶科 Papilionidae（14 种）

麝凤蝶 *Byasa alcinous* Klug, 1836 观赏昆虫

达摩麝凤蝶 *B. daemonius* Alpheraky, 1895 观赏昆虫

长尾麝凤蝶 *B. impediens* Rothschild, 1895 观赏昆虫

褐斑凤蝶 *Chilasa agestor* Gray, 1831 观赏昆虫

玉带美凤蝶 *Papilio polytes* (Linnaeus, 1758) 观赏昆虫

碧翠凤蝶 *P. bianor* Cramer, 1777 观赏昆虫

金凤蝶 *P. machaon* Linnaeus, 1758 观赏昆虫

柑橘凤蝶 *P. xuthus* Linnaeus, 1767 观赏昆虫

升天剑凤蝶 *Pazala euroa* Leech, 1893 观赏昆虫

丝带凤蝶 *Sericinus montela* Gray, 1852 观赏昆虫

太白虎凤蝶 *Luehdorfia taibai* Chou, 1994 观赏昆虫

褐钩凤蝶 *Meandrusa sciror* Leech, 1890 观赏昆虫

红珠凤蝶 *Pachliopta aristolochiae* (Fabricius, 1775) 观赏昆虫

金裳凤蝶 *Troides aeacus* Felder, 1860 观赏昆虫

9.1.15.27　蚬蝶科 Riodinidae（3 种）

豹蚬蝶 *Takashia nana* Leech, 1893 观赏昆虫

银纹尾蚬蝶 *Dodona eugenes* Bates, 1868 观赏昆虫

黄带褐蚬蝶 *Abisara fylla* (Doubleday, 1851) 观赏昆虫

9.1.16　膜翅目 HYMENOPTERA（17 科 83 种）

9.1.16.1　叶蜂科 Tenthredinidae（2 种）

日本芜菁叶蜂 *Athalia japonica* (Klug, 1815) 农业害虫

落叶松叶蜂 *Pristiphora erichsonii* (Hartig, 1837) 林业害虫

9.1.16.2　树蜂科 Siricoidae（1 种）

烟角树蜂 *Tremex fusicronis* (Fanricius, 1787) 林业害虫

9.1.16.3 瘿蜂科 Cynipidae（1 种）

板栗瘿蜂 *Dryocosmus kuriphilus* Yasumatsu, 1951 林业害虫

9.1.16.4 姬蜂科 Ichneumonidae（12 种）

刺蛾姬蜂 *Chlorocryptus purpuratus* Smith, 1874 天敌昆虫
舞毒蛾墨瘤姬蜂 *Pimpla disparis* Viereck, 1911 天敌昆虫
野蚕黑瘤姬蜂 *P. luctuosus* Smith, 1874 天敌昆虫
黑斑瘦姬蜂 *Dicamptus nigropictus* Matsumura, 1917 天敌昆虫
紫瘦姬蜂 *Dictynotus purpurascens* Smith, 1874 天敌昆虫
松毛虫黑胸姬蜂 *Hypososter takagii* Matsumura, 1917 天敌昆虫
拟瘦姬蜂 *Netelia ocellaris* Thomson, 1906 天敌昆虫
夜蛾瘦姬蜂 *Ophion luteus* Linnaeus, 1758 天敌昆虫
松毛虫黑点瘤姬蜂 *Xanthopimpla pedotor* Krieger, 1773 天敌昆虫
广黑点瘤姬蜂 *X. punctata* Fabricius, 1781 天敌昆虫
桑蟥聚瘤姬蜂 *Iseropus kuwanae* (Viereck, 1912) 天敌昆虫
松毛虫棘领姬蜂 *Therion giganteum* (Linnaeus, 1758) 天敌昆虫

9.1.16.5 茧蜂科 Braconidae（8 种）

杨透翅蛾绒茧蜂 *Apanteles paranthrenis* You *et* Dang, 1987 天敌昆虫
樗蚕绒茧蜂 *A. pictyoplocae* Watanabe, 1942 天敌昆虫
秦岭刻鞭茧蜂 *Coeloedes qinlingensis* Dang *et* Yang, 1989 天敌昆虫
小蠹茧蜂 *Coeloide armandi* Dang *et* Yang, 1989 天敌昆虫
四眼小蠹绕茧蜂 *Ropalophorus polygraphus* Yang, 1989 天敌昆虫
松小卷蛾长体茧蜂 *Macrocentrus resinellae* Linnaeus, 1758 天敌昆虫
两色刺足茧蜂 *Zombrus bicolor* Endelein, 1912 天敌昆虫
酱色刺足茧蜂 *Z. sjoestedi* Fahringer, 1865 天敌昆虫

9.1.16.6 长尾小蜂科 Torymidae（1 种）

中华螳小蜂 *Podagrion chinensis* Ashmead, 1898 天敌昆虫

9.1.16.7 广肩小蜂科 Eurytomidae（3 种）

小蠹长柄广肩小蜂 *Eurytoma juglansi* Yang, 1996 天敌昆虫
天蛾广肩小蜂 *E. manilensis* Ashmead, 1898 天敌昆虫
刺蛾广肩小蜂 *E. monemae* Ruschka, 1918 天敌昆虫

9.1.16.8 金小蜂科 Pteromalidue（7 种）

松毛虫宽缘金小蜂 *Euneura nawai* (Ashmead, 1898) 天敌昆虫
蓝叶甲金小蜂 *Schizonotus latrs* Walker, 1833 天敌昆虫

　　杨叶甲金小蜂 *S. sieboldi* Ratzenburg, 1852 天敌昆虫
　　陕西宽缘金小蜂 *Pachyneuron shaanxiensis* Yang, 1996 天敌昆虫
　　凤蝶金小蜂 *Pteromalus puparum* (Linneaus, 1758) 天敌昆虫
　　细角金小蜂 *Rhopalicus brevicrnis* Thomson, 1878 天敌昆虫
　　松蠹长尾金小蜂 *Roptrocerus qinlingensis* Yang, 1996 天敌昆虫

9.1.16.9　跳小蜂科 Encyrtidae（2 种）

　　陕西跳小蜂 *Leputomastix tsukumiensis* Tachikawa, 1956 天敌昆虫
　　球蚧花翅跳小蜂 *Microtery lunatus* Dalman, 1820 天敌昆虫

9.1.16.10　旋小蜂科 Eupelmidae（2 种）

　　舞毒蛾平腹小蜂 *Anastatus disparis* Rusch, 1932 天敌昆虫
　　栗瘿旋小蜂 *Eupelmus urozonus* Dalman, 1820 天敌昆虫

9.1.16.11　赤眼蜂科 Trichogrammatidae（4 种）

　　松毛虫赤眼蜂 *Trichogramma dendrolimi* Matsumura, 1926 天敌昆虫
　　螟黄赤眼蜂 *Tr. chilonis* Ishii, 1928 天敌昆虫
　　舟蛾赤眼蜂 *Tr. closterae* Pang *et* Chen, 1974 天敌昆虫
　　广赤眼蜂 *Tr. evanescens* Westwood, 1833 天敌昆虫

9.1.16.12　黑卵蜂科 Scelionidae（6 种）

　　草蛉黑卵蜂 *Telenomus acrobates* Giard, 1895 天敌昆虫
　　舟形毛虫黑卵蜂 *T. kolbei* Mayr, 1879 天敌昆虫
　　杨扇舟蛾黑卵蜂 *T. closterae* Wu *et* Chen, 1980 天敌昆虫
　　天幕毛虫黑卵蜂 *T. terbraus* (Ratzeburg, 1844) 天敌昆虫
　　麻皮蝽沟卵蜂 *Trissolcus dricus* Kozlov *et* Le, 1517 天敌昆虫
　　黄足沟卵蜂 *Tr. flavipes* (Thomson, 1517) 天敌昆虫

9.1.16.13　土蜂科 Scoliidae（3 种）

　　白毛长腹土蜂 *Campsomeris annulata* Fabricius, 1794 天敌昆虫
　　日本土蜂 *Scolia japonica* Smith, 1855 天敌昆虫
　　中华土蜂 *S. sinensis* Saussure, 1864 天敌昆虫

9.1.16.14　蚁科 Formicidae（17 种）

　　长刺细胸蚁 *Leptothorax spinosior* Forel, 1911
　　暗黑盘腹蚁 *Aphaenogaster caeclliae* Viehmeyer, 1922
　　秦岭盘腹蚁 *A. qinlingensis* Wei, 2001
　　广布弓背蚁 *Camponotus herculeanus* (Linnaeus, 1758)
　　亮腹黑褐蚁 *Formica gagatoides* Ruzsky, 1904

日本黑褐蚁 *F. japonica* Motschulsky, 1866

黑山蚁 *F. fusca* Lats, 1798

掘穴蚁 *F. cunicularia* Latreille, 1879

黑毛蚁 *Lasius niger* (Linnaers, 1758)

黄毛蚁 *L. flavus* (Fabricius, 1781)

角脊光胸臭蚁 *Liometopum torporum* Wei, 2001

高山铺道蚁 *Tetramorium parnassis* Wei, 2001

小红蚁 *Myrnica rubra* (Linnaeus, 1758)

中华红蚁 *M. sinica* Wu et Wang, 1921

太白红蚁 *M. taibaiensis* Wei, 2001

太白厚结猛蚁 *Pachycondyla taibaiensis* Wei, 1977

黄立毛蚁 *Paratrechina flavipes* (Smith, 1855)

9.1.16.15　蜜蜂科 Apidae（9 种）

中华蜜蜂 *Apis cerna* Fabricius, 1781 访花昆虫

意大利蜜蜂 *A. mellifera* Linnaeus, 1758 访花昆虫

谦熊蜂 *Bombus modestus* Eversmann, 1852 访花昆虫

重黄熊蜂 *B. flavus* Friese, 1934 访花昆虫

仿熊蜂 *B. imitator* Pitioni, 1949 访花昆虫

中国拟熊蜂 *B. chinensis* Morawitz, 1890 访花昆虫

灰熊蜂 *B. grahami* Frison, 1933 访花昆虫

双色切叶蜂 *Megachie bicolor* Fabricius, 1782 访花昆虫

黄胸木蜂 *Xylicipa appendiculata* Smith, 1852 访花昆虫

9.1.16.16　胡蜂科 Vespidae（3 种）

黄边胡蜂 *Vespa cradarinia* Linnaeus, 1758 天敌昆虫

金环胡蜂 *V. mandariniaa* Smith, 1852 天敌昆虫

黑尾胡蜂 *V. tropica drcalis* Smith, 1852 天敌昆虫

9.1.16.17　马蜂科 Polistidae（2 种）

中华马蜂 *Polistes chinensis* Fabricius, 1787 天敌昆虫

陆马蜂 *P. rothneyi* (Cameron, 1900) 天敌昆虫

9.1.17　双翅目 DIPTERA（9 科 31 种）

9.1.17.1　花蝇科 Anthomyiidae（3 种）

粪种蝇 *Adia cinerella* Fallen, 1825 农业害虫

横带花蝇 *Anthomyia illocata* Walker, 1857 农业害虫

灰地种蝇 *Delia platura* (Meigen, 1826) 农业害虫

9.1.17.2　食蚜蝇科 Syrphidae（7 种）

黑带食蚜蝇 *Episyrphus balteatus* (De Geer, 1776) 天敌昆虫
灰带食蚜蝇 *Eristalis cerealis* Fabricius, 1805 天敌昆虫
斜斑黑蚜蝇 *Melanostoma mellinum* Linnaeus, 1758 天敌昆虫
大灰食蚜蝇 *Metasyrphus corollae* Fabricius, 1794 天敌昆虫
宽带食蚜蝇 *M. latifasciatus* (Wiedemann, 1830) 天敌昆虫
凹带食蚜蝇 *M. nitens* (Zetterstedt, 1843) 天敌昆虫
斜斑鼓额食蚜蝇 *Scaeva pyrastri* Linnaeus, 1758 天敌昆虫

9.1.17.3　蝇科 Muscidae（3 种）

黑边家蝇 *Musca hervei* Villeneuve, 1922 腐食性
紫翠蝇 *Neomyia gavisa* Walker, 1856 腐食性
斑黑蝇 *Ophyra chalkogaster* Wiedemann, 1830 腐食性

9.1.17.4　丽蝇科 Calliphoridae（2 种）

巨尾阿丽蝇 *Aldrichina grahami* Aldrich, 1980 腐食性
亮绿蝇 *Lucilia illustris* (Meigon, 1826) 腐食性

9.1.17.5　寄蝇科 Tachinidae（4 种）

毛鬃腹寄蝇 *Blepharipa chaetoparafacialis* Chao, 1982 天敌昆虫
蚕饰腹寄蝇 *B. zebina* Walker, 1849 天敌昆虫
家蚕追寄蝇 *Exorista sorbilans* Wiedemann, 1830 天敌昆虫
榆毒蛾寄蝇 *Schineria ergesina* Rondani, 1861 天敌昆虫

9.1.17.6　大蚊科 Tipulidae（1 种）

中华大蚊 *Tipula sinica* Alexander, 1935 腐殖质

9.1.17.7　水虻科 Straiomyidae（3 种）

基黄柱角水虻 *Beris basiflava* Yang *et* Nagatomi, 1992 捕食其他昆虫
黄足瘦腹水虻 *Sargus flavipes* Meigen, 1822 捕食其他昆虫
红斑瘦腹水虻 *S. mactans* Walker, 1856 捕食其他昆虫

9.1.17.8　蜂虻科 Bombyliidae（1 种）

黑翅蜂虻 *Exoprosopa tantalums* Fabricius, 1794 捕食其他昆虫

9.1.17.9　虻科 Tabanidae（7 种）

村黄虻 *Atylotus rusticus* Linnaeus, 1767 幼虫腐殖质成虫吸血

中华斑虻 *Chrysops sinensis* Walker, 1856 幼虫腐殖质成虫吸血

土耳其麻虻 *Haematopota turkestanica* Krober, 1933 幼虫腐殖质成虫吸血

中华麻虻 *H. sinensis* Ricardo, 1856 幼虫腐殖质成虫吸血

黄毛瘤虻 *Hybomitra acguetincta* Wang, 1985 幼虫腐殖质成虫吸血

太白山瘤虻 *H. taibaishanensis* Xu *et* Li, 1980 幼虫腐殖质成虫吸血

秦岭虻 *Tabannua qinlingensis* Wang, 1985 幼虫腐殖质成虫吸血

9.2 昆虫区系

9.2.1 区系组成

本次考察鉴定出陕西周至黑河湿地省级自然保护区昆虫有 17 目，131 科，619 属，864 种（亚种）（表 9-1）。从统计数据看，其中鳞翅目昆虫的种类最为丰富，多达 27 科 214 属 291 种，分别占总科数、属数、种数的 20.61%、34.57% 和 33.68%；其次为鞘翅目，有 24 科 139 属 199 种，分别占总科、属数、种数的 18.32%、22.46% 和 23.03%；再次是膜翅目、半翅目、同翅目和直翅目昆虫，分别占保护区昆虫总种数 864 种的 9.61%、8.80%、7.99% 和 6.02%；双翅目、蜻蜓目、脉翅目数量均较少。其余 8 目昆虫的种类则甚少。

表 9-1 陕西周至黑河湿地省级自然保护区各目昆虫的科、种数及所占比例

序号	目	科数	占总科数比例（%）	属数	占总属数比例（%）	种数	占总种数比例（%）
1	蜚蠊目	2	1.53	3	0.48	4	0.46
2	蜻蜓目	4	3.05	8	1.29	12	1.39
3	等翅目	2	1.53	3	0.48	6	0.69
4	螳螂目	2	1.53	4	0.65	5	0.58
5	襀翅目	2	1.53	4	0.65	4	0.46
6	直翅目	5	3.82	35	5.65	52	6.02
7	广翅目	1	0.76	3	0.48	3	0.35
8	革翅目	3	2.29	5	0.81	6	0.69
9	蜉蝣目	2	1.53	3	0.48	5	0.58
10	缨翅目	1	0.76	5	0.81	7	0.81
11	半翅目	11	8.40	52	8.40	76	8.80
12	同翅目	16	12.21	55	8.89	69	7.99
13	脉翅目	3	2.29	7	1.13	11	1.27
14	鞘翅目	24	18.32	139	22.46	199	23.03
15	鳞翅目	27	20.61	214	34.57	291	33.68
16	膜翅目	17	12.98	54	8.72	83	9.61
17	双翅目	9	6.87	25	4.04	31	3.59
	合计	131	100	619	100	864	100

9.2.2 区系成分

陕西周至黑河湿地省级自然保护区地处秦岭中段及渭河平原腹地，在昆虫地理区划上隶属于中国—喜马拉雅区系。由于秦岭是东洋界和古北界在我国的分界线，区内昆虫既有东洋界的北扩种，又有部分古北界的南侵种，具有昆虫南北成员兼而有之、种类过渡交叉分布的显著特点，其区系成分较为复杂。

由于调查时间、地域和资料所限，仅对本次调查收集整理的昆虫种类，参考其在国内外的分布，以种在中国的分布图样为基础，以种所在属的分布情况为参考，进行初步区系分析，确定物种地理成分。同时，为了方便分析陕西周至黑河湿地省级自然保护区昆虫的特色，也将在秦巴山区分布的陕西省特有种单独列出。各目昆虫的区系成分统计如表 9-2 所示。

从表 9-2 来看，古北、东洋两界共有的广布种 353 种，占保护区昆虫种类总数的40.86%；东洋界种类 223 种，占保护区昆虫种类总数的 25.81%；古北界种类 269 种，占保护区昆虫种类总数的 31.13%。广布种和古北种占总种数的 71.99%，远远多于东洋界种类。陕西省特有种有 19 种，占昆虫物种总数的 2.20%。从这些数据明显可以看出，陕西周至黑河湿地省级自然保护区是一个古北、东洋两界区系交错分布的区域，区系成分以古北种和广布种为主。

表 9-2　陕西周至黑河湿地省级自然保护区各目昆虫的区系成分

目	陕西省特有种	古北种	东洋种	广布种
蜚蠊目	0	2	2	0
蜻蜓目	4	5	1	2
等翅目	0	0	2	4
螳螂目	0	0	0	5
襀翅目	2	1	1	0
直翅目	1	17	12	22
广翅目	0	3	0	0
革翅目	2	2	0	2
蜉蝣目	0	3	2	0
缨翅目	0	4	1	2
半翅目	1	25	23	27
同翅目	2	18	16	33
脉翅目	0	0	2	9
鞘翅目	1	64	49	85
鳞翅目	6	70	89	127
膜翅目	0	51	16	16
双翅目	0	4	8	19
总计	19	269	223	353
所占比例（%）	2.20	31.13	25.81	40.86

9.3 生 态 分 布

9.3.1 食性与种类组成

昆虫的食物和食性是区分昆虫生境与在环境中生态位的特征之一。陕西周至黑河湿地省级自然保护区的昆虫组成结构包括植食性、捕食性、寄生性和腐食性等类群，其中植食性的种类数量最多，已知有 9 目 73 科 648 种，占保护区已知昆虫总种数的 75.00%，是构成区内昆虫群落结构的基础，同时也是保护区鸟类、爬行类和其他食虫动物的重要食物资源。捕食性天敌昆虫已知有 11 目 15 科 121 种，占保护区已知昆虫总种数的 14.00%；寄生性天敌昆虫 2 目 13 科 52 种，占保护区已知昆虫总种数的 6.02%；腐食性昆虫 5 目 10 科 43 种,占保护区已知昆虫总种数的 4.98%。其种类数结构比例为植食性：捕食性：寄生性：腐食性=100：18.7：8.0：6.6，即该保护区昆虫群落的食性结构较为适宜，符合生物食物链原则。

9.3.2 生境与种类分布

1. 乔木林昆虫

初步统计，陕西周至黑河湿地省级自然保护区乔木林昆虫已知有 7 目，36 科，233 种，占保护区已知昆虫总种数的 26.97%。其中常见的食叶类昆虫以鞘翅目的叶甲、卷叶象和鳞翅目尺蛾、天蛾等种类最多，如杨叶甲、柳二十斑叶甲、柳卷叶象、榆卷象、斜纹天蛾、桦霜尺蛾、松尺蛾等；以林木树干为食的昆虫主要是天蛾类、木蠹蛾类和白蚁类，其大多数是重要的林木蛀干害虫，如锯天牛、小灰长角天牛、黄斑星天牛、红绒闪光天牛、松天牛、云斑天牛、秦岭木蠹蛾、蚱蝉等；栖息于林木枝梢的昆虫大部分是蚜虫、木虱和蚧虫，如核桃黑斑蚜、洋槐蚜、松大蚜、梨木虱、槐木虱、中华松针蚧、龟蜡蚧等；还有为数不多的种食性害虫，如栎实象、球果角胫象、油松球果小卷蛾、油松球果螟、食心虫等。

2. 草灌丛昆虫

已知分布于保护区草灌丛及农作物上的昆虫较多，大约有 421 种，占保护区已知昆虫总种数的 48.73%，隶属于 8 目 57 科。其中以鳞翅目的蛾类、鞘翅目的甲虫类、半翅目的蝽类、直翅目的蝗虫类及同翅目的蝉类比例较大，分别占草灌丛昆虫种类的 24.3%、21.0%、13.4%、10.3%及 6.5%，其他各类昆虫占 24.5%。灌丛中常见昆虫如树蟋、大青叶蝉、异色蝽、紫蓝丽盾蝽、黄伊缘蝽、四斑尖胸沫蝉、黑腹克叶甲等。草丛中常见昆虫如油葫芦、螽斯、红胫小车蝗、大垫尖翅蝗、蓟马、灯蛾、跳甲、蝽类等。

3. 地栖型昆虫

保护区内肥沃的腐殖质层为地栖型昆虫提供了栖息、生存和繁殖的场所。已知分布于土壤及腐殖质中的地栖类昆虫有 7 目 21 科 152 种,占保护区已知昆虫总种数的17.59%。其中腐食性昆虫常见如臭蜣螂、隐翅虫等。而鞘翅目的金龟甲类及叩头甲幼虫、直翅目蝼蛄成虫及幼虫、鳞翅目的地老虎幼虫则是重要的农林害虫,常见种有棕色鳃金龟、大黑鳃金龟、暗黑鳃金甲、阔胫鳃金龟、铜绿丽金龟、细胸叩头虫、华北蝼蛄、小地老虎、大地老虎等。

4. 水域及水生植物昆虫

据统计,在陕西周至黑河湿地省级自然保护区水域中栖息的昆虫有 4 目 11 科 26 种,占保护区已知昆虫总种数的 3.01%。主要有蜻蜓目、蜉蝣目、广翅目的种类及鞘翅目的黄缘龙虱、水龟虫等。

9.4 资源昆虫丰富

陕西周至黑河湿地省级自然保护区资源昆虫主要有天敌昆虫、观赏昆虫等。

天敌昆虫有 9 目 33 科 162 种(表 9-3),其中以鞘翅目、膜翅目、脉翅目种类最多。重要的天敌,如捕食鳞翅目、鞘翅目害虫幼虫的中华螳螂、大刀螳螂、乌猎蝽、环斑猛猎蝽、胡蜂等;捕食蚜虫、蚧虫的七星瓢虫、异色瓢虫、中华草蛉、丽草蛉、黑带食蚜蝇、灰带食蚜蝇等;寄生鳞翅目、鞘翅目幼虫的舞毒蛾墨瘤姬蜂、松毛虫黑点瘤姬蜂、夜蛾瘦姬蜂、黑卵蜂、酱色刺足茧蜂、松毛虫赤眼蜂等。

表 9-3 陕西周至黑河湿地省级自然保护区的天敌昆虫

目	科	种数	目	科	种数
蜻蜓目	蜻蜓科	6	膜翅目	姬蜂科	12
	蜓科	1		茧蜂科	8
	色蟌科	1		长尾小蜂科	1
	箭蜓科	4		广肩小蜂科	3
螳螂目	螳螂科	4		金小蜂科	7
	花螳科	1		跳小蜂科	2
半翅目	蝽科	2		旋小蜂科	2
	猎蝽科	9		赤眼蜂科	4
	姬蝽科	3		黑卵蜂科	6
广翅目	齿蛉科	3		土蜂科	3
缨翅目	蓟马科	1		胡蜂科	3
脉翅目	草蛉科	4		马蜂科	2
	蝎蛉科	4	双翅目	食蚜蝇科	7
	蝶角蛉科	3		寄蝇科	4
鞘翅目	瓢虫科	25		水虻科	3
	虎甲科	3		蜂虻科	1
	步甲科	20	合计:9 目 33 科 162 种		

观赏昆虫以其艳丽的色彩、美丽的花纹、独特的行为及动听的鸣声成为人们欣赏、

娱乐的对象，是保护区重要的资源昆虫。已知保护区内的观赏昆虫有 2 目 14 科 72 种（表 9-4）。

表 9-4　陕西周至黑河湿地省级自然保护区的观赏昆虫

目	科	种数	代表种
鞘翅目	虎甲科	1	中国虎甲
	丽金龟科	3	铜绿丽金龟、草绿彩丽金龟、玻璃弧丽金龟等
	犀金龟科	2	双叉犀金龟、独角仙金龟
鳞翅目	尺蛾科	2	杉霜尺蛾、黄辐射尺蛾
	天蛾科	5	蓝目天蛾、眼斑天蛾、鬼脸天蛾等
	大蚕蛾科	2	红尾大蚕蛾、绿尾大蚕蛾
	夜蛾科	3	柳裳夜蛾、光裳夜蛾等
	蛱蝶科	16	黑紫蛱蝶、紫闪蛱蝶、绢蛱蝶等
	凤蝶科	13	丝带凤蝶、碧翠凤蝶、金裳凤蝶、太白虎凤蝶等
	粉蝶科	10	云斑粉蝶、突角小粉蝶、绢粉蝶等
	眼蝶科	8	苔娜黛眼蝶、蛇眼蝶、白眼蝶等
	环蝶科	2	箭环蝶、双星箭环蝶
	绢蝶科	2	冰清绢蝶、小红珠绢蝶
	蚬蝶科	3	豹蚬蝶、银纹尾蚬蝶、黄带褐蚬蝶
合计：2 目 14 科 72 种			

除此之外，保护区还有具有药用价值的昆虫如中华豆芫菁、绿芫菁、小斑芫菁、村黄虻、中华斑虻、中华地鳖等。传粉昆虫如膜翅目的蜜蜂科昆虫，常见种如中华蜜蜂、谦熊蜂、重黄熊蜂、仿熊蜂、双色切叶蜂、黄胸木蜂等。

9.5　珍稀濒危保护昆虫

本次考察发现列入国家 II 级重点保护野生动物名录的昆虫 2 种。《有重要生态、科学、社会价值的陆生野生动物名录》（以下简称"三有名录"）中列出的昆虫 1 种。陕西省重点保护野生动物 1 种。《中国物种红色名录》（汪松和解焱，2004）列出的昆虫 87 种。

9.5.1　国家 II 级重点保护野生动物物种

金裳凤蝶 *Troides aeacus* Felder
黑紫蛱蝶 *Sasakia funebris* Leech

9.5.2　"三有名录"收录物种

依据《中华人民共和国野生动物保护法》，2017 年 1 月 1 日起施行。三有动物是指有重要生态、科学、社会价值的陆生野生动物。2023 年 6 月 26 日以国家林业和草原局第 17 号公告，颁布了《有重要生态、科学、社会价值的陆生野生动物名录》。依据此名录，陕西周至黑河湿地省级自然保护区有国家三有动物 1 种。

小红珠绢蝶 *Parnassius nomion tsinlingensis* Bryk *et* Eisner

9.5.3　陕西省重点保护野生动物物种

依据《陕西省人民政府关于公布重点保护野生动物名录的通知》（陕政函〔2022〕55 号），陕西周至黑河湿地省级自然保护区有陕西省重点保护野生动物 1 种。

太白虎凤蝶 *Luehdorfia taibai* Chou

9.5.4　《中国物种红色名录》收录的昆虫

《中国物种红色名录》收录的昆虫如下。这些种类包括，易危（VU）3 种：太白虎凤蝶、麝凤蝶、黑紫蛱蝶；近危（NT）3 种：金裳凤蝶、黑斑荫眼蝶、黑纱白眼蝶；其余 81 种均为无危（LC）。

（1）凤蝶科 Papilionidae

金裳凤蝶 *Troides aeacus* Felder
柑橘凤蝶 *Papilio xuthus* Linnaeus
玉带美凤蝶 *P. polytes* (Linnaeus)
碧翠凤蝶 *P. bianor* Cramer
金凤蝶 *P. machaon* Linnaeus
升天剑凤蝶 *Pazala euroa* Leech
丝带凤蝶 *Sericinus montela* Gray
太白虎凤蝶 *Luehdorfia taibai* Chou
麝凤蝶 *Byasa alcinous* Klug
褐钩凤蝶 *Meandrusa sciror* Leech
红珠凤蝶 *Pachliopta aristolochiae* (Fabricius)

（2）绢蝶科 Parnassiidae

冰清绢蝶 *Parnassius glacialis* Butler
小红珠绢蝶 *P. nomion tsinlingensis* Bryk *et* Eisner

（3）粉蝶科 Pieridae

绢粉蝶 *Aporia crataeg* Linnaeus
斑缘豆粉蝶 *Colias erate* Esper
豆粉蝶 *C. hyale* Linnaeus
宽边黄粉蝶 *Eurema hecabe* (Linnaeus)
钩粉蝶 *Gonepteryx rhamni* Linnaeus

尖钩粉蝶 *G. mahaguru* Gistel

菜粉蝶 *Pieris rapae* Linnaeus

黑纹粉蝶 *P. melete* Menetries

暗脉粉蝶 *P. napi* Linnaeus

东方菜粉蝶 *P. canidia* Sparrman

云斑粉蝶 *Pontia daplidice* Linnaeus

突角小粉蝶 *Leptidea amurensis* Menetries

（4）环蝶科 Morphidae

箭环蝶 *Stichophthalma howqua* Westwood

双星箭环蝶 *Stichophthalma neumogeni* Leech

（5）眼蝶科 Satyridae

苔娜黛眼蝶 *Lethe dura* (Butler)

直带黛眼蝶 *L. lanaris* Fabricius

黑带黛眼蝶 *L. nigrifascia* Leech

黑斑荫眼蝶 *Neope pulahoides* Leech

丝链荫眼蝶 *N. yama serica* Moore

幽瞿眼蝶 *Ypthima conjuncta* Leech

中华瞿眼蝶 *Y. chinensis* Leech

宁眼蝶 *Ninguta schrenkii* Menetries

白眼蝶 *Melanargla halimede* (Menetries)

黑纱白眼蝶 *M. lugens* Honrath

白斑眼蝶 *Penthema adelma* Felder

（6）蛱蝶科 Nympulidae

小红蛱蝶 *Vanessa cardui* Linnaeus

黄钩蛱蝶 *Polygonia c-aureum* Linnaeus

黑脉蛱蝶 *Hestina assimilis* Linnaeus

孔雀蛱蝶 *Inachis io* Linnaeus

紫闪蛱蝶 *Apatura iris* Linnaeus

黑紫蛱蝶 *Sasakia funebris* Leech

云豹蛱蝶 *Argynnis anadyomene* Felder

绿豹蛱蝶 *A. paphia* Linnaeus

斐豹蛱蝶 *Argyreus hyperbus* (Linnaeus)

绢蛱蝶 *Calinaga buddha* Moore

红线蛱蝶 *Limenitis populi* Linnaeus

扬眉线蛱蝶 *L. helmanni* Lederer

愁眉线蛱蝶 *L. disjucta* Leech
折线蛱蝶 *L. sydyi* Lederer
琉璃蛱蝶 *Kaniska canace* (Linnaeus)
黄环蛱蝶 *N. ananta* Moore
重环蛱蝶 *N. alwina* Bremer
单环蛱蝶 *N. rivularis* Scopoli
断环蛱蝶 *N. sankara* Kollar
小环蛱蝶 *N. sappho* Pallas
中环蛱蝶 *N. hylas* Linnaeus
黄帅蛱蝶 *Sephisa princes* Fixsen
朱蛱蝶 *Nymphalis xanthomelas* Denis

（7）蚬蝶科 Riodinidae

豹蚬蝶 *Takashia nana* Leech
银纹尾蚬蝶 *Dodona eugenes* Bates
黄带褐蚬蝶 *Abisara fylla* (Doubleday)

（8）灰蝶科 Lycaenidae

蓝灰蝶 *Everes argidaes* Pallas
尖翅银灰蝶 *Curetis acuta* Moore
黑灰蝶 *Niphanda fusca* Bremer *et* Grey
珞灰蝶 *Scolitantides orion* Pallas
玄灰蝶 *Tongeia fischery* Eversmann
珂灰蝶 *Cordelia comes* Leech
琉璃灰蝶 *Celastrina argiolus* Linnaeus
艳灰蝶 *Favonius orientalis* Murray
红灰蝶 *Lycaena phlaeas* Linnaeus

（9）弄蝶科 Hesperiidae

白弄蝶 *Abraximorpha davidii* Mabille
豹弄蝶 *Thymelicus leonineus* Butler
双色舟弄蝶 *Barca bicolor* Oberthür
花弄蝶 *Pyrgus maculatus* Bremer
绿弄蝶 *Choaspes benjaminii* (de Niceville)
黑弄蝶 *Danimio tethys* Menetries
中华谷弄蝶 *Pelopidas sinensis* Mabille
飒弄蝶 *Satarupa gopala* Moore

（10）大蚕蛾科 Saturniidae

绿尾大蚕蛾 *Actias selene ningpoana* Felder

红尾大蚕蛾 *A. rhodopneuma* Rober

柞蚕 *Antheraea pernyi* Guerin

樟蚕 *Eriogyna pyretorum* Westwood

樗蚕 *Philosamia cynthia* Walker

透目大蚕蛾 *Rhodinia fugax* (Butler)

9.5.5 特有及新记录昆虫

在陕西周至黑河湿地省级自然保护区已知昆虫中，发现陕西特有及新记录昆虫 24 种，隶属于 8 目、18 科，其中陕西特有昆虫 15 种，陕西新记录昆虫 9 种（亚种）（表 9-5）。

表 9-5 陕西周至黑河湿地省级自然保护区陕西特有及新记录昆虫

目	科	种名	陕西特有	陕西新记录
蜻蜓目	蜻蜓科	白尾灰蜻 *Orthetrum albistylum* Selys	+	
襀翅目	卷襀科	陕西诺襀 *Rhopalopsole shaanxiensis* Yang *et* Yang	+	
	襀科	终南山钩襀 *Kamimuria fulvescens* Klapalek	+	
直翅目	蝗科	突眼小蹦蝗 *Pedopodisma protracula* Zheng	+	
		秦岭束颈蝗 *Sphingonotus tsinlingensis* Zheng, Tu *et* Liang		+
		太白秦岭蝗 *Qinlingacris taibaiensis* Yin *et* Chou		+
革翅目	球螋科	达球螋 *Forficula dacidi* Burr	+	
		佳球螋 *Forficula jayarami* Srivastava	+	
半翅目	姬蝽科	暗色姬蝽 *Nabis stenoferus* Hsiao	+	
鞘翅目	天牛科	秦岭脊虎天牛 *Xylotrechus boreosinicus* Gressitt	+	
	瓢虫科	陕西食螨瓢虫 *Stethorus shaanxiensis* Pang *et* Mao	+	
同翅目	叶蝉科	太白长柄叶蝉 *Alebroides discretus taibaiesis* Chou *et* Zhang	+	
	蝉科	太白加藤蝉 *Katoa taibaiensis* Lei *et* Chiu	+	
	蜡蝉科	陕西马颖蜡蝉 *Magadha shaanxiensis* Chou *et* Wang	+	
鳞翅目	凤蝶科	升天剑凤蝶 *Pazala euroa* Leech		+
		褐斑凤蝶 *Chilasa agestor* Gray		+
		太白虎凤蝶 *Luehdorfia taibai* Chou	+	
	蚬蝶科	银纹尾蚬蝶 *Dodona eugenes* Bates		+
	蛱蝶科	黑紫蛱蝶 *Sasakia funebris* Leech		+
		绢蛱蝶 *Calinaga buddha* Moore		+
	灰蝶科	陕西珂灰蝶 *Cordelia kitawakii* Koiwaya	+	
	弄蝶科	绿弄蝶 *Choaspes benjaminii* (De Niceville)	+	
	枯叶蛾科	秦岭松毛虫 *Dendrolimus qinlingensis* Tsai		+
	木蠹蛾科	秦岭木蠹蛾 *Sinicossus qinlingensis* Hua *et* Chou		+
合计：8 目 18 科 24 种（亚种）			15	9

9.6 小 结

　　陕西周至黑河湿地省级自然保护区位于周至县境内，是以黑河中下游为主的湿地及其区域森林生态系统的内陆湿地和水域生态类型的自然保护区，也是大西安生态圈的重要组成部分、城市用水的重要保障及生态旅游地。保护区涵盖山地、河流、湿地、农田等多种生境类型，还有交通道路及村庄。调查表明，保护区现已知有昆虫有 17 目 131 科 619 属 864 种，其中，列入《国家重点保护野生动物名录》的昆虫 2 种（Ⅱ级）；列入《有重要生态、科学、社会价值的陆生野生动物名录》的昆虫 1 种；陕西省重点保护野生动物 1 种；列入《中国物种红色名录》的昆虫 87 种，其中易危、近危各 3 种；陕西特有昆虫 15 种；陕西省新记录昆虫 9 种。昆虫区系成分较为复杂，既有东洋界的北扩种，又有部分古北界的南侵种，具有以古北界区系为主和南北种类过渡交叉分布的显著特点。不同生境下分布的昆虫种类不同，其中乔木林昆虫有 233 种，草灌丛昆虫有 421 种，土壤及腐殖质中的地栖类昆虫有 152 种，水域及水生植物昆虫有 26 种，分别占保护区已知昆虫总种数的 26.94%、48.67%、17.57% 及 3.01%。

　　保护区资源昆虫也十分丰富，已知有天敌昆虫 162 种，观赏昆虫 72 种。这些种类繁多的资源昆虫是保护区的重要生物资源之一，具有巨大的生态、科研、文化、经济和社会价值，应一并加以有效保护。

参 考 文 献

陈一心. 1999. 中国动物志. 昆虫纲. 第十六卷. 鳞翅目. 夜蛾科[M]. 北京: 科学出版社.

高可, 房丽君, 尚素琴, 等. 2013. 陕西太白山南坡蝶类的多样性及区系特征[J]. 应用生态学报, (6): 1559-1564.

花保桢, 周尧, 方德齐. 1990. 中国木蠹蛾志(鳞翅目: 木蠹蛾科)[M]. 杨凌: 天则出版社.

马文珍. 1995. 中国经济昆虫志. 第四十六册(鞘翅目: 花金龟科、斑金龟科、弯腿金龟科)[M]. 北京: 科学出版社.

申效诚, 任应党, 刘新涛, 等. 2013. 中国昆虫区系的多元相似性聚类分析和地理区划[J]. 昆虫学报, (8): 896-906.

申效诚, 张书杰. 2009. 中国昆虫区系成分构成及分布特点[J]. 生命科学, (7): 19-25.

谭娟杰, 虞佩玉, 李鸿兴, 等. 1980. 中国经济昆虫志, 第 18 册, 鞘翅目: 叶甲总科(一)[M]. 北京: 科学出版社.

唐周怀, 杨美霞. 2018. 秦岭昆虫志. 陕西昆虫名录[M]. 西安: 世界图书出版西安有限公司.

汪松, 解焱. 2004. 中国物种红色名录. 第一卷 红色名录[M]. 北京: 高等教育出版社.

武春生, 方承莱. 2003. 中国动物志. 昆虫纲. 第三十一卷. 鳞翅目 舟蛾科[M]. 北京: 科学出版社.

杨星科. 2005. 秦岭西段及甘南地区昆虫[M]. 北京: 科学出版社.

章士美, 赵泳祥. 1996. 中国农林昆虫地理分布[M]. 北京: 中国农业出版社.

中国科学院动物研究所. 1982. 中国蛾类图鉴(Ⅰ、Ⅱ、Ⅲ、Ⅳ)[M]. 北京: 科学出版社.

中国科学院动物研究所. 1986. 中国农业昆虫(上下册)[M]. 北京: 农业出版社.

中国林业科学研究院. 1983. 中国森林昆虫[M]. 北京: 中国林业出版社.

周嘉熹, 孙益知, 唐鸿庆. 1985. 陕西省经济昆虫志. 鞘翅目. 天牛科[M]. 西安: 陕西科学技术出版社.

周尧. 1994. 中国蝶类志[M]. 郑州: 河南科学技术出版社.

第10章 社区经济

2018年1月至2020年3月，综合科学考察队采用实地调查法和二手资料收集法，对陕西周至黑河湿地省级自然保护区周边社区以及周至县的社会经济情况进行了调查，基本掌握了保护区周边社区的行政建制、人口、土地利用、产业结构、居民收支、教育、医疗卫生、交通、通讯、能源等情况，可为保护区进一步加强社区共管共建等工作提供决策依据。

10.1 周至县社会经济概况

10.1.1 地理位置及面积

陕西周至黑河湿地省级自然保护区所在的周至县位于秦岭中段北坡，地理坐标为：E 107°39′49.5″～108°31′3.6″，N 33°41′38.0″～34°13′52.3″。东接西安鄠邑区，西邻眉县、太白，北隔渭水与兴平、武功、杨凌、扶风相望，南以秦岭主嵴与宁陕、佛坪、洋县相连。东西长70.5 km，南北宽56.4 km。行政总面积2974 km²。

10.1.2 行政区划及人口

周至县辖下辖1个街道：二曲街道；19个镇：哑柏镇、终南镇、楼观镇、尚村镇、马召镇、广济镇、集贤镇、厚畛子镇、四屯镇、翠峰镇、竹峪镇、青化镇、富仁镇、司竹镇、九峰镇、陈河镇、骆峪镇、板房子镇、王家河镇。共263个行政村。周至县政府驻二曲街道。

2013年底全县户籍总人口681 458人，其中农业人口617 497人，非农人口63 961人，分别占90.6%和9.4%；男性359 394人，女性322 064人，分别占52.7%和47.3%。年末全县户籍总户数177 185户，其中农业户数149 000户，非农业户数28 185户；户均人口3.85人。年末全县常住人口57.24万人，比上年增加2400人；全县人口出生率11.92‰，死亡率6.91‰，人口自然增长率5.01‰；全县城镇化率29.73%，比上年提高0.84个百分点。到2019年底全县户籍总人口698 142人，其中城镇人口162 152人，乡村人口535 990人，分别占23.23%和76.77%；男性367 611人，女性330 531人，分别占52.66%和47.34%。2019年末全县户籍总户数186 073户，户均人口3.75人。年末全县常住人口59.29万人，比上年减少1200人；全县人口出生率13.45‰，死亡率7.33‰，人口自然增长率6.12‰；全县城镇化率34.51%，比上年提高0.56个百分点。2013～2019年周至县人口变化见表10-1。

表 10-1　2013～2019 年周至县人口及其变动状况

年份	总人口	农业人口*1	非农人口*2	男性	女性	出生率（‰）	死亡率（‰）	人口自然增长率（‰）	城镇化率（%）
2013	681 458	617 497	63 961	359 394	322 064	11.92	6.91	5.01	29.73
2014	683 308	623 683	64 176	362 350	325 509	12.67	7.14	5.53	30.52
2015	687 859	516 213	167 095	360 312	322 996	12.91	7.38	5.53	30.81
2016	689 402	521 294	168 108	363 212	326 190	13.73	7.27	6.45	31.15
2017	691 307	523 899	167 408	364 021	327 286	14.48	7.28	7.2	33.81
2018	691 682	527 556	164 126	364 437	327 245	14.1	7.31	6.79	33.95
2019	698 142	535 990	162 152	367 611	330 531	13.45	7.33	6.12	34.51

注：*1. 2015 年（含）以后为乡村人口；*2. 2015 年（含）以后为城镇人口。

10.1.3　交通

周至县地理位置优越，东邻西安，西接宝鸡，南连汉中，北通杨凌、武功。310 国道横贯东西，穿境而过，与近在咫尺的陇海铁路并驾齐驱；108 国道纵贯南北，将西宝南线、陇海铁路与西宝高速公路紧密相连；北通咸阳国际机场，仅 50 km 之遥。2013～2019 年周至县公路里程及城乡班线和运输量见表 10-2。

表 10-2　2013～2019 年周至县公路里程及城乡班线和运输量

年份	公路里程（km）	国道（km）	省道（km）	县道（km）	乡道（km）	村道（km）	城乡班线（条）	公交车辆（辆）
2013	2341	132	77	102	302	1728	38	323
2014	2341	132	77	102	302	1728	38	318
2015	2095.4	137	55	182.6	301.2	1419.6	38	317
2016	2299.51	131.64	59.68	182.6	301.2	1624.39	32	317
2017	2314.6	131.64	74.77	182.6	301.2	1624.39	38	328
2018	2323.51	155.64	59.68	182.6	301.2	1624.39	28	235
2019	2139.88	131.6	59.68	182.6	301.2	1464.8	29	253

从表 10-2 可见，公路总里程近年来略有减少，主要是 2015 年以后的村道减少。主要原因是移民搬迁，行政上撤乡并镇，即自然村的减少。也基于这一因素，城乡班线及公交车辆数量总体萎缩。另外，城乡班线及公交车辆数量的总体萎缩还与私家车数量的不断增长有关。

10.1.4　科技文化和教育

1. 科技文化

周至县科技发展较快，特别是在 2017 年授权专利达到了 76 件，2016 年科技项目达到 23 项，2018 年示范园达到了 40 个（表 10-3）。

周至县文化事业也发展较快。举办各类科技宣传和培训活动场次多，2016 年达到210 次；县图书馆图书总藏量有所增加；2017 年开始每年举办 150 多场次文艺演出和 700多场次艺术表演；2015 年、2016 年分别改建田径场 1 个（表 10-3）。另外，2014 全年新建 14 个社区全民健身广场；新建 330 个行政村的村民体育健身工程。2015 年全县有线电视入户率 40.0%。

表 10-3　2013～2019 年周至县科技文化发展情况

年份	科技项目（个）		示范园区（个）			高新技术企业（户）	授权专利（件）	县图书馆图书总藏量（万册）	科技宣传和培训活动（次）	文艺演出（场次）	艺术表演（场次）	健身路径（个）	改建田径场（个）
	省级	市级	县级农业科技示范园（场）	市级示范园（个）	省级科技创业示范基地（个）								
2013	4	11	36	9	1	—	39	18.6	25	—	—		—
2014	2	16	34	1	1	—	54	18.6	10	—	—	400	—
2015	1	20	36	2	1	—	75	18.6	21	—	—	400	1
2016	1	22	35	13	1	—	75	18.6	210	—	—	376	1
2017	2	15	34	2	1	4	76	19	58	150	830	376	
2018	1	7	37	2	1	7	56	19	58	160	701	398	
2019	2	7	9	16	1	9	8	19.1	—	160	850	443	

2. 教育

周至县幼儿园儿童近年来逐渐减少；在校学生基本在减少；初中毕业人数逐年减少；中小学专任教师也存在减少趋势。幼儿园机构在减少；小学数量在减少；中学数量虽然基本稳定，但也存在减少趋势；在 2016 年建立了特殊教育学校（表 10-4）。

表 10-4　2013～2019 年周至县教育状况

年份	幼儿园（所）	在园儿童（所）	高中（所）	普通初中（所）	小学（所）	教学点（所）	特殊教育学校（所）	普通中学专任教师（人）	小学专任教师（人）	高中在校学生（人）	初中在校学生（人）	小学在校学生（人）	小学学龄儿童入学率（%）	初中毕业生人数（含职业初中）（人）	初中升学率（%）
2013	—	—	35		145		—	2 761	2 477	37 154		35 036	100	8 177	76.65
2014	—		35		146			2 658	2 305	34 076		32 235	100	7 153	85.99
2015	—		35		151			2 470	2 147	31 761		32 947	100	6 205	92.1
2016	—		35		149		2	2 541	2 164	29 589		33 589	100	5 924	79.00
2017	106	24 777	35		123		2	2 268	2 204	28 880		34 723	100	5 327	79.76
2018	106	23 598	7	28	123	—	2	2 202	2 244	11 245	16 426	35 415	100	5 298	78.52
2019	94	21 141	7	30	110	15	2	2 065	2 159	10 765	15 146	33 918	100	4 896	86.72

10.1.5　邮电通信

邮电通信近年来发展各有不同。邮政业务，在 2013～2018 年持续增长，但 2019 年下降，可能由于快递业务的激增受到冲击，基本处于饱和状态，或许还会有少许萎缩。

电信业务持续增长，虽然固定电话和移动电话基本处于饱和状态，但计算机互联网络用户在 2014～2019 年迅猛增长，2019 年固定互联网宽带接入用户 149 124 户，见表 10-5。

表 10-5 2013～2019 年周至县邮电通信状况

年份	邮政业务（万元）	电信业务（亿元）	固定电话（门）	电话普及率（部/100 人）	移动电话（万户）	移动电话普及率（部/100 人）	计算机互联网用户（户）
2013	3 960	2.19	54 400	7.98	47.38	69.53	—
2014	4 305.2	2.23	49 200	7.20	46.59	68.18	38 144
2015	5 010.8	2.09	45 800	6.66	44.48	64.66	42 537
2016	5 716.7	2.46	54 978	7.97	53.34	77.37	75 160
2017	6 291.8	3.02	56 387	8.16	57.81	83.62	102 577
2018	8 036.11	3.25	52 668	7.61	52.62	76.08	124 355
2019	7 583	3.66	47 543	6.81	52.24	74.83	149 124

10.1.6 医疗卫生

周至县的医疗卫生事业稳步发展，虽然医疗机构在 2016 年达到最多（549 个），但最近几年，医院的规模却在稳步增加；卫生机构的床位在 2018 年达到最高；执业（助理）医师人数不断增长，2019 年达到 778 人，全县每万人拥有卫生技术人员 41.40 人；婴儿死亡率控制在 3.8‰以下，5 岁以下儿童死亡率控制在 5.0‰以下，产妇住院分娩比例在 2014 年以后达到 100%，见表 10-6。

表 10-6 2013～2019 年周至县医疗卫生状况

年份	医疗机构（个）	医院（个）	卫生院（个）	卫生机构床位（张）	卫生技术人员（人）	执业（助理）医师（人）	婴儿死亡率（‰）	5 岁以下儿童死亡率（‰）	产妇住院分娩比例（%）
2013	497		40	1276	2582	666	3.5	4.96	99.0
2014	474		29	1398	2654	690	2.4	3.67	100
2015	475		40	1517	2637	658	3.3	4.89	100
2016	549		39	1470	2672	687	2.5	3.4	100
2017	534	11	29	2185	2735	732	3.77	4.04	100
2018	530	12	29	2353	2862	743	2.37	2.84	100
2019	480	13	25	2052	2890	778	2.07	2.71	100

10.1.7 地方经济

周至县 2013～2018 年经济总产值增长较显著，年增长超过 6.0%，但 2019 年增长较少（表 10-7，表 10-8），2018 年全年实现 GDP 146.27 亿元，比上年增长 6.0%。其中：第一产业实现增加值 32.94 亿元，增长 2.6%；第二产业实现增加值 33.68 亿元，增长 4.1%；第三产业实现增加值 79.65 亿元，增长 8.3%。三次产业占 GDP 比重为 22.52∶23.03∶54.45。人均生产总值达到 24 718 元。非公有制经济增加值从 2013 年的 49.30 亿元，增加到 2018 年的 82.31 亿元，2019 年略有回落，为 70.15 亿元；各年度均占到该年度 GDP 的 50% 强。工业、财政收支、全社会固定资产投资这 3 项，也与 GDP 和非公有制经济增加值一样在 2013～2018 年强劲增长，2019 年稍有回落。农业、商品贸易、金融、旅游，从 2013 年到 2019 年持续增长（表 10-7）。

表 10-7　2013～2019 年周至县国民经济主要指标

项目	单位	年度指标							2019 年比 2018 年增减（%）（按可比价）
		2013	2014	2015	2016	2017	2018	2019	
一、国内生产总值	$\times 10^8$ 元	87.66	97.20	104.06	114.99	134.26	146.27	137.15	0.2
第一产业实现增加值	$\times 10^8$ 元	28.16	29.59	29.54	33.17	33.91	32.94	35.88	6.8
第二产业实现增加值	$\times 10^8$ 元	24.30	28.47	25.01	26.08	29.15	33.68	16.12	−31.8
第三产业实现增加值	$\times 10^8$ 元	35.20	39.14	49.51	55.74	71.2	79.65	85.15	6.5
人均生产总值	元	15 347	16 932	17 994	19 726	22 864	24 718	23 124	
非公有制经济增加值	$\times 10^8$ 元	49.30	54.82	58.69	64.35	72.83	82.31	70.15	−5.2
二、工业									
1. 规模以上工业总产值	$\times 10^8$ 元	21.98	28.82	35.77	46.24	56.35	50.52	33.36	−25.0
2. 工业增加值	$\times 10^8$ 元	18.30	20.33	15.96	17.01	19.63	24.13	10.02	−29.5
其中：规模以上工业	$\times 10^8$ 元	7.28	8.84	11.44	13.20	14.35	17.09		
3. 主要工业产品产量									
饮料酒	kL							508	−60.34
果酒及配制酒	kL							508	−60.34
灭火器	台							1 301	−40.57
小麦粉	t							56 325	8.18
商品混凝土	m³							335 990.5	−21.91
多色印刷品	对开色令							21 294.63	−79.18
化学药品原药	t							287	282.87
高压开关板	面							127	−23.03
低压开关板	面							298	6.81
中成药	t							18.78	−61.12
纸制品	t							12 904	−67.37
鲜、冷藏肉	t							34 446	−19.81
饮料	t							8 872	−14.73
果汁和蔬菜汁类饮料	t							8 872	−14.73
罐头	t							8 483	−60.06
纸制品	t							5 769	−81.07
瓦楞纸箱	t							5 769	−81.07
食品制造机械	台							61 324	2.64
水泥	t							256 301	−4.52
4. 建筑业									
实现增加值	$\times 10^8$ 元	6.0	8.14	9.05	9.07	9.52	9.55	6.14	−33.3
三、农林牧业									
1. 农林牧业总产值	$\times 10^8$ 元	46.00	48.25	50.89	57.26	59.15	58.96	64.34	6.7
其中：农业	$\times 10^8$ 元	31.4	33.3	35.5	39.31	40.62	39.18	42.57	
畜牧业	$\times 10^8$ 元	7.50	7.51	7.56	7.8	8.16	7.03	8.0	

续表

项目		单位	年度指标							2019 年比 2018 年增减（%）（按可比价）
			2013	2014	2015	2016	2017	2018	2019	
2．粮食总产量		×10⁴ t	23.07	22.50	23.17	22.26	20.7	11.91	12.02	0.92
其中：夏粮		×10⁴ t	10.28	11.51	11.86	11.34	10.8	5.83	5.70	−2.23
秋粮		×10⁴ t	12.79	11.29	11.31	10.92	9.9	6.08	6.32	3.95
3．主要农产品										
小麦		×10⁴ t	9.92	10.99	11.68	11.16	10.61	5.77	5.64	−2.25
玉米		×10⁴ t	12.41	11.13	11.16	10.77	9.77	5.80	6.04	4.14
蔬菜产量		×10⁴ t	19.18	19.81	21.03	21.87	21.94	22.13	22.88	3.39
水果产量		×10⁴ t	39.15	40.41	42.69	44.60	45.33	34.51	41.77	21.04
肉类产量		t	29 300	30 200	28 388	26 482	26 264	7 294	6 763	−7.28
禽蛋产量		t	9 956	10 275	10 280	10 241	10 057	4 420	4 431	0.25
奶类产量		t	13 200	13 300	13 798	13 564	13 676	3 210	3 349	4.33
猪	存栏	头	234 476	200 498	193 705	179 905	159 995	60 085	62 208	3.53
	出栏	头	334 371	335 631	328 552	304 880	304 599	71 020	66 903	−5.80
大牲畜	存栏	头	33 929	33 327	32 339	30 410	28 815	5 995	6 221	3.77
	出栏	头	13 772	12 988	13 012	12 693	12 336	2 950	2 889	−2.07
家禽	存栏	万只	115.58	97.5	102.6	97.5	99.80	51.32	56.27	9.65
	出栏	万只	129.21	115	110.0	108.93	108.15	55.10	67.22	21.99
水产品产量		t	894	900	540	480	835	1 253	761	−39.26
四、财政收支										
1．地方财政总收入		×10⁴ 元		57 919	60 543	47 990	58 100	58 830	44 433	−30.6
2．地方财政一般预算收入		×10⁴ 元	28 600	35 218	39 300	36 522	25 043	26 801	25 099	
3．地方财政一般预算支出		×10⁴ 元		284 284	341 695	380 428	398 852	458 309	424 000	−7.5
五、全社会固定资产投资		×10⁸ 元	115.30	148.80	168.95	159.99	155.19	80.73	52.31	−35.2
1．第一产业投资		×10⁸ 元		14.1	8.03	13.43	26.23	—	—	—
2．第二产业投资		×10⁸ 元		23.1	25.48	34.97	26.07			
其中：工业投资		×10⁸ 元		22.49	24.66	31.07	26.07	12.05	6.66	−44.7
工业技改投资		×10⁸ 元					—	1.61	3.17	96.6
3．第三产业投资				87.06	92.5	83.93	89.67	—	—	—
4．民间固定资产投资		×10⁸ 元					79.91	37.42	22.15	−40.8
5．房地产开发投资		×10⁸ 元	13.42	10.12	10.3	9.77	7.61	4.02	6.68	66.17
6．商品房销售面积		×10⁴ m²		11.72	8.50	6.02	11.22	9.78	15.49	58.4
六、商品贸易										
1．社会消费品零售总额		×10⁸ 元	30.44	34.33	38.47	42.64	57.08	62.84	62.97	0.2
2．进出口总值		×10⁴ 元					—	—	3 421.66	
七、金融										
1．金融机构人民币存款余额		×10⁸ 元	121.99	143.82	160.08	180.58	196.95	207.04	214.92	3.81
2．金融机构人民币贷款余额		×10⁸ 元	24.51	29.31	31.71	33.62	39.19	55.53	95.65	72.25
八、旅游										
1．接待游客		万人次	201.5	1 004.2	1 401.71	1 445.86	3 515	4 612.8	1 742.6	8.05
2．实现旅游综合收入		×10⁸ 元	2.53	13.06	14.22	14.8	25.93	41.22	49.6	20.33

粮食作物播种面积 2013~2019 年持续减少，其中 2018 年、2019 年减少较多（表 10-8）；粮食总产量在 2013~2017 年维持在 $20×10^4$~$23×10^4$ t，2018 年、2019 年在 $12×10^4$ t 左右（表 10-7）。水果产量有增大趋势，其中猕猴桃是主要产品，产量逐年提高。蔬菜种植面积虽略有波动，但产量、产值逐年提高。苗木花卉种植面积在逐步增加，但产值可能受市场影响，波动比较大（表 10-8）。

表 10-8 2013~2019 年作物播种面积、产量及产值

项目	单位	年度指标						
		2013	2014	2015	2016	2017	2018	2019
一、粮食作物								
播种面积	$×10^4$ hm²	5.27	5.133	4.985	4.866	4.510	2.555	2.550
其中：夏粮						2.234	1.280	1.278
秋粮						2.186	1.275	1.272
二、水果								
1. 面积	$×10^4$ hm²	2.646	2.689	2.689	2.696	2.71	1.985	2.038
其中：猕猴桃	$×10^4$ hm²	2.431	2.468	2.468	2.475	2.488	1.791	1.820
2. 产量	$×10^4$ t	39.15	40.41	42.69	44.60	45.33	34.51	41.77
其中：猕猴桃	$×10^4$ t	33.87	35.12	37.10	38.86	39.55	32.06	38.28
3. 猕猴桃产值	$×10^8$ 元	13.67	14.64	14.91	15.12	15.82	19.68	22.66
三、蔬菜								
1. 面积	$×10^4$ hm²	0.602	0.604	0.612	0.609	0.601	0.576	0.591
2. 产量	$×10^4$ t	19.18	19.81	21.03	21.87	21.94	22.13	22.88
3. 产值	$×10^8$ 元	4.74	5.10	5.76	6.09	6.22	9.42	10.40
四、苗木花卉								
1. 面积	$×10^4$ hm²	0.793	0.847	0.873	0.921	1.134	1.203	1.221
2. 产值	$×10^8$ 元	6.2	6.60	5.95	7.80	8.98	3.32	5.50

2013~2015 年，全县非私营单位年末从业人员在 2.3 万人左右，其中第二产业和第三产业从业人员分别约占 12.0% 和 84.0%。

全年居民人均可支配收入，在 2017 年达到最高，为 18 235 元，2018 年、2019 年略有降低（表 10-9）。

社会保障日臻完善。全县养老机构 3 个，床位基本维持在 600 张；2017 年起，开始有人入住养老机构，并且入住人数随后逐渐增加。最低生活保障，从 2014 年起在城镇开始统计；由于扶贫工作和社会经济的发展，最低生活保障总人数呈降低趋势。2018 年起提供了农村特困人员救助供养。全县农村、城镇参加养老保险人数基本呈增多趋势，2018 年最高，2019 年降低了；城镇参加失业保险人数 2013~2016 年逐年增多，2016 年以后稳定；参加工伤保险人数呈增加态势；参加医疗保险人数 2016 年最低，其他年度稳定在 47 900~60 600 人；参加生育保险人数呈增加态势，2019 年有所回落。2013~2019 年全县参加农村新型合作医疗人数参合率维持在 99.0% 及以上（表 10-9）。

表 10-9 2013～2019 年居民收入及社会保障

项目		单位	年度指标						
			2013	2014	2015	2016	2017	2018	2019
一、人均可支配收入									
城镇常住居民		元	22 243	24 445	26 427	26 899	29 039	20 633	22 407
农村常住居民		元	8 870	9 961	10 897	12 207	13 348	11 954	13 137
全体居民		元				16 734	18 235	14 536	15 919
二、养老机构及措施									
1. 养老机构									
数量		个	3	3	3	3	3	3	3
入住人数		人					296	304	347
床位		张	650	600	600	540	600	600	600
2. 享受最低生活保障		人		31 346	25 773	6 563	16 999	18 311	16 088
	户数	户							208
城镇	人数	人		1 309	607	490	426	437	367
	金额	×10⁴元							340.55
	户数	户							5 390
农村	人数	人	30 247	30 037	25 166	6 067	16 573	17 874	15 721
	金额	×10⁴元							9 787.92
3. 特困供养									
户数		户							915
人数		人						1 037	925
金额		×10⁴元							1 125.35
三、社会保障									
1. 参加养老保险									
农村		人	342 753	346 300	355 000	360 000	358 870	366 013	327 953
城镇		人	37 084	46 310	38 222	40 289	41 250	42 848	45 884
农村城镇总和		人	379 837	392 610	393 222	400 289	400 120	408 861	373 837
2. 参加医疗保险		人	47 900	60 600	50 650	27 197	48 104	49 175	52 974
3. 参加失业保险		人	11 600	11 641	11 739	11 746	11 746	11 746	11 746
4. 参加生育保险		人	17 600	17 483	17 409	17 609	17 761	18 605	18 100
5. 参加工伤保险		人	13 400	13 216	13 919	17 698	17 391	18 036	17 618
6. 参加农村新型合作医疗									
人数		人	575 202	579 248	581 877	583 207	590 594	586 404	586 404
参合率		%	99.52	99.44	98.54	99.69	100	99.29	99.0

10.2 保护区周边社区社会经济状况

陕西周至黑河湿地省级自然保护区涉及陈河镇、马召镇、尚村镇、终南镇、富仁镇等。其中陈河镇涉及三兴村、共兴村、三合村、黑虎村、中心村、新兴村（部分）；马召镇涉及桃李坪村、金盆村；尚村镇涉及梁家村；终南镇涉及老堡子村；富仁镇涉及富兴村（部分）。

10.2.1 周边镇社会经济状况

1. 陈河镇

陈河镇位于周至县中部。辖黑虎、孙六、六合、大湖、渭新、窑岭、陈河、金井、三兴、共兴、三合，11 个行政村。镇政府驻黑虎村，距县城 37 km；甘峪湾距县城 21 km。公路 108 国道过境。面积 179.3 km²，人口约 2.9 万人。

陈河镇属于深山和浅山的结合部，特色产业资源较为丰富。辖区以林、牧为主，饲养牛、羊。农业种植小麦、玉米、豆类、马铃薯。现已形成了六大特色优势产业，有木耳、土蜂蜜、毛栗、枣皮、核桃及根雕。

2. 马召镇

马召镇位于周至县城南 10 km。辖马召 1 个社区和东火、崇耕、中兴、桃李坪、金盆、武家庄、涌泉、汤房、红崖头、焦楼、郭寨、纪联、东富饶、上马、四群、营东、营西、上孟家、群三兴、群兴、西富饶、三家庄、仁烟、枣林、辛口、熨斗、虎峪、仓峪 28 个行政村。南依秦岭，是周至县猕猴桃四大产业基地之一。南部是浅山区，北部是渭河平原。108 国道贯穿南北，南环公路沿山而过。面积 78 km²，常住人口 3.6 万人。

金盆的石头、桃李坪的杏，熨斗的柿子、黑河的鱼，曾经是马召镇村域经济发展的特色。近年来，在沿山的虎峪等 6 村以 33.33 hm² 美国樱桃为基础，大力发展杏、山楂、柿子等杂果林带 253.33 hm²；在平原以西富饶村为基地，通过高接换头等方法培育猕猴桃新品种，种植面积 120 hm²。金盆村村民把在各地收集的奇石集中在一起销售，形成闻名省内外的"奇石专业村"，全村 70% 的村民从事收集、运输、销售，从天南海北收集的奇石，全村仅此一项年收入就达 200 多万元。武兴村围绕近年来方兴未艾的知名小吃"黑河烤鱼"做文章，在发展餐饮业的同时改善村容村貌，发展农家乐，附近的村民还把香椿、鸡蛋、杂果等农副产品带到该村，形成独具特色的乡村超市。

2018 年全镇粮食总产量超过 12 600 t，其中，小麦 4431 t，玉米 8200 t，人均占有粮食 350 kg。由于地处关中盆地与秦岭山地结合部，随着经济发展，农作物主要是以玉米、小麦、油菜等为主。林产品主要是猕猴桃，产量高，猕猴桃种植也是周至县的主要产业（表 10-10）。

据 2018 年末统计，全镇财政总收入 607 万元，财政支出 607 万元。农民人均纯收入 8343 元。全镇有农村信用社 2 家，综合集贸市场 1 个。有小学 10 所，小学生 2107 人，教师 146 人。完全中学（小学至初中）2 所。有乡镇卫生院 1 所，医生 24 人，病床 60 张。自来水普及率 100%。有敬老院 1 所，现收养 29 人。基本医疗保险参保人数 38 127 人，基本养老保险参保人数 21 298 人，享受居民最低生活保障人数 1091 人。

表 10-10　2018 年马召镇农林业生产情况

类别	面积（hm²）	总产（t）
A．农业		
一、粮食产量	3077	
1．夏粮	1477	4431
其中：小麦	1477	4431
2．秋粮	1600	
其中：玉米	1400	8200
豆类	20	57
二、油料产量	4.13	
B．林业		
1．水果（猕猴桃）	2426	
2．核桃	30	

3．尚村镇

尚村镇地处周至"东大门"，东邻西安市鄠邑区，西接终南，南望秦岭，北濒渭河，总面积 62.31 km²，常住总人口 41 696 人（2017 年），辖尚村 1 个社区和尚村、宋滩、新范、张寨、临桥、临川寺、新河、钟徐、梁家、马村、西岩坊、涧里、南寨、神灵寺、王屯、西坡、留村、圪塔头、西凤头、围墙、西岩、新民、张屯、龚家庄、西晋、大水屯、小水屯 27 个行政村。分 227 个村民小组，12 000 户村民。镇政府驻尚村，距县城 25 km。

西宝公路横穿东西，向南延伸出尚九公路。县商业系统在尚村镇设有百货、五金、药材、煤炭等 8 个批发货站，分管周至县东部农副产品收购、供应及工业品批发。文教、卫生、公交、财贸、邮电等事业有发展。建立了农械厂、棉绒厂、粮站、货站、供销社、税务所、工商所、邮电所、医院、中学等 20 余个单位。由于眉坞岭一带土质黏细，发展建材工业得天独厚，镇上兴建建材厂 3 个，轮窑 5 座，年产砖、瓦 4000 万块（页），远销周至、鄠邑各地。

辖区内有"505"基地、周至六中、周至县职教中心、西部驾校、海洲大酒店、宏达包装材料厂、寰宇工艺厂等事业单位、企业单位 16 家。

据 2018 年末统计，全镇财政总收入 1330 万元，财政支出 1252 万元。有小学 14 所，小学生 2160 多人，教师 172 人。完全中学（小学至初中）2 所，初中生 300 人。高中 1 所，高中生 1600 多人，教师 133 人。有乡镇卫生院 1 所，医生 40 人，病床 20 张。自来水普及率 100%。有敬老院 12 所。基本医疗保险参保人数 49 371 人，基本养老保险参保人数 23 157 人，享受居民最低生活保障人数 337 户，997 人，五保户 42 户，43 人。

4．终南镇

终南镇位于县城正东 12 km，东与尚村镇为邻，南和九峰乡、集贤镇、楼观镇相连，西与司竹乡相接，北以黑河为界，同富仁镇相望。终南镇东西长约 9 km，南北宽约 7.5 km，镇域面积 65.86 km²，中心位置约在东经 108°22′，北纬 34°09′。辖 30 个行政村，1 个社区，常住总人口 59 361 人（2017 年）。

终南镇地处渭河二级平原，地势平坦，土地肥沃。2013 年，终南镇工农业生产总值突破 6.5 亿元。镇西以三湾为中心的万亩无公害蔬菜基地面积达 1.65 万亩，镇东以甘沟为中心的万亩花卉基地面积达 8500 亩，年产值达 7500 万元，全镇果品面积 6500 余亩。2014 年，终南镇社会固定资产投资 1.85 亿元。耕地占用税和契税 13 万元。劳务输出 9500 人次[①]。

2018 年全镇粮食总产量 22 998 t，其中，小麦占 6.09%，玉米占 26.95%，人均占有粮食 774.85 kg。由于地处关中盆地，且距离西安较近，因此，农作物主要是玉米、小麦、油菜等，近十年的种植面积在大幅度减少；蔬菜种植面积在大幅增加。林产品主要是猕猴桃，产量高，也是周至县的主要产业。牧业方面主要是饲养羊、猪和鸡，饲养的目的主要是出售（表 10-11）。

表 10-11   2018 年终南镇农林牧业生产情况

类别	面积（hm²）	总产
A. 农业		
一、粮食产量（t）		22 998
其中：小麦	233.33	1 400
玉米	433.33	6 197
二、蔬菜（t）		53 227
B. 林业		
其中：水果（猕猴桃）（t）		9 120
C. 牧业		
一、当年出栏猪（头）		26 327
二、当年出栏羊（头）		641
三、当年出栏家禽（万只）		60
四、生猪存栏（头）		27 438
五、羊存栏（头）		842
六、家禽存栏（万只）		6

终南镇教育文化及卫生事业发展较好。2015 年，有一所高级中学，3 所初级中学，19 所全日制小学，1 所武术体校。有线电视转播台一个，电影院一座，专业秦腔剧团 2 个。2015 年，终南镇共有医疗单位 30 多所，其中村级医疗保健站 30 所，镇中心卫生院 1 所，痔瘘医院 1 所等。2018 年，有小学 13 所，小学生 3187 人，教师 182 人；初中 3 所，初中生 1500 人，教师 123 人；高中 1 所，高中生 1800 人，教师 110 人。

终南镇交通便利，310 国道横贯终南镇东西，西宝公路过境，南北有终台路、终集路、终殿路、终富路等 4 条公路，与 107 省道旅游路贯通。

终南镇社会经济较发达，社会保障较好。据 2018 年末统计，农民人均纯收入 12 000 元。全镇有农村信用社 3 家，综合集贸市场 2 个。农业科技与服务单位 1 个。基本医疗保险参保人数 6.1 万人，基本养老保险参保人数 4.7 万人，享受居民最低生活保障 354

---

① https://baike.so.com/doc/6016444-6229433.html

户，993 人。

5. 富仁镇

富仁镇位于周至县城东北方向。人口 4.3 万人，辖富兴、富仁、新农、建兴、永流、永丰、渭丰、渭兴、恒洲、五合、渭友、上三高、下三高、新建、蔡家、金家庄、大中、大东、和平、沙河、高庙等 21 个行政村。政府驻地永流村。周（至）富（仁）、富（仁）终（南）公路通达。面积 69.53 km²。富仁镇常住人口 40 695 人（2017 年）。

富仁镇是周至县农业走在比较前列的镇，以"市场调节+企业运作+农户主导+协会推进+政府服务"的推进模式，发展标准化种植示范基地，包括标准化大棚示范基地、示范户和专业人才；有名优品牌，包括有机蔬菜基地及品种认证；建成全省闻名的蔬菜新品种繁育销售基地；培育立体农业等。

富仁镇以农业生产为主，工业较发达，第三产业发展较好。2014 年全镇固定资产投资约 6765 万元，规模以下工业总产值约 5780 万元，社会消费品零售总额约 1400 万元。

2018 年全镇粮食总产量 4355 t，其中，小麦占 4.59%，玉米占 89.55%，人均占有粮食 107 kg。由于地处关中盆地，且距离西安较近，因此，农作物主要是玉米、小麦、油菜等，近十年的种植面积在大幅度减少；蔬菜种植面积在大幅增加。林产品主要是猕猴桃，产量高，也是富仁镇的主要产业。牧业方面主要是饲养黄牛、羊、猪和鸡，饲养的目的主要是出售（表 10-12）。

表 10-12　2018 年富仁镇农林牧业生产情况

类别	面积（hm²）	总产
A. 农业		
一、粮食产量（t）	308.33	4 355
1. 夏粮		
其中：小麦	33.33	200
2. 秋粮		
其中：玉米	263.67	3 900
二、油料产量（t）	4.13	19
B. 林业		
其中：水果（猕猴桃）（t）	1 554.13	40 025
C. 牧业		
一、当年出栏大牲畜（头）		100
二、当年出栏猪（头）		1 280
三、当年出栏羊（头）		180
四、当年出栏家禽（万只）		3.1
五、肉类总产量（t）		15.1
其中：猪肉（t）		9.1
六、禽蛋产量（t）		4.1
七、大牲畜存栏（头）		150
八、生猪存栏（头）		1 500
其中：适繁母猪（头）		12
九、羊存栏（头）		280
十、家禽存栏（万只）		3.6

据 2018 年末统计，财政总收入 2401.90 万元，农民人均纯收入 14 230 元。全镇有农村信用社 2 家，综合集贸市场 1 个。有小学 13 所，小学生 1453 人。有乡镇卫生院 2 所，诊所 23 所，医生 26 人，病床 70 张。基本医疗保险参保人数 43 012 人，基本养老保险参保人数 27 368 人，享受居民最低生活保障人数 1255 人。

10.2.2　周边村社会经济状况

1. 保护区周边村组的人口状况

据不完全统计，除陈河镇的 6 个村约 1.2 万人外，马召镇、尚村镇、终南镇、富仁镇，涉及 5 个行政村、37 个村民小组，2745 户 11 686 人。各村的人口 2018 年略有增加（表 10-13）。

表 10-13　2018 年农村基层组织、人口及其变动情况

镇	村民委员会（个）	村民小组（个）	总户数（户）	总人数（人）	其中女性人数（人）	出生（人）	死亡（人）	迁出（人）	迁入（人）	净增减（人）
马召镇	2	7	391	1675	782					
尚村镇	1	7	565	2483		32	7			
终南镇	1	11	776	3158		10	7~8	15	15	2~3
富仁镇	1	12	1013	4370		26	19	0	14	21

2. 保护区周边村组的经济状况

保护区周边村组较发达，陈河镇及马召镇的浅山村组因地理因素，除了传统的粮食生产外，水果、蔬菜、苗圃发展较快，特别是马召镇的猕猴桃面积较大，尚村镇的梁家村有苗圃种植，终南镇的百集村有 100 hm² 水蜜桃，以及设施农业大棚（表 10-14）。此外，终南镇的百集村还散养牛 100 多头，养猪 1000 多头；有卫生站 3 个。

表 10-14　2018 年各村耕地面积及猕猴桃、苗圃、设施农业生产情况

镇	行政村	年末耕地面积（hm²）	猕猴桃（hm²）	苗圃（hm²）	水蜜桃（hm²）	大棚（hm²）
马召镇	17 个村	3096	2345.00			
尚村镇	梁家村	194.33	120.00	26.67		
终南镇	百集村	245.33	46.67	26.67	100.00	13.33

10.3　小　　结

从以上调查结果可以看出，陕西周至黑河湿地省级自然保护区周边社区社会经济具有以下几个主要特点。

（1）人口密度较高，常住人口呈现稳定、略微上升的状态

保护区除陈河镇和马召镇基本处于浅山区，尚村镇、终南镇、富仁镇为渭河平原区，

人口密度较大。陈河镇人口密度 161.74 人/km², 马召镇 461.54 人/km², 尚村镇 669.17 人/km², 终南镇 901.32 人/km², 富仁镇 585.29 人/km²。

随着城镇化的发展, 陈河镇及马召镇的浅山区的常住人口可能会减少, 但旅游的发展却能增加流动人口的数量, 特别是在夏季。尚村镇、终南镇、富仁镇的常住人口可能以稳定状态为主。

（2）电力、交通、通信等基础条件较好, 社会经济持续发展

陈河镇公路已经达到村村通, 每户均能用上电, 通信业务到达每个村组; 其他 4 个镇则早已如是; 社会经济近 10 余年持续发展, 居民人均纯收入持续增长, 特别是渭河平原区的尚村镇、终南镇、富仁镇, 农业产业结构随市场不断调整, 发展较快。

（3）基本达到小康水平, 但社区发展不平衡明显

处于浅山区与深山区过渡区域的陈河镇居民生活基本达到了小康水平后, 其他镇的居民的生活水平则明显超过这一水平, 向美丽乡村进发。因此, 各个乡镇发展参差不齐, 生活水平还有一定差异。

（4）经济比较发展, 社会保障程度基本完备

保护区周边社区人均纯收入基本与全县平均水平持平, 医疗、教育、卫生和通信等各项事业与县城周边乡镇差距不大。农村新型合作医疗制度基本普及, 农村基本养老保险参保率高, 社会保障制度基本健全。

参 考 文 献

周至县统计局. 2014. 周至县 2013 年经济和社会发展统计公报[R]: 1-11.
周至县统计局. 2015. 周至县 2014 年经济和社会发展统计公报[R]: 1-11.
周至县统计局. 2016. 周至县 2015 年经济和社会发展统计公报[R]: 1-11.
周至县统计局. 2017. 周至县 2016 年经济和社会发展统计公报[R]: 1-11.
周至县统计局. 2018. 周至县 2017 年经济和社会发展统计公报[R]: 1-12.
周至县统计局. 2019. 周至县 2018 年经济和社会发展统计公报[R]: 1-12.
周至县统计局. 2020. 周至县 2019 年国民经济和社会发展统计公报[R]: 1-12.

第 11 章　保护区建设与经营管理

2018 年 5～7 月，综合科学考察队采用访谈法和二手资料收集法，对陕西周至黑河湿地省级自然保护区的历史沿革、机构建设、基础设施、保护管理等情况进行了全面调查，对保护区存在的主要困难和问题进行了分析阐述。2019 年保护区机构调整，补充了其机构调整的相关资料。

11.1　历史沿革和法律地位

11.1.1　历史沿革

2003 年 9 月，周至县林业局委托陕西省动物研究所对境内黑河、渭河湿地进行调查，并编制完成《陕西周至黑渭湿地省级自然保护区建设可行性研究报告》。随后周至县林业局以此为依据积极申报，拟组建黑河湿地省级自然保护区。2006 年，黑河湿地被陕西省政府批准列为省级湿地自然保护区（陕政函〔2006〕187 号），陕西周至黑河湿地省级自然保护区正式成立。

2008 年 6 月，为了有效保护黑河湿地资源，根据国家林业局计资司《关于组织编报湿地保护建设项目的通知》（计建函〔2006〕10 号）精神，周至县林业局委托陕西省林业调查规划院对区内湿地资源进行了较为详细的调查，并编制完成《陕西周至黑河湿地保护建设项目可行性研究报告》，作为保护区实施保护建设项目的依据。

2012 年 8 月，中共周至县委机构编制委员会颁发《关于设立陕西周至黑河湿地省级自然保护区管理中心的通知》（周编发〔2012〕10 号），正式组建成立陕西周至黑河湿地省级自然保护区管理中心，确定该管理中心为县林业局下属事业单位，编制 7 名，专职负责管理陕西周至黑河湿地省级自然保护区（陕西省林业调查规划院，2015）。

2019 年 8 月，中共周至县委机构编制委员会颁发《中共周至县委机构编制委员会关于周至县有关事业单位机构编制调整事项的通知》（周编发〔2019〕8 号），陕西周至黑河湿地省级自然保护区管理中心与陕西黑河珍稀水生野生动物自然保护区管理中心合署办公，一套人马，两块牌子，为周至县秦岭生态环境保护和综合执法局（县林业局）所属全额拨款事业单位，核定事业编制 10 人。

11.1.2　法律地位

陕西周至黑河湿地省级自然保护区是经陕西省人民政府批准成立的湿地类型自然保护区，是以湿地生态及珍稀水禽为主要保护对象的公益性事业单位，保护区依法享有对区内自然资源的管理权。管理机构为陕西周至黑河湿地省级自然保护区管理中心，该中心为独立核算的事业单位，具有独立的法人资格。

11.2　管　理　体　系

11.2.1　管理体制

陕西周至黑河湿地省级自然保护区目前实行管理中心、保护站两级管理体系。管理中心机关设办公室、资源保护科、宣教科、社区共管科等四个职能部门；二级机构设甘峪湾、梁家滩两个湿地保护站。保护区在业务上接受陕西省林业厅（现陕西省林业局）、西安市农业林业委员会（现西安市自然资源和规划局）和周至县林业局的指导。

11.2.2　机构建设

陕西周至黑河湿地省级自然保护区管理中心为周至县秦岭生态环境保护和综合执法局（周至县林业局）下属公益一类事业单位，目前并未设置级别，编制为 10 人，全额财政拨款。基层保护站暂无编制，人员经费在县财政经费中列支。

目前保护区有职工 12 人，其中在编人员 5 人，临聘人员 7 人。其中大专以上 8 人，中专以下 4 人。其中专业技术人员 5 人，高级职称 2 人，中级职称 0 人，初级职称 3 人。保护区已经建立起一支稳定、敬业的保护管理队伍。

11.2.3　土地和森林资源权属

陕西周至黑河湿地省级自然保护区总面积为 13 125.5 hm^2，保护区管理中心没有土地权属。黑河库区湿地片区的林地属于周至县国有永红生态林场；黑河库区属于西安市水务集团；库区上游河段属于周至县水务部门。黑河入渭河口湿地片区也属于周至县水务部门。

11.3　管护设施和经费状况

11.3.1　管护设施

陕西周至黑河湿地省级自然保护区由于是在原周至县林业局管辖的黑河周边的陈河镇、马召镇，以及黑河入渭口下游和渭河部分林地和水域的基础上组建而成，因此已经具备了一定的基础设施条件。至 2021 年保护区成立 15 年来，先后通过林业、财政、环保等部门筹措资金 800 多万元。新建甘峪湾保护站一处，建设办公和住宿用房 800 m^2；恢复湿地 133.33 hm^2；封山育林 3000 hm^2。完成了保护区总体规划；设立大型公益宣传牌 4 处，宣传碑 6 处；完成保护区勘界立标工作，共设立界桩 400 余个，界碑 10 个，标识牌 20 个，语音提示系统 30 个。购置野外巡护车 1 辆；无人机 2 部。购置巡护监测设备及办公设备，如望远镜 4 部、观察镜 2 部、照相机 4 部。

保护区规划 2 个基层站，目前建成 1 个，即黑河湿地甘峪湾保护站。

由于保护区以前的建设投资完全依靠周至县财政和县林业局的自有资金，因此资金投入有限，建设标准相对较低。随着保护事业的发展，现有设备和设施已经远远不能满足保护工作的实际需要，需要进一步加强基础设施建设和更新添置新的仪器设备。

11.3.2　经费收支

目前，陕西周至黑河湿地省级自然保护区管理中心，性质为财政全额拨款事业单位。单位人员编制严重不足，人员不到位，无专项保护资金。2019 年虽然增加了 3 个编制，达到 10 个编制，但却增加了陕西黑河珍稀水生野生动物自然保护区，因此经费仅仅能满足人员工资发放、基本日常办公和野外巡护工作。其中世界自然基金会（WWF）曾向保护区提供过部分经费。保护区没有创收项目，全部经费只能依靠国家支持，因此，目前的经费投入只能维持保护区的基本运转。

11.4　管理协调状况

保护区的林权全部属于集体林性质，已经和当地乡人民政府和村集体组织签订了集体林共管协议，明确了土地权属，落实了管护责任和义务。目前保护区边界清楚，权属清晰，无林权管理纠纷。保护区成立后，由于保护区管理中心特别重视与社区的合作，近年来在支持社区经济、教育、交通等方面做了很多工作，为保护区的建设与发展奠定了较好的基础；同时进一步加强了与地方政府和各行业管理部门的交流与合作，加大了宣传教育的力度，社区群众和地方政府的保护意识明显提高，从而进一步提高了保护区管理机构的协调办事能力。

11.5　保护管理状况

陕西周至黑河湿地省级自然保护区成立以来，在上级主管部门的领导和支持下，开展了一系列行之有效的工作，取得了一定的成绩，为保护区今后发展奠定了基础。

（1）初步建立了保护管理体系

陕西周至黑河湿地省级自然保护区自 2006 年批准成立以来，在周至县委、县政府的大力支持下，完成了人员编制和机构设置，建立了一套较为严格的管理制度。保护区建立前，周至县野生动物保护站已经按照国家有关要求，建立了明确的管护制度。保护区成立后，更是加强了保护等相关方面的工作，特别是完善了各项管理制度，将责任、任务分解，量化到每个基层站和保护人员身上，层层签订岗位责任书，从而形成了比较完善的保护管理体系。

（2）野外巡护、监测工作有序开展

保护区成立以来，野外巡护工作得到了进一步加强，布设了固定巡护路线和随机巡

护路线，在保护区主要出入口均有专人负责看护和登记。

目前保护区没有割竹、打笋现象，放牧、盗伐、偷猎、猎捕水禽等违法违规行为都控制在较低水平。

（3）湿地保护取得显著成绩

管护人员定期巡山、巡河检查，加大管理力度，有效地保护了区内的湿地资源和野生动植物资源。在水域水质安全方面没有发生任何问题。在珍稀水禽保护上，不仅没有出现过水禽被大规模猎杀的事件，区域水禽种类和数量还得以不断增加。

（4）加强宣传，提高群众的保护意识

保护区成立以来，非常重视宣传工作，利用多种方式，开展了以《中华人民共和国野生动物保护法》《中华人民共和国自然保护区条例》《中华人民共和国森林法》等法律、法规为主要内容的宣传活动，刷写宣传标语，印发宣传品，发送、张贴到周边乡、镇、居民点及学校、机关。

11.6　存在的主要困难和问题

陕西周至黑河湿地省级自然保护区虽然成立已有十余年，但经费投入比较有限，因此还存在着很多制约发展的困难和问题。

（1）基础设施、设备较为落后

陕西周至黑河湿地省级自然保护区管理中心目前租用周至县城二曲街办工业路西上林东苑内一处民房办公。基层保护站仅建成了甘峪湾保护站，缺少办公用房及相关办公设施。规划的梁家滩站尚未建设，因属河滩平原区，交通设施条件尚可。而甘峪湾站，除了通往县城的国道和极少部分巡护道路是村村通道路，路面较好外，其余绝大部分巡护道路是林区便道，路况差，垮塌现象比较严重，通行能力较差，部分路段步行也艰难且危险。

GPS 只有几部，不能完全满足实际工作需要。罗盘、海拔表、望远镜、帐篷、睡袋等常规设备和野外装备不足，影响了野外巡护、监测、科研等工作的顺利开展。办公设备比较陈旧，需要更新或添置。

（2）人员编制严重不足

保护区的面积为 13 125.5 hm^2，但保护区原有编制仅为 7 人，这与保护区要做的和即将要做的工作极不相称，严重制约保护区的发展。2019 年保护区编制增加 3 个，达到10 人，但增加了一个保护区——陕西黑河珍稀水生野生动物自然保护区，而且这个保护区是国家级的，面积 4619 hm^2（陕西省林业局，2021）。

（3）职工整体业务素质较低

由于保护区的干部职工大部分是从周至县林业局转过来的，因此专业知识——特别

是湿地生物及水禽的专业知识比较欠缺，整体业务水平较低，还不能满足未来保护区快速发展的需要。不仅如此，2019年保护区管理中心还承担了陕西黑河珍稀水生野生动物自然保护区的管理任务，保护区的同志对水生野生动物的保护知识也几乎全无，因此整体业务水平更显不足。

（4）宣教、科研等工作亟待进一步加强

由于经费投入不足，保护区的宣教设施、设备比较欠缺，很多宣教工作不能有效开展。保护区管理中心没有专门的宣教、科研人员，也影响了有关工作的开展。保护区专业技术人员更少，不仅知识结构不够合理，而且职称结构也不合理，没有中级职称人员，更是缺乏必要的技术交流和培训，与外界的联系和交流也比较少，这些都是制约保护区宣教、科研、监测等工作的瓶颈因素。

（5）保护区缺乏稳定的经费投入，自养能力差

保护区目前的经费来源主要是国家天然林资源保护工程专项资金和周至县政府的财政拨款。由于保护区没有开展经营性活动，因此自养能力较低。经费投入不足、缺乏稳定的投资渠道，是制约保护区发展的主要因素之一。

（6）保护区还面临着采药、放牧、旅游等人为干扰

保护区周边社区人口较多，给保护区保护形成一定压力，特别是陈河镇由于当地经济发展水平相对较低，群众就业门路有限，因此对森林资源的依赖度仍比较高。像采药、放牧、耕种等人为干扰在保护区局部地区，特别是实验区，仍然存在，这给保护区的森林资源和野生动植物资源造成了威胁。还有随着经济的发展，周边的市镇居民自驾游猛增，在夏季更是较多到保护区周边，给保护区的管护工作带来了挑战。

11.7 小 结

综上所述，可以看出，陕西周至黑河湿地省级自然保护区成立以来，在上级主管部门和地方政府的支持下，已经组建了保护区管理机构，形成了一支比较稳定的管护队伍，开展了保护站等基础设施建设，野外巡护、救护、宣传教育、监测等工作也正在步入正常化轨道，保护区与周边社区的关系十分融洽，保护区的管理协调能力较强。然而，经费投入不足，缺乏稳定的经费投入渠道，基础设施、设备条件比较落后，人员编制不足，职工业务素质较低，还面临着多种人为干扰等，这些是目前保护区存在的主要困难和问题，需要在未来发展中逐步加以解决。

参 考 文 献

陕西省林业局. 2021. 陕西省自然保护区图集[M]. 西安: 西安地图出版社: 57.

陕西省林业调查规划院. 2015. 陕西周至黑河湿地省级自然保护区总体规划[Z]: 1-83.

第 12 章 保护区现状评价及发展建议

开展保护区现状评价是推动保护区提高管理水平的重要措施。为此，本章依照国家环保部门的有关评定标准，从自然属性、可保护属性、保护管理基础三个方面，对陕西周至黑河湿地省级自然保护区现状进行了评价，在此基础上，提出了若干发展建议。

12.1 自然属性评价

12.1.1 生物多样性

陕西周至黑河湿地省级自然保护区地处秦岭浅山区和渭河谷地，山区山水相映，沟壑纵横，林木郁闭，溪水潺潺；渭河谷地，环境自然，湿地状态良好，其独特的区位条件和森林植被孕育了丰富的生物多样性。据统计，陕西周至黑河湿地省级自然保护区有野生种子植物 823 种，隶属于 125 科 477 属，其中，裸子植物 3 科 4 属 5 种，被子植物 122 科 473 属 818 种；有蕨类植物 69 种，隶属于 17 科 32 属；有大型真菌 97 种，隶属于 2 门 3 纲 13 目 33 科 63 属；有野生脊椎动物 307 种（亚种），隶属于 5 纲 32 目 92 科 213 属，其中，鱼类 4 目 7 科 19 属 19 种，两栖类 2 目 6 科 8 属 9 种，爬行类 3 目 10 科 19 属 24 种（亚种），鸟类 17 目 50 科 116 属 187 种（亚种），兽类 6 目 19 科 51 属 68 种（亚种）；有昆虫 864 种（亚种），隶属于 17 目 131 科 619 属；底栖动物 23 种，隶属于 3 门 7 纲 11 目 13 科；浮游植物 7 门 94 种（变种）；浮游动物 4 类 72 种（属）。这些种类繁多的动植物物种，是保护区绚丽多彩生物世界的重要内容。

保护区的生态系统类型以湿地生态系统为主，在保护区的秦岭浅山区为湿地与山地的镶嵌状景观；渭河谷地部分则是明显的湿地类型景观。这两个系统，构成了保护区多样化的自然和人文景观。

12.1.2 物种代表性

陕西周至黑河湿地省级自然保护区地理位置为秦岭浅山区和渭河谷地，秦岭是动植物区系的交汇区域，保护区物种组成也是这一过渡性的代表。在中国植物分区上，保护区处于中国—喜马拉雅、中国—日本植物亚区的交汇地带。在植被区划上，保护区位于我国暖温带落叶阔叶林区域和亚热带常绿阔叶林区域的分界线上，属于暖温带南部落叶栎林亚地带和北亚热带常绿、落叶阔叶混交林地带的交汇带。保护区植被以落叶阔叶林为主，组成种类有各种栎类、桦类等，但热带、亚热带性质的科、属种类也很多，如天南星科、薯蓣科、葡萄科、椴树科、卫矛科、大戟科、樟科，以及乌药属、构属、赤飚属、榕属、黄檀属、木兰属、木姜子属等，表明保护区植物区系的交汇性或过渡性特征显著。

就陆生脊椎动物的区系组成来看，均显示出古北界区系成分占明显优势、物种组成具有明显的亚热带性质、地理成分复杂多样、是多种区系成分的汇集地等特点，这与同样位于秦岭北坡的周至保护区的区系特点是一致的；就物种组成来看，也与周至保护区基本相同，充分说明保护区具有良好的物种代表性。

保护区的昆虫区系成分较为复杂，既有东洋界的北扩种，又有部分古北界的南侵种，具有以古北界区系为主和南北种类过渡交叉分布的显著特点。这与秦岭地处东洋界与古北界的分界线上，而保护区又处在秦岭北坡是密切相关的。

12.1.3 物种珍稀濒危性

陕西周至黑河湿地省级自然保护区分布有众多珍稀濒危野生动植物。分布于保护区的国家重点保护野生植物共有 10 种，均为国家 II 级重点保护野生植物。分布于保护区的陕西省重点保护植物 11 种。分布于保护区的兰科植物 9 属、9 种。被列入《濒危野生动植物种国际贸易公约》（CITES）（2019）附录 II 的物种为兰科植物 9 种。

在保护区的脊椎动物中，有国家 I 级重点保护物种 3 种，国家 II 级重点保护物种 37 种；有陕西省重点保护物种 26 种；被列入《有重要生态、科学、社会价值的陆生野生动物名录》的物种有 200 种；被列入《濒危野生动植物种国际贸易公约》（CITES）附录 I 的物种有 5 种，附录 II 的物种有 21 种；被列入《中国物种红色名录》有 46 种；有 44 种动物属于我国特有物种。在鱼类中，有中国特有种 6 种：多鳞白甲鱼、短须颌须鉤、清徐小鳔鉤、红尾副鳅、岷县高原鳅、秦岭细鳞鲑；在两栖类中，山溪鲵、中国大鲵、华西蟾蜍、秦岭雨蛙、中国林蛙、隆肛蛙等 6 种动物为我国特有物种，中华大蟾蜍、黑斑侧褶蛙、崇安湍蛙等 3 种动物主要分布在我国。在爬行类中，无蹼壁虎、黄纹石龙子、秦岭滑蜥、北草蜥、秦岭蝮等 5 种动物为我国特有物种；蓝尾石龙子、赤链蛇、王锦蛇等 10 种动物主要分布在我国。保护区分布有中国特有鸟类 2 目 6 科 7 属 8 种，占中国鸟类特有种总种数的 7%以上，是特有种较丰富的地区之一。兽类中有 19 种为中国特有种或秦岭特有种，占保护区兽类总种数的 27.94%；另有 7 种兽类主要分布在我国，占保护区兽类总种数的 10.29%。

在昆虫中，列入国家 II 级重点保护野生动物名录的昆虫 2 种；列入《有重要生态、科学、社会价值的陆生野生动物名录》的昆虫 1 种；陕西省重点保护野生动物 1 种；列入《中国物种红色名录》的昆虫 87 种，其中易危、近危各 3 种；陕西特有昆虫 15 种；新记录昆虫 9 种。

12.1.4 种群结构

陕西周至黑河湿地省级自然保护区是众多野生动植物的原生地或繁殖栖息地。以鸟类为例，在保护区 187 种鸟类中，留鸟有 90 种，占 48.13%；夏候鸟有 51 种，占 27.27%，它们都是在当地繁殖的鸟类，构成了保护区鸟类总体成分的基本类群；同时保护区的黑河入渭河口湿地片区，处于渭河流域的冬候鸟越冬区域，冬候鸟种类和数量较多也是保护区一大特色。

陕西周至黑河湿地省级自然保护区一直是黑鹳的重要冬季栖息地。渭河谷地是冬候鸟的重要越冬地，据 2016 年 1 月 10～12 日 3 天全国鸟类同步调查统计，仅在渭河干流就有水禽 32 种，数量达到 5300 多只。渭河干流有国家重点保护动物大鸨 42 只；黑鹳 16 只；白琵鹭 21 只；大天鹅 13 只；灰鹤 1 只（陕西省动物研究所和陕西省自然保护区和野生动物管理站，2016）。

在保护区的浅山区域海拔较高处，生活有一定数量的有蹄类动物，如中华鬣羚、中华斑羚、毛冠鹿、狍等，它们与较高海拔处的有蹄类居群也是互通的。其有蹄类居群的种群结构也是合理的，完全能够实现种群的自我繁衍。

12.1.5　生境自然性

陕西周至黑河湿地省级自然保护区周边人口较多，但区内人口相对较少，尤其是核心区内，则更少。特别应指出的是，本保护区的黑河湿地区域植被保存完好。另外本区地形复杂，野外考察时许多地方连采样都很困难，有的地方基本上无法驻足，因此各种植被的原生性保存完好，生境的自然性较高。

保护区分布有浅山区典型的落叶阔叶林系，有锐齿槲栎群系、栓皮栎群系、刺叶高山栎群系、槲栎群系、胡桃楸群系、栗群系、小叶杨群系、垂柳群系等，植被的自然性和典型性都较高。

保护区黑河入渭河口湿地片区湿地植被生长好，加之河心滩较多，为湿地鸟类提供了良好的栖息环境。

12.1.6　生境重要性

陕西周至黑河湿地省级自然保护区是众多珍稀濒危物种的栖息地或原生地，是各种生物的天然庇护所，其生境的重要性不言而喻。就保护区的主要保护对象——珍稀水禽而言，保护区位于秦岭中段及渭河区域的黑河湿地珍稀水禽居群的主体区域，众多水禽在这里生活，特别是在此越冬。

另外，保护区还地处黑河水库，该水库是西安重要的水源供养地，在涵养水源、保持水土、防风固沙、净化空气、提高区域环境质量等方面都发挥着十分重要的作用。

12.2　可保护属性评价

12.2.1　面积适宜性

陕西周至黑河湿地省级自然保护区将周至县林业局管辖的陈河镇和马召镇的林地纳入到保护区范围内。从本次科考结果看，这一区域正是该地区生境自然性最高、植被类型最为典型、物种最为丰富、人为干扰相对最少的区域。保护区的黑河入渭河口湿地片区承载着保护珍稀水禽，特别是对其越冬进行保护的作用。

此外，保护区的现有面积代表了特定自然地带的典型自然综合体及其生态系统，能反映自然地带自然环境和生态系统的特点，满足对主要保护对象——珍稀水禽的保护和水源地周边的涵养及保护需求，因此，保护区的面积是适宜的。

12.2.2　科学价值

由于陕西周至黑河湿地省级自然保护区生物多样性十分丰富，拥有多种珍稀濒危野生动植物，植被的典型性高，具有很高的科学研究价值，是开展科学研究的理想之地。特别是，保护区分黑河库区湿地片区和黑河入渭河口湿地片区。黑河库区湿地片区具有山间溪流和水库湿地特性，而黑河入渭河口湿地片区则是珍稀水禽重要的冬栖地，各具有独特的科学价值。

12.2.3　经济和社会价值

陕西周至黑河湿地省级自然保护区地处暖温带湿润季风气候区，气候温凉湿润，垂直差异明显，环境质量优良，景观资源丰富而独特，是消暑纳凉、放松身心、亲近自然的理想之地，也是开展科普教育的理想场所。保护区经济动植物资源丰富，具有巨大的直接和潜在经济价值，对保护区资源的合理利用也会带来良好的社会效益。

12.3　保护管理基础评价

自陕西周至黑河湿地省级自然保护区成立以来，在各级政府以及有关主管部门的关心和支持下，基本建设和保护管理工作都取得了较大进展。保护区已基本建立起保护管理体系，管理中心和保护站各司其职，野外巡护、救护、宣传教育、监测等工作都已较顺利地开展起来，保护区成立以来没有发生过森林火灾或严重破坏自然资源的案件。保护区与地方政府、社区居民间关系十分融洽，不存在土地和资源权属争议，地方政府对保护区的工作十分理解和支持，管理中心具有较强的管理协调能力。保护区已经具备一定的基础设施条件，具有一支稳定的保护管理队伍，这为保护区未来加快发展奠定了重要而坚实的基础。

保护区目前存在的主要困难和问题有：基础设施、设备较为落后；职工整体业务素质较低；缺乏稳定的经费投入，自养能力差；还面临着采药、放牧、旅游等人为干扰，需要在未来发展中逐步加以解决。

12.4　保护区发展建议

根据陕西周至黑河湿地省级自然保护区目前的发展现状和国家对自然保护区未来发展的有关要求，建议保护区要重点做好以下几方面的工作，以更好地发挥保护区的生态、社会和经济效益，促进区域人口、资源、环境的协调发展。

（1）加快保护区基础生态建设工作，不断推动保护区基础能力提高

陕西周至黑河湿地省级自然保护区生物多样性十分丰富，生境自然性高，物种代表性强，地理区位重要，在秦岭湿地和陕西湿地保护中扮演着十分重要的角色，特别是在促进渭河关中生态环境的好转，最终实现渭河湿地的有效保护中发挥了重大作用。保护区目前已经具有了一定的组织领导、保护管理和基础设施条件，并具有良好的外部发展环境，因此，建议保护区：①加快栖息地修复，如黑河入渭口生态恢复工程、黑河库区封山育林工程等尽快启动完成；②加强保护设施建设，如在黑河库区湿地片区建设瞭望塔、防火工程等设施；③推动科研设施建设，如修建巡护步道、设置日常监测路线等。通过加快保护区自身发展，使其在秦岭自然保护区群中发挥更大和更为积极的作用。

（2）加强机构和人员能力建设，为保护区发展夯实基础

保护区目前的管理机构还不够健全，管理中心整体人员编制较少，还没有设立级别；基层保护站仅建成甘峪湾一处，梁家滩由于资金原因还未建，保护站缺乏人员编制，宣传教育和科研监测的力量也比较薄弱，职工需要进行岗位技能培训，以尽快完成从林业职工向保护区职工的角色转变。为此，建议保护区加强机构建设和人员培训，扩大对外交流与合作，为保护区未来发展提供良好的组织和人才保障。

（3）多方筹措资金，改善保护区工作、生活条件

保护区目前的基础设施条件还比较差，职工工作、生活条件比较艰苦，必需的仪器设备和野外装备比较缺乏，为此，建议保护区今后应继续加大筹资力度，建立起较为稳定的经费投入渠道，为保护区建设发展提供有力的经费保障。保护区的自然景观资源丰富而富有特色，今后可以根据旅游市场的整体发展形势，适度、有序地在实验区开展生态旅游，以逐步增强保护区的自我发展能力。特别是黑河入渭口湿地片区，周边交通条件较好，大中型水禽易见，具备一定的生态旅游优势。

（4）充实科研力量，提高科研水平

搞好科学研究是保护区持续发展的前提和保证。目前，陕西周至黑河湿地省级自然保护区由于各种原因，尚未建立各种自然资源监测网络体系。因此，保护区应尽快建立、完善资源监测系统和动态监测网络，制定近期和远期科学研究发展计划，为保护区管护提供科学决策依据。在科学研究方面，应全面深入重点研究黑鹳等野生珍稀保护动物种群动态发展规律，研究区内不同植被类型的动态演替规律，生态系统的结构、功能以及平衡机制，为保护区的自然资源管护服务，为保护自然资源和生物多样性服务。

（5）积极开展对外交流与合作，在互利共赢中谋发展

陕西周至黑河湿地省级自然保护区成立时间虽然不短，但由于种种原因，与外界的沟通、合作较少。建议今后应充分发挥自身优势，积极开展对外交流与合作，引进智力、资金和先进的管理经验与理念，在互利共赢中，促进保护区又好又快发展。

参 考 文 献

陕西省动物研究所, 陕西省自然保护区和野生动物管理站. 2016. 陕西省全国第二次陆生野生动物资源调查鸟类同步调查报告[R]: 1-103.

汪松, 解焱. 2004. 中国物种红色名录. 第一卷. 红色名录[M]: 北京: 高等教育出版社: 102-142.

汪松, 解焱. 2009. 中国物种红色名录. 第二卷. 脊椎动物(上下册)[M]. 北京: 高等教育出版社: 1-746, 1-588.

中华人民共和国濒危物种进出口管理办公室, 中华人民共和国濒危物种科学委员会. 2019. 濒危野生动植物种国际贸易公约[R]: 附录Ⅰ、附录Ⅱ和附录Ⅲ, 1-50.

附　　录

一、陕西周至黑河湿地省级自然保护区浮游植物名录

硅藻门 Bacillariophyta

1. 优美曲壳藻 *Achnanthes delicatula*
2. 卵圆双眉藻 *Amphora ovalis*
3. 近缘桥弯藻 *Cymbella affinis*
4. 箱形桥弯藻原变种 *C. cistula* var. *cistula*
5. 埃伦桥弯藻 *C. ehrenbergii*
6. 膨胀桥弯藻 *C. tumida*
7. 角刺藻 *Chaetoceros elmorei*
8. 椭圆波缘藻 *Cymatopleura elliptica*
9. 草鞋形波缘藻 *C. solea*
10. 梅尼小环藻 *Cyclotella meneghiniana*
11. 普通等片藻 *Diatoma vulgare*
12. 卵圆双壁藻 *Diploneis ovalis*
13. 美丽双壁藻 *D. puella*
14. 斑纹窗纹藻 *Epithemia zebra*
15. 弧形短缝藻 *Eunotia arcus*
16. 月形短缝藻 *E. lunaris*
17. 篦形短缝藻 *E. pectinalis*
18. 强壮短缝藻 *E. valida*
19. 连接脆杆藻 *Fragilaria construens*
20. 中型脆杆藻 *F. intermedia*
21. 狭辐节脆杆藻 *F. leptostauron*
22. 小双胞藻 *Geminella minor*
23. 塔形异极藻 *Gomphonema turris*
24. 尖布纹藻 *Gyrosigma acuminatum*
25. 斯潘塞布纹藻 *G. spencerii*
26. 变异直链藻 *Melosira varians*
27. 卡里舟形藻 *Navicula cari*
28. 线形舟形藻 *N. gracioides*
29. 瞳孔舟形藻 *N. pupula*
30. 微小舟形藻 *N. pusilla*
31. 放射舟形藻 *N. radiosa*
32. 莱茵哈尔德舟形藻 *N. reinhardtii*
33. 简单舟形藻 *N. simplex*
34. 双头菱形藻 *Nitzschia amphibia*
35. 泉生菱形藻 *N. fonticola*
36. 线形菱形藻 *N. linearis*
37. 谷皮菱形藻 *N. palea*
38. 奇异菱形藻 *N. paradoxa*
39. 北方羽纹藻 *Pinnularia borealis*
40. 歧纹羽纹藻 *P. divergentissima*
41. 大羽纹藻 *P. maior*
42. 尖针杆藻 *Synedra acus*
43. 近缘针杆藻 *S. affinis*
44. 双头针杆藻 *S. amphicephala*
45. 肘状针杆藻 *S. ulna*
46. 肘状针杆藻凹入变种 *S. ulna* var. *impressa*
47. 肘状针杆藻缢缩变种 *S. ulna* var. *contracta*
48. 双头辐节藻 *Stauroneis anceps*
49. 矮小辐节藻 *S. kriegeri*
50. 粗壮双菱藻 *Surirella robusta*
51. 绒毛平板藻 *Tabellaria flocculasa*

绿藻门 Chllorophyta

52. 狭形纤维藻 *Ankistrodesmus angustus*
53. 镰形纤维藻 *A. falcatus*
54. 小球藻 *Chlorella vulgaris*

55. 宫廷绿梭藻 *Chlorogonium peterhofiense*
56. 近胡瓜鼓藻 *Cosmarium subcucumis*
57. 角丝鼓藻 *Desmidium swartzii*
58. 多毛棒形鼓藻 *Gonatozygon pilosum*
59. 具孔盘星藻 *Pediastrum clathratum*
60. 二角盘星藻纤细变种 *P. duplex* var. *gracillimum*
61. 纺锤柱形鼓藻 *Penium ubellula*
62. 浮球藻 *Planktosphaeria gelatinosa*
63. 被甲栅藻 *Scenedesmus armatus*
64. 双对栅藻 *S. bijuga*
65. 斜生栅藻 *S. obliquus*
66. 裂孔栅藻 *S. perforatus*
67. 埃伦新月藻 *Closterium ehrenbergii*
68. 纤细新月藻 *C. gracile*
69. 库津新月藻 *C. kutzingii*
70. 四刺顶棘藻 *Chodatella quadriseta*
71. 简单衣藻 *Chlamydomonas simplex*
72. 纤细月牙藻 *Selenastrum gracile*
73. 纤细角星鼓藻 *Staurastrum gracile*
74. 丛球韦斯藻 *Westella botryoides*

蓝藻门 Cyanophyta

75. 膨胀色球藻 *Chroococcus turgidus*
76. 小型色球藻 *Ch. minor*
77. 微小色球藻 *Ch. minutus*

78. 具鞘微鞘藻 *Microcoleus vaginatus*
79. 美丽颤藻 *Oscillatoria formosa*
80. 湖泊颤藻 *O. lacustris*
81. 巨颤藻 *O. princeps*
82. 颤藻 *Oscillatoria* sp.
83. 小席藻 *Phorimidium tenus*
84. 席藻 *Phorimidium* sp.

黄藻门 Xanthophyta

85. 湖生胶葡萄藻 *Gloeobotrys limneticus*
86. 小型黄丝藻 *Tribonema minus*

金藻门 Chrysophyta

87. 分歧锥囊藻 *Dinobryon divergens*
88. 小三毛金藻 *Prymnesium parvum*

隐藻门 Cryptophyta

89. 尖尾蓝隐藻 *Chroomonas acuta*
90. 卵形隐藻 *Cryptomonas ovata*
91. 回转隐藻 *C. reflexa*

裸藻门 Euglenophyta

92. 膝曲裸藻 *Euglena geniculata*
93. 纤细裸藻 *E. gracilis*
94. 血红裸藻 *E. sanguinea*

二、陕西周至黑河湿地省级自然保护区浮游动物名录

原生动物 Protozoa

1. 短棘刺胞虫 *Acanthocystis brevicirrhis*
2. 蝙蝠变形虫 *Amoeba vespertilis*
3. 大变形虫 *A. proteus*
4. 珊瑚变形虫 *A. gorgonia*
5. 辐射变形虫 *A. radiosa*

6. 齿表壳虫 *Arcella dentata*
7. 针棘匣壳虫 *Centropyxis aculeata*
8. 压缩匣壳虫 *C. constricta*
9. 盘状匣壳虫 *C. discoides*
10. 坛状曲颈虫 *Cyphoderia ampulla*
11. 珍珠映毛虫 *Cinetochilum margaritaceum*

12. 尖顶砂壳虫 *Difflugia acuminata*

13. 藻砂壳虫 *D. bacillariarum*

14. 冠砂壳虫 *D. corona*

15. 球形砂壳虫 *D. globulosa*

16. 长圆砂壳虫 *D. oblonga*

17. 梨形砂壳虫 *D. pyriformis*

18. 矛状鳞壳虫 *Euglypha laevis*

19. 结节鳞壳虫 *E. tuberculata*

20. 阔口游仆虫 *Euplotes eurystomus*

21. 泡形裸口虫 *Holophrya vesiculosa*

22. 节盖虫 *Opercularia articulata*

23. 尾草履虫 *Paramecium caudatum*

24. 巢居法帽虫 *Phryganella nidulus*

25. 小旋口虫 *Spirostomum minus*

26. 多态喇叭虫 *Stentor polymorphus*

27. 锥形似铃壳虫 *Tintinnopsis conicus*

28. 扭曲管叶虫 *Trachelophyllum sigmoides*

29. 线条三足虫 *Trinema lineare*

30. 王氏似铃壳虫 *Tintinnopsis wangi*

轮虫类 Rotifera

31. 前节晶囊轮虫 *Asplanchna priodonta*

32. 角突臂尾轮虫 *Brachionus angularis*

33. 萼花臂尾轮虫 *B. calyciflorus*

34. 矩形臂尾轮虫 *B. leydigi*

35. 壶状臂尾轮虫 *B. urceus*

36. 钝角狭甲轮虫 *Colurella obtusa*

37. 钩状狭甲轮虫 *C. uncinata*

38. 大肚须足轮虫 *Euchlanis dilatata*

39. 卵形鞍甲轮虫 *Lepadella ovalis*

40. 盘状鞍甲轮虫 *L. patella*

41. 阔口鞍甲轮虫 *L. venefica*

42. 蹄形腔轮虫 *Lecane ungulata*

43. 螺形龟甲轮虫 *Keratella cochlearis*

44. 矩形龟甲轮虫 *K. quadrata*

45. 单趾轮虫 *Monostyla* sp.

46. 唇形叶轮虫 *Notholca labis*

47. 弯趾椎轮虫 *Notommata cyrtopus*

48. 长肢多肢轮虫 *Polyarthra dolichoptera*

49. 较大多肢轮虫 *P. major*

50. 针簇多肢轮虫 *P. trigla*

51. 污前翼轮虫 *Proales sordida*

52. 裂足轮虫 *Schizocerca diversicornis*

53. 长刺异尾轮虫 *Trichocerca longiseta*

54. 纵长异尾轮虫 *Tr. elongata*

枝角类 Cladocera

55. 中型尖额溞 *Alona intermedia*

56. 奇异尖额溞 *A. eximia*

57. 球形锐额溞 *Alonella globulosa*

58. 简弧象鼻溞 *Bosmina coregoni*

59. 直额弯尾溞 *Camptocercus rectirostris*

60. 长刺溞 *Daphnia longispina*

61. 僧帽溞 *D. cucullata*

62. 蚤状溞 *D. pulex*

63. 透明薄皮溞 *Leptodora kindti*

64. 多刺裸腹溞 *Moina macrocopa*

65. 老年低额溞 *Simocephalus vetulus*

桡足类 Copepoda

66. 棘刺真剑水蚤 *Eucyclops euacanthus*

67. 锯缘真剑水蚤 *E. serrulatus*

68. 跨立小剑水蚤 *Microcyclops varicans*

69. 无节幼体 *Nauplius*

70. 毛饰拟剑水蚤 *Paracyclops fimbriatus*

71. 中华哲水蚤 *Sinocalanus sinensis*

72. 汤匙华哲水蚤 *S. dorrii*

三、陕西周至黑河湿地省级自然保护区底栖动物名录

环节动物门 Annelida

I 寡毛纲 Oligochaeta

（一）颤蚓目 Tubificida

1. 颤蚓科 Tubificidae

水丝蚓属 *Limnodrilus*
（1）霍甫水丝蚓 *Limnodrilus hoffmeisteri*
（2）克拉泊水丝蚓 *L. claparedianus*
尾鳃蚓属 *Branchiura*
（3）苏氏尾鳃蚓 *Branchiura sowerbyi*
河蚓属 *Rhyacodrilus*
（4）中华河蚓 *Rhyacodrilus sinicus*

II 环带纲 Clitellata

（二）单向蚓目 Haplotaxida

2. 仙女虫科 Naididae

仙女虫属 *Nais*
（5）普通仙女虫 *Nais communis*
钩仙女虫属 *Uncinais*
（6）双齿钩仙女虫 *Uncinais uncinata*

III 蛭纲 Hirudinea

（三）无吻蛭目 Arhynchobdellida

3. 医蛭科 Hirudinidae

医蛭属 *Hirudo*
（7）日本医蛭 *Hirudo nipponia*

软体动物门 Mollusca

IV 瓣鳃纲 Lamellibranchia

（四）真瓣鳃目 Eulamellibranchia

4. 蚬科 Corbiculidae

蚬属 *Corbicula*
（8）河蚬 *Corbicula fluminea*

V 腹足纲 Gastropoda

（五）基眼目 Basommatophora

5. 椎实螺科 Lymnaeidae

萝卜螺属 *Radix*
（9）椭圆萝卜螺 *Radix swinhoei*

节肢动物门 Arthropoda

VI 甲壳纲 Crustacea

（六）十足目 Decapoda

6. 长臂虾科 Palaemonidae

沼虾属 *Macrobrachium*
（10）日本沼虾 *Macrobrachium nipponense*

VII 昆虫纲 Insecta

（七）蜉蝣目 Ephemeroptera

7. 四节蜉科 Baetidae

（11）四节蜉 *Baetis alpinus*

8. 扁蜉科 Heptageniidae

扁蜉属 *Heptagenia*

（12）中国扁蜉 *Heptagenia chinensis*

（八）毛翅目 Trichoptera

9. 纹石蛾科 Hydropsychidae

（13）纹石蛾属一种 *Hydropsyche* sp.

（九）蜻蜓目 Odonata

10. 扇螅科 Platycnemididae

（14）扇螅属一种 *Platycnemis* sp.

（十）半翅目 Hemiptera

11. 划蝽科 Corixidae

（15）划蝽科一种 Corixidae sp.

（十一）双翅目 Diptera

12. 大蚊科 Tipulidae

（16）大蚊属一种 *Tipula* sp.

13. 摇蚊科 Chironomidae

摇蚊亚科 Chironominae

小摇蚊属 *Microchironomus*

（17）小摇蚊属一种 *Microchironomus* sp.

狭摇蚊属 *Stenochironomus*

（18）狭摇蚊属一种 *Stenochironomus* sp.

多足摇蚊属 *Polypedilum*

（19）多足摇蚊属一种 *Polypedilum* sp.

二叉摇蚊属 *Dicrotendipes*

（20）二叉摇蚊属一种 *Dicrotendipes* sp.

流粗腹摇蚊属 *Rheopelopia*

（21）欧流粗腹摇蚊 *Rheopelopia ornata*

直突摇蚊亚科 Orthocladiinae

直突摇蚊属 *Orthocladius*

（22）狭长直突摇蚊 *Orthocladius angustus*

摇蚊属 *Chironomus*

（23）摇蚊（幼虫）*Chironomus* sp.

四、陕西周至黑河湿地省级自然保护区大型真菌名录

子囊菌门 Ascomycota

地舌菌纲 Geoglossomycetes

地舌菌目 Geoglossales

地舌菌科 Geoglossaceae

（1）粘地舌菌 *Geoglossum glutinosum* Pers.

盘菌目 Pezizales

羊肚菌科 Morchellaceae

（2）小羊肚菌 *Morchella deliciosa* Fr.

（3）羊肚菌 *Morchella esculenta* (L.) Pers.

盘菌科 Pezizaceae

（4）兔耳状侧盘菌（地耳）*Otidea leporina* (Batsch ex Fr.) Fuck.

马鞍菌科 Helvellaceae

（5）马鞍菌 *Helvella elastica* Bull. ex Fr.

（6）皱柄白马鞍菌 *Helvella crispa* (Scop.) Fr.

担子菌门 Basidiomycota

层菌纲 Hymenomycetes

有隔担子菌亚纲 Phragmobasidiomycetidae

银耳目 Tremellales

银耳科 Tremellaceae

（7）银耳 *Tremella fuciformis* Berk.

（8）黑耳 *Exidia glandulosa* Fr.

（9）焰耳 *Phlogiotis helvelloides* (DC. Fr.) Martin.

木耳目 Auriculariales

木耳科 Auriculariaceae

（10）毛木耳 *Auricularia polytricha* (Mont.) Sacc.

（11）黑木耳 *Auricularia auricula* (L. ex Hook) Underw

无隔担子菌亚纲 Holobasidiomycetidae

非褶菌目 Aphyllophorales

珊瑚菌科 Clavariaceae

（12）豆芽菌 *Clavaria vermiculata* Scop.

杯瑚菌科 Clavicoronaceae

（13）扫帚菌 *Aphelaria dendroides* (Jungh) Corner.

（14）杯珊瑚菌 *Clavicorona pyxidata* (Fr.) Doty

（15）小刺枝瑚菌 *Ramaria spinulosa* (Pers. Fr.) Quél.

（16）壳绿枝瑚菌 *Ramaria testaceo-viridis* (Doty) Corn.

（17）烟色珊瑚菌 *Clavaria fumosa* Pers. Fr.

韧革菌科 Stereaceae

（18）毛韧革菌 *Stereum hirsutum* (Willd.) Gray.

（19）褐盖韧革菌 *Stereum vibrans* Berk et Curt.

刺革孔菌科 Hymenochaetaceae

（20）锈色木层孔菌 *Phellinus ferruginosus* (Fr.) Pat.

（21）窄盖木层孔菌 *Phellinus tremulae* (Bondartsev) Bondartsev & Borisov.

（22）苹果木层孔菌 *Phellinus tuberculosu* (Baumg.) Niemela.

（23）绣球菌 *Sparassia crispa* (Wulf.) Fr.

裂褶菌科 Schizophyllaceae

（24）裂褶菌 *Schizophyllum commne* Fr.

灵芝科 Ganodermataceae

（25）树舌 *Ganoderma applanatum* (Pers. ex Wallr.) Pat.

（26）紫光灵芝 *Ganoderma valesiacum* Boud.

多孔菌科 Polyporaceae

（27）香菇 *Lentinus edodes* (Berk.) Sing.

（28）瘤厚原孢孔菌 *Pachykytospora tuberculosa* (DC. Fr.) Kotl. et Pouz.

（29）树舌灵芝 *Ganoderma applanatum* (Pers.) Pat.

（30）多孔菌 *Polyporus varius* Pers.

（31）猪苓 *Polyporus umbellatus* (Pers.) Fries.

（32）宽褶革菌 *Lenzites platyphylla* Lev.

（33）毛栓菌 *Trametes hirsute* (Wulf. ex Fr.) Pilat.

齿菌科 Hydnaceae

（34）卷缘齿菌变种 *Hydnum repandum* var. *album* (Quél) Rea.

猴头菌科 Hericiaceae

（35）猴头菌 *Hericium erinaceus* (Bull. ex Fr.) Pers.

口蘑目 Tricholomatales

口蘑科 Tricholomataceae

（36）灰环口蘑 *Tricholoma cingulatum* (Ahnfelt. Fr.) Jacobaoch.

（37）松口蘑 *Tricholoma matsutake* (S. Ito et Imai) Sing.

（38）锈口蘑 *Tricholoma pessundatum* (Fr.) Quél.

（39）假蜜环菌 *Armillariella tabescens* (Scop. ex Fr.) Sing.

（40）皱褶小皮伞 *Marasmius rhyssophyllus* Mont.

（41）雪白小皮伞 *Marasmius niveus* Mont.

（42）罗汉松小皮伞 *Marasmius podocarpi* Sing.

（43）安络小皮伞 *Marasmius androsaceus* (L.) Fr.

（44）栎小皮伞 *Marasmius dryophilus* (Bolt.) Karst.

（45）花脸香蘑 *Lepista sordida* (Fr.) Sing.

（46）栎金钱菌 *Collybia dryophila* (Bull. Fr.) Kumm.

（47）堆金钱菌 *Collybia acervata* (Fr.) Kummer.

（48）高大环柄菇 *Macrolepiota procera* (Scop. Fr) Sing.

（49）直柄铦囊蘑 *Melanoleuca strictipes* (Karst.) Schaeff.

（50）格氏蝇头菌 *Cantharocybe gruberi* (Sm.) Big. et Sm.

（51）红汁小菇 *Mycena haematopus* (Pers. Fr.) Kummer.

（52）毒杯伞 *Clitocybe cerussata* (Fr.) Kummer.

（53）黄绒干菌 *Xerula pudens* (Pers. Fr.) Sing.

（54）双色蜡蘑 *Laccaria bicolor* (Maire) Orton.

鹅膏科 Amanitaceae

（55）灰鳞鹅膏 *Amanita aspera* Pers. ex S. F. Gray

（56）雪白鹅膏菌 *Amanita nivalis* Grev.

（57）黄盖鹅膏菌 *Amanita gemmata* (Fr.) Gill.

（58）灰鹅膏 *Amanita vaginata* (Bull ex Fr.) Vitt.

蜡伞科 Hygrophoraceae

（59）具缘蜡伞 *Hygrophorus marginatus* Peck.

红菇目 Russulales

红菇科 Russulaceae

（60）红菇 *Russula lepida* Fr.

（61）黑红菇 *Russula nigricans* (Bull.) Fr.

（62）玫瑰柄红菇 *Russula roseipes* Secr. ex Bres.

（63）淡孢红菇 *Russula pallidospora* (Bl. in Romagn.) Romagn.

（64）紫柄红菇 *Russula Violeipes* Quél.

（65）小红菇 *Russula minutula* Vel.

（66）密褶红菇 *Russula densifolia* Secr. ex Gill.

（67）沃尔特乳菇 *Lactarius waltersii* Hesl. et Sm.

伞菌目 Agaricales

球盖菇科 Strophariaceae

（68）黄伞 *Pholiota adipose* (Fr.) Quél.

（69）黄褐环锈伞 *Pholiota spumosa* (Fr.) Sing.

（70）滑菇 *Pholiota nameko* Ito ex Imai.

伞菌科 Agaricaceae

（71）夏生蘑菇 *Agaricus aestivalis*

Secr.

（72）小红褐蘑菇 *Agaricus semotus* Fr.

（73）小白菇 *Agaricus comtulus* Fr.

（74）蘑菇 *Agaricus bisporus* (Lange) Singer.

（75）侧耳 *Pleurotus ostreatus* (Jacg. Fr.) Kummer.

（76）粗鳞大环柄菇 *Macrolepiota rachodes* (Vitt.) Sing.

光柄菇科 Pluteaceae

（77）小孢光柄菇 *Pluteus microspores* (Denn.) Sing.

（78）灰光柄菇 *Pluteus cervinus* (Oschae H. Fr.) Kumm.

（79）变黄光柄菇 *Pluteus lutescens* (Fr.) Bres.

粉褶菌科 Entolomataceae

（80）褐盖粉褶菌 *Rhodophyllus rhodopolius* (Fr.) Quél.

（81）粉褶菌 *Entoloma prunmloides* (Fr.) Quél.

鬼伞科 Coprinaceae

（82）褐黄小脆柄菇 *Psathyrella subnuda* (P. Karst.) A. H. Sm.

（83）假小鬼伞 *Coprinellus disseminatus* (Pers.) J. E. Lange

丝膜菌科 Cortinariaceae

（84）粘丝膜菌 *Cortinarius glutinosus* Peck

（85）小黄褐丝盖伞 *Inocybe auricoma* (Batsch) Fr.

侧耳科 Pleurotaceae

（86）白侧耳 *Pleurotus albellus* (Pat.) Pegler.

（87）鳞皮扇菇 *Panellus stypticus* (Bull. Fr.) Karst.

牛肝菌目 Boletales

牛肝菌科 Boletaceae

（88）美味牛肝菌 *Boletus edulis* Bull. ex Fr.

（89）褐疣柄牛肝菌 *Leccinum scabrum* (Bull. Fr.) Gray.

铆钉菇科 Gomphidiaceae

（90）铆钉菇 *Gomphidius* sp.

鸡油菌目 Cantharellales

鸡油菌科 Cantharellaceae

（91）鸡油菌 *Cantharellus clbarius* Fr.

腹菌纲 Gasteromycetes

鸟巢菌目 Nidulariales

鸟巢菌科 Nidulariaceae

（92）白蛋巢菌 *Crucibulum leave* (Huds. ex Relh.) Kambly et al.

马勃目 Lycoperdales

马勃科 Lycoperdaceae

（93）光皮马勃 *Lycoperdon glabrescens* B.

（94）网纹灰包 *Lycoperdon perlatum* Pers.

（95）梨形马勃 *Lycoperdon pyriforme* Schaeff. Pers.

地星科 Geastraceae

（96）尖顶地星 *Geastrum triplex* (Jungh.) Fisch.

腹菌目 Hymenogastrales

灰菇包科 Secotiaceae

（97）伞菌状灰菇包 *Secotium agaricoides* (Czern.) Hollos.

五、陕西周至黑河湿地省级自然保护区维管植物名录

蕨类植物 PTERIDOPHYTA

1. 卷柏科 Selaginellaceae

黑河湿地保护区有 1 属、8 种。
蔓出卷柏 *Selaginella davidii* Franch.
兖州卷柏 *S. involvens* (Sw.) Spring
江南卷柏 *S. moellendorffii* Hieron.
伏地卷柏 *S. nipponica* Franch. et Sav.
红枝卷柏 *S. sanguinolenta* (Linn.) Spring
中华卷柏 *S. sinensis* (Desv.) Spring
卷柏 *S. tamariscina* (P. Beauv.) Spring
翠云草 *S. uncinata* (Desv.) Spring

2. 木贼科 Equisetaceae

黑河湿地保护区有 1 属、3 种、1 亚种。
问荆 *Equisetum arvense* Linn.
木贼 *E. hyemale* Linn.
节节草 *E. ramosissimum* Desf.
笔管草 *E. ramosissimum* Desf. subsp. *debile* (Roxb. ex Vaucher) Á. Löve & D. Löve

3. 阴地蕨科 Botrychiaceae

黑河湿地保护区有 1 属、2 种。
扇羽阴地蕨 *Botrychium lunaria* (Linn.) Sw.
蕨萁 *B. virginianum* (Linn.) Sw.

4. 紫萁科 Osmundaceae

黑河湿地保护区有 1 属、1 种。
紫萁 *Osmunda japonica* Thunb.

5. 碗蕨科 Dennstaedtiaceae

黑河湿地保护区有 1 属、1 种。
溪洞碗蕨 *Dennstaedtia wilfordii* (Moore) Christ

6. 凤尾蕨科 Pteridaceae

黑河湿地保护区有 1 属、1 种。
蕨 *Pteridium aquilinum* (L.) Kuhn var. *latiusculum* (Desv.) Underw. ex Heller

7. 中国蕨科 Sinopteridaceae

黑河湿地保护区有 1 属、2 种。
银粉背蕨 *Aleuritopteris argentea* (Gmel.) Fee
陕西粉背蕨 *A. shensiensis* Ching

8. 铁线蕨科 Adiantaceae

黑河湿地保护区有 1 属、3 种。
白背铁线蕨 *Adiantum davidii* Franch.
肾盖铁线蕨 *A. erythrochlamys* Diels
掌叶铁线蕨 *A. pedatum* Linn.

9. 裸子蕨科 Hemionitidaceae

黑河湿地保护区有 1 属、4 种。
尖齿凤丫蕨 *Coniogramme affinis* (Wall.) Hieron.
普通凤丫蕨 *C. intermedia* Hieron.
紫柄凤丫蕨 *C. sinensis* Ching
太白山凤丫蕨 *C. taipaishanensis* Ching et Y. T. Hsieh

10. 蹄盖蕨科 Athyriaceae

黑河湿地保护区有 7 属、14 种。

日本蹄盖蕨（华东蹄盖蕨、华北蹄盖蕨）*Athyrium niponicum* (Mett.) Hance

峨眉蹄盖蕨（秦岭蹄盖蕨）*A. omeiense* Ching

中华蹄盖蕨 *A. sinense* Rupr.

尖头蹄盖蕨（太白山蹄盖蕨）*A. vidalii* (Franch. et Saw.) Nakai

黑鳞短肠蕨 *Allantodia crenata* (Sommerf.) Ching

鳞柄短肠蕨 *A. squamigera* (Mett.) Ching

冷蕨 *Cystopteris fragilis* (Linn.) Bernh.

膜叶冷蕨 *C. pellucida* (Franch.) Ching

陕甘介蕨 *Dryoathyrium confusum* Ching et Hsu

蛾眉蕨 *Lunathyrium acrostichoides* (Sw.) Ching

陕西蛾眉蕨 *L. giraldii* (Christ) Ching

羽节蕨 *Gymnocarpium jessoense* (Koidz.) Koidz.

东亚羽节蕨 *G. oyamense* (Bak.) Ching

大叶假冷蕨 *Pseudocystopteris atkinsonii* (Bedd.) Ching

11. 铁角蕨科 Aspleniaceae

黑河湿地保护区有 2 属、5 种。

北京铁角蕨 *Asplenium pekinense* Hance

华中铁角蕨 *A. sarelii* Hook.

铁角蕨 *A. trichomanes* Linn.

变异铁角蕨 *A. varians* Wall. ex Hook. et Grev.

过山蕨 *Camptosorus sibiricus* Rupr.

12. 金星蕨科 Thelypteridaceae

黑河湿地保护区有 3 属、3 种。

中日金星蕨 *Parathelypteris nipponica* (Franch. et Sav.) Ching

延羽卵果蕨 *Phegopteris decursive-pinnata* (van Hall) Fée

星毛紫柄蕨 *Pseudophegopteris levingei* (Clarke) Ching

13. 球子蕨科 Onocleaceae

黑河湿地保护区有 1 属、3 种。

中华荚果蕨 *Matteuccia intermedia* C. Chr.

东方荚果蕨 *M. orientalis* (Hook.) Trev.

荚果蕨 *M. struthiopteris* (Linn.) Todaro

14. 岩蕨科 Woodsiaceae

黑河湿地保护区有 1 属、1 种。

耳羽岩蕨 *Woodsia polystichoides* Eaton

15. 鳞毛蕨科 Dryopteridaceae

黑河湿地保护区有 3 属、8 种、1 变型。

贯众 *Cyrtomium fortunei* J. Sm.

小羽贯众 *C. fortunei* form. *polypterum* (Diels) Ching

华北鳞毛蕨 *Dryopteris goeringiana* (Kunze) Koidz.

半岛鳞毛蕨 *D. peninsulae* Kitag.

川西鳞毛蕨 *D. rosthornii* (Diels) C. Chr.

腺毛鳞毛蕨 *D. sericea* C. Chr.

革叶耳蕨 *Polystichum neolobatum* Nakai

秦岭耳蕨 *P. submite* (Christ) Diels

戟叶耳蕨（三叉耳蕨）*P. tripteron* (Kunze) Presl

16. 水龙骨科 Polypodiaceae

黑河湿地保护区有 5 属、9 种、1 变种。

秦岭槲蕨 *Drynaria baronii* (Christ) Diels

扭瓦韦 *Lepisorus contortus* (Christ) Ching

大瓦韦 *L. macrosphaerus* (Baker.) Ching

有边瓦韦 *L. marginatus* Ching

中华水龙骨 *Polypodium chinensis* (Christ) X. C. Zamg

柔毛中华水龙骨 *P. chinensis* var. *pilosa* (C. B. Clarke) Ching

华北石韦 *Pyrrosia davidii* (Baker.) Ching

毡毛石韦 *P. drakeana* (Franch.) Ching

有柄石韦 *P. petiolosa* (Chist) Ching

石蕨 *Saxiglossum angustissimum* (Gies.) Ching

17. 剑蕨科 Loxogrammaceae

黑河湿地保护区有 1 属、1 种。

褐柄剑蕨 *Loxogramme duclouxii* Christ

裸子植物 GYMNOSPERMAE

1. 松科 Pinaceae

黑河湿地保护区有 2 属、3 种，栽培 2 属、2 种。

雪松 *Cedrus deodara* (Roxb.) G. Don （栽培）

华山松 *Pinus armandii* Franch.

白皮松 *P. bungeana* Zucc. ex Endl. （栽培）

油松 *P. tabuliformis* Carr.

铁杉 *Tsuga chinensis* (Franch.) Pritz.

2. 柏科 Cupressaceae

黑河湿地保护区有 1 属、1 种，栽培 3 属 3 种。

刺柏 *Juniperus formosana* Hayata （栽培）

侧柏 *Platycladus orientalis* (Linn.) Franch

千头柏 *P. orientalis* cv. Sieboldii（栽培）

龙柏 *Sabina chinensis* (Linn.) Ant. cv. Kaizuca（栽培）

3. 三尖杉科（粗榧科）Cephalotaxaceae

黑河湿地保护区有 1 属、1 种。

粗榧 *Cephalotaxus sinensis* (Rehd. et Wils.) Li

被子植物 ANGIOSPERMAE

Ⅰ. 单子叶植物 Monocotyledoneae

1. 香蒲科 Typhaceae

黑河湿地保护区有 1 属、1 种。

水烛 *Typha angustifolia* Linn.

2. 黑三棱科 Sparganiaceae

黑河湿地保护区有 1 属、1 种。

黑三棱 *Sparganium stoloniferum* (Graebn.) Buch.-Ham. ex Juz.

3. 眼子菜科 Potamogetonaceae

黑河湿地保护区有 1 属、4 种。

菹草 *Potamogeton crispus* Linn.

眼子菜 *P. distinctus* A. Benn.

竹叶眼子菜 *P. malaianus* Miq.

浮叶眼子菜 *P. natans* Linn.

4. 茨藻科 Najadaceae

黑河湿地保护区有 1 属、1 种。
大茨藻 *Najas marina* Linn.

5. 泽泻科 Alismataceae

黑河湿地保护区有 2 属、3 种。
泽泻 *Alisma plantago-aquatica* Linn.
矮慈姑 *Sagittaria pygmaea* Miq.
野慈姑 *S. trifolia* Linn.

6. 水鳖科 Hydrocharitaceae

黑河湿地保护区有 1 属、1 种。
黑藻 *Hydrilla verticillata* (Linn. f.) Royle

7. 禾本科 Gramineae

黑河湿地保护区有 36 属、55 种、2 变种，栽培 1 属 1 种。
小獐毛 *Aeluropus pungens* (M. Bieb.) C. Koch
獐毛 *A. sinensis* (Debeaux) Tzvel.
小糠草 *Agrostis alba* Linn.
看麦娘 *Alopecurus aequalis* Sobol.
日本看麦娘 *A. japonicus* Steud.
荩草 *Arthraxon hirta* (Thunb.) Tanaka
矛叶荩草 *A. prionodes* (Steud.) Dandy
野古草 *Arundinella anomala* Steud.
野燕麦 *Avena fatua* Linn.（外来种）
雀麦 *Bromus japonicus* Thunb.
疏花雀麦 *B. remotiflorus* (Steud.) Ohwi
菵草 *Beckmannia syzigachne* (Steud.) Fern.
细柄草 *Capillipedium parviflorum* (R. Br.) Stapf
狗牙根 *Cynodon dactylon* (Linn.)Pers.

鸭茅 *Dactylis glomerata* Linn.
野青茅 *Deyeuxia arundinacea* (L.) Beauv.
疏花野青茅 *D. arundinacea* (Linn.) Beauv. var. *laxiflora* (Rendle) P. C. Kuo et S. L. Lu
糙野青茅 *D. scabrescens* (Griseb.) Munro ex Duthie
华高野青茅 *D. sinelatior* Keng
马唐 *Digitaria sanguinalis* (Linn.) Scop.
长芒稗 *Echinochloa caudata* Roshev.
稗 *E. crusgalli* (Linn.) Beauv.
牛筋草 *Eleusine indica* (Linn.) Gaertn.
披碱草 *Elymus dahuricus* Turcz.
圆柱披碱草 *E. dahuricus* var. *cylindricus* Franch.
大画眉草 *Eragrostis cilianensis* (All.) Link. ex Vign.-Lut.
知风草 *E. ferruginea* (Thunb.) Beauv.
黑穗画眉草 *E. nigra* Nees ex Steud.
秦岭箭竹 *Fargesia qinlingensis* Yi et L. X. Shao
光花山燕麦 *Helictotrichon leianthum* (Keng) Ohwi
大牛鞭草 *Hemarthria altissima* (Poir.) Stapf et C. E. Hubb.
细叶臭草 *Melica radula* Franch.
臭草 *M. scabrosa* Trin.
粟草 *Milium effusum* Linn.
芒 *Miscanthus sinensis* Anderss.
白茅 *Imperata cylindrica* (Linn.) Beauv.
金竹 *Phyllostachys sulphurea* (Carr.) A. et C. Riv.（栽培）
雀稗 *Paspalum thunbergii* Kunth ex Steud.
白顶早熟禾 *Poa acroleuca* Steud.
细叶早熟禾 *P. angustifolia* Linn.
早熟禾 *P. annua* Linn.

林地早熟禾 *P. nemoralis* Linn.

草地早熟禾 *P. pratensis* Linn.

长芒棒头草 *Polypogon monspeliensis* (Linn.) Desf.

鬼蜡烛 *Phleum paniculatum* Huds.

狼尾草 *Pennisetum alopecuroides* (Linn.) Spreng.

白草 *P. centrasiaticum* Tzvel.

芦苇 *Phragmites australis* (Cav.) Trin. ex Steud.

鹅观草 *Roegneria kamoji* Ohwi

东瀛鹅观草 *R. mayebarana* (Honda) Ohwi

秋鹅观草 *R. serotina* Keng

金色狗尾草 *Setaria glauca* (Linn.) Beauv.

狗尾草 *S. viridis* (Linn.) Beauv.

黄背草 *Themeda japonica* (Will.) Makino

荻 *Triarrhena sacchariflora* (Maxim.) Nakai

中华草沙蚕 *Tripogon chinensis* (Franch.) Hack

锋芒草 *Tragus racemosus* (Linn.) Scop.

虱子草 *T. berteronianus* Schult.

8. 莎草科 Cyperaceae

黑河湿地保护区有 5 属、16 种。

二型鳞薹草 *Carex dimorpholepis* Steud.

穹隆薹草 *C. gibba* Wahlenb.

异穗薹草 *C. heterostachya* Bge.

日本薹草 *C. japonica* Thunb.

翼果薹草 *C. neurocarpa* Maxim.

丝引薹草 *C. remotiuscula* Wahlenb.

异型莎草 *Cyperus difformis* Linn.

头状穗莎草 *C. glomeratus* Linn.

具芒碎米莎草 *C. microiria* Steud.

莎草（香附子）*C. rotundus* Linn.

水莎草 *Juncellus serotinus* (Rottb.) C. B. Clarke

球穗扁莎 *Pycreus globosus* (All.) Reichb.

红鳞扁莎 *P. sanguinolentus* (Vahl) Nees

扁秆藨草 *Scirpus planiculmis* Fr. Schmidt

藨草 *S. triqueter* Linn.

水葱 *S. validus* Vahl

9. 天南星科 Araceae

黑河湿地保护区有 2 属、3 种，栽培 1 属、1 种。

短柄南星 *Arisaema brevipes* Engl.

天南星 *A. heterophyllum* Bl.

虎掌 *Pinellia pedatisecta* Schott（栽培）

半夏 *P. ternata* (Thunb.) Breit.

10. 浮萍科 Lemnaceae

黑河湿地保护区有 2 属、3 种。

浮萍 *Lemna minor* Linn.

品藻 *L. trisulca* Linn.

紫萍 *Spirodela polyrhiza* (Linn.) Schleid.

11. 鸭跖草科 Commelinaceae

黑河湿地保护区有 2 属、2 种。

鸭跖草 *Commelina communis* Linn.

竹叶子 *Streptolirion volubile* Edgew.

12. 灯心草科 Juncaceae

黑河湿地保护区有 2 属、9 种。

葱状灯心草 *Juncus allioides* Franch.

小花灯心草 *J. articulatus* Linn.

小灯心草 *J. bufonius* Linn.

灯心草 *J. effusus* Linn.

多花灯心草 *J. modicus* N. E. Brown
长柱灯心草 *J. przewalskii* Buchen
地杨梅 *Luzula campestris* (Linn.) DC.
散序地杨梅 *L. effusa* Buchenau
羽毛地杨梅 *L. plumosa* E. Mey.

13. 石蒜科 Amaryllidaceae

黑河湿地保护区有 1 属、1 种。
忽地笑 *Lycoris aurea* (L'Her.) Herb.

14. 百合科 Liliaceae

黑河湿地保护区有 10 属、20 种、2 变种，栽培 1 属、1 种。
玉簪叶韭 *Allium funckiaefolium* Hand.-Mazz.
天蒜 *A. paepalanthoides* Airy-Shaw
青甘韭 *A. przewalskianum* Regel
韭 *A. tuberosum* Rottl. ex Spreng.（栽培）
茖韭 *A. victorialis* Linn.
羊齿天门冬 *Asparagus filicinus* Buch.-Ham. ex D. Don
大百合 *Cardiocrinum giganteum* (Wall.) Makino
黄花菜 *Hemerocallis citrina* Baroni
百合 *Lilium brownii* F. E. Brown ex Miellez var. *viridulum* Baker
卷丹 *L. lancifolium* Thunb.
山丹 *L. pumilum* DC.
沿阶草 *Ophiopogon bodinieri* Levl.
卷叶黄精 *Polygonatum cirrhifolium* (Wall.) Royle
玉竹 *P. odoratum* (Mill.) Druce
黄精 *P. sibiricum* Delar. ex Redoute
七叶一枝花 *Paris polyphylla* Smith.
托柄菝葜 *Smilax discotis* Warb.
长托菝葜 *S. ferox* Wall. ex Kunth
黑果菝葜 *S. glaucochina* Warb.

牛尾菜 *S. riparia* A. DC.
尖叶牛尾菜 *S. riparia* var. *acuminata* (C. H. Wright) F. T. Wang et Tang
鞘柄菝葜 *S. stans* Maxim.
油点草 *Tricyrtis macropoda* Miq.

15. 薯蓣科 Dioscoreaceae

黑河湿地保护区有 1 属、2 种。
穿龙薯蓣 *Dioscorea nipponica* Makino
盾叶薯蓣 *D. zingiberensis* C. H. Wright

16. 鸢尾科 Iridaceae

黑河湿地保护区有 2 属、2 种。
射干 *Belamcanda chinensis* (Linn.) DC.
鸢尾 *Iris tectorum* Maxim.

17. 兰科 Orchidaceae

黑河湿地保护区有 9 属、9 种。
流苏虾脊兰 *Calanthe alpina* Hook. F. ex Lindl.
银兰 *Cephalanthera erecta* (Thunb.) Bl.
杜鹃兰 *Cremastra appendiculata* (D. Don) Makino
角盘兰 *Herminium monorchis* R. Br.
天麻 *Gastrodia elata* Bl.
羊耳蒜 *Liparis japonica* (Miq.) Maxim.
独蒜兰 *Pleione bulbocodioides* (Franch.) Rolfe
舌唇兰 *Platanthera japonica* (Thunb.) Lindl.
绶草 *Spiranthes sinensis* (Pers.) Ames

II. 双子叶植物 Dicotyledoneae

1. 三白草科 Saururaceae

黑河湿地保护区有 2 属、2 种。

蕺菜 *Houttuynia cordata* Thunb.

三白草 *Saururus chinensis* (Lour.) Baill

2. 金粟兰科 Chloranthaceae

黑河湿地保护区有 1 属、1 种。

银线草 *Chloranthus japonicus* Sieb.

3. 杨柳科 Salicaceae

黑河湿地保护区有 2 属、9 种，栽培 1 属、2 种。

青杨 *Populus cathayana* Rehd.

山杨 *P. davidiana* Dode

冬瓜杨 *P. purdomii* Rehd.

小叶杨 *P. simonii* Carr.

垂柳 *Salix babylonica* Linn（栽培）

乌柳 *S. cheilophila* Schneid.

银背柳 *S. ernestii* Schneid.

紫枝柳 *S. heterochroma* Seem.

旱柳 *S. matsudana* Koidz.（栽培）

中国黄花柳 *S. sinica* (Hao) C. Wang et C. F. Fang

红皮柳 *S. sinopurpurea* C. Wang et Ch. Y. Yang

4. 胡桃科 Juglandaceae

黑河湿地保护区有 2 属、2 种，栽培 1 属、1 种。

胡桃楸 *Juglans mandshurica* Maxim.

胡桃 *J. regia* Linn.（栽培）

湖北枫杨 *Pterocarya hupehensis* Skan

5. 桦木科 Betulaceae

黑河湿地保护区有 3 属、5 种。

白桦 *Betula platyphylla* Suk

千金榆 *Carpinus cordata* Bl.

鹅耳枥 *C. turczaninowii* Hance

披针叶榛 *Corylus fargesii* Schneid.

榛 *C. heterophylla* Fisch.

6. 壳斗科（山毛榉科）Fagaceae

黑河湿地保护区有 2 属、8 种，1 变种。

栗 *Castanea mollissima* Bl.

岩栎 *Quercus acrodonta* Seem.

槲栎 *Q. aliena* Blume

锐齿槲栎 *Q. aliena* var. *acuteserrata* Maxim.

橿子栎 *Q. baronii* Skan

槲树 *Q. dentata* Thunb.

枹栎 *Q. serrata* Thunb.

刺叶高山栎 *Q. spinosa* Daivd ex Franch.

栓皮栎 *Q. variabilis* Bl.

7. 榆科 Ulmaceae

黑河湿地保护区有 4 属、10 种。

黑弹树 *Celtis bungeana* Bl.

珊瑚朴 *C. julianae* Schneid.

大叶朴 *C. koraiensis* Nakai

朴树 *C. sinensis* Pers.

青檀 *Pteroceltis tatarinowii* Maxim.

兴山榆 *Ulmus bergmanniana* Schneid.

旱榆 *U. glaucescens* Franch.

大果榆 *U. macrocarpa* Hance

榆树 *U. pumila* Linn.

榉树 *Zelkova serrata* (Thunb.) Makino

8. 桑科 Moraceae

黑河湿地保护区有 5 属、8 种，栽培 1 属、1 种。

构树 *Broussonetia papyrifera* (Linn.) L'Herit. ex Vent.

大麻 *Cannabis sativa* Linn.（栽培）

柘树 *Cudrania tricuspidata* (Carr.) Bur. ex Lavallee

异叶榕 *Ficus heteromorpha* Hemsl.

葎草 *Humulus scandens* (Lour.) Merr.

桑 *Morus alba* Linn.

鸡桑 *M. australis* Poir.

华桑 *M. cathayana* Hemsl.

蒙桑 *M. mongolica* Schneid.

9. 荨麻科 Urticaceae

黑河湿地保护区有 7 属、8 种。

悬铃叶苎麻 *Boehmeria tricuspis* (Hance) Makino

钝叶楼梯草 *Elatostema obtusum* Wedd.

艾麻 *Laportea cuspidata* (Wedd.) Friis

花点草 *Nanocnide japonica* Bl.

墙草 *Parietaria micrantha* Ledeb.

山冷水花 *Pilea japonica* (Maxim.) Hand.-Mazz.

透茎冷水花 *P. pumila* (L.) A. Gray

宽叶荨麻 *Urtica laetevirens* Maxim.

10. 檀香科 Santalaceae

黑河湿地保护区有 1 属、1 种。

米面蓊 *Buckleya lanceolate* (Sieb. et Zucc.) Miq.

11. 马兜铃科 Aristolochiaceae

黑河湿地保护区有 3 属、2 种、1 变型。

异叶马兜铃 *Aristolochia kaempferi* Willd. form. *heterophylla* (Hemsl.) S. M. Hwang

马蹄香 *Saruma henryi* Oliv.

单叶细辛 *Asarum himalaicum* Hook. f. et Thomson ex Klotzsch.

12. 蓼科 Polygonaceae

黑河湿地保护区有 6 属、16 种、1 变种，栽培 1 属、1 种。

短毛金线草 *Antenoron filiforme* (Thunb.) Rob. et Vaut. var. *neofiliforme* (Nakai) A. J. Li

细柄野荞麦 *Fagopyrum gracilipes* Damm. ex Diels (Hemsl.) Dammer

荞麦 *F. esculentum* Moench（栽培）

木藤蓼 *Fallopia aubertii* (L. Henry) Holub

何首乌 *F. multiflora* (Thunb.) Harald.

两栖蓼 *Polygonum amphibium* Linn.

抱茎蓼 *P. amplexicaule* D. Don

萹蓄 *P. aviculare* Linn.

酸模叶蓼 *P. lapathifolium* Linn.

长鬃蓼 *P. longisetum* De Bruyn

红蓼 *P. orientale* Linn.

春蓼 *P. persicaria* Linn.

习见蓼 *P. plebeium* R. Br.

翼蓼 *Pteroxygonum giraldii* Dammer et Diels

水生酸模 *Rumex aquaticus* Linn.

齿果酸模 *R. dentatus* Linn.

羊蹄 *R. japonicus* Houtt.

尼泊尔酸模 *R. nepalensis* Spreng.

13. 藜科 Chenopodiaceae

黑河湿地保护区有 6 属、8 种。

千针苋 *Acroglochin persicarioides* (Poir.) Moq.

藜 *Chenopodium album* Linn.

灰绿藜 *C. glaucum* Linn.

杂配藜 *C. hybridum* Linn.

绳虫实 *Corispermum declinatum* Steph. ex Stev.

地肤 *Kochia scoparia* (Linn.) Schrad.

猪毛菜 *Salsola collina* Pall.

碱蓬 *Suaeda glauca* (Bge.) Bge.

14. 苋科 Amaranthaceae

黑河湿地保护区有 3 属、5 种，栽培 1 属、1 种。

牛膝 *Achyranthes bidentata* Bl.

莲子草 *Alternanthera sessilis* (L.) DC.（入侵种）

繁穗苋 *Amaranthus paniculatus* Linn.

反枝苋 *A. retroflexus* Linn.

苋 *A. tricolor* Linn.

鸡冠花 *Celosia cristata* Linn.（栽培）

15. 商陆科 Phytolaccaceae

黑河湿地保护区有 1 属、2 种。

商陆 *Phytolacca acinosa* Roxb.

垂序商陆 *P. americana* Linn.（外来种）

16. 马齿苋科 Portulacaceae

黑河湿地保护区有 1 属、1 种。

马齿苋 *Portulaca oleracea* Linn.

17. 石竹科 Caryophyllaceae

黑河湿地保护区有 9 属、16 种。

无心菜 *Arenaria serpyllifolia* Linn.

狗筋蔓 *Cucubalus baccifer* Linn.

石竹 *Dianthus chinensis* Linn.

瞿麦 *D. superbus* Linn.

剪红纱花 *Lychnis senno* Sieb. et Zucc.

鹅肠菜 *Malachium aquaticum* (Linn.) Fries

漆姑草 *Sagina japonica* (Sw.) Ohwi.

女娄菜 *Silene aprica* (Turcz.) Rohrb.

麦瓶草 *S. conoidea* Linn.

鹤草 *S. fortunei* Vis.

蝇子草 *S. gallica* Linn.

石生蝇子草 *S. tatarinowii* (Regel) Y. W. Tsui

中国繁缕 *Stellaria chinensis* Regel

繁缕 *S. media* (Linn.) Cyrill.

箐姑草 *S. vestita* Kurz

麦蓝菜 *Vaccaria segetalis* (Neck.) Garcke（外来种）

18. 领春木科 Eupteleaceae

黑河湿地保护区有 1 属、1 种。

领春木 *Euptelea pleiospermum* Hook. f. et Thoms.

19. 蒺藜科 Zygophyllaceae

黑河湿地保护区有 1 属、1 种。

蒺藜 *Tribulus terrester* Linn.

20. 金鱼藻科 Ceratophyllaceae

黑河湿地保护区有 1 属、1 种。

金鱼藻 *Ceratophyllum demersum* Linn.

21. 毛茛科 Ranunculaceae

黑河湿地保护区有 11 属、24 种、4 变种，栽培 2 属、2 种。

乌头 *Aconitum carmichaelii* Debx.（栽培）

瓜叶乌头 *A. hemsleyanum* Pritz.

松潘乌头 *A. sungpanense* Hand.-Mazz.

类叶升麻 *Actaea asiatica* Hara

阿尔泰银莲花 *Anemone altaica* Fisch. ex C. A. Mey.

小花草玉梅 *A. rivularis* Buch.-Ham. ex DC. var. *flore-minore* Maxim.

大火草 *A. tomentosa* (Maxim.) Pei

华北耧斗菜 *Aquilegia yabeana* Kitag.

小升麻 *Cimicifuga acerina* (Sieb. et. Zucc.) C. Tanaka

升麻 *C. foetida* Linn.

粗齿铁线莲 *Clematis argentilucida* (Levl. et Vant.) W. T. Wang

短尾铁线莲 *C. brevicaudata* DC.

大叶铁线莲 *C. heracleifolia* De Cand.

绣球藤 *C. montana* Buchn.-Ham. ex Decandolle

秦岭铁线莲 *C. obscura* Maxim.

钝萼铁线莲 *C. peterae* Hand.-Mazz.

毛果铁线莲 *C. peterae* var. *trichocarpa* W. T. Wang

须蕊铁线莲 *C. pogonandra* Maxim.

陕西铁线莲 *C. shensiensis* W. T. Wang

卵瓣还亮草 *Delphinium anthriscifolium* Hance var. *calleryi* (Franch.) Fin. et Gagnep

腺毛翠雀 *D. grandiflorum* Linn. var. *glandulosum* W. T. Wang

纵肋人字果 *Dichocarpum fargesii* (Franch.) W. T. Wang & P. K. Hsiao

牡丹 *Paeonia suffruticosa* Andr.（栽培）

白头翁 *Pulsatilla chinensis* (Bge.) Regel.

茴茴蒜 *Ranunculus chinensis* Bge.

毛茛 *R. japonicus* Thunb.

石龙芮 *R. sceleratus* Linn.

贝加尔唐松草 *Thalictrum baicalense* Turcz.

西南唐松草 *T. fargesii* Franch. ex Fin. et Gagnep.

瓣蕊唐松草 *T. petaloideum* Linn.

22. 木通科 Lardizabalaceae

黑河湿地保护区有 4 属、4 种。

三叶木通 *Akebia trifoliata* (Thunb.) Koidz.

猫儿屎 *Decaisnea insignis* (Griff.) Hook. f. et Thoms.

牛姆瓜 *Holboellia grandiflora* Reaub.

串果藤 *Sinofranchetia chinensis* (Franch.) Hemsl.

23. 小檗科 Berberidaceae

黑河湿地保护区有 3 属、8 种。

黄芦木 *Berberis amurensis* Rupr.

直穗小檗 *B. dasystachya* Maxim.

异长穗小檗 *B. feddeana* Schneid.

川鄂小檗 *B. henryana* Schneid.

网脉小檗 *B. reticulata* Byhouw.

假豪猪刺 *B. soulieana* Schneid.

淫羊藿 *Epimedium brevicornu* Maxim.

阔叶十大功劳 *Mahonia bealei* (Fort.) Carr.

24. 防己科 Menispermaceae

黑河湿地保护区有 3 属、3 种。

木防己 *Cocculus orbiculatus* (Linn.) DC.

蝙蝠葛 *Menispermum dauricum* DC.

风龙 *Sinomenium acutum* (Thunb.) Rehd. et Wils.

25. 木兰科 Magnoliaceae

黑河湿地保护区有 2 属、3 种，栽培 1 属、2 种。

玉兰 *Magnolia denudata* Desr.（栽培）

荷花玉兰 *M. grandiflora* Linn.（栽培）

武当木兰 *M. sprengeri* Pamp.

狭叶五味子 *Schisandra lancifolia* (Rehd. et Wils.) A. C. Smith

华中五味子 *S. sphenanthera* Rehd. et Wils.

26. 樟科 Lauraceae

黑河湿地保护区有 2 属、4 种。

山胡椒 *Lindera glauca* (Sieb. et Zucc.) Bl.

三桠乌药 *L. obtusiloba* Bl.

木姜子 *Litsea pungens* Hemsl.

秦岭木姜子 *L. tsinlingensis* Yang et P. H. Huang

27. 罂粟科 Papaveraceae

黑河湿地保护区有 6 属、8 种。

白屈菜 *Chelidonium majus* Linn.

紫堇 *Corydalis edulis* Maxim.

蛇果黄堇 *C. ophiocarpa* Hook. f. et Thoms.

黄堇 *C. pallida* (Thunb.) Pers.

秃疮花 *Dicranostigma leptopodum* (Maxim.) Fedde

小果博落回 *Macleaya microcarpa* Fedde

柱果绿绒蒿 *Meconopsis oliverana* Franch. et Prain.

四川金罂粟 *Stylophorum sutchuense* (Franch.) Fedde

28. 十字花科 Cruciferae

黑河湿地保护区有 13 属、17 种、1 变种，栽培 2 属、4 种。

硬毛南芥 *Arabis hirsuta* (Linn.) Scop.

垂果南芥 *A. pendula* Hinn

芸苔 *Brassica campestris* Linn.（栽培）

青菜 *B. chinensis* Linn.（栽培）

白菜 *B. pekinensis* Rupr.（栽培）

荠 *Capsella bursa-pastoris* (Linn.) Medic

碎米荠 *Cardamine hirsuta* Linn.

大叶碎米荠 *C. macrophylla* Willd.

白花碎米荠 *C. leucantha* (Tausch) O. E. Schulz

水田碎米荠 *C. lyrata* Bge.

离子芥 *Chorispora tenella* (Pall.) DC.

播娘蒿 *Descurainia sophia* (Linn.) Schur.

葶苈 *Draba nemorosa* Linn.

独行菜 *Lepidium apetalum* Willd.

宽叶独行菜 *L. latifolium* Linn.

涩荠 *Malcolmia africana* (Linn.) R. Br.

湖北诸葛菜 *Orychophragmus violaceus* (Linn.) O. E. Schulz var. *hupehensis* (Pamp.) O. E. Schulz.

萝卜 *Raphanus sativus* Linn.（栽培）

蔊菜 *Rorippa indica* (Linn.) Hiern

垂果大蒜芥 *Sisymbrium heteromallum* C. A. Mey.

菥蓂 *Thlaspi arvense* Linn.

蚓果芥 *Torularia humilis* (C. A. Mey.) O. E. Schulz

29. 景天科 Crassulaceae

黑河湿地保护区有 4 属、9 种，2 变种。

瓦松 *Orostachys fimbriatus* (Turcz.) Berger

扯根菜 *Penthorum chinense* Pursh.

菱叶红景天 *Rhodiola henryi* (Diels) S. H. Fu

费菜 *Sedum aizoon* Linn.

乳毛费菜 *S. aizoon* var. *scabrum* Maxim.

轮叶景天 *S. chauveaudii* Hamet

乳瓣景天 *S. dielsii* Hamer

细叶景天 *S. elatinoides* Franch.

小山飘风 *S. filipes* Hemsl. var. *major* Hemsl.

佛甲草 *S. lineare* Thunb.

繁缕景天 *S. stellariifolium* Franch.

30. 虎耳草科 Saxifragaceae

黑河湿地保护区有 9 属、20 种、2 变种。

落新妇 *Astilbe chinensis* (Maxim.) Franch. et Savat.

秦岭金腰 *Chrysosplenium biondianum* Engl.

纤细金腰 *C. giraldianum* Engl.

异色溲疏 *Deutzia discolor* Hemsl.

大花溲疏 *D. grandiflora* Bge.

小花溲疏 *D. parviflora* Bge.

碎花溲疏 *D. parviflora* var. *micrantha* (Engl.) Rehd.

冠盖绣球 *Hydrangea anomala* D. Don.

东陵绣球 *H. bretschneideri* Dipp.

莼兰绣球 *H. longipes* Franch.

圆锥绣球 *H. paniculata* Sieb.

挂苦绣球 *H. xanthoneura* Diels

突隔梅花草 *Parnassia delavayi* Franch.

梅花草 *P. palustris* Linn.

山梅花 *Philadelphus incanus* Koehne

太平花 *P. pekinensis* Rupr.

绢毛山梅花 *P. sericanthus* Koehne

华蔓茶藨子 *Ribes fasciculatum* Sieb. et Zucc. var. *chinense* Maxim.

陕西茶藨子 *R. giraldii* Jancz.

细枝茶藨子 *R. tenue* Jancz.

七叶鬼灯檠 *Rodgersia aesculifolia* Batal.

虎耳草 *Saxifraga stolonifera* Curt.

31. 金缕梅科 Hamamelidaceae

黑河湿地保护区有 1 属、1 种。

山白树 *Sinowilsonia henryi* Hemsl.

32. 杜仲科 Eucommiaceae

黑河湿地保护区栽培 1 属、1 种。

杜仲 *Eucommia ulmoides* Oliv.（栽培）

33. 蔷薇科 Rosaceae

黑河湿地保护区有 24 属、68 种、4 变种，栽培 6 属、7 种。

龙芽草 *Agrimonia pilosa* Ledeb.

唐棣 *Amelanchier sinica* (Schneid.) Chun

山桃 *Amygdalus davidiana* (Carrière) de Vos ex Henry

甘肃桃 *A. kansuensis* Rehd.

桃树 *A. persica* (Linn.) Batsch（栽培）

榆叶梅 *A. triloba* (Lindl.) Ricker（栽培）

杏 *Armeniaca vulgaris* Linn.（栽培）

山杏 *A. sibirica* (Linn.) Lam.

欧李 *Cerasus humilis* (Bge.) Sok.

麦李 *C. glandulosa* (Thunb.) Lois.

多毛樱桃 *C. polytricha* (Koehne) Yu et Li

托叶樱桃 *C. stipulacea* (Maxim.) Yu et Li

毛樱桃 *C. tomentosa* (Thunb.) Wall.

灰栒子 *Cotoneaster acutifolius* Turcz.

密毛灰栒子 *C. acutifolius* var. *villosulus* Rehd. et Wils.

麻核栒子 *C. foveolatus* Rehd. et Wils.

细弱栒子 *C. gracilis* Rehd. et Wils.

水栒子 *C. multiflorus* Bge.

西北栒子 *C. zabelii* Schneid.

湖北山楂 *Crataegus hupehensis* Sarg.

山楂 *C. pinnatifida* Bge.（栽培）

蛇莓 *Duchesnea indica* (Andr.) Focke

东方草莓 *Fragaria orientalis* Lozinsk.

黄毛草莓 *F. nilgerrensis* Schlecht. ex Gay

路边青 *Geum aleppicum* Jacq.

棣棠花 *Kerria japonica* (Linn.) DC.

山荆子 *Malus baccata* (Linn.) Borkh.

毛山荆子 *M. mandshurica* (Maxim.) Komar.

河南海棠 *M. honanensis* Rehd.

湖北海棠 *M. hupehensis* Rehd.

苹果 *M. pumila* Mill.（栽培）

三叶海棠 *M. sieboldii* (Regel.) Rehd.

滇池海棠 *M. yunnanensis* (Franch.) Schneid.

毛叶绣线梅 *Neillia ribesioides* Rehd.

中华绣线梅 *N. sinensis* Oliv.

稠李 *Padus racemosa* (Lam.) Gilib.

皱叶委陵菜 *Potentilla ancistrifolia* Bge.

蕨麻 *P. anserina* Linn.

二裂委陵菜 *P. bifurca* Linn.

蛇莓委陵菜 *P. centigrana* Maxim.

委陵菜 *P. chinensis* Ser.

狼牙委陵菜 *P. cryptotaeniae* Maxim.

翻白草 *P. discolor* Bge.

蛇含委陵菜 *P. kleiniana* Wight et Arn.

多茎委陵菜 *P. multicaulis* Bge.

匍匐委陵菜 *P. reptans* Linn.

西山委陵菜 *P. sischanensis* Bge. et Lehm.

朝天委陵菜 *P. supina* var. *supina* L.

李 *Prunus salicina* Lindl.（栽培）

火棘 *Pyracantha fortuneana* (Maxim.) H. L. Li

杜梨 *Pyrus betulifolia* Bunge

鸡麻 *Rhodotypos scandens* (Thunb.) Makino

木香花 *Rosa banksiae* Aiton

尾萼蔷薇 *R. caudata* Baker

伞房蔷薇 *R. corymbulosa* Rolf.

陕西蔷薇 *R. giraldii* Crep.

软条七蔷薇 *R. henryi* Bouleng.

野蔷薇 *R. multiflora* Thunb. var. *cathayensis* Rehd. et Wils.

玫瑰 *R. rugosa* Thunb.（栽培）

秀丽莓 *Rubus amabilis* Focke

插田泡 *R. coreanus* Miq.

弓茎悬钩子 *R. flosculosus* Focke

白叶莓 *R. innominatus* S. Moore

高粱泡 *R. lambertianus* Ser.

绵果悬钩子 *R. lasiostylus* Focke

喜阴悬钩子 *R. mesogaeus* Focke

红泡刺藤 *R. niveus* Thunb.

茅莓 *R. parvifolius* Linn.

多腺悬钩子 *R. phoenicolasius* Maxim.

地榆 *Sanguisorba officinalis* Linn.

水榆花楸 *Sorbus alnifolia* K. Koch.

石灰花楸 *S. folgneri* (Schneid.) Rehd.

华北珍珠梅 *Sorbaria kirilowii* (Regel) Maxim.

绣球绣线菊 *Spiraea blumei* G. Don

华北绣线菊 *S. fritschiana* Schneid.

大叶华北绣线菊 *S. fritschiana* var. *angulata* (Fritsch ex Schneid.) Rehd.

疏毛绣线菊 *S. hirsuta* (Hemsl.) Schneid.

细枝绣线菊 *S. myrtilloides* Rehd.

土庄绣线菊 *S. pubescens* Turcz.

34. 豆科 Fabaceae (Leguminosae)

黑河湿地保护区有 24 属、39 种，栽培 5 属、6 种、1 变型。

紫穗槐 *Amorpha fruticosa* Linn.（栽培）

合欢 *Albizia julibrissin* Durazz.

两型豆 *Amphicarpaea edgeworthii* Benth.

糙叶黄耆 *Astragalus scaberrimus* Bge.

杭子梢 *Campylotropis macrocarpa* (Bge.) Rehd.

柄荚锦鸡儿 *Caragana stipitata* Kom.

紫荆 *Cercis chinensis* Bge.

香槐 *Cladrastis wilsonii* Taked.

黄檀 *Dalbergia hupeana* Hance

长柄山蚂蝗 *Hylodesmum podocarpum* (DC.) H. Ohashi & R. R. Mill

锥蚂蝗 *Sunhangia elegans* (DC.) H. Ohashi & K. Ohashi

皂荚 *Gleditsia sinensis* Lam.

野大豆 *Glycine soja* Sieb. et Zucc.

少花米口袋 *Gueldenstaedtia verna* (Georgi) Boriss.

多花木蓝 *Indigofera amblyantha* Craib

花木蓝 *I. kirilowii* Maxim. ex Palibin

鸡眼草 *Kummerowia striata* (Thunb.) Schindl.

大山黧豆 *Lathyrus davidii* Hance

绿叶胡枝子 *Lespedeza buergeri* Miq.

短梗胡枝子 *L. cyrtobotrya* Miq.

美丽胡枝子 *L. formosa* (Vog.) Koehne

牛枝子 *L. potaninii* Vass.

马鞍树 *Maackia hupehensis* Takeda

天蓝苜蓿 *Medicago lupulina* Linn.

小苜蓿 *M. minima* (Linn.) Lam.

苜蓿 *M. sativa* Linn.（栽培）

白花草木樨 *Melilotus albus* Medik.

草木樨 *M. suaveolens* Ledeb.

黄花木 *Piptanthus concolor* Harrow

葛 *Pueraria lobata* (Willd) Ohwi

刺槐 *Robinia pseudoacacia* Linn.（外来种、栽培）

白刺花 *Sophora davidii* (Franch.) Skeels

苦参 *S. flavescens* Ait.

槐 *S. japonica* Linn.（栽培）

龙爪槐 *S. japonica* form. *pendula* Lond.（栽培）

山野豌豆 *Vicia amoena* Fisch.

大花野豌豆 *V. bungei* Ohwi

广布野豌豆 *V. cracca* Linn.

小巢菜 *V. hirsuta* (Linn.) S. F. Gray

大叶野豌豆 *V. pseudo-orobus* Fisch.

救荒野豌豆 *V. sativa* Linn.

四籽野豌豆 *V. tetrasperma* (Linn.) Moench.

歪头菜 *V. unijuga* A. Br.

长柔毛野豌豆 *V. villosa* Roth（外来种）

绿豆 *Vigna radiatus* (L.) R. Wilczek（栽培）

豇豆 *V. sinensis* (Linn.) Endl. ex Hassk.（栽培）

35. 酢浆草科 Oxalidaceae

黑河湿地保护区有 1 属、1 种、1 亚种。

酢浆草 *Oxalis corniculata* Linn.

山酢浆草 *O. acetosella* Linn. subsp. *griffithii* (Edgew. et HK. f.) Hara

36. 牻牛儿苗科 Geraniaceae

黑河湿地保护区有 2 属、4 种。

芹叶牻牛儿苗 *Erodium cicutarium* (Linn.) L' Herit.

毛蕊老鹳草 *Geranium platyanthum* Duthie

鼠掌老鹳草 *G. sibiricum* Linn.

老鹳草 *G. wilfordii* Maxim.

37. 芸香科 Rutaceae

黑河湿地保护区有 3 属、4 种。

白鲜 *Dictamnus dasycarpus* Turcz.

臭檀吴萸 *Evodia daniellii* (Benn.) Hemsl.

竹叶花椒 *Zanthoxylum armatum* DC.

花椒 *Z. bungeanum* Maxim.

38. 苦木科 Simaroubaceae

黑河湿地保护区有 2 属、2 种。
臭椿 *Ailanthus altissima* (Mill.) Swingle
苦树 *Picrasma quassioides* (D. Don) Benn.

39. 楝科 Meliaceae

黑河湿地保护区有 2 属、2 种。
楝 *Melia azedarach* Linn.
香椿 *Toona sinensis* (A. Juss.) Roem.

40. 远志科 Polygalaceae

黑河湿地保护区有 1 属、2 种。
瓜子金 *Polygala japonica* Houtt.
远志 *P. tenuifolia* Willd.

41. 大戟科 Euphorbiaceae

黑河湿地保护区有 5 属、9 种。
铁苋菜 *Acalypha australis* Linn.
假奓包叶 *Discocleidion rufescens* (Franch.) Pax
乳浆大戟 *Euphorbia esula* Linn.
泽漆 *E. helioscopia* Linn.
地锦草 *E. humifusa* Willd. ex Schltdl.
湖北大戟 *E. hylonoma* Hand.-Mazz.
大戟 *E. pekinensis* Rupr.
雀儿舌头 *Leptopus chinensis* (Bge.) Pojark.
一叶萩 *Flueggea suffruticosa* (Pall.) Baill.

42. 透骨草科 Phrymaceae

黑河湿地保护区有 1 属、1 亚种。

透骨草 *Phryma leptostachya* Linn. subsp. *asiatica* (Hara) Kitamura

43. 黄杨科 Buxaceae

黑河湿地保护区有 2 属、2 种。
黄杨 *Buxus sinica* (Rehd. et Wils.) Cheng
顶花板凳果 *Pachysandra terminalis* Sieb. et Zucc.

44. 马桑科 Coriariaceae

黑河湿地保护区有 1 属、1 种。
马桑 *Coriaria nepalensis* Wall.

45. 漆树科 Anacardiaceae

黑河湿地保护区有 4 属、4 种、2 变种，栽培 1 属、1 种。
粉背黄栌 *Cotinus coggygria* Scop. var. *glaucophylla* C. Y. Wu
毛黄栌 *C. coggygria* Scop. var. *pubescens* Engl.
黄连木 *Pistacia chinensis* Bge.
盐肤木 *Rhus chinensis* Mill.
青麸杨 *R. potaninii* Maxim.
火炬树 *R. typhina* Nutt（栽培）
漆 *Toxicodendron vernicifluum* (Stokes) F. A. Borkl.

46. 冬青科 Aquifoliaceae

黑河湿地保护区有 1 属、1 种。
猫儿刺 *Ilex pernyi* Franch.

47. 卫矛科 Celastraceae

黑河湿地保护区有 2 属、11 种。
卫矛 *Euonymus alatus* (Thunb.) Sieb.

扶芳藤 *E. fortunei* (Turcz.) Hand.-Mazz.

纤齿卫矛 *E. giraldii* Loes.

冬青卫矛 *E. japonica* Thunb.

小果卫矛 *E. microcarpus* (Oliv.) Sprag.

栓翅卫矛 *E. phellomanus* Loes.

陕西卫矛 *E. schensianus* Maxim.

苦皮藤 *Celastrus angulatus* Maxim.

灰叶南蛇藤 *C. glaucophyllus* Rehd. et Wils.

粉背南蛇藤 *C. hypoleucus* (Oliv.) Warb ex Loes.

南蛇藤 *C. orbiculatus* Thunb.

48. 省沽油科 Staphyleaceae

黑河湿地保护区有 1 属、1 种。

膀胱果 *Staphylea holocarpa* Hemsl.

49. 槭树科 Aceraceae

黑河湿地保护区有 2 属、8 种。

青皮槭 *Acer cappadocicum* Gled.

青榨槭 *A. davidii* Franch.

茶条槭 *A. ginnala* Maxim.

葛萝槭 *A. grosseri* Pax

色木槭 *A. mono* Maxim.

五裂槭 *A. oliverianum* Pax

权叶槭 *A. robustum* Pax

金钱槭 *Dipteronia sinensis* Oliv.

50. 七叶树科 Hippocastanaceae

黑河湿地保护区有 1 属、1 种。

七叶树 *Aesculus chinensis* Bge.

51. 无患子科 Sapindaceae

黑河湿地保护区有 2 属、2 种，栽培 1 属、1 种。

全缘叶栾树 *Koelreuteria bipinnata* Franch. var. *integrifoliola* (Merr.) T. Chen （栽培）

栾树 *K. paniculata* Laxm.

文冠果 *Xanthoceras sorbifolium* Bge.

52. 清风藤科 Sabiaceae

黑河湿地保护区有 2 属、1 种、1 亚种。

泡花树 *Meliosma cuneifolia* Franch.

多花清风藤 *Sabia schumanniana* Diels subsp. *pluriflora* (Rehder & E. H. Wilson) Y. F. Wu

53. 凤仙花科 Balsaminaceae

黑河湿地保护区有 1 属、3 种。

裂距凤仙花 *Impatiens fissicornis* Maxim.

水金凤 *I. noli-tangere* Linn.

窄萼凤仙花 *I. stenosepala* Pritz.

54. 鼠李科 Rhamnaceae

黑河湿地保护区有 6 属、8 种、1 变种。

多叶勾儿茶 *Berchemia polyphylla* Wall. ex Laws

勾儿茶 *B. sinica* Schneid.

枳椇 *Hovenia acerba* Lindl.

铜钱树 *Paliurus hemsleyanus* Rehd.

小叶鼠李 *Rhamnus parvifolia* Bge.

甘青鼠李 *R. tangutica* J. Vass.

冻绿 *R. utilis* Decnw.

酸枣 *Ziziphus jujuba* Mill. var. *spinosa* (Bge.) Hu ex H. F. Chow

对节刺 *Sageretia pycnophylla* Schneid.

55. 葡萄科 Vitaceae

黑河湿地保护区有 4 属、7 种，栽培

1 属、1 种。

蓝果蛇葡萄 *Ampelopsis bodinieri* (Levl. et Vant.) Rehd.

葎叶蛇葡萄 *A. humulifolia* Bge.

乌蔹莓 *Cayratia japonica* (Thunb.) Gagnep

地锦 *Parthenocissus tricuspidata* (Sieb. et Zucc.) Planch

毛葡萄 *Vitis heyneana* Roem. et Schult.

秋葡萄 *V. romanetii* Roman. Du Caill. ex Planch.

葡萄 *V. vinifera* Linn.（栽培）

网脉葡萄 *V. wilsonae* Veitch.

56. 椴树科 Tiliaceae

黑河湿地保护区有 2 属、4 种。

扁担杆 *Grewia biloba* G. Don

华椴 *Tilia chinensis* Maxim.

粉椴 *T. oliveri* Szyszyl.

少脉椴 *T. paucicostata* Maxim.

57. 锦葵科 Malvaceae

黑河湿地保护区有 4 属、6 种，栽培 2 属、2 种。

磨盘草 *Abutilon indicum* (Linn.) Sweet

蜀葵 *Althaea rosea* (Linn.) Cavan. （栽培）

田麻 *Corchoropsis tomentosa* (Thunb.) Makino

野西瓜苗 *Hibiscus trionum* Linn.（外来种）

木槿 *H. syriacus* Linn.（栽培）

圆叶锦葵 *Malva rotundifolia* Linn.

锦葵 *M. sinensis* Cavan.

野葵 *M. verticillata* Linn.

58. 梧桐科

黑河湿地保护区栽培 1 属、1 种。

梧桐 *Firmiana platanifolia* (L. f.) Marsili （栽培）

59. 猕猴桃科 Actinidiaceae

黑河湿地保护区有 2 属、7 种、2 变种。

软枣猕猴桃 *Actinidia arguta* Planch. ex Miq.

紫果猕猴桃 *A. arguta* var. *purpurea* (Rehd.) C. F. Liang

中华猕猴桃 *A. chinensis* Planch.

硬毛猕猴桃 *A. chinensis* var. *hispida* C. F. Ling

狗枣猕猴桃 *A. kolomikta* (Maxim. et Rupr.) Maxim.

黑蕊猕猴桃 *A. melanandra* Franch.

葛枣猕猴桃 *A. polygama* (Sieb. et Zucc.) Maxim.

绵毛藤山柳 *Clematoclethra lanosa* Rehd.

藤山柳 *C. lasioclada* Maxim.

60. 藤黄科 Guttiferae

黑河湿地保护区有 1 属、4 种。

黄海棠 *Hypericum ascyron* Linn.

金丝桃 *H. monogynum* Linn.

贯叶连翘 *H. perforatum* Linn.

突脉金丝桃 *H. przewalskii* Maxim.

61. 柽柳科 Tamaricaceae

黑河湿地保护区有 2 属、2 种。

宽苞水柏枝 *Myricaria bracteata* Royle

多枝柽柳 *Tamarix ramosissima* Ledeb.

62. 堇菜科 Violaceae

黑河湿地保护区有 1 属、8 种。
鸡腿堇菜 *Viola acuminata* Ledeb.
球果堇菜 *V. collina* Catal.
长萼堇菜 *V. inconspicua* Bl.
萱 *V. moupinensis* Franch.
茜堇菜 *V. phalacrocarpa* Maxim.
紫花地丁 *V. philippica* Cav.
深山堇菜 *V. selkirkii* Purch
阴地堇菜 *V. yezoensis* Makino

63. 旌节花科 Stachyuraceae

黑河湿地保护区有 1 属、1 种。
中国旌节花 *Stachyurus chinensis* Franch.

64. 秋海棠科 Begoniaceae

黑河湿地保护区有 1 属、1 亚种。
中华秋海棠 *Begonia grandis* Dry subsp. *sinensis* (A. DC.) Irmsch.

65. 瑞香科 Thymelaeaceae

黑河湿地保护区有 1 属、1 种。
芫花 *Daphne genkwa* Sieb. et Zucc.

66. 胡颓子科 Elaeagnaceae

黑河湿地保护区有 1 属、3 种。
披针叶胡颓子 *Elaeagnus lanceolata* Warb.
胡颓子 *E. pungens* Thunb.
牛奶子 *E. umbellata* Thunb.

67. 石榴科 Punicaceae

黑河湿地保护区栽培 1 属、1 种。
石榴 *Punica granatum* Linn.（栽培）

68. 千屈菜科 Lythraceae

黑河湿地保护区有 1 属、1 种，栽培 1 属、1 种。
紫薇 *Lagerstroemia indica* Linn.
（栽培）
千屈菜 *Lythrum salicaria* Linn.

69. 八角枫科 Alangiaceae

黑河湿地保护区有 1 属、2 种。
八角枫 *Alangium chinense* (Lout.) Harms
瓜木 *A. platanifolium* (Sieb. et Zucc.) Harms

70. 柳叶菜科 Onagraceae

黑河湿地保护区有 3 属、6 种、1 亚种。
露珠草 *Circaea cordata* Royle
南方露珠草 *C. mollis* S. et Z.
柳兰 *Epilobium angustifolium* Linn.
光滑柳叶菜 *E. amurense* Hausskn. subsp. *cephalostigma* (Hausskn.) C. J. Chen
柳叶菜 *E. hirsutum* Linn.
沼生柳叶菜 *E. palustre* Linn.
月见草 *Oenothera biennis* Linn.（外来种）

71. 菱科 Trapaceae

黑河湿地保护区有 1 属、1 种。
菱 *Trapa bispinosa* Roxb.

72. 五加科 Araliaceae

黑河湿地保护区有 4 属、3 种、1 变种。
柔毛五加 *Acanthopanax gracilistylus*

W. W. Smith. var. *villosulus* (Harms) Li

楤木 *Aralia chinensis* Linn.

常春藤 *Hedera nepalensis* K. Koch.
var. *sinensis* (Tobl.) Rehd.

刺楸 *Kalopanax septemlobus* (Thunb.)
Koidz.

73. 杉叶藻科 Hippuridaceae

黑河湿地保护区有 1 属、1 种。

杉叶藻 *Hippuris vulgaris* Linn.

74. 小二仙草科 Haloragidaceae

黑河湿地保护区有 1 属、1 种。

穗状狐尾藻 *Myriophyllum spicatum*
Linn.

75. 伞形科 Umbelliferae

黑河湿地保护区有 13 属、17 种、1
变种。

疏叶当归 *Angelica laxifoliata* Diels

北柴胡 *Bupleurum chinense* DC.

紫花大叶柴胡 *B. longiradiatum* Turcz.
var. *porphyranthum* Shan et Li

田葛缕子 *Carum buriaticum* Turcz.

葛缕子 *C. carvi* Linn.

鸭儿芹 *Cryptotaenia japonica* Hassk.

野胡萝卜 *Daucus carota* Linn.（外
来种）

短毛独活 *Heracleum moellendorffii*
Hance

灰毛岩风 *Libanotis spodotrichoma* K.
T. Fu

水芹 *Oenanthe javanica* (Bl.) DC.

香根芹 *Osmorhiza aristata* (Thunb.)
Makino et Yabe

前胡 *Peucedanum praeruptorum* Dunn

异叶茴芹 *Pimpinella diversifolia*
(Wall.) DC.

直立茴芹 *P. smithii* Wolff

变豆菜 *Sanicula chinensis* Bge.

长序变豆菜 *S. elongata* K. T. Fu

小窃衣 *Torilis japonica* (Houtt.) DC.

窃衣 *T. scabra* (Thunb.) DC.

76. 山茱萸科 Cornaceae

黑河湿地保护区有 4 属、5 种、1 变
种，栽培 1 属、1 种。

灯台树 *Bothrocaryum controversum*
(Hemsl.) Pojark

梾木 *Cornus macrophylla* Wall.

山茱萸 *C. officinalis* Sieb. et Zucc.
（栽培）

毛梾 *C. walteri* Wanger

四照花 *Dendrobenthamia japonica*
(DC.) Fang var. *chinensis* (Osborn.) Fang

中华青荚叶 *Helwingia chinensis* Bara

青荚叶 *H. japonica* (Thunb.) Dietr.

77. 鹿蹄草科 Pyrolaceae

黑河湿地保护区有 2 属、2 种。

鹿蹄草 *Pyrola calliantha* H. Andres

水晶兰 *Monotropa uniflora* Linn.

78. 杜鹃花科 Ericaceae

黑河湿地保护区有 1 属、1 种。

照山白 *Rhododendron micranthum*
Turcz.

79. 紫金牛科 Myrsinaceae

黑河湿地保护区有 1 属、1 种。

铁仔 *Myrsine africana* Linn.

80. 报春花科 Primulaceae

黑河湿地保护区有 1 属、7 种。

耳叶珍珠菜 *Lysimachia auriculata* Hemsl.

虎尾草 *L. barystachys* Bge.

泽珍珠菜 *L. candida* Lindl.

过路黄 *L. christinae* Hance

矮桃 *L. clethroides* Duby

北延叶珍珠菜 *L. silvestrii* (Pamp.) Hand.-Mazz.

腺药珍珠菜 *L. stenosepala* Hemsl.

81. 白花丹科 Plumbaginaceae

黑河湿地保护区有 1 属、1 种。

二色补血草 *Limonium bicolor* (Bge.) O. Kuntze

82. 柿树科 Ebenaceae

黑河湿地保护区有 1 属、1 种，栽培 1 属、1 种。

柿 *Diospyros kaki* Thunb.（栽培）

君迁子 *D. lotus* Linn.

83. 山矾科 Symplocaceae

黑河湿地保护区有 1 属、1 种。

白檀 *Symplocos paniculata* (Thunb.) Miq.

84. 安息香科（野茉莉科）Styracaceae

黑河湿地保护区有 1 属、1 种。

老鸹铃 *Styrax hemsleyanus* Diels

85. 木犀科 Oleaceae

黑河湿地保护区有 6 属、8 种、2 亚种、1 变种，栽培 2 属、2 种。

流苏树 *Chionanthus retusus* Lindl. et Pext.

秦连翘 *Forsythia giraldiana* Lingelsh.

金钟花 *F. viridissima* Lindl.（栽培）

白蜡树 *Fraxinus chinensis* Roxb.

水曲柳 *F. mandschurica* Rupr.

苦枥木 *F. insularis* Hemsl.

黄素馨 *Jasminum floridum* Bge. subsp. *giraldii* (Diels) Miao

蜡子树 *Ligustrum molliculum* Hance

女贞 *L. lucidum* Ait. f.（栽培）

小叶女贞 *L. quihoui* Carr.

小叶巧玲花 *Syringa pubescens* Turcz. subsp. *microphylla* (Diels) M. C. Chang & X. L. Chen

白丁香 *S. oblata* Lindl. var. *alba* Hort. et Rehd.

红丁香 *S. villosa* Vahl.

86. 马钱科 Loganiaceae

黑河湿地保护区有 1 属、2 种。

巴东醉鱼草 *Buddleja albiflora* Hemsl.

大叶醉鱼草 *B. davidii* Franch.

87. 龙胆科 Gentianaceae

黑河湿地保护区有 4 属、4 种。

红花龙胆 *Gentiana rhodantha* Franch. ex Hemsl.

椭圆叶花锚 *Halenia elliptica* D. Don

莕菜 *Nymphoides peltatum* (Gmel.) O. Kumze

翼萼蔓 *Pterygocalyx volubilis* Maxim.

88. 夹竹桃科 Apocynaceae

黑河湿地保护区有 1 属、1 种。

络石 *Trachelospermum jasminoides*

(Lindl.) Lem.

89. 萝藦科 Asclepiadaceae

黑河湿地保护区有 4 属、9 种。
秦岭藤 *Biondia chinensis* Schltr.
白薇 *Cynanchum atratum* Bge.
白首乌 *C. bungei* Decne.
鹅绒藤 *C. chinense* R. Br.
大理白前 *C. forrestii* Schltr.
徐长卿 *C. paniculatum* (Bge.) Kitagawa
地梢瓜 *C. thesioides* (Freyn) K. Schum.
萝藦 *Metaplexis japonica* (Thunb.)
Makino
杠柳 *Periploca sepium* Bge.

90. 旋花科 Convolvulaceae

黑河湿地保护区有 2 属、5 种。
打碗花 *Calystegia hederacea* Wall. ex
Roxb.
藤长苗 *C. pellita* (Ldb.) G. Don
旋花 *C. sepium* (Linn.) R. Br.
菟丝子 *Cuscuta chinensis* Lam.
金灯藤 *C. japonica* Choisy

91. 紫草科 Boraginaceae

黑河湿地保护区有 7 属、10 种。
狭苞斑种草 *Bothriospermum kusnezowii*
Bge.
倒提壶 *Cynoglossum amabile* Stapf et
Drumm.
琉璃草 *C. zeylanicum* (Vanl) Thunb.
田紫草 *Lithospermum arvense* Linn.
梓木草 *L. zollingeri* DC.
狼紫草 *Lycopsis orientalis* Linn.
勿忘草 *Myosotis silvatica* Ehrh. ex
Hoffm.
弯齿盾果草 *Thyrocarpus glochidiatus*

Maxim.
湖北附地菜 *Trigonotis mollis* Hemsl.
附地菜 *T. peduncularis* (Trev.) Benth.

92. 马鞭草科 Verbenaceae

黑河湿地保护区有 5 属、5 种、2
变种。
老鸦糊 *Callicarpa giraldii* Hesse ex
Rehd.
窄叶紫珠 *C. japonica* Thunb. var.
angustata Rehd.
三花莸 *Caryopteris terniflora* Maxim
臭牡丹 *Clerodendrum bungei* Steud.
海州常山 *C. trichotomum* Thunb.
马鞭草 *Verbena officinalis* Linn.
荆条 *Vitex negundo* Linn. var.
heterophylla (Franch.) Rehd.

93. 唇形科 Labiatae

黑河湿地保护区有 16 属、27 种、1
变种。
水棘针 *Amethystea caerulea* Linn.
风车草 *Clinopodium urticifolium*
(Hance) C. Y. Wu et Hsuan ex H. W. Li
香薷 *Elsholtzia ciliata* (Thunb.) Hyland
穗状香薷 *E. stachyodes* (Link) C. Y.
Wu
木香薷 *E. stauntoni* Benth.
白透骨消 *Glechoma biondiana* (Diels)
C. Y. Wu et C. Chen
日本活血丹 *G. grandis* (A. Gray) Kupr.
活血丹 *G. longituba* (Nakai) Kupr.
夏至草 *Lagopsis supina* (Steph.) Ik.-
Gal. ex Knorr.
野芝麻 *Lamium barbatum* Sieb. et
Zucc.
益母草 *Leonurus artemisia* (Lour.) S. Y.

Hu

斜萼草 *Loxocalyx urticifolius* Hemsl.

牛至 *Origanum vulgare* Linn.

串铃草 *Phlomis mongolica* Turcz.

柴续断 *P. szechuanensis* C. Y. Wu

糙苏 *P. umbrosa* Turcz.

南方糙苏 *P. umbrosa* var. *australis* Hemsl.

夏枯草 *Prunella vulgaris* Linn.

拟缺香茶菜 *Rabdosia excisoides* C. Y. Wu et H. W. Li

鄂西香茶菜 *R. henryi* (Hemsl.) Hara

毛叶香茶菜 *R. japonica* (Burm.) Hara

显脉香茶菜 *R. nervosa* (Hemsl.) C. Y. Wu et H. W. Li

碎米桠 *R. rubescens* (Hemsl.) Hara

溪黄草 *R. serra* (Maxim.) Hara

鄂西鼠尾草 *Salvia maximowicziana* Hemsl.

多裂叶荆芥 *Schizonepeta multifida* (L.) Briq.

甘露子 *Stachys sieboldii* Miq.

秦岭香科科 *Teucrium tsinlingense* C. Y. Wu et S. Chew.

94. 茄科 Solanaceae

黑河湿地保护区有 5 属、6 种、1 变种，栽培 3 属、4 种。

辣椒 *Capsicum annuum* Linn. （栽培）

曼陀罗 *Datura stramonium* Linn. （外来种）

紫花曼陀罗 *D. tatula* Linn. （外来种）

枸杞 *Lycium chinense* Mill.

番茄 *Lycopersicon esculentum* Mill. （栽培）

假酸浆 *Nicandra physalodes* (Linn.) Gaertn. （外来种）

挂金灯 *Alkekengi officinarum* var. *franchetii* (Mast.) R. J. Wang

白英 *Solanum lyratum* Thunb.

茄 *S. melongena* Linn. （栽培）

龙葵 *S. nigrum* Linn.

马铃薯 *S. tuberosum* Linn. （栽培）

95. 玄参科 Scrophulariaceae

黑河湿地保护区有 9 属、17 种、1 亚种。

短腺小米草 *Euphrasia regelii* Wettst.

柳穿鱼 *Linaria vulgaris* Mill. subsp. *sinensis* (Bebeaux) Hong

通泉草 *Mazus japonicus* (Thunb.) O. Kuntze

山罗花 *Melampyrum roseum* Maxim.

毛泡桐 *Paulownia tomentosa* (Thunb.) Steud.

全裂马先蒿 *Pedicularis dissecta* (Bonati) Ponnell et Li

奇氏马先蒿 *P. giraldiana* Diels ex Bonati

藓生马先蒿 *P. muscicola* Maxim.

返顾马先蒿 *P. resupinata* Linn.

山西马先蒿 *P. shansiensis* Tsoong

穗花马先蒿 *P. spicata* Pall.

毛地黄 *Digitalis purpurea* Linn.

草本威灵仙 *Veronicastrum sibiricum* (Linn.) Pennell

北水苦荬 *Veronica anagallis-aquatica* Linn.

婆婆纳 *V. didyma* Tenore

疏花婆婆纳 *V. laxa* Benth.

小婆婆纳 *V. serpyllifolia* Linn.

四川婆婆纳 *V. szechuanica* Batal.

96. 紫葳科 Bignoniaceae

黑河湿地保护区有 1 属、2 种。

灰楸 *Catalpa fargesii* Bur.

梓 *C. ovata* G. Don

97. 苦苣苔科 Gesneriaceae

黑河湿地保护区有 2 属、2 种。
大花旋蒴苣苔 *Boea clarkeana* Hemsl.
金盏苣苔 *Isometrum farreri* Craib

98. 列当科 Orobanchaceae

黑河湿地保护区有 1 属、1 种。
列当 *Orobanche coerulescens* Steph.

99. 透骨草科 Phrymaceae

黑河湿地保护区有 1 属、1 亚种。
透骨草 *Phryma leptostachya* Linn.
subsp. *asiatica* (Hara) Kitamura

100. 车前科 Plantaginaceae

黑河湿地保护区有 1 属、3 种。
车前 *Plantago asiatica* Linn.
平车前 *P. depressa* Willd.
大车前 *P. major* Linn.

101. 茜草科 Rubiaceae

黑河湿地保护区有 3 属、10 种、1 亚种、1 变种。
原拉拉藤 *Galium aparine* Linn.
车叶葎 *G. asperuloides* Edgew. subsp. *hoffmeisteri* (Klotzsch) Hara
四叶葎 *G. bungei* Steud.
狭叶四叶葎 *G. bungei* var. *angustifolium* (Loesen.) Cuf
显脉拉拉藤 *G. kinuta* Nakai et Hara
林猪殃殃 *G. paradoxum* Maxim.
麦仁珠 *G. tricorne* Stokes
蓬子菜 *G. verum* Linn.

鸡矢藤 *Paederia scandens* (Lour.) Merr.
茜草 *Rubia cordifolia* Linn.
金钱草 *R. membranacea* Diels
卵叶茜草 *R. ovatifolia* Z. Y. Zhang

102. 忍冬科 Caprifoliaceae

黑河湿地保护区有 5 属、11 种、1 亚种。
南方六道木 *Abelia dielsii* (Gaebn.) Rehd.
金花忍冬 *Lonicera chrysantha* Turcz.
苦糖果 *L. fragrantissima* Lindl. et Paxt. subsp. *standishii* (Carr.) Hsu et H. J. Wang
金银忍冬 *L. maackii* (Rupr.) Maxim.
袋花忍冬 *L. saccata* Rehd.
唐古特忍冬 *L. tangutica* Maxim.
盘叶忍冬 *L. tragophylla* Hemsl.
接骨木 *Sambucus williamsii* Hance
莛子藨 *Triosteum pinnatifidum* Maxim.
桦叶荚蒾 *Viburnum betulifolium* Batal.
蒙古荚蒾 *V. mongolicum* (Pall.) Rehd
陕西荚蒾 *V. schensianum* Maxim.

103. 海桐花科 Pittosporaceae

黑河湿地保护区有 1 属、1 种。
柄果海桐 *Pittosporum podocarpum* Gagnep.

104. 败酱科 Valerianaceae

黑河湿地保护区有 2 属、5 种。
墓回头 *Patrinia heterophylla* Bge.
岩败酱 *P. rupestris* (Pall.) Juss.
败酱 *P. scabiosaefolia* Fisch. ex Tink.
柔垂缬草 *Valeriana flaccidissima* Maxim.
缬草 *V. officinalis* Linn.

105. 川续断科 Dipsacaceae

黑河湿地保护区有 1 属、1 种。

日本续断 *Dipsacus japonicus* Miq.

106. 葫芦科 Cucurbitaceae

黑河湿地保护区有 4 属、5 种，栽培 2 属、2 种。

南瓜 *Cucurbita moschata* (Duch.) Duch. ex Poir.（栽培）

绞股蓝 *Gynostemma pentaphyllum* (Thunb.) Makino

葫芦 *Lagenaria siceraria* (Molina) Standl.（栽培）

湖北裂瓜 *Schizopepon dioicus* Cogn.

赤瓟 *Thladiantha dubia* Bge.

鄂赤瓟 *T. oliveri* Cogn. ex Mottet

栝楼 *Trichosanthes kirilowii* Maxim.

107. 桔梗科 Campanulaceae

黑河湿地保护区有 3 属、5 种。

细叶沙参 *Adenophora paniculata* Nannf.

多毛沙参 *A. rupincola* Hemsl.

多歧沙参 *A. wawreana* A. Zahlbr

紫斑风铃草 *Campanula punctata* Lam.

党参 *Codonopsis pilosula* (Franch.) Nannf.

108. 菊科 Compositae

黑河湿地保护区有 42 属、68 种，栽培 2 属、3 种。

蓍 *Achillea millefolium* Linn.

和尚菜 *Adenocaulon himalaicum* Edgew.

黄腺香青 *Anaphalis aureopunctata* Lingelsh et Borza

珠光香青 *A. margaritacea* (Linn.)

Benth. et Hook. f.

香青 *A. sinica* Hance.

牛蒡 *Arctium lappa* Linn.

莳萝蒿 *Artemisia anethoides* Mattf.

黄花蒿 *A. annua* Linn.

艾 *A. argyi* Levl. et Vant.

茵陈蒿 *A. capillaris* Thunb.

青蒿 *A. carvifolia* Buch.-Ham. ex Roxb.

侧蒿 *A. deversa* Diels

牛尾蒿 *A. dubia* Wall. ex Bess.

野艾蒿 *A. lavandulaefolia* DC.

猪毛蒿 *A. scoparia* Waldst. et Kit.

三脉紫菀 *Aster ageratoides* Turcz.

小舌紫菀 *A. albescens* (DC.) Hand.-Mazz.

紫菀 *A. tataricus* Linn.

婆婆针 *Bidens bipinnata* Linn.

小花鬼针草 *B. parviflora* Willd.

两似蟹甲草 *Parasenecio ambiguus* (Y. Ling) Y. L. Chen

长穗蟹甲草 *P. longispicus* (Hand.-Mazz.) Y. L. Chen

蛛毛蟹甲草 *P. roborowskii* (Maxim.) Y. L. Chen

中华蟹甲草 *P. sinicus* (Y. Ling) Y. L. Chen

飞廉 *Carduus nutans* Linn.

天名精 *Carpesium abrotanoides* Linn.

烟管头草 *C. cernuum* Linn.

大花金挖耳 *C. macrocephalum* Franch. et Say.

湖北蓟 *Cirsium hupehense* Pamp.

魁蓟 *C. leo* Nakai et Kitag.

刺儿菜 *C. setosum* (Willd.) MB.

小蓬草 *Conyza canadensis* (Linn.) Cronq.（外来种）

拟亚菊 *Dendranthema glabriusculum* (W. W. Smith) Shih

东风菜 *Doellingeria scaber* (Thunb.) Nees

鳢肠 *Eclipta prostrata* (Linn.) Linn.

一年蓬 *Erigeron annuus* (Linn.) Pers.（外来种）

白头婆 *Eupatorium japonicum* Thunb.

林泽兰 *E. lindleyanum* DC.

丝棉草 *Gnaphalium luteoalbum* Linn.

向日葵 *Helianthus annuus* Linn.（栽培）

菊芋 *H. tuberosus* Linn.（栽培）

泥胡菜 *Hemistepta lyrata* (Bge.) Bge.

阿尔泰狗娃花 *Heteropappus altaicus* (Willd.) Novopokr.

旋覆花 *Inula japonica* Thunb.

中华小苦荬 *Ixeridium chinense* (Thunb.) Tzvel.

马兰 *Kalimeris indica* (Linn.) Sah.-Bip

大丁草 *Leibnitzia anandria* (Linn.) Nakai

薄雪火绒草 *Leontopodium japonicum* Miq.

蹄叶橐吾 *Ligularia fischeri* (Ledeb.) Turcz.

华帚菊 *Pertya sinensis* Oliv.

毛裂蜂斗菜 *Petasites tricholobus* Franch.

毛连菜 *Picris hieracioides* Linn.

漏芦 *Stemmacantha uniflorum* (Linn.) DC.

长梗风毛菊 *S. dolichopoda* Diels

变叶风毛菊 *S. mutabilis* Diels

昂头风毛菊 *S. sobarocephala* Diels

狗舌草 *Senecio kirilowii* Turcz. ex DC.

千里光 *S. scandens* Buch.-Ham. ex D. Don

伪泥胡菜 *Serratula coronata* Linn.

豨莶 *Siegesbeckia orientalis* Linn.

华蟹甲 *Sinacalia tangutica* (Maxim.) B. Nord.

蒲儿根 *Sinosenecio oldhamianus* (Maxim.) B. Nord.

苦苣菜 *Sonchus oleraceus* Linn.

兔儿伞 *Syneilesis aconitifolia* (Bge.) Maxim.

山牛蒡 *Synurus deltoides* (Ait.) Nakai

万寿菊 *Tagetes erecta* Linn.（栽培）

蒲公英 *Taraxacum mongolicum* Hand.-Mazz.

华蒲公英 *T. sinicum* Kitag.

款冬 *Tussilago farfara* Linn.

苍耳 *Xanthium sibiricum* Patrin ex Widder

黄鹌菜 *Youngia japonica* (Linn.) DC.

六、陕西周至黑河湿地省级自然保护区脊椎动物名录

鱼类 PISCES

I. 鲤形目 CYPRINIFORMES

1. 鲤科 Cyprinidae

i 鲌亚科 Danioninae

（1）马口鱼 *Opsariichthys bidens* Günther

（2）宽鳍鱲 *Zacco platypus* (Temminck *et* Schlegel)

ii 雅罗鱼亚科 Leuciscinae

（3）拉氏大吻鲅 *Rhynchocypris lagowskii* (Dybowski)

iii 鲌亚科 Cultrinae

（4）鳘 *Hemiculter leucisculus* (Basilewsky)

iv 鱎亚科 Acheilognathinae

（5）中华鳑鲏 *Rhodeus sinensis* Günther

v 鮈亚科 Gobioninae

（6）棒花鱼 *Abbottina rivularis* (Basilewsky)

（7）短须颌须鮈 *Gnathopogon imberbis* (Sauvage *et* Dabry)

（8）清徐小鳔鮈 *Microphysogobio chinssuensis* (Nichols)

（9）麦穗鱼 *Pseudorasbora parva* (Temminck *et* Schlegel)

vi 鲤亚科 Cyprininae

（10）鲫 *Carassius auratus auratus* (Linnaeus)

（11）鲤 *Cyprinus carpio* Linnaeus

vii 鲃亚科 Barbinae

（12）多鳞白甲鱼 *Onychostoma macrolepis* (Bleeker)

2. 条鳅科 Nemacheilidae

（13）红尾副鳅 *Homatula variegatus* (Sauvage *et* Dabry de Thiersant)

（14）岷县高原鳅 *Triplophysa minxianensis* (Wang *et* Zhu)

3. 花鳅科 Cobitidae

i 花鳅亚科

（15）中华花鳅 *Cobitis sinensis* Sauvage *et* Dabry de Thiersant

II. 鲇形目 SILURIFORMES

4. 鲇科 Siluridae

（16）鲇 *Silurus asotus* Linnaeus

5. 鲿科 Bagridae

（17）黄颡鱼 *Pelteobagrus fulvidraco* (Richardson)

III. 鲑形目 SALMONIFORMES

6. 鲑科 Salmonidae

（18）秦岭细鳞鲑 *Brachymystax tsinlingensis* Li

IV. 鲈形目 PERCIFORMES

7. 虾虎鱼科 Gobiidae

（19）子陵吻虾虎鱼 *Rhinogobius giurinus* (Rutter)

两栖纲 AMPHIBIA

Ⅰ. 有尾目 CAUDATA

1. 小鲵科 Hynobiidae

（1）山溪鲵 *Batrachuperus pinchonii* (David)[*][①]

2. 隐鳃鲵科 Cryptobranchidae

（2）中国大鲵 *Andrias davidianus* (Blanchard)[*]

II. 无尾目 ANURA

3. 蟾蜍科 Bufonidae

（3）中华大蟾蜍 *Bufo gargarizans* Cantor[**][②]

（4）华西蟾蜍 *B. andrewsi* Schmidt[*]

4. 雨蛙科 Hylidae

（5）秦岭雨蛙 *Hyla tsinlingensis* Liu *et* Hu[*]

---

① *表示仅分布于中国，下同；
② **表示主要分布于中国，下同。

5. 蛙科 Ranidae

（6）中国林蛙 *Rana chensinensis* David[*]

（7）黑斑侧褶蛙 *Pelophylax nigromaculata* (Hallowell)[**]

（8）崇安湍蛙 *Amolops chunganensis* (Pope)[**]

6. 叉舌蛙科 Dicroglossidae

（9）隆肛蛙 *Feirana quadranus* Lin, Hu *et* Rang[*]

爬行纲 REPTILIA

I. 龟鳖目 TESTVDINATA

1. 鳖科 Trionychidae

（1）中华鳖 *Pelodiscus sinensis* Wiegmann

II. 蜥蜴目 LACERTIFORMES

2. 壁虎科 Gekkonidae

（2）无蹼壁虎 *Gekko swinhonis* Güenther[*]

3. 石龙子科 Scincidae

（3）黄纹石龙子 *Plestiodon capito* Bocourt[*]

（4）蓝尾石龙子 *P. elegans* (Boulenger)[**]

（5）铜蜓蜥 *Sphenomorphus indicus* (Gray)

（6）秦岭滑蜥 *Scincella tsinlingensis* (Hu *et* Zhao)[*]

4. 蜥蜴科 Lacertidae

（7）北草蜥 *Takydromus septentrionalis* Günther[*]

（8）丽斑麻蜥 *Eremias argus* Peters

III. 蛇目 SERPENTIFORMES

5. 闪皮蛇科 Xenodermidae

（9）黑脊蛇 *Achalinus spinalis* Peters[**]

6. 游蛇科 Colubridae

（10）黄脊游蛇 *Orientocoluber spinalis* (Peters)

（11）乌梢蛇 *Ptyas dhumnades* (Cantor)[**]

（12）赤链蛇 *Lycodon rufozonatus* Cantor[**]

（13）王锦蛇 *Elaphe carinata* Günther[**]

（14）白条锦蛇 *E. dione* (Pallas)

（15）黑眉锦蛇 *E. taeniura* Cope

（16）玉斑锦蛇 *Euprepiophis mandarina* (Cantor)[**]

（17）双全白环蛇 *Lycodon fasciatus* (Anderson)

7. 水游蛇科 Natricidae

（18）颈槽蛇 *Rhabdophis nuchalis* (Boulenger)[**]

（19）虎斑颈槽蛇 *R. tigrinus* (Boie)[**]

8. 斜鳞蛇科 Pseudoxenodontidae

（20）大眼斜鳞蛇 *Pseudoxenodon macrops* (Blyth)

9. 蝰科 Viperidae

（21）中介蝮 *Gloydius intermedius* (Strauch)

（22）秦岭蝮 *G. qinlingensis* (Song *et* Chen)[*]

（23）菜花原柔头蝮 *Protobothrops jerdonii* (Günther)[**]

10. 剑蛇科 Sibynophiidae

（24）黑头剑蛇 *Sibynophis chinensis* (Günther)[**]

鸟纲 AVES

I. 鸡形目 GALLIFORMES

1. 雉科 Phasianidae

（1）勺鸡 *Pucrasia macrolopha ruficollis* David *et* Oustalet

（2）环颈雉 *Phasianus colchicus strauchi* Przevalski

（3）红腹锦鸡 *Chrysolophus pictus* (Linnaeus)[*]

II. 雁形目 ANSERIFORMES

2. 鸭科 Anatidae

（4）短嘴豆雁 *Anser serrirostris serrirostris* Swinhoe

（5）斑头雁 *A. Indicus* (Latham)

（6）赤麻鸭 *Tadorna ferruginea* (Pallas)

（7）绿头鸭 *Anas platyrhynchos platyrhynchos* Linnaeus

（8）斑嘴鸭 *A. zonorhyncha* Swinhoe

（9）绿翅鸭 *A. crecca crecca* Linnaeus

（10）红头潜鸭 *Aythya ferina* (Linnaeus)

（11）白眼潜鸭 *A. nyroca* (Güldensädt)

（12）凤头潜鸭 *A. fuligula* (Linnaeus)

（13）斑头秋沙鸭 *Mergellus albellus* (Linnaeus)

（14）普通秋沙鸭 *Mergus merganser merganser* Linnaeus

III. 䴙䴘目 PODICIPEDIFORMES

3. 䴙䴘科 Podicipedidae

（15）小䴙䴘 *Tachybaptus ruficollis poggei* (Reichenow)

（16）凤头䴙䴘 *Podiceps cristatus cristatus* (Linnaeus)

IV. 鸽形目 COLUMBIFORMES

4. 鸠鸽科 Columbidae

（17）岩鸽 *Columba rupestris rupestris* Pallas

（18）山斑鸠 *Streptopelia orientalis orientalis* (Latham)

（19）灰斑鸠 *S. decaocto decaocto* (Frivaldszky)

（20）火斑鸠 *S. tranquebarica humilis* (Temmink)

（21）珠颈斑鸠 *S. chinensis chinensis* (Scopoli)

V. 夜鹰目 CAPRIMULGIFORMES

5. 雨燕科 Apodidae

（22）普通雨燕 *Apus apus pekinensis* (Swinhoe)

（23）白腰雨燕 *A. pacificus kanoi* (Yamashina)

VI. 鹃形目 CUCULIFORMES

6. 杜鹃科 Cuculidae

（24）大鹰鹃 *Hierococcyx sparverioides sparverioides* (Vigors)

（25）四声杜鹃 *Cuculus micropterus micropterus* Gould

（26）大杜鹃 *C. canorus bakeri* Hartert

（27）小杜鹃 *C. poliocephalus* Latham

VII. 鹤形目 GRUIFORMES

7. 秧鸡科 Rallidae

（28）白胸苦恶鸟 *Amaurornis phoenicurus phoenicurus* (Pennant)

（29）白骨顶 *Fulica atra atra* Linnaeus

VIII. 鸻形目 CHARADRIIFORMES

8. 鹮嘴鹬科 Ibidorhynchidae

（30）鹮嘴鹬 *Ibidorhyncha struthersii* Vigors

9. 鸻科 Charadriidae

（31）凤头麦鸡 *Vanellus vanellus* (Linnaeus)
（32）灰头麦鸡 *V. cinereus* (Blyth)
（33）长嘴剑鸻 *Charadrius placidus* J. E. G. R. Gray
（34）金眶鸻 *C. dubius curonicus* Gmelin

10. 彩鹬科 Rostratulidae

（35）彩鹬 *Rostratula benghalensis* (Linnaeus)

11. 鹬科 Scolopaicidae

（36）孤沙锥 *Gallinago solitaria japonica* (Bonaparte)
（37）针尾沙锥 *G. stenura* (Bonaparte)
（38）扇尾沙锥 *G. gallinago gallinago* (Linnaeus)
（39）白腰草鹬 *Tringa ochropus* Linnaeus
（40）林鹬 *T. glareola* Linnaeus
（41）矶鹬 *Actitis hypoleucos* (Linnaeus)

12. 燕鸻科 Glareolidae

（42）普通燕鸻 *Glareola maldivarum* Forster

13. 鸥科 Laridae

（43）红嘴鸥 *Chroicocephalus ridibundus* (Linnaeus)
（44）普通燕鸥 *Sterna hirundo longipennis* Nordmann

（45）白额燕鸥 *Sternula albifrons sinensis* Gmelin

IX. 鹳形目 CICONIIFORMES

14. 鹳科 Ciconiidae

（46）黑鹳 *Ciconia nigra* (Linnaeus)

X. 鹈形目 PELECANIFORMES

15. 鹭科 Ardeidae

（47）黄斑苇鳽 *Ixobrychus sinensis* (Gmelin)
（48）夜鹭 *Nycticorax nycticorax nycticorax* (Linnaeus)
（49）池鹭 *Ardeola bacchus* (Bonaparte)
（50）牛背鹭 *Bubulcus coromandus* (Boddaert)
（51）苍鹭 *Ardea cinerea jouyi* Clark
（52）大白鹭 *A. alba alba* Linnaeus
（53）白鹭 *Egretta garzetta garzetta* (Linnaeus)

XI. 鹰形目 ACCIPITRIFORMES

16. 鹰科 Accipitridae

（54）金雕 *Aquila chrysaetos daphanea* Menzbier
（55）赤腹鹰 *Accipiter soloensis* (Horsfield)
（56）雀鹰 *A. nisus nisosimilis* (Tickell)
（57）松雀鹰 *A. virgatus affinis* Hodgson
（58）白尾鹞 *Circus cyaneus cyaneus* (Linnaeus)
（59）黑鸢 *Milvus migrans lineatus* (J. E. Gray)
（60）毛脚鵟 *Buteo lagopus kamtschatkensis* Dementiev

（61）普通鵟 *B. japonicus japonicus* Temmink et Schlegel

XII. 鸮形目 STRIGIFORMES

17. 鸱鸮科 Strigidae

（62）雕鸮 *Bubo bubo kiautschensis* Reichenow

（63）黄腿渔鸮 *Ketupa flavipes* (Hodgson)

（64）领鸺鹠 *Glaucidium brodiei brodiei* (Burton)

（65）斑头鸺鹠 *G. cuculoides whitelyi* (Blyth)

（66）纵纹腹小鸮 *Athene noctua plumipes* Swinhoe

XIII. 犀鸟目 BUCEROTIFORMES

18. 戴胜科 Upupidae

（67）戴胜 *Upupa epops epops* Linnaeus

XIV. 佛法僧目 CORACIIFORMES

19. 佛法僧科 Coraciidae

（68）三宝鸟 *Eurystomus orientalis calonyx* Sharpe

20. 翠鸟科 Alcedinidae

（69）蓝翡翠 *Halcyon pileata* (Boddart)

（70）普通翠鸟 *Alcedo atthis bengalensis* Gmelin

（71）冠鱼狗 *Megaceryle lugubris guttulata* Stejneger

XV. 啄木鸟目 PICIFORMES

21. 啄木鸟科 Picidae

（72）蚁䴕 *Jynx torquilla torquilla* Linnaeus

（73）斑姬啄木鸟 *Picumnus innominatus chinensis* (Hagitt)

（74）星头啄木鸟 *Picoides canicapillus szetschuanensis* (Rensch)

（75）赤胸啄木鸟 *Dryobates cathpharius innixus* Bangs *et* Peter

（76）大斑啄木鸟 *Dendrocopos major beicki* (Stresemann)

（77）灰头绿啄木鸟 *Picus canus guerini* (Malherbe)

XVI. 隼形目 FALCONIFORMES

22. 隼科 Falconidae

（78）红隼 *Falco tinnunculus interstinctus* McClelland

（79）红脚隼 *F. amurensis* Radde

（80）灰背隼 *F. columbarius insignis* (Clark)

（81）燕隼 *F. subbuteo subbuteo* Linnaeus

XVII. 雀形目 PASSERIFORMES

23. 黄鹂科 Oriolidea

（82）黑枕黄鹂 *Oriolus chinensis diffusus* Sharpe

24. 山椒鸟科 Campephagidae

（83）小灰山椒鸟 *Pericrocotus cantonensis* Swinhoe

（84）长尾山椒鸟 *P. ethologus ethologus* Bangs *et* Phillips

25. 卷尾科 Dicruridae

（85）黑卷尾 *Dicrurus macrocercus cathoecus* Swinhoe

（86）灰卷尾 *D. leucophaeus leucogenis* (Walden)

26. 王鹟科 Monarchidae

（87）寿带 *Terpsiphone incei* (Gould)

27. 伯劳科 Laniidae

（88）虎纹伯劳 *Lanius tigrinus* Drapiez
（89）红尾伯劳 *L. cristatus lucionensis* Linneaus
（90）棕背伯劳 *L. schach schach* Linnaeus
（91）灰背伯劳 *L. tephronotus tephronotus* (Vogors)
（92）楔尾伯劳 *L. sphenocercus sphenocercus* Cabanis

28. 鸦科 Corvidae

（93）松鸦 *Garrulus glandarius sinensis* Swinhoe
（94）灰喜鹊 *Cyanopica cyanus interposita* Hartert
（95）红嘴蓝鹊 *Urocissa erythrorhyncha erythrorhyncha* (Boddaert)
（96）喜鹊 *Pica pica serica* Gould
（97）达乌里寒鸦 *Corvus dauuricus* Pallas
（98）秃鼻乌鸦 *C. frugilegus pastinator* Gould
（99）小嘴乌鸦 *C. corone orientalis* Eversmann
（100）大嘴乌鸦 *C. macrorhynchos colonorum* Swinhoe

29. 山雀科 Paridae

（101）黄腹山雀 *Pardaliparus venustulus* (Swinhoe)[*]
（102）沼泽山雀 *Poecile palustris hypermelaenus* Berezovski *et* Bianchi
（103）大山雀 *Parus cinereus minor* Delacour *et* Vaurie
（104）绿背山雀 *P. monticolus yunnanensis* La Touche

30. 百灵科 Alaudidae

（105）短趾百灵 *Alaudala cheleensis cheleensis* Swinhoe
（106）凤头百灵 *Galerida cristata leautungensis* (Swinhoe)
（107）云雀 *Alauda arvensis intermedia* Swinhoe

31. 苇莺科 Acrocephalidae

（108）东方大苇莺 *Acrocephalus orientalis* (Temminck et Schlegel)
（109）黑眉苇莺 *A. bistrigiceps* Swinhoe

32. 燕科 Hirundinidae

（110）崖沙燕 *Riparia riparia ijimae* (Lönnberg)
（111）家燕 *Hirundo rustica gutturalis* Scopli
（112）烟腹毛脚燕 *Delichon dasypus cashmeriensis* (Gould)
（113）金腰燕 *Cecropis daurica japonica* (Temminck *et* Schlegel)

33. 鹎科 Pycnonotidae

（114）黄臀鹎 *Pycnonotus xanthorrhous andersoni* (Swinhoe)
（115）白头鹎 *P. sinensis sinensis* (Gmelin)

34. 柳莺科 Phylloscopidae

（116）黄腰柳莺 *Phylloscopus proregulus* (Pallas)
（117）棕眉柳莺 *P. armandii armandii* (Milne-Edwards)
（118）棕腹柳莺 *P. subaffinis* Ogilvie-Grant
（119）冕柳莺 *P. coronatus* (Temminck

et Schlegel)

（120）暗绿柳莺 *P. trochiloides trochiloides* (Sundevall)

（121）极北柳莺 *P. borealis borealis* (Blasius)

（122）冠纹柳莺 *P. claudiae* (La Touche)

（123）淡尾鹟莺 *P. soror* (Alström & Olsson)

（124）栗头鹟莺 *P. castaniceps sinensis* (Rickett)

35. 树莺科 Cettiidae

（125）强脚树莺 *Horornis fortipes davidianus* (Verreaux)

（126）黄腹树莺 *H. acanthizoides acanthizoides* (Verreaux)

36. 长尾山雀科 Aegithalidae

（127）红头长尾山雀 *Aegithalos concinnus concinnus* (Gould)

（128）银喉长尾山雀 *A. glaucogularis glaucogularis* (Moore)

（129）银脸长尾山雀 *A. fuliginosus* (Verreaux)*

37. 莺鹛科 Sylviidae

（130）棕头雀鹛 *Fulvetta ruficapilla ruficapilla* (Verreaux)

（131）山鹛 *Rhopophilus pekinensis leptorhynchus* Meise*

（132）棕头鸦雀 *Sinosuthora webbiana suffusa* (Swinhoe)*

38. 林鹛科 Timaliidae

（133）斑翅鹩鹛 *Spelaeornis troglodytoides halsueti* (David)

39. 噪鹛科 Leiothrichidae

（134）画眉 *Garrulax canorus* (Linnaeus)

（135）灰翅噪鹛 *Ianthocincla cineracea cinereiceps* (Styan)

（136）斑背噪鹛 *I. lunulata lunulata* Verreaux*

（137）矛纹草鹛 *Pterorhinus lanceolatus lanceolatus* Verreaux

（138）山噪鹛 *P. davidi davidi* Swinhoe*

（139）白颊噪鹛 *P. sannio oblectans* (Deignan)

（140）橙翅噪鹛 *Trochalopteron elliotii elliotii* Verreaux

（141）红嘴相思鸟 *Leiothrix lutea lutea* (Scopoli)

40. 鹪鹩科 Troglodytidae

（142）鹪鹩 *Troglodytes troglodytes szetschuanus* Hartert

41. 河乌科 Cinclidae

（143）褐河乌 *Cinclus pallasii pallasii* Temminck

42. 椋鸟科 Sturnidae

（144）八哥 *Acridotheres cristatellus cristatellus* (Linnaeus)

（145）灰椋鸟 *Spodiopsar cineraceus* (Temminck)

（146）北椋鸟 *Agropsar sturninus* (Pallas)

43. 鸫科 Turdidae

（147）虎斑地鸫 *Zoothera aurea aurea* (Holandre)

（148）乌鸫 *Turdus mandarinus mandarinus* Bonaparte

（149）灰头鸫 *T. rubrocanus gouldii* (Verreaux)

（150）斑鸫 *T. eunomus* Temminck

44. 鹟科 Muscicapidae

（151）蓝眉林鸲 *Tarsiger rufilatus*

(Hodgson)

（152）蓝额红尾鸲 *Phoenicurus frontalis* Vigors

（153）赭红尾鸲 *Ph. ochruros rufiventris* (Vieillot)

（154）黑喉红尾鸲 *Ph. hodgsoni* (Moore)

（155）北红尾鸲 *Ph. auroreus leucopterus* Blyth

（156）红尾水鸲 *Ph. fuliginosus fuliginosus* (Vigors)

（157）白顶溪鸲 *Ph. leucocephalus* (Vigors)

（158）紫啸鸫 *Myophonus caeruleus caeruleus* (Scopoli)

（159）白额燕尾 *Enicurus leschenaulti sinensis* Gould

（160）灰林鵖 *Saxicola ferreus haringtoni* (Hartert)

（161）黑喉石鵖 *S. maurus przewalskii* (Pleske)

（162）灰蓝姬鹟 *Ficedula tricolor diversa* Vaurie

（163）白腹暗蓝鹟 *Cyanoptila cumatilis* Thayer *et* Bangs

（164）棕腹仙鹟 *Niltava sundara denotata* Bangs *et* Phillips

45. 岩鹨科 Prunellidae

（165）棕胸岩鹨 *Prunella strophiata strophiata* (Blyth)

46. 梅花雀科 Estrildidae

（166）白腰文鸟 *Lonchura striata swinhoei* (Cabanis)

47. 雀科 Passeridae

（167）山麻雀 *Passer cinnamomeus rutilans* (Temminck)

（168）麻雀 *P. montanus saturatus*
Stejneger

48. 鹡鸰科 Motacillidae

（169）山鹡鸰 *Dendronanthus indicus* (Gmelin)

（170）白鹡鸰 *Motacilla alba ocularis* Swinhoe

（171）灰鹡鸰 *M. cinerea robusta* (Brehm)

（172）黄鹡鸰 *M. tschutschensis taivana* (Swinhoe)

（173）田鹨 *Anthus richardi richardi* Vieillot

（174）树鹨 *A. hodgsoni hodgsoni* Richmond

（175）粉红胸鹨 *A. roseatus* Blyth

（176）水鹨 *A. spinoletta blakistoni* Swinhoe

49. 燕雀科 Fringillidae

（177）燕雀 *Fringila montifringilla* Linnaeus

（178）普通朱雀 *Carpodacus erythrinus roseatus* (Blyth)

（179）酒红朱雀 *C. vinaceus* Verreaux

（180）金翅雀 *Chloris sinica sinica* (Linnaeus)

50. 鹀科 Emberizidae

（181）蓝鹀 *Emberiza siemsseni* (Martens)[*]

（182）西南灰眉岩鹀 *E. yunnanensis omissa* Rothschild

（183）三道眉草鹀 *E. cioides castaneiceps* Moore

（184）小鹀 *E. pusilla* Pallas

（185）黄胸鹀 *E. aureola aureola* Pallas

（186）黄喉鹀 *E. elegans elegantula* Swinhoe

（187）灰头鹀 *E. spodocephala sordida* Blyth

哺乳纲 MAMMALIA

I. 劳亚食虫目 EULIPOTYPHLA

1. 猬科 Erinaceidae

（1）东北刺猬 *Erinaceus amurensis dealbatus* Swinhoe

（2）侯氏猬 *Hemiechinus hughi* Thomas[*]

2. 鼹科 Talpidae

（3）长吻鼹 *Euroscaptor longirostris* (Milne-Edwards)[*]

（4）麝鼹 *Scaptochius moschatus gilliesi* Thomas[*]

（5）少齿鼩鼹 *Uropsilus soricipes* Milne-Edwards[*]

（6）甘肃鼹 *Scapanulus oweni* Thomas[*]

3. 鼩鼱科 Soricidae

（7）灰麝鼩 *Crocidura attenuata* Milne-Edwards

（8）山东小麝鼩 *C. shantungensis phaeopus* G. Allen

（9）印支小麝鼩 *C. indochinensis* Robinson *et* Kloss

（10）西南中麝鼩 *C. vorax* G. Allen

（11）四川短尾鼩 *Anourosorex quamipes* Milne-Edwards

（12）川西缺齿鼩 *Chodsigoa hypsibia hypsibia* (de Winton)[*]

（13）斯氏缺齿鼩 *C. smithii* Thomas[*]

（14）纹背鼩鼱 *Sorex cylindricauda* Milne-Edwards[*]

II. 翼手目 CHIROPTERA

4. 菊头蝠科 Rhinolophidae

（15）马铁菊头蝠 *Rhinolophus ferrumequinum nippon* Temminck

（16）皮氏菊头蝠 *R. pearsoni pearsoni* Horsfield

（17）中菊头蝠 *R. affinis himalayanus* Anderson

（18）中华菊头蝠 *R. sinicus sinicus* Anderson

5. 蝙蝠科 Vespertilionidae

（19）东方棕蝠 *Eptesicus pachyomus pallens* Miller

（20）中华山蝠 *Nyctalus plancyi plancyi* (Gerbe)[*]

（21）东亚伏翼 *Pipistrellus abramus* (Temminck)

（22）灰长耳蝠 *Plecotus austriacus kozlovi* Bobrinskii

（23）亚洲宽耳蝠 *Barbastella leucomelas darjelingensis* (Hodgson)

（24）白腹管鼻蝠 *Murina leucogaster leucogaster* Milne-Edwards

（25）华南水鼠耳蝠 *Myotis laniger* Peters

III. 食肉目 CARNIVORA

6. 犬科 Canidae

（26）貉 *Nyctereutes procyonoides orestes* Thomas

7. 熊科 Ursidae

（27）黑熊 *Ursus thibetanus mupinensis* Heude

8. 鼬科 Mustelidae

（28）黄鼬 *Mustela sibirica frontanierii* (Milne-Edwards)

（29）黄腹鼬 *M. kathiah kathiah* Hodgson

（30）猪獾 *Arctonyx collaris albogularis* (Blyth）

（31）亚洲狗獾 *Meles leucurus leucurus* (Hodgson)

（32）欧亚水獭 *Lutra lutra chinensis* Gray

9. 灵猫科 Viverridae

（33）花面狸 *Paguma larvata larvata* (C.E.H. Smith)

10. 猫科 Felidae

（34）豹猫 *Prionailurus bengalensis euptilura* (Elliot)

IV. 偶蹄目 ARTIODACTYLA

11. 猪科 Suidae

（35）野猪 *Sus scrofa moupinensis* Milne-Edwards

12. 鹿科 Cervidae

（36）小麂 *Muntiacus reevesi* (Ogilby)*

（37）狍 *Capreolus pygargus melanotis* Miller

（38）毛冠鹿 *Elaphodus cephalophus cephalophus* Milne-Edwards**

13. 牛科 Bovidae

（39）中华鬣羚 *Capricornis milneedwardsii milneedwardsii* David**

（40）中华斑羚 *Naemorhedus griseus griseus* Milne-Edwards**

V. 兔形目 LAGOMORPHA

14. 兔科 Leporidae

（41）蒙古兔 *Lepus tolai filchneri* Matschie

VI. 啮齿目 RODENTIA

15. 松鼠科 Sciuridae

（42）赤腹松鼠 *Callosciurus erythraeus qinlingensis* Xu *et* Chen

（43）隐纹花松鼠 *Tamiops swinhoei vestitus* Miller

（44）珀氏长吻松鼠 *Dremomys pernyi pernyi* (Milne-Edwards)**

（45）岩松鼠 *Sciurotamias davidianus davidianus* Milne-Edwards*

（46）花鼠 *Tamias sibiricus senescens* Miller

（47）复齿鼯鼠 *Trogopterus xanthipes* (Milne-Edwards)*

（48）红白鼯鼠 *Petaurista alborufus alborufus* Milne-Edwards*

（49）灰头小鼯鼠 *P. caniceps* (Gray)

16. 仓鼠科 Cricetidae

（50）大仓鼠 *Tscherskia triton* (de Winton)**

（51）甘肃仓鼠 *Cansumys canus ningshaanensis* (Song)*

（52）洮州绒䶄 *Caryomys eva eva* Thomas*

（53）岢岚绒䶄 *C. inez nux* (Thomas)*

（54）根田鼠 *Alexandromys oeconomus flaviventris* (Satunin)

17. 鼠科 Muridae

（55）巢鼠 *Micromys minutus* Pallas

（56）小家鼠 *Mus musculus musculus*

(Linnaeus)

（57）褐家鼠 *Rattus norvegicus soccer* (Miller)

（58）黄胸鼠 *R. tanezumi tanezumi* (Temminck)

（59）大足鼠 *R. nitidus nitidus* (Hodgson)

（60）安氏白腹鼠 *Niviventer andersoni andersoni* (Thomas)

（61）针毛鼠 *N. fulvescens* (Gray)

（62）北社鼠 *N. confucianus luticolor* (Thomas)

（63）中华姬鼠 *Apodemus draco* (Barrett-Hamilton)**

（64）大林姬鼠 *A. peninsulae peninsulae* (Thomas)**

（65）黑线姬鼠 *A. agrarius mantchuicus* (Thomas)

（66）高山姬鼠 *A. chevrieri* Milne-Edwards*

18. 鼹形鼠科 Spalacidae

（67）秦岭鼢鼠 *Eospalax rufescens* Allen*

19. 豪猪科 Hystricidae

（68）马来豪猪 *Hystrix brachyura subcristata* Swinhoe

七、陕西周至黑河湿地省级自然保护区昆虫名录

1　蜚蠊目 BLATTODEA

1.1　蜚蠊科 Blattidae

东方蜚蠊 *Blatta orientalis*
美洲大蠊 *Periplaneta americana*
黑大蠊 *P. picea*

1.2　地鳖科 Polyphagidae

中华地鳖 *Polyphaga sinensis*

2　蜻蜓目 ODONATA

2.1　蜻蜓科 Libellulidae

赤卒 *Crocothimis servilli*
青灰蜻 *Orthetrum trainguiare melania*
白尾灰蜻 *O. albistylum*
褐肩灰蜻 *O. japonicaum interim*
黄衣 *Pantala flavescens*
大赤蜻 *Sympetrum bacoha*

2.2　蜓科 Aeschnidae

角斑黑额蜓 *Planaeschna milnei*

2.3　色蟌科 Agriidae

黑色蟌 *Agrion atratus*

2.4　箭蜓科 Gomphidae

秦岭台箭蜓 *Davidius qinlingensis*
七纹箭蜓 *D. bicornutus*
独纹台箭蜓 *D. lunatus*
黑唇箭蜓 *Gomphus pacificus*

3　等翅目 ISOPTERA

3.1　鼻白蚁科 Rhinotermitidae

黑胸散白蚁 *Reticulitermes chinensis*
栖北散白蚁 *R. speratus*
黄胸散白蚁 *R. flaviceps*
长翅散白蚁 *R. longipensis*

尖唇散白蚁 *Heterormes aculabia*

3.2　白蚁科 Termitidae

黑翅土白蚁 *Odontotermes formosanus*

4　螳螂目 MANTODEA

4.1　螳螂科 Mantidae

薄翅螳螂 *Mantis religiosa*
广腹螳螂 *Hierodula patellifera*
中华螳螂 *Tenodera sinensis*
大刀螳螂 *T. aridifolia*

4.2　花螳科 Hymenopoidae

中华大齿螳 *Odontomantis foveafrons*

5　襀翅目 PLECOPTERA

5.1　卷襀科 Leuctridae

陕西诺襀 *Rhopalopsole shaanxiensis*

5.2　襀科 Perlidae

多锥钮襀 *Acroneuria multiconata*
黄边梵襀 *Brahmana flavomarginata*
终南山钩襀 *Kamimuria fulvescens*

6　直翅目 ORTHOPTERA

6.1　蟋蟀科 Gryyllidae

黑油葫芦 *Gryllodes mitratus*
油葫芦 *Gr. testacyeus*
灶马 *Gr. sigillatus*
小扁头蟋 *Loxoblemmus equestris*
大扁头蟋 *L. doenitzi*

黑带斑蟀 *Nemabius nigrofasciatus*
黑斑蟋 *N. yazoensis*

6.2　蝼蛄科 Gryllotalpidae

华北蝼蛄 *Gryllotalpa unispina*
东方蝼蛄 *Gr. orientalis*
非洲蝼蛄 *Gr. africana*

6.3　螽斯科 Tettigonuridae

中华草螽 *Conocephalus chinensis*
懒螽 *Deracantha onos*
杜露螽 *Ducetia thymifolia*
薄翅树螽 *Phaneroptera falcate*
中华螽斯 *Tettigonia chinensis*
绿螽斯 *T. viridissima*

6.4　树蟋科 Oecanthidae

树蟋 *Oecanthus longicauda*

6.5　蝗科 Locustidae

中华剑角蝗 *Acrida chinensis*
柳枝负蝗 *Atractomorpha psittacina*
长额负蝗 *A. lata*
短额负蝗 *A. sinensis*
短星翅蝗 *Callptamus abreviatus*
二色嘎蝗 *Gonista bicolor*
异翅鸣蝗 *Mongolotettix anomopterus*
日本鸣蝗 *M. japonicus*
中华雏蝗 *Chorthippus chinensis*
北方雏蝗 *Ch. hammarstroemi*
楼观雏蝗 *Ch. louguanensis*
东方雏蝗 *Ch. intermedius*
秦岭金色蝗 *Chrysacris qinlingenis*
日本黄脊蝗 *Patanga japonica*
突眼小蹦蝗 *Pedopodisma protracula*
秦岭小蹦蝗 *P. tsinligensis*

笨蝗 *Hoplotropis brunneriana*
赤翅蝗 *Celas skalozubori*
草绿蝗 *Parapleurus allianceus*
红褐斑腿蝗 *Catantops pinguis*
大垫尖翅蝗 *Epacromius coerulipes*
秦岭束颈蝗 *Sphingonotus tsinlingensis*
太白秦岭蝗 *Qinlingacris taibaiensis*
疣蝗 *Trilophidia annulata*
短角外斑腿蝗 *Xenocatantops brachycerus*
东亚飞蝗 *Locusta migratoria manilensis*
花胫绿纹蝗 *Aiolopus tamulus*
异翅鸣蝗 *Monogolotettrix anomopterus*
黄胫小车蝗 *Oedaleus infernalis*
红胫小车蝗 *O. manjius*
亚洲小车蝗 *O. asiaticus*
大赤翅蝗 *Celas skalozubovi*
中华稻蝗 *Oxya chinensis*
日本稻蝗 *O. japonica*
云斑车蝗 *Gastrimargus marmotratus*

7 广翅目 MEGALOPTERA

7.1 齿蛉科 Corydalidae

东方巨齿蛉 *Acanthacorydalis orientalis*
普通齿蛉 *Neoneuromus ignobilis*
中华斑鱼蛉 *Neonchauliodes sinensis*

8 革翅目 DERMAPTERA

8.1 隐翅虫科 Staohylinidae

隐翅虫 *Paederus idea*

8.2 蠼螋科 Labiduridae

蠼螋 *Labidura riparia*

8.3 球螋科 Forficulidae

异螋 *Allodahlia scabriuscula*
达球螋 *Forficula dacidi*
佳球螋 *F. jayarami*
中华山球螋 *Oreasiobia chinensis*

9 蜉蝣目 EPHEMERIDA

9.1 蜉蝣科 Ephemeridae

徐氏蜉 *Ephemera hsui*
间蜉 *E. media*
腹色蜉 *E. pictiventris*

9.2 河花蜉科 Potamanthidae

大眼拟河花蜉 *Potamanthodes macrophthalmus*
尤氏新河花蜉 *Neopotamanthus youi*

10 缨翅目 THYSANOPTERA

10.1 蓟马科 Thripidae

杏黄蓟马 *Anaphothrips obscureus*
花蓟马 *Frankliniella intonesa*
禾蓟马 *F. tenuicornis*
黄蓟马 *Thrips fravidurus*
烟蓟马 *Th. tabaci*
大蓟马 *Th. major*
塔六点蓟马 *Scolothrips sexmaculatus*

11 半翅目 HEMIPTERA

11.1 蝽科 Pentatomidae

蠋蝽 *Arma custos*
薄蝽 *Brachymua tenuis*

斑须蝽 *Dolycoris baccarum*
麻皮蝽 *Erthesina fullo*
横纹菜蝽 *Eurydema gebleri*
甘蓝菜蝽 *E. ornata*
秦岭菜蝽 *E. qinlingensis*
厚蝽 *Exithemus assamensis*
赤条蝽 *Grphosoma rubrolineata*
茶翅蝽 *Halyomorpha picus*
金绿曼蝽 *Menida metallica*
紫兰曼蝽 *M. violacca*
柳碧蝽 *Palomena amplificata*
碧蝽 *P. angulosa*
宽碧蝽 *P. viridissima*
褐真蝽 *P. armandi*
红足真蝽 *P. rufipes*
斜纹真蝽 *P. illuminata*
鳖脚蝽 *Placosternum taurus*
斑莽蝽 *P. urus*
大红蝽 *Parastrachia japonensis*
益蝽 *Picromerus lewisi*
红足并蝽 *Pinthaeus sanguinipes*
黑斑二星蝽 *Stollia fabricii*
二星蝽 *S. guttiger*
蓝蝽 *Zicrona caerulea*

11.2　盾蝽科 Scutelleridae

扁盾蝽 *Eurygaster testudinarius*
金绿宽盾蝽 *Poecilocoris lewisi*

11.3　网蝽科 Acanthosomatidae

杨柳网蝽 *Metasalis populi*
长头网蝽 *Catacader lethierryi*
梨冠网蝽 *Stephanitis nashi*

11.4　缘蝽科 Coreidae

黄伊缘蝽 *Aeschyntelus chinensis*

离缘蝽 *Choeosoma brevicolle*
斑背安缘蝽 *Anoplocnemis binotata*
黑赭缘蝽 *Ochrochira fusca*
茶色赭缘蝽 *O. camelina*

11.5　土蝽科 Cydmidae

白边光土蝽 *Sihirus niviemargimatus*
大鳖土蝽 *Adrisa magna*
青草土蝽 *Macroscmus subaeneus*

11.6　同蝽科 Acanthosomatidae

细齿同蝽 *Acanthosoma denticauda*
宽铗同蝽 *A. labiduroides*
铗同蝽 *A. forcipatum*
陕西同蝽 *A. shensiensis*
泛刺同蝽 *A. spinicolle*
宽肩直同蝽 *Elasmostethus humeralis*
匙同蝽 *Elasmucha ferrugata*
背匙同蝽 *E. dorsalis*
大眼长蝽 *Geocoris pallidipennis*
横带红长蝽 *Lygaeus equestris*
角红长蝽 *L. hanseni*
中国束长蝽 *Malcus sinicus*
小长蝽 *Nysius ericae*

11.7　红蝽科 Pyrrhocoeudae

小斑红蝽 *Physopelta cincticollis*
地红蝽 *Pyrrhocoris tibialis*

11.8　扁蝽科 Aradidae

原扁蝽 *Aradus betulae*
暗扁蝽 *A. lugubris*
刺扁蝽 *A. spinicollis*

11.9　姬蝽科 Nbidae

北姬蝽 *Nabis reuteri*

窄姬蝽 *N. capsiformis*
华姬蝽 *N. sinoferus*
暗色姬蝽 *N. stenoferus*
长胸花姬蝽 *Prostemma longicolle*

11.10　盲蝽科 Miridae

苜蓿盲蝽 *Adephocoris lineo latus*
三点盲蝽 *A. fasciaticoleis*
黑食蚜盲蝽 *Deraeocoris punctualatus*
牧草盲蝽 *Lygus pratensis*
微小跳盲蝽 *Halticus minutus*

11.11　猎蝽科 Reduviidae

圆腹猎蝽 *Agriosphodrus dohrni*
茶褐猎蝽 *Isyndus obscurus*
乌猎蝽 *Pirates turpis*
大土猎蝽 *Coranus magnus*
双环真猎蝽 *Harpactor dauricus*
云斑真猎蝽 *H. incertus*
环足猎蝽 *Cosmolestes annulipes*
黄足猎蝽 *Sirthenea flavipes*
环斑猛猎蝽 *Sphedanolestes gularis*

12　同翅目 HOMOPTERA

12.1　蝉科 Cicadidae

绿姬蝉 *Cacadetta pellosoma*
蚱蝉 *Crypto tympana atrata*
太白加藤蝉 *Katoa taibaiensis*
东北蝉 *Leptosalta admirablis*
松寒蝉 *Meimuna iopalifera*
北寒蝉 *M. mongolica*
绿草蝉 *Mogannia hebes*
鸣蝉 *Oncotympana maculaticollis*
蟪蛄 *Platypleura kaempferi*
黑瓣宁蝉 *Terpnosia nigricosta*

小黑宁蝉 *T. obscurea*

12.2　叶蝉科 Cicadellidae

异长柄叶蝉 *Alebroides discretus*
陕西长柄叶蝉 *A. discretus shaanxiensis*
太白长柄叶蝉 *A. discretus taibaiesis*
锥头叶蝉 *Japananus hyaliuns*
白边大叶蝉 *Kola paulula*
黑尾叶蝉 *Nephotettix cincticeps*
二点黑尾叶蝉 *N. virecens*
陕西沙小叶蝉 *Shaddai shaaxiensis*
大青叶蝉 *Tettigoniella viridis*
黑尾大叶蝉 *T. ferruginea*

12.3　角蝉科 Memberacide

黑圆角蝉 *Gargara genistae*
秦岭三刺角蝉 *Tricentrus qinlingensis*

12.4　沫蝉科 Cercopidae

松沫蝉 *Aphrophora flavipes*
柳沫蝉 *A. intermedia*
二点尖胸沫蝉 *A. bipunctata*
四斑尖胸沫蝉 *A. quadriguttata*
四斑象沫蝉 *Philagra quadricmaculata*
陕西华沫蝉 *Sinophora shaanxiensis*

12.5　蜡蝉科 Fulgoridae

斑衣蜡蝉 *Lycorma delicatula*
陕西马颖蜡蝉 *Magadha shaanxiensis*

12.6　木虱科 Chermidae

桑木虱 *Anomoneara mori*
槐木虱 *Cyamophila willieti*
梨木虱 *Psylla chinensis*
梧桐木虱 *Thysanogyna limbata*

12.7　飞虱科 Delphacidae

黑斑竹飞虱 *Bambusiphag anigropunctata*
灰飞虱 *Laodelphax striatellus*
白背飞虱 *Sogatella furcifera*

12.8　粉虱科 Aleyrodidae

温室白粉虱 *Trialeurodes vaporariorum*
烟粉虱 *Bemisia tabaci*

12.9　蚜科 Apididat

绣线菊蚜 *Aphis citricola*
豆蚜 *A. Craccivora*
苹果蚜 *A. pomipomi*
柳二尾蚜 *Cavariella salicicola*
甘蓝蚜 *Brevicoryne brassicae*
萝卜蚜 *Lipaphis erysimi*
桃蚜 *Myxus persicae*
玉米蚜 *Rhopalosiphum maidis*
禾谷缢管蚜 *Rh. padi*

12.10　大蚜科 Lachnidae

松大蚜 *Cinara pinitabulaefomis*
马尾松大蚜 *C. firmksana*
柳瘤大蚜 *Tuberolachnus salignus*
桃瘤头蚜 *Tuberocephalus momonis*

12.11　球蚜科 Adelgidae

松球蚜 *Pineus laevis*
落叶松鞘球蚜 *Cholodkovskya viridana*

12.12　斑蚜科 Callaphididae

核桃黑斑蚜 *Chromaphis juglandicola*
竹纵斑蚜 *Takecallis arundinariae*

12.13　瘿绵蚜科 Pemphigidae

肚倍蚜 *Kaburagia rhusicoa*
苹果绵蚜 *Eriosoma lanigerum*

12.14　蜡蚧科 Coccidae

角蜡蚧 *Ceroplastes ceriferus*
龟蜡蚧 *C. floridensis*
白蜡蚧 *Ericerus pela*
圆球蜡蚧 *Sphaerolecanium prunastri*

12.15　粉蚧科 Pseudococcidae

松粉蚧 *Crisicoccus pini*
糖粉蚧 *Saccharicoccus sacchari*
竹白尾粉蚧 *Anotonina erawii*

12.16　绵蚧科 Margarodidae

草履蚧 *Drosicha contrahens*
吹绵蚧 *Icerya purchasi*
中华松针蚧 *Matsucoccus sinensis*

13　脉翅目 NEUROPTERA

13.1　草蛉科 Chrysopidae

中华草蛉 *Chrysopa sinica*
丽草蛉 *Ch. formosa*
叶色草蛉 *Ch. phyllochroma*
大草蛉 *Ch. septempunctata*

13.2　蝶角蛉科 Ascalaphidae

锯角蝶角蛉 *Acheron trux*
黄花蝶角蛉 *Ascalaphus sibiricus*
盾斑蝶角蛉 *Suphalomitus sctellus*

13.3 蝎蛉科 Hemerobiidae

全北蝎蛉 *Hemerobius humuli*
角纹脉蝎蛉 *Micromus angulatus*
花斑脉蝎蛉 *M. variegates*
秦岭薄叶脉线蛉 *Neuronema laminate qinlingensis*

14 鞘翅目 COLEOPTERA

14.1 虎甲科 Cicindelidae

中国虎甲 *Cicindela chinensis*
星斑虎甲 *C. kaleea*
紫铜虎甲 *C. gemmata*

14.2 步甲科 Carabidae

中华广肩步甲 *Calosoma maderae chinense*
青铜广肩步甲 *C. inquisitor*
金星步甲 *C. chinense*
大星步甲 *C. maximowicizi*
蝎步甲 *Dolichus halensis*
红斑细颈步甲 *Agonum impresssum*
普通暗步甲 *Amara plebeja*
暗短鞘步甲 *Brachinus scotomedes*
中华曲颈步甲 *Campalita chinense*
黄缘肩步甲 *Epomis nigricans*
铜绿婪步甲 *Harpalus chacentus*
毛婪步甲 *H. griseus*
谷婪步甲 *H. caleeatus*
毛青步甲 *Chlaenius pallipes*
黄边青步甲 *Ch. circumdatus*
黄斑青步甲 *Ch. micans*
黄缘青步甲 *Ch. nigricans*
广屁步甲 *Pheropsophus occipitalis*
黑角胸步甲 *Peronomerus auripilis*
圆步甲 *Omophron limbatum*

14.3 叩头甲科 Elateriade

沟叩头甲 *Pleonomus canaliculatus*
细胸叩头甲 *Agriotes subvittatus*

14.4 吉丁甲科 Buprestidae

核桃小吉丁 *Agrilus lewisiellus*
栎扁头吉丁 *A. Cyaneoniger*
苹果小吉丁 *A. mali*
柳沟胸吉丁 *Nalanda rutilicollis*
樟树角吉丁 *Habroloma wagneri*
红缘绿吉丁 *Lampra bellula*
六星吉丁虫 *Chrysobothris succedanea*

14.5 芫菁科 Meloidae

中华豆芫菁 *Epicauta chinensis*
锯角豆芫菁 *E. gorhami*
红头豆芫菁 *E. ruficeps*
存疑豆芫菁 *E. dubia*
小斑芫菁 *Mylabris splendidula*
绿芫菁 *Lytta cacraganae*

14.6 拟步甲科 Tenebrionidae

扁毛土甲 *Mesomorphus villiger*
类沙土甲 *Opatrum subaratum*
亚刺土甲 *Gonocephalum subspinosum*
小粉盗 *Palorus cerylonoides*
姬粉盗 *P. ratzeburgii*
黄粉虫 *Tenebiro molitor*
黑粉虫 *T. obscurus*
杂拟谷盗 *Tribolium confusum*

14.7 锯谷盗科 Silvanidae

锯谷盗 *Oryzaephilus surinamemsis*

14.8　长蠹科 Bostrychiade

斑翅长蠹 *Lichenophanes carinipennis*
竹长蠹 *Dinoderus minutus*
谷蠹 *Rhizopertha dominica*

14.9　龙虱科 Dytiscidae

黄缘龙虱 *Cybister japonicaus*

14.10　水龟虫科 Hydrophilinidae

水龟虫 *Hydrophilus acuminarus*

14.11　蜣螂科 Scarabaeidae

臭蜣螂 *Copris ochus*
北方蜣螂 *Gymnopleurus mopsus*
大蜣螂 *Scarabaeus sacer*

14.12　金龟科 Melolonthidae

黑棕鳃金龟 *Apogonia cupreoviridis*
棕色鳃金龟 *Holotrichia titanis*
暗黑鳃金甲 *H. morose*
华北大黑鳃金龟 *H. oblita*
灰粉鳃金龟 *Hoplosteruus incanus*
阔胫鳃金龟 *Maladera verticollis*
小阔胫鳃金龟 *M. ovatula*
黄绒鳃金龟 *M. aureola*
小黄鳃金龟 *Metabolus impressifrons*
毛斑绒鳃金龟 *Paraserica grisea*
毛黄鳃金龟 *Pledina trichophora*
小云斑鳃金龟 *Polyphylla gradlicornis*
大云斑鳃金龟 *P. laticollis*
黑绒鳃金龟 *Serica orientalis*
褐绒鳃金龟 *S. japonica*
黑皱鳃金龟 *Trematodes tenebrioides*

14.13　丽金龟科 Rutelidae

多色丽金龟 *Anomala smaragdina*
铜绿丽金龟 *A. corpulenta*
黑斑丽金龟 *Cyriopertha arcuata*
草绿彩丽金龟 *Mimela passerinii*
苹绿丽金龟 *Anomala sieversi*
中华弧丽金龟 *Popillia quadriguttata*
玻璃弧丽金龟 *P. atrocoerulea*
异色丽金龟 *Phyllopertha diversa*

14.14　犀金龟科 Dymastidae

双叉犀金龟 *Allomyrina dichotoma*
独角仙金龟 *Xylotrupes dichotomus*

14.15　花金龟科 Cetoniidae

白星花金龟 *Protaetia brevitarsis*
绿色花金龟 *P. speculifera*
小青花金龟 *Oxycetonia jucunda*
褐绣花金龟 *Poeilophilides rusticola*

14.16　斑金龟科 Trichiidae

虎皮斑金龟 *Trichius fasciatus*

14.17　天牛科 Cerambycidae

小灰长角天牛 *Acanthocinus griseus*
红绒闪光天牛 *Aeolesthes ningshaanensis*
中华闪光天牛 *A. sinensis*
赤杨缘花天牛 *Stictoleptura dichroa*
斑角缘花天牛 *S. variicornis*
光肩星天牛 *Anoplophora glabripennis*
星天牛 *A. chinensis*
黄斑星天牛 *A. nobilis*
中华锯花天牛 *Apatophysis sinica*

桃红颈天牛 *Aromia bungli*

杨红颈天牛 *A. moschata*

云斑天牛 *Batocera hosrtieldi*

皱胸绿天牛 *Chelidonium implicatum*

散斑绿虎天牛 *Chlorophorus notabilis cuneatus*

六斑绿虎天牛 *Ch. sexmaculatus*

沟翅土天牛 *Dorysthenes fossatus*

曲牙土天牛 *D. hydropicus*

松刺脊天牛 *Dystomorphus notatus*

薄翅锯天牛 *Megopis sineca*

松天牛 *Monochamus alternatus*

膜花天牛 *Necydalis major*

灰翅筒天牛 *Oberea ocularta*

黄带厚花天牛 *Pachyta mediojasciata*

麻天牛 *Paraqlenea fortunei*

桑黄星天牛 *Psacothea hilaris*

黄钝肩花天牛 *Rhondia placida*

柳角胸天牛 *Rhopaloscelis unifasciatus*

青杨楔天牛 *Saperda poprlnta*

椎天牛 *Spondylis buprestoides*

四星栗天牛 *Stenygrinum quadrinotatum*

二点瘦花天牛 *Strangalia savioi*

黄带楔天牛 *Thermistis croceocincta*

麻天牛 *Thyestilla gebleri*

黄斑椎天牛 *Thranius signatus*

巨胸虎天牛 *Xylotrechus magnicollis*

秦岭脊虎天牛 *X. boreosinicus*

14.18　瓢虫科 Coccinellidae

二星瓢虫 *Adonia bipunctata*

多异瓢虫 *A. variegata*

四星裸瓢虫 *Calvia muiri*

十四星裸瓢虫 *C. quatuordecimguttata*

十五星裸瓢虫 *C. quinquedecimguttata*

红斑瓢虫 *Rodolia limbata*

七星瓢虫 *Coccinella septempunctata*

横斑瓢虫 *C. transversoguttata*

横带瓢虫 *C. trifasciata*

隐势瓢虫 *Cryptogonus orbiculus*

中华食植瓢虫 *Epilachna chinensis*

菱斑食植瓢虫 *E. insignis*

九斑食植瓢虫 *E. freyana*

异色瓢虫 *Harmonia axyridis*

红肩瓢虫 *H. dimidiate*

隐斑瓢虫 *H. yedoensis*

马铃薯瓢虫 *Henosepilanchna vigintioctomaculata*

茄二十八星瓢虫 *H. vigintioctopunctata*

角异瓢虫 *Hippodamia potanini*

红颈瓢虫 *Lemnia melanaria*

菱斑瓢虫 *Oenopia conglobeata*

黄缘瓢虫 *O. sauzeti*

龟纹瓢虫 *Propylea japonica*

方斑瓢虫 *P. quaturodecimpunctata*

大红瓢虫 *Rodolia rufopilosa*

黑襟毛瓢虫 *Scymnus hoffmanni*

黑背毛瓢虫 *S. babai*

深点食螨瓢虫 *Stethorus punctillum*

陕西食螨瓢虫 *S. shaanxiensis*

14.19　叶甲科 Chrysomelidae

杨叶甲 *Chrysomela populi*

柳二十斑叶甲 *Ch. vigintipunctata*

亮叶甲 *Chrysolampra spleendens*

铜色山叶甲 *Oreina aeneolucens*

梨斑叶甲 *Paropsides soriculata*

杨佛叶甲 *Phratora laticollis*

柳圆叶甲 *Plagiodera versicolora*

爪兆叶甲 *Sternoplatys clemetci*

黄足窄翅叶甲 *S. fulvipes*

14.20　肖叶甲科 Eumolpidae

葡萄肖叶甲 *Bromius obscurus*

甘薯肖叶甲 *Colasposoma dauricum*
黑点茶肖叶甲 *Demotina piceonotata*
棕毛筒胸肖叶甲 *Lypesthes subregularis*

14.21　萤叶甲科 Galerucuidae

黄守瓜 *Aulacphora femoralis*
黑条麦叶甲 *Medythia nidrobilineata*
黑头长跗萤叶甲 *Monolepta capitata*
薄翅萤叶甲 *Pallasiola absinthii*
陕西后脊萤叶甲 *Paragetocera flavipes*
横带额萤叶甲 *Sermyloides semiornata*
脊纹萤叶甲 *Theone silphoides*

14.22　跳甲科 Halticidae

蓝跳甲 *Altica cyane*
黄条跳甲 *Phyllioaes difficilis*
黄曲条跳甲 *Ph. striolata*
黄宽条跳甲 *Ph. humilis*
黄窄条跳甲 *Ph. vittula*

14.23　象虫科 Curculionidae

核桃长足象 *Alcidodes juglans*
隆脊绿象 *Chlorophanus lineolus*
柞栎象 *Curculio arakawai*
栗实象 *C. davidi*
麻栎象 *C. robustus*
核桃横沟象 *Dyscerus juglans*
沟眶象 *Eucryptorrhynchus chinensis*
臭椿沟眶象 *E. brandti*
斜纹圆筒象 *Msctocorynus obliquesignatus*
棉尖象 *Phytoscaphus gossypii*
樟子松木蠹象 *Pissodes validirostris*
黑木蠹象 *P. cembrae*
大灰象 *Sympiezomias velatus*
球果角胫象 *Shirahoshizo coniferae*

14.24　卷象科 Attelabidae

柳卷象 *Apoderus rubidus*
葡萄金象 *Aspidobyctiscus lacunipennis*
杨卷叶象 *Byctiscus omissa*
梨卷叶象 *B. betulae*
杨小卷象 *B. fausti*
红斑金象 *B. princes*
大喙象 *Henicolabus gigantens*
圆斑象 *Paroplapoderus semiamulatus*
榆卷叶象 *Tomapoderus ruficollis*

15　鳞翅目 LEPIDOPTERA

15.1　透翅蛾科 Aegtriidae

白杨透翅蛾 *Parathrene tabaniformis*
杨干透翅蛾 *Sphecia siningensis*

15.2　木蠹蛾科 Cossidae

芳香木蠹蛾 *Cossus cossus*
黄胸木蠹蛾 *C. chinensis*
榆木蠹蛾 *Holcocerus vicarius*
秦岭木蠹蛾 *Sinicossus qinlingensis*

15.3　麦蛾科 Gelechiidae

甘薯麦蛾 *Brachmia macroscopa*
马铃薯麦蛾 *Phthorimaea operculella*
黑星麦蛾 *Telphusa chloriderces*
黑斑麦蛾 *T. nephomicta*
麦蛾 *Sitotroga cerealella*

15.4　豹蠹蛾科 Zeuzeridae

豹蠹蛾 *Zeuzera multistrigata*
秦豹蠹蛾 *Z. qinensis*

15.5　刺蛾科 Limacodidae

黄刺蛾 *Cnidocampa flavescens*
中国绿刺蛾 *Latoia sinica*
双齿绿刺蛾 *L. consocia*
陕绿刺蛾 *L. shaanxiensis*
枯刺蛾 *Mahanta quadriclinea*
白眉刺蛾 *Narosa edoensis*
梨刺蛾 *Narsoideus flavidorsalis*
黑刺蛾 *Thosea sinensis*
明脉扁刺蛾 *Th. assigna*
暗扁刺蛾 *Th. loesa*

15.6　斑蛾科 Zygaenidae

梨星毛虫 *Illiberis pruni*
柞树斑蛾 *I. sinensis*

15.7　蛀果蛾科 Carposinidae

桃小食心虫 *Carposina niponensis*

15.8　卷蛾科 Tortricidae

榆白长翅卷叶蛾 *Acleris ulmicola*
云杉黄卷蛾 *Archips piceana*
栎白小卷蛾 *Cydia kurokoi*
松叶小卷蛾 *Epinotia rubiginosana*
杨柳小卷蛾 *Gypsonoma minutana*
松实小卷蛾 *Retinia cristata*
苹果小卷蛾 *Laspeyresia pomonella*
松梢小卷蛾 *Rhyacionia ionicolana*

15.9　螟蛾科 Eyralidae

竹织叶野螟 *Algedonia coclesalis*
杨黄卷叶螟 *Botyodes diniasalis*
大黄卷叶螟 *B. principalis*
黑斑草螟 *Crambus atrosignatus*
桃蛀螟 *Dichocrocis punctiferales*

松梢螟 *Dioryctrira splendidella*
豆荚斑螟 *Etiella zinckenella*
黄杨绢野螟 *Diphania perpectalis*
玉米螟 *Ostrinia furnacalis*
双斑薄翅野螟 *Evergestis junctalis*
四斑绢野螟 *Glyphodes quadricmculalis*
楸螟 *Omphisa plagialis*
黄斑紫翅野螟 *Rehimena phrynealis*
大白斑野螟 *Polythlipta liquidalis*
黄边白野螟 *Palpita nigropunctalis*
旱柳原野螟 *Proteuclasta stotzntri*
葡萄卷叶野螟 *Sylepta luctuosalis*

15.10　枯叶蛾科 Lasiocampidae

白杨枯叶蛾 *Bhima idiofa*
秦岭小枯叶蛾 *Cosmotriche chensiensis*
油松毛虫 *Dendrolimus tabulaeformis*
秦岭松毛虫 *D. qinlingensis*
落叶松毛虫 *D. superans*
脉幕枯叶蛾 *Malacosoma neustria testacyea*
苹枯叶蛾 *Odonestis pruni*
竹斑枯叶蛾 *Philudoria albomaculata*
栎黄枯叶蛾 *Trabala vishnou*

15.11　大蚕蛾科 Saturniidae

绿尾大蚕蛾 *Actias selene ningpoana*
红尾大蚕蛾 *A. rhodopneuma*
柞蚕 *Antheraea pernyi*
樟蚕 *Eriogyna pyretorum*
樗蚕 *Philosamia cynthia*
透目大蚕蛾 *Rhodinia fugax*

15.12　钩蛾科 Drepanidae

三刺山钩蛾 *Oreta trispiunligrea*
曲缘线钩蛾 *Nordostroemia recava*

太白金沟蛾 *Oreta hoenei hoenei*
古钩蛾 *Palaeodrepana harpagula*

15.13　尺蛾科 Geometridae

醋栗尺蛾 *Abraxas grossudariata*
华金星尺蛾 *A. sinicaria*
萝藦艳青尺蛾 *Agathia carissima*
杉霜尺蛾 *Alcis angulifera*
桦霜尺蛾 *A. repandata*
针叶霜尺蛾 *A. secondaryia*
大造桥虫 *Ascotis selenaria*
双云尺蛾 *Biston comitata*
桦尺蛾 *B. betularia*
焦边尺蛾 *Bizia aexaeia*
掌尺蛾 *Buzura recursaria superans*
四星尺蛾 *Ophthalmitis irroraria*
松尺蛾 *Bupalus piniarius*
葡萄洄纹尺蛾 *Chartographa ludovicaria*
双斜线尺蛾 *Megaspilates mundataria*
木橑尺蛾 *Culcula panterinaria*
栓皮栎波尺蛾 *Inurois fletcheri*
女贞尺蛾 *Naxa seriaria*
雪尾尺蛾 *Ourapteryx nivea*
波尾尺蛾 *O. persica*
核桃尺蛾 *Ephoria arenosa*
树型尺蛾 *Erebomorpha consors*
白脉青尺蛾 *Geometra albovenaria*
细线尺蛾 *G. glancaria*
槐尺蠖 *Semiothisa cinerearia*
华丽尺蛾 *Iotaphora admirabilis*
黄辐射尺蛾 *I. iridicolor*
点尺蛾 *Naxa angustaria*
桑尺蠖 *Phthonandria atrilineata*
苹果烟尺蛾 *Phthonosema tendinosaria*

15.14　天蛾科 Sphingidae

鬼脸天蛾 *Acherontia lacheaia*

芝麻天蛾 *A. atyx*
斜纹天蛾 *Theretra clotho*
黄脉天蛾 *Amorpha amurensis*
葡萄天蛾 *Ampelophaga rubiginosa*
眼斑天蛾 *Callambulyx junonia*
榆天蛾 *C. tatarinovi*
豆天蛾 *Clanis bilineata tsingtauica*
洋槐天蛾 *C. deucalion*
白薯天蛾 *Herse covolvuli*
松黑天蛾 *Hyloicus caligieus sinicus*
桃天蛾 *Marumba gaschkewitschi*
栎鹰翅天蛾 *Oxyambulyx liturata*
核桃鹰翅天蛾 *O. schauffelbergeri*
红天蛾 *Pergesa elpenor*
白肩天蛾 *Rhagastis mongoliana*
条背天蛾 *Cechenena lineosa*
柳天蛾 *Smerithus planus*
蓝目天蛾 *S. planus planus*
松针天蛾 *Sphinx caliqineus*
芋双线天蛾 *Theretra oldenlandiae*

15.15　舟蛾科 Notodontidae

黑蕊舟蛾 *Dudusa sphingiformis*
杨二尾舟蛾 *Cerura menciana*
杨扇舟蛾 *Clostera anachoreta*
短扇舟蛾 *C. curtuloides*
钩翅舟蛾 *Gangarides dharma*
腰带燕尾舟蛾 *Harpyia lanigera*
栎枝背舟蛾 *H. umbrosa umbrosa*
银二星舟蛾 *Rabtala aplendida*
黄二星舟蛾 *R. cristata*
杨小舟蛾 *Micromelalopha troglodytea*
榆白边舟蛾 *Nericoides davidi*
小白边舟蛾 *N. minor*
苹掌舟蛾 *Phalera flavescens*
榆掌舟蛾 *Ph. takasagoensis*
伞掌舟蛾 *Ph. sangana*

杨剑舟蛾 *Pheosia fusiformis*
槐羽舟蛾 *Pterostoma sinicum*
核桃美舟蛾 *Uropyia meticulodina*
窦舟蛾 *Zaranga pannosa*

15.16　灯蛾科 Arotiidae

豹灯蛾 *Arctia caja*
红边灯蛾 *Amsacta lactinea*
粉灯蛾 *Alphaea fulvohirta*
白雪灯蛾 *Chionarctia nivea*
人纹污灯蛾 *Spilarctia subcarnea*
赭污灯蛾 *S. nehallenia*
黑带污灯蛾 *S. quercii*
洁雪灯蛾 *Spilosoma pura*

15.17　夜蛾科 Noctuidae

桃剑纹夜蛾 *Acronicta increatata*
桑夜蛾 *A. major*
枯叶夜蛾 *Adris tyrannus*
小地老虎 *Agrotis ipsilon*
棉铃虫 *Helicoverpa armigera*
中桥夜蛾 *Anomis mesogona*
小桥夜蛾 *A. flava*
银纹夜蛾 *Argyrogramma agnate*
甘蓝夜蛾 *Barathra brassicae*
钩尾夜蛾 *Calymnia unicolora*
杨裳夜蛾 *Catocala nupta*
柳裳夜蛾 *C. electa*
缟裳夜蛾 *C. fraxini*
白夜蛾 *Chasminodes albonitens*
粉缘钻夜蛾 *Earias pudicana*
光裳夜蛾 *Ephesia fulminea*
白边切夜蛾 *Euxoa oberthuri*
实夜蛾 *Heliothis viriplaca*
苹梢鹰夜蛾 *Hypocala subsatura*
甜菜夜蛾 *Laphygma exigua*

粘虫 *Leucania separatea*
白钩粘夜蛾 *L. proxima*
缤夜蛾 *Moma alpium*
白线灰夜蛾 *Polia pisi*
白肾灰夜蛾 *P. persicariae*
斜纹夜蛾 *Prodenia litura*

15.18　毒蛾科 Lymantriidae

松毒蛾 *Dasychira axutha*
褐黄毒蛾 *Euproctis magua*
榆黄足毒蛾 *Ivela ochropoda*
栎毒蛾 *Lymantria mathura*
舞毒蛾 *L. dispar*
黄斜带毒蛾 *Numenes disparvlisseparate*
古毒蛾 *Orgyia antiqua*

15.19　弄蝶科 Hesperiidae

白弄蝶 *Abraximorpha davidii*
小黄斑弄蝶 *Ampittia nana*
双色舟弄蝶 *Barca bicolor*
绿弄蝶 *Choaspes benjaminii*
黑弄蝶 *Danimio tethys*
豹弄蝶 *Thymelicus leonineus*
花弄蝶 *Pyrgus maculatus*
中华谷弄蝶 *Pelopidas sinensis*
隐纹谷弄蝶 *P. mathias*
飒弄蝶 *Satarupa gopala*

15.20　绢蝶科 Parnassiidae

冰清绢蝶 *Parnassius glacialis*
小红珠绢蝶 *P. nomion tsinlingensis*

15.21　眼蝶科 Satyridae

粉眼蝶 *Callarge sagitta*

苔娜黛眼蝶 *Lethe diana*
直带黛眼蝶 *L. lanaris*
黑带黛眼蝶 *L. nigrifascia*
蛇神黛眼蝶 *L. satyrina*
黛眼蝶 *L. dura*
白眼蝶 *Melanargla halimede*
黑纱白眼蝶 *M. lugens*
蛇眼蝶 *Minois dryas*
丝链荫眼蝶 *Neope yama serica*
黑斑荫眼蝶 *N. pulahoides*
宁眼蝶 *Ninguta schrenkii*
白斑眼蝶 *Penthema adelma*
古眼蝶 *Palaeonympha opalina*
幽瞿眼蝶 *Ypthima conjuncta*
中华瞿眼蝶 *Y. chinensis*
云斑眼蝶 *Zophoessa armandina*

15.22　环蝶科 Morphidae

箭环蝶 *Stichophthalma howqua*
双星箭环蝶 *S. neumogeni*

15.23　蛱蝶科 Nympulidae

柳紫闪蛱蝶 *Apatura ilia*
紫闪蛱蝶 *A. iris*
大闪蛱蝶 *A. schrenckii*
云豹蛱蝶 *Argynnis anadyomene*
绿豹蛱蝶 *A. paphia*
老豹蛱蝶 *Argyronome laodice*
斐豹蛱蝶 *Argyreus hyperbus*
绢蛱蝶 *Calinaga buddha*
网蛱蝶西北亚种 *Melitaea diamina protomedia*
白斑迷蛱蝶 *Mimathyma schrenckii*
黑脉蛱蝶 *Hestina assimilis*
孔雀蛱蝶 *Inachis io*
琉璃蛱蝶 *Kaniska canace*

大紫蛱蝶 *Sasakia charonda*
黑紫蛱蝶 *S. funebris*
红线蛱蝶 *Limenitis populi*
扬眉线蛱蝶 *L. helmanni*
愁眉线蛱蝶 *L. disjucta*
折线蛱蝶 *L. sydyi*
中华线蛱蝶 *Patsuia sinensium*
重环蛱蝶 *Neptis alwina*
黄环蛱蝶 *N. ananta*
婆环蛱蝶 *N. soma*
蛛环蛱蝶 *N. arachne*
单环蛱蝶 *N. rivularis*
断环蛱蝶 *N. sankara*
小环蛱蝶 *N. sappho*
中环蛱蝶 *N. hylas*
朱蛱蝶 *Nympbalis xanthomelas*
小红蛱蝶 *Vanessa cardui*
黄钩蛱蝶 *Polygonia c-aureum*
黄帅蛱蝶 *Sephisa princes*

15.24　灰蝶科 Lycaenidae

蓝灰蝶 *Everes argidaes*
尖翅银灰蝶 *Curetis acuta*
珂灰蝶 *Cordelia comes*
陕西珂灰蝶 *C. kitawakii*
琉璃灰蝶 *Celastrina argiolus*
大紫玻璃灰蝶 *C. oreas*
艳灰蝶 *Favonius orientalis*
红灰蝶 *Lycaena phlaeas*
亮灰蝶 *Lampides boeticus*
黑灰蝶 *Niphanda fusca*
玄灰蝶 *Tongeia fischery*
珞灰蝶 *Scolitantides orion*

15.25　粉蝶科 Pieridae

绢粉蝶 *Aporia crataeg*

小襟绢粉蝶 *A. hippia*
秦岭绢粉蝶 *A. qinlingensis*
黑脉粉蝶 *Artogeia mallete*
斑缘豆粉蝶 *Colias erate*
橙黄粉蝶 *C. electo*
豆粉蝶 *C. hyale*
黑角方粉蝶 *Dercas lycorias*
宽边黄粉蝶 *Eurema hecabe*
钩粉蝶 *Gonepteryx rhamni*
尖钩粉蝶 *G. mahaguru*
尖角黄粉蝶 *Eurema laeta*
突角小粉蝶 *Leptidea amurensis*
菜粉蝶 *Pieris rapae*
黑纹粉蝶 *P. melete*
暗脉粉蝶 *P. napi*
东方菜粉蝶 *P. canidia*
云斑粉蝶 *Pontia daplidice*

15.26 凤蝶科 Papilionidae

麝凤蝶 *Byasa alcinous*
达摩麝凤蝶 *B. daemonius*
长尾麝凤蝶 *B. impediens*
褐斑凤蝶 *Chilasa agestor*
玉带美凤蝶 *Papilio polytes*
碧翠凤蝶 *P. bianor*
金凤蝶 *P. machaon*
柑橘凤蝶 *P. xuthus*
升天剑凤蝶 *Pazala euroa*
丝带凤蝶 *Sericinus montela*
太白虎凤蝶 *Luehdorfia taibai*
褐钩凤蝶 *Meandrusa sciror*
红珠凤蝶 *Pachliopta aristolochiae*
金裳凤蝶 *Troides aeacus*

15.27 蚬蝶科 Riodinidae

豹蚬蝶 *Takashia nana*

银纹尾蚬蝶 *Dodona eugenes*
黄带褐蚬蝶 *Abisara fylla*

16 膜翅目 HYMENOPTERA

16.1 叶蜂科 Tenthredinidae

日本芜菁叶蜂 *Athalia japonica*
落叶松叶蜂 *Pristiphora erichsonii*

16.2 树蜂科 Siricoidae

烟角树蜂 *Tremex fusicronis*

16.3 瘿蜂科 Cynipidae

板栗瘿蜂 *Dryocosmus kuriphilus*

16.4 姬蜂科 Ichneumonidae

刺蛾姬蜂 *Chlorocryptus purpuratus*
舞毒蛾墨瘤姬蜂 *Pimpla disparis*
野蚕黑瘤姬蜂 *P. luctuosus*
黑斑瘦姬蜂 *Dicamptus nigropictus*
紫瘦姬蜂 *Dictynotus purpurascens*
松毛虫黑胸姬蜂 *Hyposoter takagii*
拟瘦姬蜂 *Netelia ocellaris*
夜蛾瘦姬蜂 *Ophion luteus*
松毛虫黑点瘤姬蜂 *Xanthopimpla pedotor*
广黑点瘤姬蜂 *X. punctata*
桑蟥聚瘤姬蜂 *Iseropus kuwanae*
松毛虫棘领姬蜂 *Therion giganteum*

16.5 茧蜂科 Braconidae

杨透翅蛾绒茧蜂 *Apanteles paranthrenis*
樗蚕绒茧蜂 *A. pictyoplocae*
秦岭刻鞭茧蜂 *Coeloedes qinlingensis*

小蠹茧蜂 *Coeloide armandi*
四眼小蠹绕茧蜂 *Ropalophorus polygraphus*
松小卷蛾长体茧蜂 *Macrocentrus resinellae*
两色刺足茧蜂 *Zombrus bicolor*
酱色刺足茧蜂 *Z. sjoestedi*

16.6　长尾小蜂科 Torymidae

中华螳小蜂 *Podagrion chinensis*

16.7　广肩小蜂科 Eurytomidae

小蠹长柄广肩小蜂 *Eurytoma juglansi*
天蛾广肩小蜂 *E. manilensis*
刺蛾广肩小蜂 *E. monemae*

16.8　金小蜂科 Pteromalidue

松毛虫宽缘金小蜂 *Euneura nawai*
蓝叶甲金小蜂 *Schizonotus latrs*
杨叶甲金小蜂 *S. sieboldi*
陕西宽缘金小蜂 *Pachyneuron shaanxiensis*
凤蝶金小蜂 *Pteromalus puparum*
细角金小蜂 *Rhopalicus brevicrnis*
松蠹长尾金小蜂 *Roptrocerus qinlingensis*

16.9　跳小蜂科 Encyrtidae

陕西跳小蜂 *Leputomastix tsukumiensis*
球蚧花翅跳小蜂 *Microtery lunatus*

16.10　旋小蜂科 Eupelmidae

舞毒蛾平腹小蜂 *Anastatus disparis*
栗瘿旋小蜂 *Eupelmus urozonus*

16.11　赤眼蜂科 Trichogrammatidae

松毛虫赤眼蜂 *Trichogramma dendrolimi*

螟黄赤眼蜂 *Tr. chilonis*
舟蛾赤眼蜂 *Tr. closterae*
广赤眼蜂 *Tr. evanescens*

16.12　黑卵蜂科 Scelionidae

草蛉黑卵蜂 *Telenomus acrobates*
舟形毛虫黑卵蜂 *T. kolbei*
杨扇舟蛾黑卵蜂 *T. closterae*
天幕毛虫黑卵蜂 *T. terbraus*
麻皮蝽沟卵蜂 *Trissolcus dricus*
黄足沟卵蜂 *Tr. flavipes*

16.13　土蜂科 Scoliidae

白毛长腹土蜂 *Campsomeris annulata*
日本土蜂 *Scolia japonica*
中华土蜂 *S. sinensis*

16.14　蚁科 Formicidae

长刺细胸蚁 *Leptothorax spinosior*
暗黑盘腹蚁 *Aphaenogaster caeclliae*
秦岭盘腹蚁 *A. qinlingensis*
广布弓背蚁 *Camponotus herculeanus*
亮腹黑褐蚁 *Formica gagatoides*
日本黑褐蚁 *F. japonica*
黑山蚁 *F. fusca*
掘穴蚁 *F. cunicularia*
黑毛蚁 *Lasius niger*
黄毛蚁 *L. flavus*
角脊光胸臭蚁 *Liometopum torporum*
高山铺道蚁 *Tetramorium parnassis*
小红蚁 *Myrnica rubra*
中华红蚁 *M. sinica*
太白红蚁 *M. taibaiensis*
太白厚结猛蚁 *Pachycondyla taibaiensisi*
黄立毛蚁 *Paratrechina flavipes*

16.15　蜜蜂科 Apidae

中华蜜蜂 *Apis cerna*
意大利蜜蜂 *A. mellifera*
谦熊蜂 *Bombus modestus*
重黄熊蜂 *B. flavus*
仿熊蜂 *B. imitator*
中国拟熊蜂 *B. chinensis*
灰熊蜂 *B. grahami*
双色切叶蜂 *Megachie bicolor*
黄胸木蜂 *Xylicipa appendiculata*

16.16　胡蜂科 Vespidae

黄边胡蜂 *Vespa cradarinia*
金环胡蜂 *V. mandariniaa*
黑尾胡蜂 *V. tropica drcalis*

16.17　马蜂科 Polistidae

中华马蜂 *Polistes chinensis*
陆马蜂 *P. rothneyi*

17　双翅目 DIPTERA

17.1　花蝇科 Anthomyiidae

粪种蝇 *Adia cinerella*
横带花蝇 *Anthomyia illocata*
灰地种蝇 *Delia platura*

17.2　食蚜蝇科 Syrphidae

黑带食蚜蝇 *Episyrphus balteatus*
灰带食蚜蝇 *Eristalis cerealis*
斜斑黑蚜蝇 *Melanostoma mellinum*
大灰食蚜蝇 *Metasyrphus corollae*
宽带食蚜蝇 *M. latifasciatus*
凹带食蚜蝇 *M. nitens*
斜斑鼓额食蚜蝇 *Scaeva pyrastri*

17.3　蝇科 Muscidae

黑边家蝇 *Musca hervei*
紫翠蝇 *Neomyia gavisa*
斑黑蝇 *Ophyra chalkogaster*

17.4　丽蝇科 Calliphoridae

巨尾阿丽蝇 *Aldrichina grahami*
亮绿蝇 *Lucilia illustris*

17.5　寄蝇科 Tachinidae

毛鬐腹寄蝇 *Blepharipa chaetoparafacialis*
蚕饰腹寄蝇 *B. zebina*
家蚕追寄蝇 *Exorista sorbilans*
榆毒蛾寄蝇 *Schineria ergesina*

17.6　大蚊科 Tipulidae

中华大蚊 *Tipula sinica*

17.7　水虻科 Straiomyidae

基黄柱角水虻 *Beris basiflava*
黄足瘦腹水虻 *Sargus flavipes*
红斑瘦腹水虻 *S. mactans*

17.8　蜂虻科 Bombyliidae

黑翅蜂虻 *Exoprosopa tantalums*

17.9　虻科 Tabanidae

村黄虻 *Atylotus rusticus*
中华斑虻 *Chrysops sinensis*
土耳其麻虻 *Haematopota turkestanica*
中华麻虻 *H. sinensis*
黄毛瘤虻 *Hybomitra acguetincta*
太白山瘤虻 *H. taibaishanensis*
秦岭虻 *Tabannua qinlingensis*

图 版

黑河入渭河口湿地片区湿地景观

黑河入渭河口湿地片区湿地景观

黑河入渭河口湿地片区湿地景观

黑河入渭河口湿地片区湿地景观

黑河库区湿地片区库区景观

黑河库区湿地片区甘峪景观

黑河库区湿地片区甘峪次生林

黑河库区湿地片区甘峪退耕还林后景观

狗牙根群落（李智军 摄）　　　　　　　　蒿属植物群落（李智军 摄）

黑三棱群落（李智军 摄）　　　　　　　　芦苇群落（李智军 摄）

水烛（李智军 摄）　狭叶香蒲（李智军 摄）　益母草（李智军 摄）　野燕麦（李智军 摄）

圆叶蜀葵（李智军 摄）　　　　　　　　见月草（李智军 摄）

辐杆藻（沈红保 摄）

秀体蚤（沈红保 摄）

河蚌（王开锋 摄）

多鳞白甲鱼（王开锋 摄）

黑眉锦蛇（王开锋 摄）

白顶溪鸲（靳铁治 摄）

黑鹳（王开锋 摄）

斑嘴鸭群（王开锋 摄）

岩松鼠（王开锋 摄）

云豹蛱蝶（张淑莲 摄）

存疑豆芫菁（张淑莲 摄）

烟粉虱（张淑莲 摄）

小云斑鳃金龟（张淑莲 摄） 柑橘凤蝶（张淑莲 摄）

麝凤蝶（房丽君 摄）

秦岭小蹦蝗（张淑莲 摄）

斑衣蜡蝉（张淑莲 摄）

太白虎凤蝶♂（丁昌萍 摄）